Heidelberger Taschenbücher Band 36

Hans Grauert · Wolfgang Fischer

Differential-
und Integralrechnung II

Differentialrechnung in mehreren Veränderlichen
Differentialgleichungen

Zweite, verbesserte Auflage

Mit 25 Abbildungen

Springer-Verlag Berlin Heidelberg New York 1973

Professor Dr. Hans Grauert
Mathematisches Institut der Universität
34 Göttingen, Bunsenstraße 3—5

Professor Dr. Wolfgang Fischer
Fachsektion Mathematik der Universität Bremen
28 Bremen, Achterstraße

AMS Subject Classifications (1970):
26-01, 26 A 54, 26 A 57, 34-01

ISBN 3-540-06135-5 Springer-Verlag Berlin Heidelberg New York
ISBN 0-387-06135-5 Springer-Verlag New York Heidelberg Berlin

ISBN 3-540-04180-X 1. Auflage Springer-Verlag Berlin Heidelberg New York
ISBN 0-387-04180-X 1st edition Springer-Verlag New York Heidelberg Berlin

Heinrich Behnke
gewidmet

Vorwort zur zweiten Auflage

Wir haben in der Neuauflage einige Unklarheiten beseitigt und den Text durch Beispiele über unendlich oft differenzierbare Funktionen (Partition der Eins) und über differenzierbare Abbildungen (mit konstantem Rang) ergänzt.

H. GRAUERT
W. FISCHER

Februar 1973

Vorwort zur ersten Auflage

Der nun vorliegende zweite Teil der dreibändigen Darstellung der Differential- und Integralrechnung ist der Differentialrechnung der Funktionen mehrerer reellen Veränderlichen und den gewöhnlichen Differentialgleichungen gewidmet. Er ist gedacht etwa für Studenten im zweiten bis dritten Semester — dementsprechend wird vom Leser nur die Kenntnis des wesentlichen Teils des Stoffs von Band I und darüber hinaus Bekanntschaft mit dem Begriff des Vektorraums erwartet.

Die Autoren haben sich wieder um einen strengen und systematischen Aufbau der Theorie bemüht. Dabei waren sie bestrebt, unnötige Abstraktionen und Verallgemeinerungen zu vermeiden, sie haben jedoch gleichzeitig versucht, Definitionen und Methoden so zu bringen, daß sie sich möglichst unmittelbar auf allgemeinste Fälle übertragen lassen. Beispielsweise besagt die Definition der (totalen) Differenzierbarkeit (in anderen Worten): Eine reelle Funktion f, die in einer offenen Umgebung U eines Punktes x_0 in einem Zahlenraum $\mathbb{R}^n$ erklärt ist, heißt in x_0 differenzierbar, wenn es eine in x_0 stetige Abbildung $x \to \Delta_x$ von U in den dualen Raum $\mathrm{Hom}(\mathbb{R}^n, \mathbb{R})$ gibt, so daß $f(x) = f(x_0) + \Delta_x(x - x_0)$ gilt. Diese Definition überträgt sich auf den Fall, wo x_0 Punkt eines separierten topologischen Vektorraumes E ist und die Werte von f in einem ebensolchen Vektorraum F liegen.

Man hat dazu den Raum $\mathrm{Hom}(E, F)$ der stetigen linearen Abbildungen von E in F mit einer Pseudotopologie zu versehen [1]: Man

---

[1] Vgl. FRÖHLICHER/BUCHER: Calculus in Vector Spaces without Norm. Lecture Notes, Springer, Berlin 1966.

betrachtet z. B. genau die Filter $\mathfrak{L}$ auf $\text{Hom}\,(E, F)$ als gegen 0 konvergent, die folgende Eigenschaft haben: Für jeden Filter $\mathfrak{A}$ auf E mit $\mathfrak{N} \cdot \mathfrak{A} \to 0$ gilt $\mathfrak{L}\,(\mathfrak{A}) \to 0$ in F. Dabei ist $\mathfrak{N}$ der Filter der Nullumgebungen in $\mathbb{R}$, $\mathfrak{N} \cdot \mathfrak{A}$ wird von den NA mit $N \in \mathfrak{N}$ und $A \in \mathfrak{A}$ erzeugt, $\mathfrak{L}\,(\mathfrak{A})$ von den $L\,(A) = \underset{\lambda \in L}{\cup}\ \lambda\,(A)$ mit $L \in \mathfrak{L}$ und $A \in \mathfrak{A}$. Man kann nun die Differenzierbarkeit genau wie oben definieren, nur ist unter $x \to \varDelta_x$ jetzt eine in x_0 stetige Abbildung von U in $\text{Hom}\,(E, F)$ zu verstehen. Man zeigt: Da die natürliche Abbildung $\text{Hom}\,(E, F) \times E \to F$ stetig ist, ist $\varDelta_{x_0}$ eindeutig bestimmt und kann als Ableitung von f im Punkt x_0 bezeichnet werden. Auch jetzt folgt aus der Differenzierbarkeit die Stetigkeit; es gilt die Kettenregel. Um zu zeigen, daß die Differenzierbarkeit eine lokale Eigenschaft ist, muß man noch voraussetzen, daß in E zu jedem eindimensionalen Unterraum ein abgeschlossener Supplementärraum existiert (das ist z. B. bei lokalkonvexen Vektorräumen der Fall). — Die Pseudotopologie auf $\text{Hom}\,(E, F)$ wird nur dann zu einer Topologie, wenn man es mit normierten Vektorräumen zu tun hat; dann ergibt sich die starke oder Norm-Topologie auf $\text{Hom}\,(E, F)$. In der Tat scheint die Klasse der Banachräume die größte Klasse von topologischen Vektorräumen zu sein, auf die sich die tieferen Sätze der Differentialrechnung übertragen lassen.

Es sollen noch einige Angaben über den Inhalt des Buches folgen.

Im ersten Kapitel wird der n-dimensionale Raum $\mathbb{R}^n$ eingeführt. Dann werden Wege im $\mathbb{R}^n$ behandelt, insbesondere die Bogenlänge und der ausgezeichnete Parameter, und zwar so, daß im dritten Band Kurvenintegrale längs rektifizierbarer Wege erklärt werden können.

Das zweite Kapitel befaßt sich mit der Topologie des $\mathbb{R}^n$. Die grundlegenden Begriffe wie „Umgebung" werden so formuliert, daß sie für allgemeine topologische Räume sinnvoll bleiben. Besonders betont werden der Begriff der kompakten Menge und die verschiedenen Konvergenzbegriffe für Funktionenfolgen.

Kapitel III beginnt mit der Definition der Differenzierbarkeit und führt bis zur Taylorschen Formel und Taylorschen Reihe für Funktionen von mehreren Veränderlichen.

In Kapitel IV werden zunächst kontra- und kovariante Tangentialvektoren (Differentiale) sowie Pfaffsche Formen auf exakte Weise definiert. Die dabei benutzten Sätze der linearen Algebra werden ohne Beweis angegeben. Dann werden reguläre Abbildungen und implizite Funktionen eingehend untersucht. Schließlich wird in der Sprache der Differentiale die Auffindung lokaler Extrema mit Nebenbedingungen durch die Methode der Lagrangeschen Multiplikatoren dargestellt.

Bei der Behandlung der gewöhnlichen Differentialgleichungen in der zweiten Hälfte des Buches konnte natürlich namentlich bei den Lösungsmethoden keine Vollständigkeit angestrebt werden. Es werden aber einerseits die für den Physiker wichtigen Differentialgleichungen ausführlich und exakt diskutiert, andererseits werden auch die für den Mathematiker wichtigen Existenz-, Eindeutigkeits- und Stabilitätssätze gebracht. Kapitel V führt in Problemstellung und Methoden ein. Hier wird auch die Schwingungsgleichung eingehend studiert.

Der Peanosche Existenzsatz wird in Kapitel VI hergeleitet. Anschließend werden Eindeutigkeit und globales Verhalten der Lösungen auf Grund der (lokalen) Lipschitz-Bedingung untersucht. Die wichtigsten Stabilitätsaussagen und Sätze über Definitionsbereich und Differenzierbarkeit der allgemeinen Lösung $\varphi(x, \xi, \eta)$, d. h. der Lösung in Abhängigkeit von den Anfangswerten, beschließen dieses Kapitel.

Im folgenden Kapitel beschäftigen wir uns mit dem Zusammenhang zwischen Differentialgleichungen und Pfaffschen Formen. Die letzteren erweisen sich wegen ihrer Koordinatenunabhängigkeit als angemessen zur geometrischen Untersuchung der Integralkurvenschar einer Differentialgleichung in der Nähe einer isolierten Singularität. Schließlich werden das Picard-Lindelöfsche Iterationsverfahren und die Potenzreihenmethode dargestellt.

Das achte Kapitel enthält die Untersuchung der Systeme von gewöhnlichen Differentialgleichungen und der Differentialgleichungen höherer Ordnung. Insbesondere werden lineare Systeme behandelt; bis auf den Satz über die Jordansche Normalform einer Matrix werden alle benötigten Tatsachen über die Eigenwerte und -vektoren sowie über die Matrixexponentialfunktion hier bewiesen. Kapitel und Buch enden mit der Lösung einiger für die Anwendungen wichtigen speziellen Differentialgleichungen: der Besselschen, der Legendreschen und der Schrödingerschen (d. h. der radialen Komponente der Schrödingergleichung des Wasserstoffatoms). Diese Gleichungen werden als Randwertaufgaben betrachtet; bei der letztgenannten ergibt sich das interessante Phänomen, daß nur für eine diskrete Folge von Werten des Parameters (d. i. im wesentlichen die Energie) Lösungen existieren, die den Randbedingungen genügen — entsprechend der von der Quantentheorie geforderten diskreten Folge von Energieniveaus des Atoms.

Göttingen, im November 1967

H. Grauert
W. Fischer

Inhaltsverzeichnis

I. Kapitel

Wege im R^n

§ 1. Der n-dimensionale Raum

Es sei n eine natürliche Zahl. Unter dem *n-dimensionalen reellen Zahlenraum* (in Zeichen: $\mathbb{R}^n$) wollen wir die Menge aller geordneten n-tupel $(x_1, \ldots, x_n)$ von reellen Zahlen verstehen:

$$\mathbb{R}^n = \{(x_1, \ldots, x_n): x_\nu \in \mathbb{R} \text{ für } \nu = 1, \ldots, n\}.$$

Ein Element des $\mathbb{R}^n$ nennen wir auch *Punkt* und bezeichnen es abkürzend durch einen Frakturbuchstaben, z.B. $(x_1, \ldots, x_n) = \mathfrak{x}$.

Auf der Menge $\mathbb{R}^n$ läßt sich die algebraische Struktur eines *Vektorraums* über dem Körper $\mathbb{R}$ (kurz: eines reellen Vektorraums) einführen: Zu zwei Elementen $\mathfrak{x} = (x_1, \ldots, x_n)$ und $\mathfrak{y} = (y_1, \ldots, y_n)$ werde als Summe definiert

$$\mathfrak{x} + \mathfrak{y} = (x_1 + y_1, \ldots, x_n + y_n) \in \mathbb{R}^n;$$

zu einer reellen Zahl a und einem Element $\mathfrak{x} = (x_1, \ldots, x_n) \in \mathbb{R}^n$ werde als Produkt definiert

$$a\,\mathfrak{x} = (a\,x_1, \ldots, a\,x_n) \in \mathbb{R}^n.$$

Mit Hilfe der Additionsaxiome für den reellen Zahlkörper prüft man leicht nach, daß $\mathbb{R}^n$ unter der eben eingeführten Addition eine kommutative Gruppe bildet. Das neutrale Element ist das n-tupel $(0, \ldots, 0)$, der „Nullvektor" oder „Nullpunkt des $\mathbb{R}^n$", den wir der Einfachheit halber auch mit 0 bezeichnen, sofern Mißverständnisse nicht zu befürchten sind. — Ebenso verifiziert man unter Hinzuziehung der Multiplikations- und Distributivitätsaxiome von $\mathbb{R}$ folgende Regeln:

$$(a + b)\,\mathfrak{x} = a\,\mathfrak{x} + b\,\mathfrak{x}, \qquad a(\mathfrak{x} + \mathfrak{y}) = a\,\mathfrak{x} + a\,\mathfrak{y},$$
$$a(b\,\mathfrak{x}) = (a\,b)\,\mathfrak{x}, \qquad\qquad 1 \cdot \mathfrak{x} = \mathfrak{x}$$

für alle $\mathfrak{x}, \mathfrak{y} \in \mathbb{R}^n$, $a, b \in \mathbb{R}$.

Steht bei einer Betrachtung die Vektorraumstruktur des $\mathbb{R}^n$ im Vordergrund, so wird man die Elemente des $\mathbb{R}^n$ als *Vektoren* bezeichnen.

Analog zur Veranschaulichung von $\mathbb{R}$ durch die Zahlengerade läßt sich ein anschauliches Modell des $\mathbb{R}^2$ konstruieren: In der Ebene betrachte man zwei aufeinander senkrecht stehende Geraden. Ihr Schnittpunkt heiße O. Auf einer der Geraden lege man einen Punkt E_1 fest, auf der anderen dann einen Punkt E_2, und zwar so, daß E_2 von O denselben Abstand hat wie E_1 und daß die Punkte O, E_1, E_2 im „positiven", d.h. dem Uhrzeigersinn entgegengesetzten Drehsinn aufeinander folgen. Die Gerade durch O, E_ν heiße x_ν-Achse ($\nu = 1, 2$). Man trage nun auf jeder dieser Achsen die reellen Zahlen proportional zu ihrer Größe so ab, daß die Zahl 0 über dem Punkt O liegt, die Zahl 1 über dem Punkt E_ν, und die negativen Zahlen über den Punkten des von O ausgehenden, E_ν nicht enthaltenden Strahls dieser Achse.

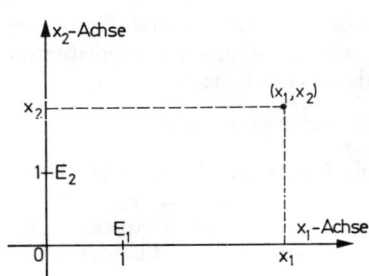

Fig. 1. Koordinaten in der Ebene

Jedem Element $(x_1, x_2) \in \mathbb{R}^2$ ordnen wir nun den Punkt der Ebene zu, über dessen Projektion auf die x_ν-Achse (parallel zur andern Achse genommen) die Zahl x_ν liegt. Damit wird eine eineindeutige Zuordnung zwischen den Elementen von $\mathbb{R}^2$ und allen Punkten der Ebene hergestellt.

Für den $\mathbb{R}^3$ kann in ähnlicher Weise ein anschauliches Modell konstruiert werden.

Die bei diesen Konstruktionen verwandten geometrischen Vorstellungen sind hier nicht mathematisch präzisiert worden. Daher sind die Modelle als Beweishilfsmittel untauglich, wohl aber sind sie von Wert als Hilfsmittel der Vorstellung.

Wir wollen nun den Begriff des Abstands zweier Punkte im $\mathbb{R}^n$ erklären. Dazu sind einige Vorbereitungen nötig.

Definition 1.1. *Sind* $\mathfrak{x} = (x_1, \ldots, x_n)$, $\mathfrak{y} = (y_1, \ldots, y_n)$ *irgend zwei Vektoren des* $\mathbb{R}^n$, *so wird die reelle Zahl* $\sum\limits_{\nu=1}^{n} x_\nu\, y_\nu$ *das Skalarprodukt von* $\mathfrak{x}$ *und* $\mathfrak{y}$ *genannt und mit* $\mathfrak{x} \cdot \mathfrak{y}$ *bezeichnet.*

Mit Hilfe der Körperaxiome von $\mathbb{R}$ erkennt man sofort die Richtigkeit von

Satz 1.1. *Das Skalarprodukt genügt folgenden Regeln:*

$$
\begin{aligned}
&\text{(a)} & \mathfrak{x} \cdot \mathfrak{y} &= \mathfrak{y} \cdot \mathfrak{x}, \\
&\text{(b)} & (\mathfrak{x}_1 + \mathfrak{x}_2) \cdot \mathfrak{y} &= \mathfrak{x}_1 \cdot \mathfrak{y} + \mathfrak{x}_2 \cdot \mathfrak{y}, \\
&\text{(c)} & (a\,\mathfrak{x}) \cdot \mathfrak{y} &= a\,(\mathfrak{x} \cdot \mathfrak{y}), \\
&\text{(d)} & \mathfrak{x} \cdot \mathfrak{x} \geqq 0, \quad & \mathfrak{x} \cdot \mathfrak{x} = 0 \ \textit{gilt genau für } \mathfrak{x} = 0.
\end{aligned}
$$

für alle $\mathfrak{x}, \mathfrak{x}_1, \mathfrak{x}_2, \mathfrak{y} \in \mathbb{R}^n$, $a \in \mathbb{R}$

Regel (b) folgt z. B. so: Es sei $\mathfrak{x}_\lambda = (x_1^{(\lambda)}, \ldots, x_n^{(\lambda)})$ für $\lambda = 1, 2$ und $\mathfrak{y} = (y_1, \ldots, y_n)$. Dann ist $\mathfrak{x}_1 + \mathfrak{x}_2 = (x_1^{(1)} + x_1^{(2)}, \ldots, x_n^{(1)} + x_n^{(2)})$, also

$$(\mathfrak{x}_1 + \mathfrak{x}_2) \cdot \mathfrak{y} = \sum_{\nu=1}^n (x_\nu^{(1)} + x_\nu^{(2)}) \cdot y_\nu = \sum_{\nu=1}^n (x_\nu^{(1)} y_\nu + x_\nu^{(2)} y_\nu)$$
$$= \sum_{\nu=1}^n x_\nu^{(1)} y_\nu + \sum_{\nu=1}^n x_\nu^{(2)} y_\nu = \mathfrak{x}_1 \cdot \mathfrak{y} + \mathfrak{x}_2 \cdot \mathfrak{y}.$$

Regel (d) ergibt sich so: Ist $\mathfrak{x} = (x_1, \ldots, x_n)$, so ist $\mathfrak{x} \cdot \mathfrak{x} = \sum_{\nu=1}^n x_\nu^2$ als Summe von Quadraten nicht negativ und verschwindet genau dann, wenn alle x_ν verschwinden. — Für $\mathfrak{x} \cdot \mathfrak{x}$ schreiben wir auch $\mathfrak{x}^2$.

Mit Hilfe des Skalarproduktes definieren wir nun eine *Norm* genannte Abbildung des $\mathbb{R}^n$ in $\mathbb{R}$, indem wir jedem $\mathfrak{x} \in \mathbb{R}$ als *Norm von* $\mathfrak{x}$ die Zahl $\|\mathfrak{x}\| = \sqrt{\mathfrak{x}^2}$ zuordnen.

Satz 1.2. *Die Norm hat die folgenden Eigenschaften:*

(1) $\|\mathfrak{x}\| \geqq 0$; $\|\mathfrak{x}\| = 0$ *gilt genau für* $\mathfrak{x} = 0$,
(2) $\|a \cdot \mathfrak{x}\| = |a| \cdot \|\mathfrak{x}\|$,
(3) $\|\mathfrak{x} + \mathfrak{y}\| \leqq \|\mathfrak{x}\| + \|\mathfrak{y}\|$
für alle $\mathfrak{x}, \mathfrak{y} \in \mathbb{R}^n, a \in \mathbb{R}$.

Regel (1) ist die Übersetzung der Regel (d) für das Skalarprodukt, Regel (2) folgt sofort aus Regel (c). Um Regel (3) zu verifizieren, beweisen wir zuerst den

Satz 1.3 (Schwarzsche Ungleichung). *Für zwei Vektoren* $\mathfrak{x}, \mathfrak{y} \in \mathbb{R}^n$ *gilt stets* $(\mathfrak{x} \cdot \mathfrak{y})^2 \leqq \mathfrak{x}^2 \cdot \mathfrak{y}^2$. *Das Gleichheitszeichen steht hierbei genau dann, wenn* $\mathfrak{x}$ *und* $\mathfrak{y}$ *linear abhängig sind.*

Beweis. Ist $\mathfrak{y} = 0$, so hat man $\mathfrak{x} \cdot 0 = \mathfrak{x} \cdot (0 + 0) = \mathfrak{x} \cdot 0 + \mathfrak{x} \cdot 0$, also $\mathfrak{x} \cdot 0 = 0$. In diesem Fall verschwinden beide Seiten der behaupteten Ungleichung.

Ist $\mathfrak{y} \neq 0$, so gilt wegen (1) auch $\|\mathfrak{y}\| \neq 0$. Wenn wir noch $\mathfrak{y}^2 = (\|\mathfrak{y}\|)^2$ bedenken, können wir für beliebiges $t \in \mathbb{R}$ schreiben

$$0 \leqq (\mathfrak{x} + t\,\mathfrak{y})^2 = \left(\frac{\mathfrak{x} \cdot \mathfrak{y}}{\|\mathfrak{y}\|} + t \cdot \|\mathfrak{y}\| \right)^2 + \mathfrak{x}^2 - \frac{(\mathfrak{x} \cdot \mathfrak{y})^2}{\mathfrak{y}^2}.$$

Nun kann man t so wählen, daß $\left(\dfrac{\mathfrak{x} \cdot \mathfrak{y}}{\|\mathfrak{y}\|} + t\,\|\mathfrak{y}\| \right) = 0$ ist. Dann erhält man $0 \leqq \mathfrak{x}^2 - \dfrac{(\mathfrak{x} \cdot \mathfrak{y})^2}{\mathfrak{y}^2}$ und daraus die Behauptung. Sind $\mathfrak{x}$ und $\mathfrak{y}$ linear unabhängig, so verschwindet $\mathfrak{x} + t\,\mathfrak{y}$ für kein t, also ist stets $0 < (\mathfrak{x} + t\,\mathfrak{y})^2$, und damit wird die behauptete Ungleichung streng. Sind $\mathfrak{x}$ und $\mathfrak{y}$ linear abhängig, so gibt es wegen $\mathfrak{y} \neq 0$ ein t_0 so, daß $\mathfrak{x} + t_0\,\mathfrak{y} = 0$. Dann ist aber $\dfrac{\mathfrak{x} \cdot \mathfrak{y}}{\|\mathfrak{y}\|} + t_0\|\mathfrak{y}\| = -t_0\|\mathfrak{y}\| + t_0\|\mathfrak{y}\| = 0$, und wir bekommen das Gleichheitszeichen in der Schwarzschen Ungleichung.

Folgerung. $|\mathfrak{x} \cdot \mathfrak{y}| \leqq \|\mathfrak{x}\| \cdot \|\mathfrak{y}\|$ *für* $\mathfrak{x}, \mathfrak{y} \in \mathbb{R}^n$.

Das folgt durch Wurzelziehen aus der Schwarzschen Ungleichung.

Zum Nachweis von (3) in Satz 1.2 betrachten wir

$$
\begin{aligned}
\|\mathfrak{x} + \mathfrak{y}\|^2 &= (\mathfrak{x} + \mathfrak{y})^2 \\
&= \mathfrak{x}^2 + 2\mathfrak{x} \cdot \mathfrak{y} + \mathfrak{y}^2 && \text{nach (a) und (b)} \\
&\leqq \mathfrak{x}^2 + 2|\mathfrak{x} \cdot \mathfrak{y}| + \mathfrak{y}^2 \\
&\leqq \|\mathfrak{x}\|^2 + 2\|\mathfrak{x}\| \cdot \|\mathfrak{y}\| + \|\mathfrak{y}\|^2 && \text{nach der Folgerung} \\
&= (\|\mathfrak{x}\| + \|\mathfrak{y}\|)^2 \,.
\end{aligned}
$$

Nach Wurzelziehen hat man (3).

Ist auf dem $\mathbb{R}^n$ eine reellwertige Funktion gegeben, die den Regeln (1) bis (3) genügt, so nennen wir diese Funktion eine *Norm* und sprechen von einem *normierten reellen Vektorraum*. Die oben mittels des Skalarproduktes definierte Funktion wollen wir die *euklidische Norm* nennen.

Man kann dem $\mathbb{R}^n$ auch andere Normen aufprägen. Bei späteren Untersuchungen werden wir oft für $\mathfrak{x} = (x_1, \ldots, x_n)$ setzen

$$
|\mathfrak{x}| = \max_{\nu = 1, \ldots, n} |x_\nu| \,.
$$

Man verifiziert leicht (1) und (2); (3) folgt so:

$$
|\mathfrak{x} + \mathfrak{y}| = \max_\nu |x_\nu + y_\nu| \leqq \max_\nu (|x_\nu| + |y_\nu|) \leqq \max_\nu |x_\nu| + \max_\nu |y_\nu|
$$
$$
= |\mathfrak{x}| + |\mathfrak{y}| \,.
$$

Mit Hilfe der euklidischen Norm wollen wir jetzt den *euklidischen Abstand* (Distanz) zweier Punkte des $\mathbb{R}^n$ definieren, indem wir für $\mathfrak{x}, \mathfrak{y} \in \mathbb{R}^n$ setzen

$$
\mathrm{dist}\,(\mathfrak{x}, \mathfrak{y}) = \|\mathfrak{y} - \mathfrak{x}\| \,.
$$

Satz 1.4. *Die Distanz hat folgende Eigenschaften:*

(1′) $\mathrm{dist}\,(\mathfrak{x}, \mathfrak{y}) \geqq 0$; $\mathrm{dist}\,(\mathfrak{x}, \mathfrak{y}) = 0$ *genau dann, wenn* $\mathfrak{x} = \mathfrak{y}$,

(2′) $\mathrm{dist}\,(\mathfrak{x}, \mathfrak{y}) = \mathrm{dist}\,(\mathfrak{y}, \mathfrak{x})$,

(3′) $\mathrm{dist}\,(\mathfrak{x}, \mathfrak{z}) \leqq \mathrm{dist}\,(\mathfrak{x}, \mathfrak{y}) + \mathrm{dist}\,(\mathfrak{y}, \mathfrak{z})$

für alle $\mathfrak{x}, \mathfrak{y}, \mathfrak{z} \in \mathbb{R}^n$.

(1′) ist die Übersetzung der Regel (1) für die Norm; (2′) folgt aus (2) für $a = -1$; (3′) folgt aus (3) so:

$$
\begin{aligned}
\mathrm{dist}\,(\mathfrak{x}, \mathfrak{z}) &= \|\mathfrak{z} - \mathfrak{x}\| = \|\mathfrak{z} - \mathfrak{y} + \mathfrak{y} - \mathfrak{x}\| \leqq \|\mathfrak{z} - \mathfrak{y}\| + \|\mathfrak{y} - \mathfrak{x}\| \\
&= \mathrm{dist}\,(\mathfrak{y}, \mathfrak{z}) + \mathrm{dist}\,(\mathfrak{x}, \mathfrak{y}).
\end{aligned}
$$

Deutet man $\mathfrak{x}, \mathfrak{y}, \mathfrak{z}$ anschaulich als Eckpunkte eines Dreiecks, so besagt (3′), daß die Länge einer Dreieckseite nicht größer ist als die Summe der Längen der beiden anderen Seiten. Man nennt (3′) und auch die Ungleichung (3) daher die „Dreiecksungleichung".

Ist zu einer beliebigen Menge $X = \{\mathfrak{x}, \mathfrak{y}, \ldots\}$ eine Funktion gegeben, die jedem Paar $(\mathfrak{x}, \mathfrak{y})$ von Elementen von X eine reelle Zahl dist$(\mathfrak{x}, \mathfrak{y})$ zuordnet, und genügt diese Funktion den Regeln (1′) bis (3′), so sagt man, sie sei eine *Metrik* auf X und nennt X einen *metrischen Raum*.

In derselben Weise, wie der euklidische Abstand auf dem $\mathbb{R}^n$ aus der euklidischen Norm gewonnen wurde, kann man aus jeder anderen Norm des $\mathbb{R}^n$ eine Metrik auf dem $\mathbb{R}^n$ gewinnen (aber nicht jede Metrik kommt von einer Norm).

§ 2. Wege

Es sei I ein offenes oder abgeschlossenes Intervall in $\mathbb{R}$. Auf I seien n reelle Funktionen $\varphi_1, \ldots, \varphi_n$ gegeben. Man kann dann jedem $t \in I$ den Punkt $\Phi(t) = (\varphi_1(t), \ldots, \varphi_n(t)) \in \mathbb{R}^n$ zuordnen. Eine solche Zuordnung heißt eine *Abbildung* $\Phi \colon I \to \mathbb{R}^n$.

Definition 2.1. *Eine Abbildung* $\Phi \colon I \to \mathbb{R}^n$ *heißt stetig bzw. k-mal differenzierbar bzw. k-mal stetig differenzierbar, wenn die Funktionen* $\varphi_1(t), \ldots, \varphi_n(t)$ *stetig bzw. k-mal differenzierbar bzw. k-mal stetig differenzierbar sind.*

Ist Φ k-mal differenzierbar, so bezeichnen wir für jedes natürliche l mit $l \leq k$ den Vektor $(\varphi_1^{(l)}(t), \ldots, \varphi_n^{(l)}(t))$ mit $\Phi^{(l)}(t)$.

Definition 2.2. *Eine stetige Abbildung* $\Phi \colon I \to \mathbb{R}^n$ *eines Intervalls I in den $\mathbb{R}^n$ heißt parametrisierter Weg, die Bildmenge $\Phi(I)$ heißt Spur des parametrisierten Weges. Ist I ein abgeschlossenes Intervall $[a, b]$, so sprechen wir von einem abgeschlossenen parametrisierten Weg und nennen $\Phi(a)$ seinen Anfangspunkt, $\Phi(b)$ seinen Endpunkt.*

Ist $I = (a, b)$ oder $I = [a, b]$, so durchläuft, anschaulich gesprochen, der Punkt $\Phi(t)$ den „Weg" $\Phi(I)$, wenn t von a nach b läuft. Unser Interesse richtet sich aber nicht so sehr auf die „Geschwindigkeit der Durchlaufung" von $\Phi(I)$, die durch die Abbildung Φ gegeben wird, sondern mehr auf den „Durchlaufungssinn". Im folgenden wollen wir den Begriff des Weges so fassen, daß wir nicht an die spezielle Parametrisierung Φ gebunden sind.

Definition 2.3. *Es seien I und I^* Intervalle, die beide offen oder beide abgeschlossen sind. Eine Funktion $g \colon I^* \to I$ heißt Parametertransformation (von I^* auf I), wenn gilt:*

  (a) *g ist stetig,*
  (b) *g ist monoton wachsend,*
  (c) *g bildet I^* auf I ab (g ist surjektiv).*

Ist g Parametertransformation von $[a^*, b^*]$ auf $[a, b]$, so gilt $g(a^*) = a$ und $g(b^*) = b$ wegen (b) und (c).

Sind $g \colon I^* \to I$ und $h \colon I^{**} \to I^*$ Parametertransformationen, so ist auch $g \circ h \colon I^{**} \to I$ eine Parametertransformation. Der einfache Beweis soll dem Leser überlassen bleiben.

Ist $\Phi\colon I \to \mathbb{R}^n$ ein parametrisierter Weg und $g\colon I^* \to I$ eine Parametertransformation, so ist auch $\Phi^* = \Phi \circ g\colon I^* \to \mathbb{R}^n$ ein parametrisierter Weg, denn mit $\Phi(t) = (\varphi_1(t), \dots, \varphi_n(t))$ ist $\Phi^*(t^*) = (\varphi_1 \circ g(t^*), \dots, \varphi_n \circ g(t^*))$ für $t^* \in I^*$, und die zusammengesetzten Funktionen $\varphi_\nu \circ g$ sind stetig. Wegen $g(I^*) = I$ ist $\Phi^*(I^*) = \Phi(g(I^*)) = \Phi(I)$. Ist $I = [a, b]$ und $I^* = [a^*, b^*]$, so ist $\Phi^*(a^*) = \Phi(g(a^*)) = \Phi(a)$ und $\Phi^*(b^*) = \Phi(g(b^*)) = \Phi(b)$. Spur sowie Anfangs- und Endpunkt der durch Φ und $\Phi^* = \Phi \circ g$ parametrisierten Wege stimmen also überein.

Definition 2.4. *Es seien $\Phi\colon I \to \mathbb{R}^n$ und $\Phi^*\colon I^* \to \mathbb{R}^n$ zwei parametrisierte Wege. Sie heißen stark äquivalent, wenn es eine Parametertransformation $g\colon I^* \to I$ oder eine Parametertransformation $g^*\colon I \to I^*$ gibt, so daß $\Phi^* = \Phi \circ g$ bzw. $\Phi = \Phi^* \circ g^*$ gilt. Sie heißen äquivalent, wenn es parametrisierte Wege $\Phi_0, \dots, \Phi_l$ mit $\Phi_0 = \Phi$ und $\Phi_l = \Phi^*$ gibt, so daß Φ_λ und $\Phi_{\lambda-1}$ für $\lambda = 1, \dots, l$ stark äquivalent sind.*

Die dadurch auf der Menge der parametrisierten Wege im $\mathbb{R}^n$ definierte Relation ist in der Tat eine *Äquivalenzrelation:* Sie ist offensichtlich *reflexiv* (d.h. jedes Φ ist zu sich selbst äquivalent) und *symmetrisch* (d.h. ist Φ_1 zu Φ_2 äquivalent, so auch Φ_2 zu Φ_1). Aus der Definition folgt sofort, daß die Relation auch *transitiv* ist (d.h. ist Φ_1 zu Φ_2 äquivalent und Φ_2 zu Φ_3, so ist auch Φ_1 zu Φ_3 äquivalent).

Durch diese Äquivalenzrelation wird die Menge der parametrisierten Wege in Teilmengen, sogenannte *Äquivalenzklassen,* zerlegt: Zur Äquivalenzklasse eines parametrisierten Weges gehören genau die parametrisierten Wege, die zu ihm äquivalent sind. Jeder parametrisierte Weg gehört also zu einer Äquivalenzklasse, und der Durchschnitt zweier verschiedener Äquivalenzklassen ist leer.

Definition 2.5. *Ein Weg ist eine Äquivalenzklasse von parametrisierten Wegen.*

Der Begriff „Spur eines Weges" ist in eindeutiger Weise definiert, denn stark äquivalente parametrisierte Wege haben die gleiche Spur, also haben auch äquivalente parametrisierte Wege die gleiche Spur. Ebenso hängen die Begriffe „abgeschlossener Weg", „Anfangs- und Endpunkt" nicht von der Parametrisierung ab.

Als Beispiel betrachten wir im $\mathbb{R}^2$ die Menge

$$A = \{(x_1, x_2)\colon x_1^2 + x_2^2 = 1,\ x_2 \geqq 0\},$$

anschaulich gesprochen die abgeschlossene obere Hälfte der Einheitskreislinie. Ist $I = [-1, 1]$, so wird durch $\Phi(t) = (-t, \sqrt{1 - t^2})$, $t \in I$, eine stetige Abbildung von I in den $\mathbb{R}^2$ definiert, es ist $\Phi(-1) = (1, 0)$, $\Phi(1) = (-1, 0)$ und $\Phi(I) = A$ (vgl. § 5). Φ erlaubt es also, A als parametrisierten Weg aufzufassen. — Mit $I^* = [0, \pi]$ wird durch $\Phi^*(t^*) = (\cos t^*, \sin t^*)$, $t^* \in I^*$, eine andere Parametrisierung von A gegeben. Φ und Φ^* sind äquivalent, es ist nämlich $g(t^*)$ $= - \cos t^*$ eine Parametertransformation von I^* auf I und es gilt $\Phi^* = \Phi \circ g$.

Ein Weg hat, anschaulich gesprochen, einen „Durchlaufungssinn" (oder eine „Orientierung"). Wir wollen nun präzisieren, was man unter dem „im entgegengesetzten Sinn durchlaufenen Weg" zu verstehen hat.

Zu einem Intervall I erklären wir nun das Intervall $- I = \{t \in \mathbb{R}: - t \in I\}$. Ist $\Phi: I \to \mathbb{R}^n$ ein parametrisierter Weg, so definieren wir einen parametrisierten Weg $\Phi^-: - I \to \mathbb{R}^n$ durch $\Phi^-(t) = \Phi(-t)$. Es gilt $\Phi^-(- I) = \Phi(I)$, also haben Φ^- und Φ die gleiche Spur. Ist $I = [a, b]$, so ist $- I = [- b, - a]$, und es gilt $\Phi^-(- b) = \Phi(b)$ und $\Phi^-(- a) = \Phi(a)$. Anfangs- und Endpunkt werden also beim Übergang von Φ zu Φ^- vertauscht.

Ist $g: I^* \to I$ eine Parametertransformation und $\Phi_* = \Phi \circ g$, so gilt $\Phi_*^-(t) = \Phi \circ g(- t) = \Phi^- \circ g^-(t)$ mit $g^-(t) = - g(- t)$ für jedes $t \in - I^*$. Die Abbildung $g^-: - I^* \to - I$ ist, wie man leicht nachprüft, eine Parametertransformation. Also sind Φ^- und Φ_*^- stark äquivalent. Daraus kann man schließen: Sind Φ_1 und Φ_2 äquivalent, so sind auch Φ_1^- und Φ_2^- äquivalent.

Durchläuft Φ eine Äquivalenzklasse W von parametrisierten Wegen, so liegen also die parametrisierten Wege Φ^- alle in einer Äquivalenzklasse, die wir mit $- W$ bezeichnen wollen. Wir sagen, $- W$ gehe aus W durch *Umkehrung der Orientierung* hervor.

Fällt der Endpunkt eines Weges W_1 mit dem Anfangspunkt eines zweiten Weges W_2 zusammen, so kann ein Punkt anschaulich beide Wege hintereinander durchlaufen. Wir wollen auch diesen Begriff präzisieren. Es sei $\Phi_\mu: I_\mu \to \mathbb{R}^n$ eine Parametrisierung von W_μ ($\mu = 1, 2$), dabei sei $I_\mu = [a_\mu, b_\mu]$. Es gelte $\Phi_1(b_1) = \Phi_2(a_2)$. Wir setzen $I_2' = [b_1, b_1 + (b_2 - a_2)]$ und definieren eine Parametertransformation $g: I_2' \to I_2$ durch $g(t) = t - b_1 + a_2$. Es ist $I = I_1 \cup I_2' = [a_1, b_1 + (b_2 - a_2)]$. Wir definieren einen parametrisierten Weg $\Phi: I \to \mathbb{R}^n$ durch

$$\Phi(t) = \begin{cases} \Phi_1(t) & \text{für } t \in I_1 \\ \Phi_2 \circ g(t) & \text{für } t \in I_2'. \end{cases}$$

Φ ist wohldefiniert, denn in $I_1 \cap I_2' = \{b_1\}$ gilt $\Phi_2 \circ g(b_1) = \Phi_2(a_2) = \Phi_1(b_1)$ nach Voraussetzung. Φ ist stetig: Das ist klar für $t \in [a_1, b_1)$ und $t \in (b_1, b_1 + (b_2 - a_2)]$, da Φ_1 bzw. $\Phi_2 \circ g$ dort stetig sind. Die Stetigkeit in b_1 folgt sofort aus der Stetigkeit von Φ_1 und $\Phi_2 \circ g$ dort und der Gleichung $\Phi_1(b_1) = \Phi_2 \circ g(b_1)$. — Der Anfangspunkt des parametrisierten Weges Φ ist $\Phi_1(a_1)$, also der Anfangspunkt von W_1. Entsprechend ist der Endpunkt von Φ der Endpunkt von W_2. Die Spur von Φ ist die Vereinigung der Spuren $\Phi_1(I_1)$ und $\Phi_2(I_2)$ $= \Phi_2 \circ g(I_2')$.

Ersetzt man Φ_1 und Φ_2 durch äquivalente Parametrisierungen Φ_1^* und Φ_2^*, so führt die obige Konstruktion, angewandt auf Φ_1^* und Φ_2^*, zu einem parametrisierten Weg Φ^*, der äquivalent zu Φ ist. Der Beweis bleibt dem Leser überlassen. Die Äquivalenzklasse von Φ hängt also nur von W_1 und W_2 ab. Wir bezeichnen sie mit $W_1 + W_2$ und nennen sie die *Summe der Wege W_1 und W_2*.

Induktiv kann man nun die Summe von endlich vielen abgeschlossenen Wegen $W_1, \ldots, W_l$ definieren ($l \geqq 2$), sofern für $\lambda = 1, \ldots, l - 1$ jedesmal der Endpunkt von W_λ mit dem Anfangspunkt von $W_{\lambda+1}$ übereinstimmt: Wir nehmen an, es sei $l \geqq 3$ und die Summe von je $l - 1$ solchen Wegen sei schon definiert. Dann setzen wir $W_1 + \ldots + W_l = (W_1 + \ldots + W_{l-1}) + W_l$.

Diese Addition ist assoziativ in folgendem Sinn: Ist die Summe $W_1 + \ldots + W_l$ für eine Beklammerung definiert, so auch für jede andere, und sie stellt jedesmal den gleichen Weg dar.

Es sollen nun einige spezielle Klassen von Wegen eingeführt werden, die uns in späteren Betrachtungen begegnen werden.

Definition 2.6. *Ein abgeschlossener Weg heißt geschlossen, wenn sein Endpunkt mit dem Anfangspunkt übereinstimmt.*

Definition 2.7. *Ein Weg heißt einfach geschlossen, wenn er geschlossen ist und es eine Parametrisierung $\Phi: [a, b] \to \mathbb{R}^n$ gibt, die auf $[a, b)$ eineindeutig ist.*

Definition 2.8. *Ein Weg W heißt glatt, wenn es eine stetig differenzierbare Parametrisierung $\Phi: I \to \mathbb{R}^n$ von W gibt, für die $\Phi'(t) \neq 0$ ist für jedes $t \in I$. Eine solche Parametrisierung heißt glatt.*

Nicht jede stetig differenzierbare Parametrisierung eines glatten Weges ist glatt. Zum Beispiel ist $\Phi(t) = (t, t)$ für $t \in [-1, 1] = I$ eine glatte Parametrisierung von $\{(x, y): x = y, |x| \leq 1\}$. Durch $g(t) = t^3$ wird eine Parametertransformation von I auf sich gegeben, für die $\Phi^* = \Phi \circ g$ nicht glatt ist. Es ist nämlich $\Phi^*(t) = (t^3, t^3)$, $(\Phi^*)'(t) = (3t^2, 3t^2)$, also $(\Phi^*)'(0) = (0, 0)$.

Definition 2.9. *Ein Weg heißt stückweise glatt, wenn er als Summe von endlich vielen glatten Wegen dargestellt werden kann.*

§ 3. Bogenlänge

Die Länge eines abgeschlossenen Weges wird als Grenze der euklidischen Länge approximierender Streckenzüge (Sehnenpolygone) erklärt. Präzise ausgedrückt:

Sei W ein Weg im $\mathbb{R}^n$, $\Phi: I \to \mathbb{R}^n$ eine Parametrisierung von W, $I = [a, b]$. Eine Zerlegung $\mathfrak{Z}$ von I ist ein $(l + 1)$-Tupel $(t_0, \ldots, t_l)$ reeller Zahlen (l beliebige natürliche Zahl), für die $a = t_0 < \ldots < t_l = b$ gilt. Ist $\mathfrak{Z}$ gegeben, so setzen wir $\mathfrak{x}_\lambda = \Phi(t_\lambda) \in \Phi(I)$ für

$\lambda = 0, \ldots, l$. Die Länge des durch die $\mathfrak{x}_\lambda$ gelegten „Sehnenpolygons"
ist dann

$$L(W, \mathfrak{Z}) = \sum_{\lambda=1}^{l} \text{dist}(\mathfrak{x}_{\lambda-1}, \mathfrak{x}_\lambda) = \sum_{\lambda=1}^{l} \| \mathfrak{x}_\lambda - \mathfrak{x}_{\lambda-1} \|.$$

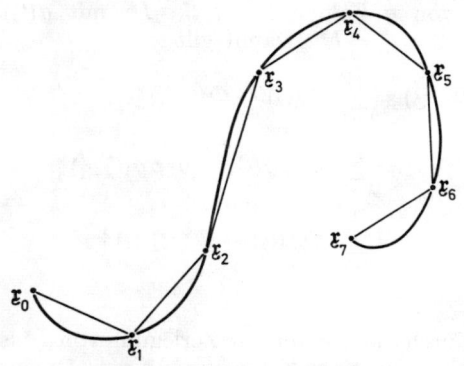

Fig. 2. Weg mit Sehnenpolygon

Wird $\mathfrak{Z}$ durch eine Zerlegung $\mathfrak{Z}'$ verfeinert, die außer den zu $\mathfrak{Z}$
gehörenden Teilpunkten t_λ noch einen weiteren Teilpunkt t' enthält,
für den etwa $t_{\mu-1} < t' < t_\mu$ gilt, und ist $\mathfrak{x}' = \varPhi(t')$, so gilt

$$\begin{aligned}
L(W, \mathfrak{Z}) &= \sum_{\lambda=1}^{l} \| \mathfrak{x}_\lambda - \mathfrak{x}_{\lambda-1} \| \\
&= \sum_{\lambda=1}^{\mu-1} \| \mathfrak{x}_\lambda - \mathfrak{x}_{\lambda-1} \| + \| \mathfrak{x}_\mu - \mathfrak{x}_{\mu-1} \| + \sum_{\lambda=\mu+1}^{l} \| \mathfrak{x}_\lambda - \mathfrak{x}_{\lambda-1} \| \\
&\leq \sum_{\lambda=1}^{\mu-1} \| \mathfrak{x}_\lambda - \mathfrak{x}_{\lambda-1} \| + \| \mathfrak{x}' - \mathfrak{x}_{\mu-1} \| + \| \mathfrak{x}_\mu - \mathfrak{x}' \| \\
&\quad + \sum_{\lambda=\mu+1}^{l} \| \mathfrak{x}_\lambda - \mathfrak{x}_{\lambda-1} \| \\
&= L(W, \mathfrak{Z}').
\end{aligned}$$

Durch mehrmalige Anwendung dieses Schlusses ergibt sich: Ist $\mathfrak{Z}'$
eine beliebige Verfeinerung von $\mathfrak{Z}$, so ist $L(W, \mathfrak{Z}) \leq L(W, \mathfrak{Z}')$. Es
ist daher sinnvoll, zu setzen:

Definition 3.1. *Die Länge des abgeschlossenen Weges W ist $L(W)$*
$= \sup L(W, \mathfrak{Z})$, wobei das Supremum über alle Zerlegungen $\mathfrak{Z}$ von I
zu nehmen ist. W heißt rektifizierbar, wenn $L(W) < \infty$ ist[1].

Es genügt offenbar auch, das Supremum über alle Verfeinerungen
einer festen Zerlegung zu nehmen.

---

[1] Wir schreiben statt $+ \infty$ oft einfach ∞.

Wir müssen allerdings noch nachweisen, daß die so definierte Länge von der gewählten Parametrisierung unabhängig ist. Ist $\Phi^*\colon I^* \to \mathbb{R}^n$ eine andere Parametrisierung von W, welche durch die Gleichung $\Phi^* = \Phi \circ g$ mit passendem g mit Φ zusammenhängt, und ist $\mathfrak{Z} = (t_0, \ldots, t_l)$ eine Zerlegung von I, so gibt es wegen der Surjektivität von g Zahlen $t_0^*, \ldots, t_l^* \in I^*$ mit $g(t_\lambda^*) = t_\lambda$ und $a^* = t_0^* < t_1^* < \ldots < t_l^* = b^*$. Damit gilt

$$L(W, \mathfrak{Z}) = \sum_{\lambda=1}^{l} \| \Phi(t_\lambda) - \Phi(t_{\lambda-1}) \|$$

$$= \sum_{\lambda=1}^{l} \| \Phi \circ g(t_\lambda^*) - \Phi \circ g(t_{\lambda-1}^*) \|$$

$$= \sum_{\lambda=1}^{l} \| \Phi^*(t_\lambda^*) - \Phi^*(t_{\lambda-1}^*) \|$$

$$= L(W, \mathfrak{Z}^*),$$

wenn $\mathfrak{Z}^*$ die durch die t_λ^* definierte Zerlegung von I^* ist. Umgekehrt findet man ebenso zu einer Zerlegung $\mathfrak{Z}^*$ von I^* eine Zerlegung $\mathfrak{Z}$ von I mit $L(W, \mathfrak{Z}^*) = L(W, \mathfrak{Z})$. Daraus folgt die Behauptung.

Es sei nun W ein durch $\Phi\colon I \to \mathbb{R}^n$ parametrisierter abgeschlossener Weg, I' sei ein abgeschlossenes Teilintervall von I. Dann definiert $\Phi' = \Phi | I'\colon I' \to \mathbb{R}^n$ einen Weg W', den wir als Teilweg von W bezeichnen. Ist $I' = [t_1, t_2]$, so schreiben wir auch $W' = W_{t_1, t_2}$; ist $I = [a, b]$ und $I' = [a, t_0]$, so schreiben wir $W' = W_{t_0}$. Diese Bezeichnungen benutzen wesentlich die spezielle Parametrisierung.

Satz 3.1. *Ist W rektifizierbar, so ist jeder Teilweg W' von W rektifizierbar und es gilt $L(W') \leqq L(W)$.*

Beweis. Wir erweitern jede Zerlegung $\mathfrak{Z}'$ von I' durch Hinzunahme der Randpunkte von I zu einer Zerlegung $\mathfrak{Z}$ von I. Dann gilt offenbar

$$L(W', \mathfrak{Z}') \leqq L(W, \mathfrak{Z}) \leqq L(W) < \infty,$$

woraus die Behauptung folgt.

Satz 3.2. *Wenn die Wege W_1 und W_2 rektifizierbar sind und $W_1 + W_2$ definiert ist, so ist $W_1 + W_2$ rektifizierbar und $L(W_1 + W_2) = L(W_1) + L(W_2)$.*

Beweis. Wir dürfen annehmen, daß W_1 über $I_1 = [a, b]$ und W_2 über $I_2 = [b, c]$ parametrisiert ist. Dann ist $W_1 + W_2$ über $I = I_1 \cup I_2 = [a, c]$ parametrisiert. Sei $\mathfrak{Z}$ eine Zerlegung von I. Indem wir den Punkt b nötigenfalls als Teilpunkt zu $\mathfrak{Z}$ hinzunehmen, erhalten wir eine Verfeinerung $\mathfrak{Z}'$ von $\mathfrak{Z}$, die als „Vereinigung" einer Zerlegung $\mathfrak{Z}_1$ von I_1 mit einer Zerlegung $\mathfrak{Z}_2$ von I_2 aufgefaßt werden kann.

Wir schreiben $\mathfrak{Z}' = \mathfrak{Z}_1 \cup \mathfrak{Z}_2$. Dann ist

$$L(W_1 + W_2, \mathfrak{Z}) \leqq L(W_1 + W_2, \mathfrak{Z}')$$
$$= L(W_1, \mathfrak{Z}_1) + L(W_2, \mathfrak{Z}_2) \leqq L(W_1) + L(W_2).$$

Daraus folgt schon die Rektifizierbarkeit von $W_1 + W_2$ und $L(W_1 + W_2) \leqq L(W_1) + L(W_2)$. — Zu beliebigem $\varepsilon > 0$ gibt es Zerlegungen $\mathfrak{Z}_\nu$ von I_ν so, daß $0 \leqq L(W_\nu) - L(W_\nu, \mathfrak{Z}_\nu) < \varepsilon/2$ ist $(\nu = 1, 2)$. Dann gilt für die Zerlegung $\mathfrak{Z} = \mathfrak{Z}_1 \cup \mathfrak{Z}_2$ von I:

$$L(W_1 + W_2) \geqq L(W_1 + W_2, \mathfrak{Z})$$
$$= L(W_1, \mathfrak{Z}_1) + L(W_2, \mathfrak{Z}_2) > L(W_1) - \frac{\varepsilon}{2} + L(W_2) - \frac{\varepsilon}{2}.$$

Es muß also auch $L(W_1 + W_2) \geqq L(W_1) + L(W_2)$ gelten.

Für eine Klasse von Wegen, welche die glatten Wege umfaßt, kann man die Bogenlänge einfach berechnen:

Satz 3.3. *Der Weg W besitze eine stetig differenzierbare Parametrisierung $\Phi: [a, b] \to \mathbb{R}^n$. Dann ist W rektifizierbar, und es gilt*

$$L(W) = \int\limits_a^b \| \Phi'(t) \| \, dt.$$

Zum Beweis dieses Satzes benötigen wir einen

Hilfssatz. *Über einem Intervall $[a, b]$ seien n stetige reelle Funktionen $\psi_1, \ldots, \psi_n$ gegeben; wir setzen*

$$\Psi = (\psi_1, \ldots, \psi_n) \quad und \quad \int\limits_a^b \Psi(t) \, dt = \left(\int\limits_a^b \psi_1(t) \, dt, \ldots, \int\limits_a^b \psi_n(t) \, dt \right).$$

Dann gilt

$$\| \int\limits_a^b \Psi(t) \, dt \| \leqq \int\limits_a^b \| \Psi(t) \| \, dt.$$

Beweis des Hilfssatzes. Es sei $\mathfrak{Z} = (t_0, \ldots, t_l)$ eine Zerlegung von $[a, b]$ und $\tau_\lambda \in [t_{\lambda-1}, t_\lambda]$ für $\lambda = 1, \ldots, l$. Dann läßt sich auf die Riemannsche Summe $\sum\limits_{\lambda=1}^{l} \Psi(\tau_\lambda) \cdot (t_\lambda - t_{\lambda-1})$ die Dreiecksungleichung anwenden:

$$\left\| \sum_{\lambda=1}^{l} \Psi(\tau_\lambda) \cdot (t_\lambda - t_{\lambda-1}) \right\| \leqq \sum_{\lambda=1}^{l} \| \Psi(\tau_\lambda) \| \cdot (t_\lambda - t_{\lambda-1}).$$

Rechts steht aber eine Riemannsche Summe für $\| \Psi(t) \|$ zur Zerlegung $\mathfrak{Z}$. Da wegen der Stetigkeit von Ψ und $\| \Psi \|$ diese Riemannschen Summen bei Verfeinerung der Zerlegung gegen die Integrale konvergieren, folgt die Behauptung.

Beweis von Satz 3.3. Es sei wieder $\mathfrak{Z} = (t_0, \ldots, t_l)$ eine Zerlegung von $[a, b]$. Dann ist

$$L(W, \mathfrak{Z}) = \sum_{\lambda=1}^{l} \| \Phi(t_\lambda) - \Phi(t_{\lambda-1}) \|$$

$$= \sum_{\lambda=1}^{l} \left\| \int_{t_{\lambda-1}}^{t_\lambda} \Phi'(t)\, dt \right\|$$

$$\leq \sum_{\lambda=1}^{l} \int_{t_{\lambda-1}}^{t_\lambda} \| \Phi'(t) \|\, dt \qquad \text{(Hilfssatz)}$$

$$= \int_{a}^{b} \| \Phi'(t) \|\, dt \,.$$

Wir haben damit für $L(W, \mathfrak{Z})$ eine von $\mathfrak{Z}$ unabhängige obere Schranke gefunden, die Rektifizierbarkeit von W ist also gezeigt.

Es seien nun $t_0, t \in I$ und $t > t_0$. Dann ist nach Satz 3.2

$$L(W_t) - L(W_{t_0}) = L(W_{t_0, t}) \,.$$

Aus dem ersten Teil des Beweises folgt die rechte der Ungleichungen

$$\| \Phi(t) - \Phi(t_0) \| \leq L(W_t) - L(W_{t_0}) \leq \int_{t_0}^{t} \| \Phi'(t) \|\, dt \,,$$

die linke Ungleichung ist trivial. Nach Division durch $t - t_0$ ergibt sich

$$\left\| \frac{\Phi(t) - \Phi(t_0)}{t - t_0} \right\| \leq \frac{L(W_t) - L(W_{t_0})}{t - t_0} \leq \frac{1}{t - t_0} \int_{t_0}^{t} \| \Phi'(t) \|\, dt \,.$$

Läßt man hier t gegen t_0 gehen, so streben die beiden äußeren Terme gegen $\| \Phi'(t_0) \|$, also auch der mittlere. Die gleiche Überlegung läßt sich für $t < t_0$ durchführen. Damit ist erkannt, daß $L(W_t)$ als Funktion von t differenzierbar ist und die Ableitung $\| \Phi'(t) \|$ hat. Daraus folgt wegen $L(W_a) = 0$ sofort die im Satz behauptete Formel.

§ 4. Der ausgezeichnete Parameter

In diesem Paragraphen behandeln wir nur abgeschlossene Wege. — Ein Weg im $\mathbb{R}^n$ soll konstant heißen, wenn eine (und damit jede) seiner Parametrisierungen konstant ist, mit anderen Worten, wenn seine Spur nur aus einem Punkt besteht. Dann hat er offenbar die Länge 0.

Ist ein Weg W nicht konstant, so ist $L(W) > 0$: Es gibt nämlich mindestens zwei verschiedene Punkte $\mathfrak{x}_1, \mathfrak{x}_2$ in der Spur von W. Nimmt man noch Anfangspunkt $\mathfrak{x}_a$ und Endpunkt $\mathfrak{x}_e$ von W hinzu, so geben $\mathfrak{x}_a, \mathfrak{x}_1, \mathfrak{x}_2, \mathfrak{x}_e$ eine Zerlegung $\mathfrak{Z}$ von I mit $L(W, \mathfrak{Z}) > 0$.

Ein parametrisierter Weg $\Phi\colon I \to \mathbb{R}^n$ soll *nirgends konstant* heißen, wenn Φ auf keinem Teilintervall von I konstant ist.

Es sei nun $\Phi\colon [a, b] \to \mathbb{R}^n$ eine Parametrisierung eines rektifizierbaren Weges W. Für $t \in [a, b]$ setzen wir $s(t) = L(W_t)$. Diese Funktion heißt die *Bogenlänge* des parametrisierten Weges Φ.

Satz 4.1. *Die so auf $I = [a, b]$ definierte Funktion $s(t)$ ist stetig und monoton wachsend; sie erfüllt $s(a) = 0$ und $s(b) = L(W)$. Es gibt eine nirgends konstante Parametrisierung $\Psi\colon [0, L(W)] \to \mathbb{R}^n$ von W, so daß $\Phi = \Psi \circ s$ gilt. Hierdurch ist Ψ eindeutig bestimmt.*

Beweis. 1. Die Monotonie von s sieht man einfach: Gilt

$$a \leqq t_1 \leqq t_2 \leqq b\,,$$

so ist

$$s(t_2) = L(W_{t_2}) = L(W_{t_1}) + L(W_{t_1, t_2}) \geqq L(W_{t_1}) = s(t_1)\,.$$

Ist Φ nirgends konstant, so ist s sogar streng monoton. — Die Aussagen $s(a) = 0$ und $s(b) = L(W)$ sind trivial.

2. Zum Nachweis der Stetigkeit von s etwa im Punkte $t_* \in [a, b]$ haben wir zu jedem $\varepsilon > 0$ eine Umgebung U von t_* so zu konstruieren, daß $s(U \cap [a, b]) \subset U_\varepsilon(s(t_*))$.

Zuerst können wir wegen der Stetigkeit von Φ ein $\delta > 0$ so finden, daß aus $t \in U_\delta(t_*) \cap [a, b]$ folgt $|\varphi_\nu(t) - \varphi_\nu(t_*)| < \varepsilon/(2\sqrt{n})$ für $\nu = 1, \ldots, n$. Dann gilt offenbar $\|\Phi(t) - \Phi(t_*)\| < \varepsilon/2$.

Sodann wählen wir eine Zerlegung $\mathfrak{Z}$ von $[a, b]$, die t_* als Teilpunkt t_{λ_0} enthält und $L(W) - L(W, \mathfrak{Z}) < \varepsilon/2$ erfüllt. Wir setzen $U'(t_*) = (t_{\lambda_0 - 1}, t_{\lambda_0 + 1})$, wobei nötigenfalls $t_{-1} = a - 1, t_{l+1} = b + 1$ zu verstehen ist.

Dann hat $U = U'(t_*) \cap U_\delta(t_*)$ die geforderte Eigenschaft: Es sei $t \in U \cap [a, b]$, etwa $t > t_*$ (im andern Falle verläuft der Beweis analog). $\mathfrak{Z}'$ sei die aus $\mathfrak{Z}$ durch Hinzunahme von t als Teilpunkt entstehende Zerlegung. Es ist dann

$$\begin{aligned}
\varepsilon/2 > L(W) - L(W, \mathfrak{Z}) &\geqq L(W) - L(W, \mathfrak{Z}') \\
&= \{L(W_{t_*}) - L(W_{t_*}, \mathfrak{Z}')\} \\
&\quad + \{L(W_{t_*, t}) - L(W_{t_*, t}, \mathfrak{Z}')\} \\
&\quad + \{L(W_{t, b}) - L(W_{t, b}, \mathfrak{Z}')\} \\
&\geqq 0\,.
\end{aligned}$$

Hierbei sind alle Ausdrücke in $\{\ \}$ nichtnegativ, also ist insbesondere der mittlere auch kleiner als $\varepsilon/2$. Die Zerlegung $\mathfrak{Z}'$ hat aber in $[t_*, t]$ nur t_* und t als Teilpunkte, also ist

$$L(W_{t_*, t}, \mathfrak{Z}') = \|\Phi(t) - \Phi(t_*)\| < \varepsilon/2$$

nach Konstruktion. Damit wird schließlich

$$
\begin{aligned}
s(t) - s(t_*) &= L(W_t) - L(W_{t_*}) = L(W_{t_*,t}) \\
&= \{L(W_{t_*,t}) - L(W_{t_*,t}, \mathfrak{Z}')\} + L(W_{t_*,t}, \mathfrak{Z}') \\
&< \frac{\varepsilon}{2} + \frac{\varepsilon}{2} = \varepsilon,
\end{aligned}
$$

was zu zeigen war.

3. Der Nachweis der Existenz und Stetigkeit von Ψ ist trivial, wenn Φ nirgends konstant, s also streng monoton ist. Dann existiert die Umkehrfunktion s^{-1}: $[0, L(W)] \to [a, b]$ und ist ebenfalls stetig und streng monoton wachsend. Man hat nur $\Psi = \Phi \circ s^{-1}$ zu setzen.

Im allgemeinen Fall ist der Beweis etwas umständlicher. Wir definieren Ψ wie folgt: Zu $s^* \in [0, L(W)]$ gibt es (mindestens) ein $t \in I$ mit $s(t) = s^*$, wir setzen $\Psi(s^*) = \Phi(t)$. Das ist eine sinnvolle Definition: Ist nämlich $s(t_1) = s(t) = s^*$ und etwa $t < t_1$, so ist $L(W_{t,t_1}) = 0$, also $\Phi(t_1) = \Phi(t)$. — Aufgrund der Konstruktion von Ψ gilt $\Phi = \Psi \circ s$, und Ψ ist durch diese Gleichung eindeutig bestimmt.

Es sei nun $s_1, s_2 \in [0, L(W)]$, etwa $s_\mu = s(t_\mu)$ mit $t_\mu \in [a, b]$ für $\mu = 1, 2$ und $t_1 \leqq t_2$. Dann ist für $\nu = 1, \ldots, n$

$$
\begin{aligned}
|\psi_\nu(s_1) - \psi_\nu(s_2)| &\leqq \sqrt{\sum_{\lambda=1}^{n} (\psi_\lambda(s_1) - \psi_\lambda(s_2))^2} \\
&= \|\Psi(s_1) - \Psi(s_2)\| \\
&= \|\Phi(t_1) - \Phi(t_2)\| \\
&\leqq L(W_{t_1, t_2}) \\
&= |s(t_1) - s(t_2)| \\
&= |s_1 - s_2|.
\end{aligned}
$$

Daraus folgt die Stetigkeit von ψ_ν in jedem $s_0 \in [0, L(W)]$: Zu $\varepsilon > 0$ wähle man $\delta = \varepsilon$. Ist dann $s \in U_\delta(s_0) \cap [0, L(W)]$, so ist

$$
|\psi_\nu(s) - \psi_\nu(s_0)| \leqq |s - s_0| < \delta = \varepsilon.
$$

4. Damit ist s als Parametertransformation und Ψ als zu Φ äquivalenter parametrisierter Weg erkannt. Ist W_{s*} der durch $\Psi | [0, s^*]$ parametrisierte Teilweg von W, so gilt $L(W_{s*}) = s^*$; diese Eigenschaft ist charakteristisch für Ψ. Es folgt, daß Ψ nirgends konstant ist. Damit ist Satz 4.1 vollständig bewiesen.

Wir nennen die soeben konstruierte Parametrisierung Ψ des rektifizierbaren Weges W die *ausgezeichnete Parametrisierung* von W. Um diese Bezeichnung zu rechtfertigen, muß noch gezeigt werden, daß äquivalente Parametrisierungen $\Phi_1: I_1 \to \mathbb{R}^n$ und $\Phi_2: I_2 \to \mathbb{R}^n$ zur gleichen ausgezeichneten Parametrisierung führen. Es genügt dazu, zu zeigen, daß die ausgezeichneten Parametrisierungen zu

Φ_1 und Φ_2 gleich sind, wenn $\Phi_1 = \Phi_2 \circ g_1$ mit einer Parametertransformation $g_1: I_1 \to I_2$ gilt. Nun besteht aber, wenn s_1 bzw. s_2 die Bogenlänge von Φ_1 bzw. Φ_2 bezeichnet, nach einer Bemerkung in § 3 die Gleichung $s_1(t) = s_2(g_1(t))$ für $t \in I_1$. Ist Ψ die zu Φ_2 gehörige ausgezeichnete Parametrisierung, so ist also $\Phi_1 = \Phi_2 \circ g_1$ $= (\Psi \circ s_2) \circ g_1 = \Psi \circ (s_2 \circ g_1) = \Psi \circ s_1$. Wegen der Eindeutigkeit der Zerlegung $\Phi_1 = \Psi \circ s_1$ folgt die Behauptung. — Haben umgekehrt zwei rektifizierbare parametrisierte Wege die gleiche ausgezeichnete Parametrisierung, so sind sie offenbar äquivalent.

Sei nun W ein glatter Weg mit der glatten Parametrisierung Φ. Dann ist Φ insbesondere nirgends konstant: Zu jedem $t_0 \in I$ gibt es ein ν, $1 \le \nu \le n$, so daß $\varphi'_\nu(t_0) \neq 0$; wegen der Stetigkeit von φ'_ν gibt es eine ε-Umgebung U von t_0, so daß für $t \in U \cap I$ gilt $\varphi'_\nu(t) \neq 0$; φ_ν ist also in $U \cap I$ bijektiv. Damit ist auch Φ in $U \cap I$ bijektiv und W über $U \cap I$ nicht konstant. Da t_0 beliebig war, ist Φ nirgends konstant und $s(t)$ streng monoton wachsend. Nach Satz 3.3 ist $s(t)$ differenzierbar, es gilt $s'(t) = \|\Phi'(t)\| \neq 0$. Deswegen ist auch die Umkehrfunktion $t(s)$ von $s(t)$ stetig differenzierbar, es gilt

$$\frac{dt}{ds}(s) = \frac{1}{\|\Phi'(t(s))\|}.$$

Schließlich ist ersichtlich auch die ausgezeichnete Parametrisierung $\Psi(s) = \Phi(t(s))$ glatt, es gilt

$$\Psi'(s) = \Phi'(t(s)) \cdot \frac{dt}{ds}(s) = \Phi'(t(s)) \cdot \frac{1}{\|\Phi'(t(s))\|} \neq 0.$$

Daraus folgt insbesondere $\|\Psi'(s)\| \equiv 1$.

Hat man umgekehrt einen Weg W mit einer glatten Parametrisierung Φ, die $\|\Phi'\| \equiv 1$ erfüllt, so ist

$$s(t) = \int_a^t \|\Phi'\| \, d\tau = t - a,$$

t ist bis auf eine Translation um a schon der ausgezeichnete Parameter von W. Ist also $\Phi: [a, b] \to \mathbb{R}^n$ eine glatte Parametrisierung des glatten Weges W, so ist Φ genau dann die ausgezeichnete Parametrisierung, wenn $a = 0$ und $\|\Phi'\| \equiv 1$ gilt.

Wir wollen nun noch eine Verallgemeinerung von Satz 3.3 ohne Beweis anschließen[1]. Eine Abbildung $\Phi = (\varphi_1, \ldots, \varphi_n): I \to \mathbb{R}^n$ heißt absolut stetig, wenn jedes φ_ν in I fast überall differenzierbar ist und eine (im Lebesgueschen Sinne) integrierbare Ableitung φ'_ν hat, für die $\int_a^t \varphi'_\nu \, dt = \varphi_\nu(t) - \varphi_\nu(a)$ gilt. Ist Ψ die ausgezeichnete

---

[1] Der Beweis wird im dritten Band geführt werden.

Parametrisierung eines rektifizierbaren, nirgends konstanten Weges
W, so gilt für $s_1, s_2 \in [0, L(W)]$ und $s_1 < s_2$:

$$\| \Psi(s_2) - \Psi(s_1) \| \leq L(W_{s_1, s_2}) = s_2 - s_1 \,.$$

Daraus kann man die absolute Stetigkeit von Ψ folgern. Man kann
weiter zeigen: Der Weg W besitze eine absolut stetige Parametrisierung Φ. Dann ist W rektifizierbar und es gilt

$$L(W) = \int_a^b \| \Phi' \| \, dt \,.$$

§ 5. Spezielle Kurven

1. Es seien $\mathfrak{a} = (a_1, \ldots, a_n)$, $\mathfrak{r} = (r_1, \ldots, r_n) \in \mathbb{R}^n$, $\mathfrak{r} \neq 0$. Die Abbildung $\Phi: [a, b] \to \mathbb{R}^n$ mit $\Phi(t) = \mathfrak{a} + t\mathfrak{r}$ ist eine Parametrisierung
der Strecke W mit dem Anfangspunkt $\mathfrak{x}_1 = \mathfrak{a} + a\mathfrak{r}$ und dem Endpunkt $\mathfrak{x}_2 = \mathfrak{a} + b\mathfrak{r}$. Offenbar ist Φ glatt, es gilt

$$L(W) = \int_a^b \| \Phi' \| \, dt = \int_a^b \| \mathfrak{r} \| \, dt = (b - a) \cdot \| \mathfrak{r} \| \,.$$

Andererseits ist auch $\| \mathfrak{x}_1 - \mathfrak{x}_2 \| = (b - a) \cdot \| \mathfrak{r} \|$. Unsere Längen-
definition liefert also das zu erwartende Ergebnis. Es folgt auch, daß
unter den Wegen von $\mathfrak{x}_1$ nach $\mathfrak{x}_2$ die Strecke die kleinste Länge hat,
denn für jede Zerlegung $\mathfrak{Z}$ eines Weges W' von $\mathfrak{x}_1$ nach $\mathfrak{x}_2$ gilt
$\| \mathfrak{x}_1 - \mathfrak{x}_2 \| \leq L(W', \mathfrak{Z})$.

2. $\Phi(t) = (\cos t, \sin t)$ mit $t \in I = [0, 2\pi]$ ist eine Parametrisierung
der Einheitskreislinie $S^1 = \{(x_1, x_2): x_1^2 + x_2^2 = 1\}$. Anfangs- und
Endpunkt des durch Φ beschriebenen Weges ist der Punkt $(1, 0) \in S^1$.
Wegen $\cos^2 t + \sin^2 t = 1$ ist $\Phi(I) \subset S^1$. Wir zeigen jetzt, daß es zu
jedem $\mathfrak{x} \in S^1$, $\mathfrak{x} \neq (1, 0)$, genau ein $t \in \mathring{I} = (0, 2\pi)$ gibt mit $\Phi(t) = \mathfrak{x}$:
Ist $x_1 = -1$, so muß $x_2 = 0$ sein; da $\cos t = -1$ in I genau
für $t = \pi$ gilt und $\sin \pi = 0$ ist, ist in diesem Fall $t = \pi$ die einzige
Lösung. Ist $x_1 \neq -1$, so ist $|x_1| < 1$ und $x_2 = \sqrt{1 - x_1^2}$ oder
$x_2 = -\sqrt{1 - x_1^2}$. Es gibt genau zwei Zahlen $t^{(1)}, t^{(2)} \in \mathring{I}$ mit
$\cos t^{(\lambda)} = x_1$, bei passender Bezeichnung gilt $0 < t^{(1)} < \pi$ und
$\pi < t^{(2)} < 2\pi$, und daher $\sin t^{(1)} = \sqrt{1 - (\cos t^{(1)})^2} = \sqrt{1 - x_1^2} > 0$,
$\sin t^{(2)} = -\sqrt{1 - (\cos t^{(2)})^2} = -\sqrt{1 - x_1^2} < 0$. Je nachdem $x_2 > 0$
oder $x_2 < 0$ ist, ist $t^{(1)}$ oder $t^{(2)}$ die einzige Lösung von $\mathfrak{x} = \Phi(t)$.

Durch Φ wird also S^1 als einfach geschlossener Weg dargestellt.
Φ ist offenbar stetig differenzierbar, es gilt

$$\| \Phi'(t) \| = \{(-\sin t)^2 + (\cos t)^2\}^{1/2} = 1 \,.$$

Also ist Φ die ausgezeichnete Parametrisierung.

Ist $\mathfrak{x} = (\cos t, \sin t) \in S^1$, so ist t die Länge des Kreisbogens von
$(1, 0)$ bis $\mathfrak{x}$. Diese Länge dient als Maß des Winkels zwischen der

(positiv orientierten) x_1-Achse und der (orientierten) Geraden durch 0 und $\mathfrak{x}$. In der Elementargeometrie pflegt man die Funktionen sin und cos wie folgt zu definieren: Man bestimmt zu $t \in [0, 2\pi]$ den Punkt $\mathfrak{x} = (x_1, x_2) \in S^1$ so, daß die Länge des Kreisbogens von $(1, 0)$ bis $\mathfrak{x}$ gerade t ist, und setzt $\sin t = x_2$ und $\cos t = x_1$. Aus dem obigen ergibt sich, daß diese Definition mit unserer (Band I, Kap. VI, Definition 4.6) gleichbedeutend ist. Da aber die elementargeometrische Definition Gebrauch macht von der Bogenlänge, also von der Integrationstheorie, ist sie in Wirklichkeit weniger elementar als unsere Definitionsmethode.

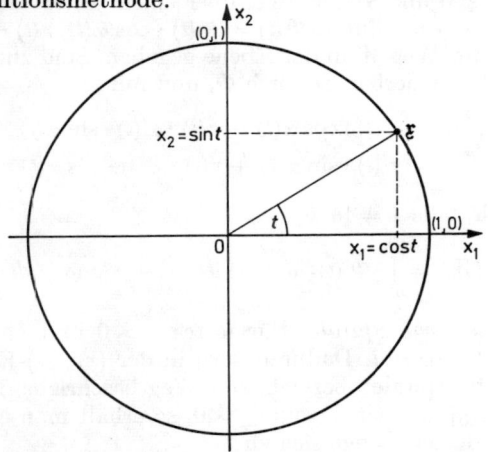

Fig. 3. Zur Definition der trigonometrischen Funktionen

3. *Polarkoordinaten in der Ebene*. Wir bilden die Menge der Zahlenpaare (r, α) mit $r \geqq 0$, $0 \leqq \alpha < 2\pi$ in den $\mathbb{R}^2$ ab durch

$$x_1 = r \cdot \cos \alpha, \qquad x_2 = r \cdot \sin \alpha .$$

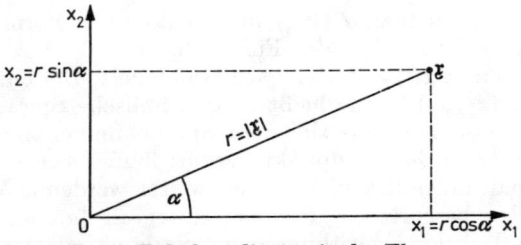

Fig. 4. Polarkoordinaten in der Ebene

Da $\cos \alpha$ und $\sin \alpha$ nicht gleichzeitig verschwinden, wird genau die Menge $\{(r, \alpha): r = 0, 0 \leqq \alpha < 2\pi\}$ auf $(0, 0)$ abgebildet. Damit

$(x_1, x_2) \neq (0, 0)$ Bild von (r, α) ist, muß notwendig $r = \sqrt{x_1^2 + x_2^2}$ sein. Erteilt man aber r diesen (positiven) Wert, so ist $(x_1/r, x_2/r) \in S^1$, und nach 2. gibt es genau ein $\alpha \in [0, 2\pi)$ so, daß $(x_1/r, x_2/r) = (\cos \alpha, \sin \alpha)$ wird. Wir sagen, (r, α) seien die Polarkoordinaten des Punktes (x_1, x_2). Es wird also $\{(r, \alpha) \colon r > 0, 0 \leqq \alpha < 2\pi\}$ einein- deutig auf $\mathbb{R}^2 - \{0\}$ abgebildet. Aber es ist zweckmäßig, auf die Eineindeutigkeit zu verzichten und für α beliebige reelle Werte zu- zulassen. Dann ist für $r \neq 0$ offenbar $\{(r, \alpha + 2k\pi) \colon k \in \mathbb{Z}\}$ das ge- naue Urbild von $(r \cos \alpha, r \sin \alpha)$.

Sind $r(t) \geqq 0$ und $\alpha(t)$ stetige, über einem Intervall I definierte Funktionen, so wird durch $\Phi(t) = (r(t) \cdot \cos \alpha(t), r(t) \cdot \sin \alpha(t))$ ein parametrisierter Weg W in der Ebene gegeben. Sind zudem $r(t)$ und $\alpha(t)$ stetig differenzierbar, so auch Φ, und mit

$$\varphi_1'(t) = r'(t) \cdot \cos \alpha(t) - r(t) \cdot \alpha'(t) \cdot \sin \alpha(t),$$
$$\varphi_2'(t) = r'(t) \cdot \sin \alpha(t) + r(t) \cdot \alpha'(t) \cdot \cos \alpha(t)$$

errechnet sich, falls $I = [a, b]$,

$$L(W) = \int_a^b \| \Phi'(t) \| \, dt = \int_a^b \sqrt{(r')^2 + r^2 \cdot (\alpha')^2} \, dt \,.$$

4. *Archimedische Spirale.* Für festes $c > 0$ und variables $t \geqq 0$ sei $r(t) = c \cdot t$, $\alpha(t) = t$. Dadurch wird in der (x_1, x_2)-Ebene ein als „archimedische Spirale" bezeichneter Weg beschrieben. Beschränkt man t auf $[0, t_0]$ mit beliebigem $t_0 > 0$, so erhält man einen glatten Teilweg W_{t_0}, dessen Länge sich zu

$$L(W_{t_0}) = \int_0^{t_0} \sqrt{c^2 + c^2 t^2} \, dt = c \int_0^{t_0} \sqrt{1 + t^2} \, dt$$

berechnet. Mittels der Stammfunktion

$$\tfrac{1}{2} t \sqrt{1 + t^2} + \tfrac{1}{2} \log (t + \sqrt{1 + t^2})$$

von $\sqrt{1 + t^2}$ kann man $L(W_{t_0})$ in geschlossener Form darstellen.

5. *Logarithmische Spirale.* Für festes $c > 0$, $\lambda > 0$ sind $r(t) = c \cdot e^{\lambda t} > 0$ und $\alpha(t) = t$ über ganz $\mathbb{R}$ definiert. Der entsprechende Weg in der (x_1, x_2)-Ebene heißt „logarithmische Spirale". Läuft t von 0 nach $-\infty$, so windet sich diese Spirale, immer enger werdend, unendlich oft um den Nullpunkt herum; läuft t von 0 nach $+\infty$, so erhält man unendlich viele immer weiter werdende Windungen.

Für jedes beschränkte Parameterintervall $[a, b]$ ist der ent- sprechende Teil der logarithmischen Spirale ein glatter Weg, man errechnet sofort

$$L(W_{a, b}) = c \cdot \frac{1}{\lambda} \cdot \sqrt{1 + \lambda^2} \, (e^{\lambda b} - e^{\lambda a}) \,.$$

Bemerkenswert ist, daß dieser Ausdruck für $a \to -\infty$ einem endlichen Grenzwert zustrebt. Das bedeutet, wenn man so will, daß der
sich um den Nullpunkt herumwindende Teil der Spirale endliche
Länge hat.

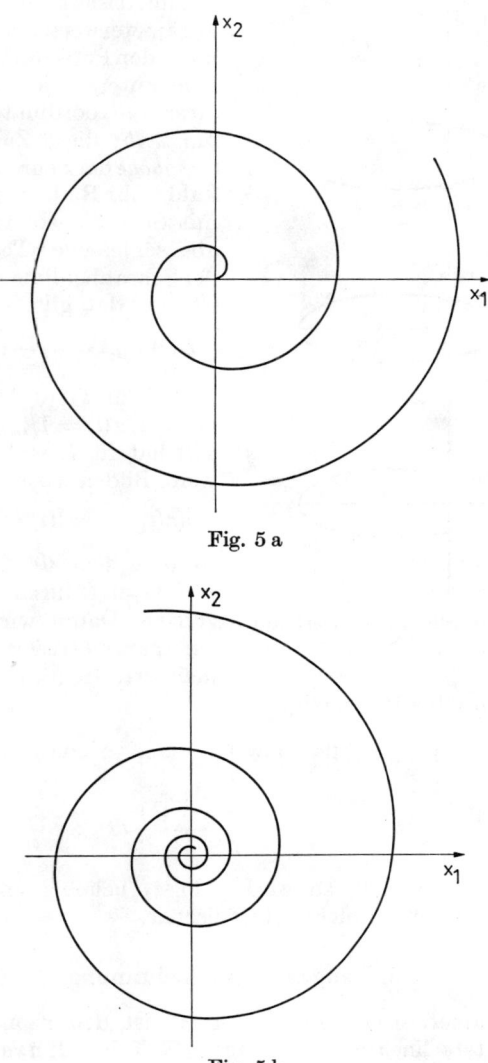

Fig. 5 a

Fig. 5 b

Fig. 5. a Archimedische Spirale; b Logarithmische Spirale

6. Als Beispiel einer „Raumkurve", d.h. eines Weges im $\mathbb{R}^3$, diene die *Schraubenlinie*, die durch

$$\Phi(t) = (a \cdot \cos t, a \cdot \sin t, b\,t)\,, \qquad t \in \mathbb{R}\,,$$

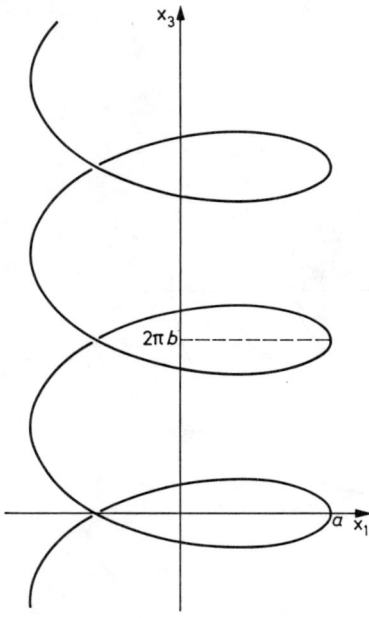

parametrisiert wird. Die zu zwei Parameterwerten t_0, $t_0 + 2\pi$ gehörenden Punkte der Schraubenlinie unterscheiden sich nur in ihrer x_3-Koordinate, und zwar um $2\pi b$; diese Zahl heißt die *Ganghöhe* der Schraubenlinie, die Zahl a ihr Radius. Man erkennt mit Satz 3.3 sofort, daß jeder abgeschlossene Teilweg W_{t_1, t_2} der Schraubenlinie rektifizierbar ist, und daß gilt:

$$L(W_{t_1, t_2}) = (t_2 - t_1)\sqrt{a^2 + b^2}$$

7. Für $t \in (0, 1]$ setzen wir $r(t) = t, \alpha(t) = 1/t$. Die Funktion $\alpha(t)$ hat für $t \to 0$ keinen Grenzwert. Bilden wir aber $\Phi(t)$ $= (r(t) \cdot \cos \alpha(t),\ r(t) \cdot \sin \alpha(t))$, so läßt sich Φ an der Stelle $t = 0$ stetig durch $\Phi(0) = 0$ ergänzen. Damit wird über $[0, 1]$ ein parametrisierter Weg W definiert. In $(0, 1]$ ist Φ sogar

Fig. 6. Schraubenlinie (projiziert auf die (x_1, x_3)-Ebene)

glatt, deshalb gilt für $0 < t_1 \leqq 1$

$$L(W) \geqq L(W_{t_1, 1}) = \int_{t_1}^{1} \sqrt{(r')^2 + r^2(\alpha')^2}\, dt$$

$$= \int_{t_1}^{1} \frac{\sqrt{t^2 + 1}}{t}\, dt \geqq \int_{t_1}^{1} \frac{dt}{t} = -\log t_1\,.$$

Strebt aber t_1 gegen 0, so wird $-\log t_1$ beliebig groß. Es folgt $L(W) = \infty$, d.h. W ist nicht rektifizierbar.

§ 6. Tangente und Krümmung

Eine parametrisierte Gerade im $\mathbb{R}^n$ ist definitionsgemäß eine nichtausgeartete lineare Abbildung $\lambda \colon \mathbb{R} \to \mathbb{R}^n$, d.h. also eine Abbildung der Form $\lambda(t) = \mathfrak{x}_0 + t\,\mathfrak{r}$ für $t \in \mathbb{R}$, mit festen $\mathfrak{x}_0$, $\mathfrak{r} \in \mathbb{R}^n$, $\mathfrak{r} \neq 0$. Die Parametrisierung λ soll zu $\lambda^* \colon \mathbb{R} \to \mathbb{R}^n$ äquivalent heißen, wenn $\lambda^* = \lambda \circ g$ ist mit einer Abbildung $g : \mathbb{R} \to \mathbb{R}$ der Form $g(t) = at + b$ mit positivem a. Es ist dann $\lambda^*(\mathbb{R}) = \lambda(\mathbb{R})$ und, wenn $\lambda^*(t) = \mathfrak{x}_0^* + t\mathfrak{r}^*$ ist, $\mathfrak{r}^* = a\mathfrak{r}$ mit der positiven Zahl a. (Diese Bedingungen sind auch hinreichend.) — Dadurch wird offenbar eine Äquivalenzrelation definiert, die Äquivalenzklassen sollen *orientierte Geraden* heißen.

Sei nun W ein Weg im $\mathbb{R}^n$ und $\mathfrak{x}_0$ ein Punkt der Spur von W. Wir fragen nach einer (orientierten) Geraden, die W in $\mathfrak{x}_0$ „berührt". Um eine einfache Antwort zu bekommen, müssen wir voraussetzen, daß W glatt ist.

Es sei also $\Phi : I \to \mathbb{R}^n$ eine glatte Parametrisierung von W, $t_0 \in I$ und $\mathfrak{x}_0 = \Phi(t_0)$. Nach den Ausführungen in § 4 gibt es eine Umgebung U von t_0, so daß $\Phi \,|\, U \cap I$ eineindeutig ist. Sei nun $\mathfrak{x}_1 \in \Phi(U \cap I)$, etwa $\mathfrak{x}_1 = \Phi(t_1)$, $t_1 \in U \cap I$, und sei $\mathfrak{x}_1 \neq \mathfrak{x}_0$, also $t_1 \neq t_0$. Dann definiert

$$\lambda(t) = \mathfrak{x}_0 + \frac{t - t_0}{t_1 - t_0}(\mathfrak{x}_1 - \mathfrak{x}_0)$$

eine orientierte Gerade (Sekante), es ist $\lambda(t_0) = \mathfrak{x}_0$, $\lambda(t_1) = \mathfrak{x}_1$. Es existiert nun der Limes von

$$\frac{1}{t_1 - t_0}(\mathfrak{x}_1 - \mathfrak{x}_0) = \frac{1}{t_1 - t_0}(\Phi(t_1) - \Phi(t_0))$$

für $t_1 \to t_0$ und hat den Wert $\Phi'(t_0) \neq 0$. Die durch

$$\lambda_0(t) = \mathfrak{x}_0 + (t - t_0) \cdot \Phi'(t_0)$$

definierte orientierte Gerade kann also als „Grenzwert" der oben betrachteten Sekanten angesehen werden, sie ist nach Definition die *Tangente* von W in $\mathfrak{x}_0$.

Es bleibt noch zu zeigen, daß die Tangente nicht von der Parametrisierung abhängt. Dazu genügt es, die ausgezeichnete Parametrisierung Ψ von W heranzuziehen. Nach § 4 ist Ψ auch glatt und es gilt $\Phi = \Psi \circ s$ mit der differenzierbaren und streng monoton wachsenden Bogenlänge s. Wir setzen $s_0 = s(t_0)$. Die mittels Ψ definierte Tangente an W in $\mathfrak{x}_0 = \Psi(s_0)$ wird durch

$$\lambda^*(s) = \mathfrak{x}_0 + (s - s_0) \cdot \Psi'(s_0)$$

beschrieben. Es ist $\Psi'(s_0) \cdot s'(t_0) = \Phi'(t_0)$ und $s'(t_0) = \|\Phi'(t_0)\| > 0$. Daraus folgt die Behauptung.

Wir haben damit gezeigt, daß ein glatter Weg in jedem Punkte $\mathfrak{x}_0$ seiner Spur eine Tangente besitzt. Gibt es nur einen Parameterwert t_0 mit $\Phi(t_0) = \mathfrak{x}_0$, so ist die Tangente sogar eindeutig bestimmt; gibt es mehrere Werte $t_0^{(\mu)}$ mit $\Phi(t_0^{(\mu)}) = \mathfrak{x}_0$, so kann es mehrere Tangenten an $\mathfrak{x}_0$ geben.

Definiert $\lambda(t) = \mathfrak{x}_0 + t\mathfrak{r}$ eine orientierte Gerade, so definiert $\tilde{\lambda}(t) = \mathfrak{x}_0 + t(-\mathfrak{r})$ die „entgegengesetzt orientierte" Gerade. Man sieht sofort, daß die Tangente an den Weg — W in $\mathfrak{x}_0$ die zur Tangente an W in $\mathfrak{x}_0$ entgegengesetzt orientierte Gerade ist.

Wir wollen nun die *Krümmung* eines Weges W in einem Punkt $\mathfrak{x}_0$ seiner Spur definieren, und zwar, anschaulich gesprochen, als Änderungsgeschwindigkeit der Richtung der Tangente.

Der Einfachheit halber behandeln wir hier nur Wege im $\mathbb{R}^2$. Wir müssen voraussetzen, daß W glatt und zweimal stetig differenzierbar ist. Es sei $\Phi: I \to \mathbb{R}^2$ eine glatte, zweimal stetig differenzierbare Parametrisierung von W. Die Richtung der Tangente an W in $\mathfrak{x}_0 = \Phi(t_0)$ wird bestimmt durch den Vektor $\Phi'(t_0) = (\varphi_1'(t_0), \varphi_2'(t_0))$ oder auch durch den Winkel der Tangente mit der (positiv orientierten) x_1-Achse, d.i. die durch

$$(\cos\alpha(t_0), \sin\alpha(t_0)) = \frac{1}{\|\Phi'(t_0)\|} \cdot \Phi'(t_0), \quad 0 \leqq \alpha < 2\pi$$

eindeutig festgelegte Zahl $\alpha(t_0)$. Diese hängt nicht von der (glatten) Parametrisierung von W ab. Es sei nun

$$\Psi: \{s: 0 \leqq s \leqq L(W)\} \to \mathbb{R}^2$$

die ausgezeichnete Parametrisierung von W. Als Krümmung von W in $\Phi(t_0)$ wollen wir definieren

$$\varkappa(t_0) = \frac{d\alpha}{ds}(s(t_0)) = \frac{d\alpha}{dt}(t_0) \cdot \frac{dt}{ds}(s(t_0)),$$

wobei natürlich

$$s_0 = s(t_0) = L(W_{t_0}) = \int_a^{t_0} \|\Phi'(t)\|\, dt$$

gesetzt ist. Wir müssen allerdings noch die Existenz des Differentialquotienten $d\alpha/dt$ nachweisen.

Wir bemerken

$$\frac{d}{dt}\left(\frac{\varphi_1'}{\|\Phi'\|}\right) = \frac{\varphi_2'}{\|\Phi'\|^3}(\varphi_1''\varphi_2' - \varphi_1'\varphi_2''),$$

was man leicht nachrechnet. Es gilt

$$\cos\alpha(t) = \frac{\varphi_1'(t)}{\|\Phi'(t)\|} \quad , \quad \sin\alpha(t) = \frac{\varphi_2'(t)}{\|\Phi'(t)\|}.$$

Ist $\alpha(t_0) \neq 0$, so hat in einer Umgebung von $\alpha(t_0)$ mindestens eine der Funktionen cos, sin eine differenzierbare Umkehrfunktion; also ist $\alpha(t)$ in t_0 differenzierbar. Ist etwa $\varphi_2'(t_0) \neq 0$, so kommt

$$-\sin\alpha(t_0) \cdot \frac{d\alpha}{dt}(t_0) = \left(\frac{\varphi_1'}{\|\Phi'\|}\right)'(t_0),$$

$$\frac{d\alpha}{dt}(t_0) = \frac{\varphi_1'\varphi_2'' - \varphi_1''\varphi_2'}{\|\Phi'\|^2}(t_0). \tag{1}$$

Ist $\varphi_1'(t_0) \neq 0$, so kommt man analog zum gleichen Ergebnis. Ist $\alpha(t_0) = 0$, so betrachte man α als dem Intervall $[-\pi, \pi]$ angehörig. Mit den gleichen Überlegungen kommt man wieder zu Formel (1). Nach § 4 ist auch die Umkehrfunktion s^{-1} differenzierbar und

$$\frac{dt}{ds}(s(t_0)) = \frac{1}{\|\Phi'(t_0)\|},$$

wir erhalten also insgesamt

$$\varkappa(t_0) = \frac{\varphi_1' \varphi_2'' - \varphi_1'' \varphi_2'}{\|\Phi'\|^3}(t_0).$$

Aus der zweimaligen stetigen Differenzierbarkeit von Φ folgt dasselbe für $s(t)$ und damit — wegen $s'(t) = \|\Phi'(t)\| \neq 0$ — auch für s^{-1}. Damit ist auch $\Psi = \Phi \circ s^{-1}$ zweimal stetig differenzierbar. Führt man obige Rechnung für Ψ statt Φ durch und nutzt $\|\Psi'\| = 1$ aus, so folgt die Gültigkeit von

$$\varkappa(s) = -\frac{\psi_1''(s)}{\psi_2'(s)} \quad \text{bzw.} \quad \varkappa(s) = \frac{\psi_2''(s)}{\psi_1'(s)} \tag{2}$$

jeweils dort, wo die rechte Seite sinnvoll ist. Es folgt weiter $|\varkappa(s)| = \|\Psi''(s)\|$.

Als Beispiel berechnen wir die Krümmung einer Kreislinie mit Mittelpunkt $\mathfrak{z} = (z_1, z_2)$ und Radius $r > 0$, die durch $\Omega(\varphi) = \left(z_1 + r\cos\frac{\varphi}{r}, z_2 + r\sin\frac{\varphi}{r}\right)$, $0 \leq \varphi \leq 2\pi r$, parametrisiert wird. Man stellt sofort $\|\Omega'\| \equiv 1$ fest, Ω ist also die ausgezeichnete Parametrisierung, und man erhält $\varkappa \equiv 1/r$. Bei Ω wird die Kreislinie im positiven Sinn durchlaufen (per definitionem);

$$\tilde{\Omega}(\varphi) = \left(z_1 + r \cdot \cos\frac{\varphi}{r}, z_2 - r \cdot \sin\frac{\varphi}{r}\right) \quad \text{mit} \quad 0 \leq \varphi \leq 2\pi r$$

ist die ausgezeichnete Parametrisierung der im negativen Sinn durchlaufenen Kreislinie. In diesem Fall errechnet man $\varkappa \equiv -1/r$.

Ist $\Psi: I \to \mathbb{R}^2$ die ausgezeichnete Parametrisierung eines zweimal stetig differenzierbaren glatten Weges W, ist $s_0 \in I$, $\mathfrak{x}_0 = \Psi(s_0)$ und $\varkappa_W(s_0) \neq 0$, so kann man genau eine orientierte Kreislinie finden, die durch $\mathfrak{x}_0$ geht, in $\mathfrak{x}_0$ dieselbe Tangente und dieselbe Krümmung (beides zum Parameter s_0 verstanden) wie W hat. Setzen wir die Kreislinie in der Form

$$\Omega(\varphi) = \left(z_1 + r \cdot \cos\frac{\varphi}{r}, z_2 \pm r \cdot \sin\frac{\varphi}{r}\right), \quad 0 \leq \varphi \leq 2\pi r, \tag{3}$$

an, so hat man r, $\mathfrak{z}$ und φ_0 so zu bestimmen, daß

$$\Omega(\varphi_0) = \Psi(s_0), \quad \Omega'(\varphi_0) = \Psi'(s_0) \quad \text{und} \quad \varkappa_K(\varphi_0) = \pm\frac{1}{r} = \varkappa_W(s_0)$$

gilt.

Wir wählen $r > 0$ gemäß der dritten Bedingung (wäre $\varkappa_W (s_0) = 0$, so wäre diese Bedingung nicht lösbar; man sagt in diesem Falle auch, die Tangente berühre in χ_0 von zweiter Ordnung). Je nachdem $\varkappa_W (s_0)$ positiv oder negativ ist, werden wir in (3) und in den folgenden Gleichungen das obere oder das untere Vorzeichen zu wählen haben.

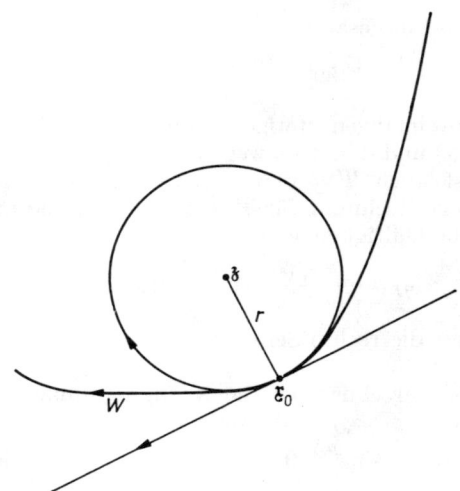

Fig. 7. Tangente und Krümmungskreis

— Wegen $\| \Psi'(s_0) \| = 1$ gibt es genau ein $\alpha_0 \in [0, 2\pi)$, so daß $(- \sin \alpha_0, \; \pm \cos \alpha_0) = \Psi'(s_0)$ (vgl. § 5, 2). Mit $\varphi_0 = r \alpha_0$ wird die zweite der obigen Bedingungen erfüllt. Nunmehr gestattet es die erste Bedingung, eine eindeutige Lösung für den Kreismittelpunkt $\mathfrak{z}$ zu finden, nämlich

$$\mathfrak{z} = \Psi(s_0) - \left(r \cos \frac{\varphi_0}{r}, \; \pm r \sin \frac{\varphi_0}{r} \right) .$$

Setzt man hier $r = \pm (\varkappa_W (s_0))^{-1}$ ein, so ergibt sich

$$\mathfrak{z} = \Psi(s_0) - (\varkappa_W (s_0))^{-1} (\psi_2'(s_0), - \psi_1'(s_0)) .$$

Als weiteres Beispiel betrachten wir eine über dem abgeschlossenen Intervall $[a, b] \subset \mathbb{R}$ definierte stetige reelle Funktion f. Die Abbildung $\Phi(x) = (x, f(x))$ definiert dann den Graphen G_f von f als Weg im $\mathbb{R}^2$. Ist f stetig differenzierbar, so ist $\Phi'(x) = (1, f'(x))$, also ist G_f glatt; wir erhalten

$$L(G_f) = \int\limits_a^b \sqrt{1 + (f')^2} \, dx .$$

Ist f sogar zweimal stetig differenzierbar, so auch der Weg G_f, und für seine Krümmung gilt

$$\varkappa(x) = \frac{\varphi_1' \varphi_2'' - \varphi_1'' \varphi_2'}{\|\Phi'\|^3}(x) = \frac{f''(x)}{(1 + (f'(x))^2)^{3/2}}.$$

II. Kapitel

Topologie des R^n

§ 1. Umgebungen

Definition 1.1. *Es sei* $\mathfrak{x}_0 \in \mathbb{R}^n$ *und* ε *eine positive reelle Zahl. Eine* ε-*Umgebung von* $\mathfrak{x}_0$ *ist eine Menge der Gestalt*

$$U_\varepsilon(\mathfrak{x}_0) = \{\mathfrak{x} \in \mathbb{R}^n \colon |\mathfrak{x} - \mathfrak{x}_0| < \varepsilon\}.$$

Dabei ist $|\mathfrak{x}| = \max\limits_{\nu=1,\dots,n} |x_\nu|$, vgl. Kap. I, § 1.

$U_\varepsilon(\mathfrak{x}_0)$ ist also ein n-dimensionaler Würfel mit dem Mittelpunkt $\mathfrak{x}_0$, der Kantenlänge 2ε und zu den Koordinatenachsen parallelen Kanten. Offenbar gilt stets $\mathfrak{x}_0 \in U_\varepsilon(\mathfrak{x}_0)$, und für $0 < \varepsilon_1 \leqq \varepsilon_2$ ist $U_{\varepsilon_1}(\mathfrak{x}_0) \subset U_{\varepsilon_2}(\mathfrak{x}_0)$.

Definition 1.2. *Es sei* $M \subset \mathbb{R}^n$. *Ein Punkt* $\mathfrak{x}_0 \in \mathbb{R}^n$ *heißt innerer Punkt von* M, *wenn es ein* $\varepsilon > 0$ *gibt, so daß* $U_\varepsilon(\mathfrak{x}_0) \subset M$.
Speziell ist dann $\mathfrak{x}_0 \in M$.

Definition 1.3. *Unter einer Umgebung eines Punktes* $\mathfrak{x} \in \mathbb{R}^n$ *verstehen wir eine Punktmenge, die* $\mathfrak{x}$ *als inneren Punkt enthält.*
Eine Menge $U \subset \mathbb{R}^n$ ist also genau dann Umgebung von $\mathfrak{x}$, wenn sie eine ε-Umgebung von $\mathfrak{x}$ enthält. Insbesondere sind ε-Umgebungen von $\mathfrak{x}$ auch Umgebungen von $\mathfrak{x}$. Wir werden Umgebungen von $\mathfrak{x}$ oft mit $U(\mathfrak{x})$ bezeichnen.

Definition 1.4. *Es sei* $M \subset \mathbb{R}^n$. M *heißt offen oder ein Bereich, wenn jeder Punkt von* M *innerer Punkt von* M *ist.*
Beispiel: Es seien $a_1, \dots, a_n, b_1, \dots, b_n \in \mathbb{R}$ und $a_\nu < b_\nu$ für $\nu = 1, \dots, n$. Dann ist

$$Q = \{(x_1, \dots, x_n) \in \mathbb{R}^n \colon a_\nu < x_\nu < b_\nu; \ \nu = 1, \dots, n\}$$

eine offene Menge (offener *Quader*): Für $\mathfrak{x}_0 = (x_1^{(0)}, \dots, x_n^{(0)}) \in Q$ setzen wir $\varepsilon = \min\limits_{\nu=1,\dots,n} \{(x_\nu^{(0)} - a_\nu), (b_\nu - x_\nu^{(0)})\}$. Dann ist offenbar $U_\varepsilon(\mathfrak{x}_0) \subset Q$.

Satz 1.1. *Das System der offenen Mengen hat die folgenden Eigenschaften:*

(1) *$\emptyset$ und $\mathbb{R}^n$ sind offen,*

(2) *die Vereinigung beliebig vieler offener Mengen ist offen,*

(3) *der Durchschnitt endlich vieler offener Mengen ist offen.*

Beweis. (1) ist trivial. (2) sieht man so: Sind U_ι, wobei ι eine beliebige Indexmenge J durchläuft, offene Mengen, und ist $\mathfrak{x}_0 \in \bigcup_{\iota \in J} U_\iota$, so gehört $\mathfrak{x}_0$ mindestens einem U_{ι_0} an. Dann gibt es $\varepsilon > 0$, so daß $U_\varepsilon(\mathfrak{x}_0) \subset U_{\iota_0} \subset \bigcup_{\iota \in J} U_\iota$. (3) ergibt sich auf folgende Weise: Sind $U_1, \ldots, U_l$ offen und ist $\mathfrak{x}_0 \in \bigcap_{\lambda=1}^{l} U_\lambda$, so gibt es zu jedem λ ein $\varepsilon_\lambda > 0$ so, daß $U_{\varepsilon_\lambda}(\mathfrak{x}_0) \subset U_\lambda$. Dann ist $\varepsilon = \min_{\lambda=1,\ldots,l} \varepsilon_\lambda > 0$ und $U_\varepsilon(\mathfrak{x}_0) \subset U_{\varepsilon_\lambda}(\mathfrak{x}_0) \subset U_\lambda$ für $\lambda = 1, \ldots, l$, also $U_\varepsilon(\mathfrak{x}_0) \subset \bigcap_{\lambda=1}^{l} U_\lambda$.

Der Durchschnitt beliebig vieler offener Mengen ist nicht notwendig offen: $M_\lambda = \left\{ \mathfrak{x} : |\mathfrak{x}| < \dfrac{1}{\lambda} \right\}$ ist für $\lambda = 1, 2, 3, \ldots$ ein offener Quader, $\bigcap_{\lambda=1}^{\infty} M_\lambda = \{0\}$ ist offenbar keine offene Menge.

Hat man auf einer beliebigen Menge X ein System von Teilmengen mit den Eigenschaften (1)–(3) aus Satz 1.1 (dabei ersetze man in (1) die Menge $\mathbb{R}^n$ durch X), so nennt man das System eine *Topologie auf X* und die einzelnen Mengen des Systems die „offenen Mengen" dieser Topologie. X zusammen mit einer Topologie auf X heißt *topologischer Raum*. Auf einem beliebigen metrischen Raum (vgl. Kap. I, § 1) kann man wörtlich so wie hier auf dem $\mathbb{R}^n$ eine Topologie definieren.

Bevor wir das Studium der Topologie des $\mathbb{R}^n$ fortsetzen, sei an einige mengentheoretische Regeln erinnert:

Ist $M \subset \mathbb{R}^n$, so nennen wir $\{\mathfrak{x} \in \mathbb{R}^n : \mathfrak{x} \notin M\}$ das *Komplement* von M und bezeichnen es mit M'. Es gilt

(a) $(M')' = M$;

(b) *aus $N \subset M$ folgt $M' \subset N'$*;

(c) *ist $\{M_\iota : \iota \in J\}$ ein System von Teilmengen von $\mathbb{R}^n$ mit beliebiger Indexmenge J, so ist*

$$\left(\bigcup_{\iota \in J} M_\iota \right)' = \bigcap_{\iota \in J} M_\iota' \quad und \quad \left(\bigcap_{\iota \in J} M_\iota \right)' = \bigcup_{\iota \in J} M_\iota'.$$

Die Aussagen (a) und (b) folgen sofort aus der Definition. Die erste Aussage von (c) beweist sich so: $\mathfrak{x} \in (\bigcup_{\iota \in J} M_\iota)'$ bedeutet $\mathfrak{x} \notin \bigcup_{\iota \in J} M_\iota$. Das bedeutet: für alle $\iota \in J$ ist $\mathfrak{x} \notin M_\iota$. Das heißt aber: für alle

$\iota \in J$ gilt $\underline{x} \in M'_\iota$, d.h. $\underline{x} \in \bigcap_{\iota \in J} M'_\iota$. Die zweite Aussage von (c) folgt aus der ersten unter Benutzung von (a).

Diese Regeln gelten natürlich genauso, wenn wir Teilmengen einer beliebigen Menge X (statt $\mathbb{R}^n$) betrachten.

Wir kehren jetzt zu den topologischen Begriffen zurück.

Definition 1.5. *Eine Teilmenge $M \subset \mathbb{R}^n$ heißt abgeschlossen, wenn ihr Komplement M' offen ist.*

Satz 1.2. *Das System der abgeschlossenen Mengen des $\mathbb{R}^n$ hat die folgenden Eigenschaften:*

(1) *$\emptyset$ und $\mathbb{R}^n$ sind abgeschlossen,*

(2) *der Durchschnitt beliebig vieler abgeschlossener Mengen ist abgeschlossen,*

(3) *die Vereinigung endlich vieler abgeschlossener Mengen ist abgeschlossen.*

Der Beweis ergibt sich sofort aus Satz 1.1 und der Regel (c) über Komplemente.

Definition 1.6. *Ist $M \subset \mathbb{R}^n$, so verstehen wir unter der abgeschlossenen Hülle $\bar{M}$ von M den Durchschnitt aller M umfassenden abgeschlossenen Mengen des $\mathbb{R}^n$: $\bar{M} = \bigcap_{\substack{A \supset M \\ A \text{ abg.}}} A$.*

$\bar{M}$ ist nach Satz 1.2, (2) abgeschlossen und ist also die (im Sinne der Inklusion) kleinste abgeschlossene Menge, in der M enthalten ist.

Satz 1.3. *Für die Bildung der abgeschlossenen Hülle gelten die Regeln*

(i) $M \subset \bar{M}$,

(ii) *aus $N \subset M$ folgt $\bar{N} \subset \bar{M}$,*

(iii) $\overline{(\bar{M})} = \bar{M}$.

Der Beweis ist trivial.

Definition 1.7. *Ist $M \subset \mathbb{R}^n$, so verstehen wir unter dem offenen Kern $\mathring{M}$ von M die Vereinigung aller in M enthaltenen offenen Mengen des $\mathbb{R}^n$: $\mathring{M} = \bigcup_{\substack{V \subset M \\ V \text{ offen}}} V$. $\mathring{M}$ ist also die größte in M enthaltene offene Menge.*

Satz 1.4. *Für die Bildung des offenen Kerns gelten die Regeln*

(i') $\mathring{M} \subset M$,

(ii') *aus $N \subset M$ folgt $\mathring{N} \subset \mathring{M}$,*

(iii') $(\mathring{M})^\circ = \mathring{M}$.

Der Beweis ist trivial.

Jede Umgebung eines Punktes $\underline{x} \in \mathbb{R}^n$ enthält nach Definition eine offene Umgebung von $\underline{x}$. Wir werden sehen (Satz 1.9), daß sie auch eine abgeschlossene Umgebung von $\underline{x}$ enthält.

Definition 1.8. *Ist $M \subset \mathbb{R}^n$, so verstehen wir unter dem Rand von M die Menge $\partial M = \bar{M} - \mathring{M}$.*

Es ist $(\mathring{M})'$ abgeschlossen, somit ist auch $\partial M = \bar{M} - \mathring{M}$ $= \bar{M} \cap (\mathring{M})'$ abgeschlossen.

Satz 1.5. *Sei $M \subset \mathbb{R}^n$ und $\mathfrak{x} \in \mathbb{R}^n$. Der Punkt $\mathfrak{x}$ gehört genau dann zu ∂M, wenn jede Umgebung von $\mathfrak{x}$ einen Punkt aus M und einen Punkt aus M' enthält.*

Beweis. a) Wenn $\mathfrak{x} \in \mathbb{R}^n$ eine Umgebung $U(\mathfrak{x})$ hat, die keinen Punkt aus M' enthält, so ist $U(\mathfrak{x}) \subset M$. Es gibt eine offene Umgebung $U^*(\mathfrak{x})$ mit $U^*(\mathfrak{x}) \subset U(\mathfrak{x}) \subset M$, also ist $\mathfrak{x} \in \mathring{M}$ und daher $\mathfrak{x} \notin \partial M$. — Wenn es ein $U(\mathfrak{x})$ gibt, das keinen Punkt aus M enthält, so gilt mit einem offenen $U^*(\mathfrak{x})$ die Inklusion $U^*(\mathfrak{x}) \subset U(\mathfrak{x}) \subset M'$ und damit $M \subset (U(\mathfrak{x}))' \subset (U^*(\mathfrak{x}))'$. Da $\mathfrak{x} \notin (U^*(\mathfrak{x}))'$ und $(U^*(\mathfrak{x}))'$ abgeschlossen ist, gilt $\mathfrak{x} \notin \bar{M} \subset (U^*(\mathfrak{x}))'$, also $\mathfrak{x} \notin \partial M$. — Jede Umgebung eines jeden Punktes von ∂M hat also die im Satz angegebene Eigenschaft.

b) Es habe nun jede Umgebung von $\mathfrak{x} \in \mathbb{R}^n$ die angegebene Eigenschaft. Wäre $\mathfrak{x} \notin \bar{M}$, so wäre $\mathfrak{x}$ in der offenen Menge $(\bar{M})'$, und es gäbe ein $U(\mathfrak{x})$ mit $U(\mathfrak{x}) \subset (\bar{M})' \subset M'$, es gälte also $U(\mathfrak{x}) \cap M = \emptyset$. Wäre $\mathfrak{x} \in \mathring{M}$, so gäbe es $U(\mathfrak{x})$ mit $U(\mathfrak{x}) \subset \mathring{M} \subset M$, es gälte also $U(\mathfrak{x}) \cap M' = \emptyset$. Es muß also $\mathfrak{x} \in \bar{M} \cap (\mathring{M})' = \partial M$ sein.

Beispiel: Es sei

$$M = \{(x_1, x_2) \in \mathbb{R}^2 : x_1^2 + x_2^2 < 1 \quad \text{oder} \quad x_1^2 + x_2^2 \leqq 1, x_1 \geqq 0\}.$$

Wie man sich sofort überzeugt, ist

$\mathring{M} = \{(x_1, x_2): x_1^2 + x_2^2 < 1\}$ („offene Kreisscheibe"),

$\bar{M} = \{(x_1, x_2): x_1^2 + x_2^2 \leqq 1\}$ („abgeschlossene Kreisscheibe") und

$\partial M = S^1 = \{(x_1, x_2): x_1^2 + x_2^2 = 1\}$.

Es gilt weder $\partial M \subset M$ noch $\partial M \subset M'$.

Satz 1.6 (Hausdorffsches Trennungsaxiom). *Es seien $\mathfrak{x}_1$ und $\mathfrak{x}_2$ verschiedene Punkte des $\mathbb{R}^n$. Dann gibt es Umgebungen $U(\mathfrak{x}_1)$ und $U(\mathfrak{x}_2)$, so daß $U(\mathfrak{x}_1) \cap U(\mathfrak{x}_2) = \emptyset$.*

Beweis. Man setze $\varepsilon = \frac{1}{2}|\mathfrak{x}_2 - \mathfrak{x}_1| > 0$ und $U(\mathfrak{x}_\nu) = U_\varepsilon(\mathfrak{x}_\nu)$ für $\nu = 1, 2$. Gäbe es ein $\mathfrak{x} \in U_\varepsilon(\mathfrak{x}_1) \cap U_\varepsilon(\mathfrak{x}_2)$, so folgte nach der Dreiecksungleichung $2\varepsilon = |\mathfrak{x}_2 - \mathfrak{x}_1| \leqq |\mathfrak{x}_2 - \mathfrak{x}| + |\mathfrak{x} - \mathfrak{x}_1| < \varepsilon + \varepsilon = 2\varepsilon$. Das ist absurd.

Folgerung. *Eine aus einem Punkt bestehende Menge $\{\mathfrak{x}_0\}$ ist abgeschlossen.*

Zu jedem $\mathfrak{x} \in \{\mathfrak{x}_0\}'$ gibt es nämlich nach Satz 1.6 eine ε-Umgebung $U_\varepsilon(\mathfrak{x})$, die $\mathfrak{x}_0$ nicht enthält, die also ganz in $\{\mathfrak{x}_0\}'$ liegt: $\{\mathfrak{x}_0\}'$ ist offen.

Definition 1.9. *Es sei* $M \subset \mathbb{R}^n$. *Ein Punkt* $\chi_0 \in \mathbb{R}^n$ *heißt Häufungspunkt von* M, *wenn in jeder Umgebung von* χ_0 *unendlich viele Punkte von* M *liegen.*

Es genügt, hierbei die offenen Umgebungen von χ_0 zu betrachten.

Satz 1.7. *Eine Teilmenge* $M \subset \mathbb{R}^n$ *ist genau dann abgeschlossen, wenn sie alle ihre Häufungspunkte enthält.*

Beweis. Ist M abgeschlossen, so ist die offene Menge M' eine Umgebung jedes Punktes $\chi \in M'$. Ein Punkt aus M' kann also nicht Häufungspunkt von M sein. — Es enthalte nun umgekehrt M alle Häufungspunkte von M. Ist dann $\chi \in M'$, so gibt es eine Umgebung V von χ, so daß $M \cap V$ endlich, also abgeschlossen ist (nach der Folgerung zu Satz 1.6). Ist $U = U_\varepsilon(\chi) \subset V$, so ist $U \cap ((M \cap V)')$ eine offene Umgebung von χ, die keinen Punkt von M enthält, also in M' liegt. Damit ist M' als offen, M als abgeschlossen erkannt.

Satz 1.8. *Es sei* $M \subset \mathbb{R}^n$ *und* N *die Menge der Häufungspunkte von* M. *Dann ist* $\bar{M} = M \cup N$.

Beweis. Wegen $M \subset \bar{M}$ ist ein Häufungspunkt von M auch Häufungspunkt von $\bar{M}$. Aber $\bar{M}$ ist abgeschlossen, enthält also nach Satz 1.7 alle Häufungspunkte von $\bar{M}$. Damit gilt erst recht $N \subset \bar{M}$, also auch $M \cup N \subset \bar{M}$. Andererseits ist $M \cup N$ abgeschlossen: Ist χ_0 Häufungspunkt dieser Menge, so enthält eine beliebige offene Umgebung U von χ_0 unendlich viele Punkte aus $M \cup N$. Also enthält U unendlich viele Punkte aus M oder unendliche viele Punkte aus N. Ist letzteres der Fall, und ist $\chi \in U \cap N$, so ist U auch Umgebung von χ, wegen $\chi \in N$ enthält U dann unendlich viele Punkte aus M. In jedem Fall enthält $U \cap M$ also unendlich viele Punkte. Daher ist χ_0 Häufungspunkt von M, d.h. $\chi_0 \in N$. Nach Satz 1.7 folgt die Abgeschlossenheit von $M \cup N$. Da $\bar{M}$ die kleinste M umfassende abgeschlossene Menge ist, folgt $\bar{M} \subset M \cup N$ und schließlich $\bar{M} = M \cup N$.

Ist $U = U_\varepsilon(\chi_0)$ eine ε-Umgebung von $\chi_0 \in \mathbb{R}^n$, so ist die Menge der Häufungspunkte von U gerade $\{\chi : |\chi - \chi_0| \leqq \varepsilon\}$, wie man mit Definition 1.9 sofort nachprüft. Mit Satz 1.8 folgt

$$\bar{U} = \{\chi : |\chi - \chi_0| \leqq \varepsilon\}.$$

Satz 1.9. *Ist* $M \subset \mathbb{R}^n$ *und* χ_0 *ein innerer Punkt von* M, *so gibt es ein* $\varepsilon > 0$, *für das* $\overline{U_\varepsilon(\chi_0)} \subset M$ *gilt.*

Beweis. Da χ_0 innerer Punkt von M ist, gibt es ein $\varepsilon^* > 0$ mit $U_{\varepsilon^*}(\chi_0) \subset M$. Für jedes ε mit $0 < \varepsilon < \varepsilon^*$ ist aufgrund des eben bemerkten $\overline{U_\varepsilon(\chi_0)} \subset U_{\varepsilon^*}(\chi_0) \subset M$.

Analog zu Satz 1.8 gilt der

Satz 1.10. *Es sei $M \subset \mathbb{R}^n$. Dann ist $\overset{\circ}{M}$ die Menge der inneren Punkte von M.*

Der **Beweis** ist nahezu trivial: Ist $\mathfrak{x}$ innerer Punkt von M, so gibt es eine offene Umgebung $U(\mathfrak{x})$ mit $U(\mathfrak{x}) \subset M$, es ist $\mathfrak{x} \in U(\mathfrak{x}) \subset \bigcup\limits_{\substack{V \text{ offen} \\ V \subset M}} V = \overset{\circ}{M}$.

— Liegt $\mathfrak{x}$ in der offenen Menge $\overset{\circ}{M}$, so ist $\mathfrak{x}$ innerer Punkt von $\overset{\circ}{M}$ und damit auch von M.

Von Definition 1.5 an übertragen sich alle Definitionen und Sätze wörtlich auf allgemeine metrische Räume. Für beliebige topologische Räume bleiben Definition 1.5 bis Definition 1.9, Satz 1.2 bis Satz 1.4 wörtlich sinnvoll bzw. richtig. Satz 1.5 bleibt auch richtig, wenn man unter „Umgebung von $\mathfrak{x}$" in Abänderung von Definition 1.3 eine Punktmenge versteht, welche eine $\mathfrak{x}$ enthaltende offene Menge umfaßt. Satz 1.10 bleibt richtig, wenn man als „inneren Punkt von M" jeden Punkt $\mathfrak{x}$ bezeichnet, für den M eine Umgebung von $\mathfrak{x}$ ist. Satz 1.6 ist hingegen für beliebige topologische Räume im allgemeinen falsch. Seine Gültigkeit in speziellen Fällen ist hingegen von großer Bedeutung. Die Sätze 1.7—1.9 beruhen wesentlich auf Satz 1.6.

§ 2. Kompakte Mengen

Definition 2.1. *Es sei M eine Teilmenge des $\mathbb{R}^n$. Ein System $\mathfrak{U} = \{U_\iota : \iota \in J\}$ von Teilmengen des $\mathbb{R}^n$ (J ist dabei eine beliebige Indexmenge) heißt offene Überdeckung von M, wenn alle U_ι offene Mengen sind und $M \subset \bigcup\limits_{\iota \in J} U_\iota$ gilt.*

Überdeckungen mit endlicher Indexmenge, sogenannte endliche Überdeckungen, sind besonders gut zu übersehen. Daher ist die im folgenden definierte Klasse von Teilmengen des $\mathbb{R}^n$ von großer Wichtigkeit.

Definition 2.2. *Eine Teilmenge $M \subset \mathbb{R}^n$ heißt kompakt, wenn es zu jeder offenen Überdeckung $\mathfrak{U} = \{U_\iota : \iota \in J\}$ von M eine endliche Teilmenge $J_0 \subset J$ gibt, so daß $\mathfrak{U}' = \{U_\iota : \iota \in J_0\}$ bereits eine offene Überdeckung von M ist.*

Man sagt dann kurz, daß jede offene Überdeckung von M eine endliche Teilüberdeckung enthält.

Satz 2.1. *Es sei r eine positive reelle Zahl. Dann ist der „abgeschlossene Würfel" $Q_r = \{\mathfrak{x} \in \mathbb{R}^n : |\mathfrak{x}| \leq r\}$ kompakt.*

Beweis durch Herbeiführung eines Widerspruchs. Wir nehmen an, es gäbe eine offene Überdeckung $\mathfrak{U} = \{U_\iota : \iota \in J\}$ von Q_r, die keine endliche Teilüberdeckung enthält. Wir zerlegen $Q_r = Q^{(0)}$ in

2^n kongruente Teilwürfel

$$Q^{(0)}_{(+,\ldots,+)} = \{\mathfrak{x}\colon 0 \leqq x_\nu \leqq r;\, \nu = 1, \ldots, n\},$$
$$Q^{(0)}_{(+,\ldots,+,-)} = \{\mathfrak{x}\colon 0 \leqq x_\nu \leqq r;\, \nu = 1, \ldots, n-1,\, -r \leqq x_n \leqq 0\}, \ldots,$$
$$Q^{(0)}_{(-,\ldots,-)} = \{\mathfrak{x}\colon -r \leqq x_\nu \leqq 0;\, \nu = 1, \ldots, n\}.$$

$\mathfrak{U}$ ist auch offene Überdeckung
jedes dieser Teilwürfel. Enthielte
$\mathfrak{U}$ eine endliche Überdeckung
jedes Teilwürfels, so gäbe es auch
eine endliche Teilüberdeckung
von ganz Q_r. Nach Annahme
ist also mindestens einer der
Teilwürfel durch kein endliches
Teilsystem von $\mathfrak{U}$ überdeckbar; es
sei $Q^{(1)}$ ein solcher. Wir schreiben

$$Q^{(1)} =$$
$$\{\mathfrak{x}\colon a^{(1)}_\nu \leqq x_\nu \leqq b^{(1)}_\nu;\, \nu = 1, \ldots, n\}$$

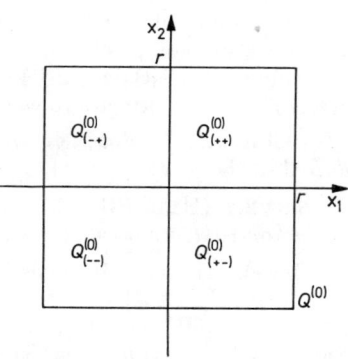

Fig. 8. Zum Beweis von Satz 2.1

und haben $b^{(1)}_\nu - a^{(1)}_\nu = r$ für
$\nu = 1, \ldots, n$.

Wir nehmen nun an, wir hätten für $\lambda = 0, 1, \ldots, l$ schon Teil-
würfel $Q^{(\lambda)} = \{\mathfrak{x}\colon a^{(\lambda)}_\nu \leqq x_\nu \leqq b^{(\lambda)}_\nu;\, \nu = 1, \ldots, n\}$ von Q_r gefunden,
für die gilt:

(1) $Q^{(\lambda)}$ ist nicht durch ein endliches Teilsystem von $\mathfrak{U}$ überdeckbar;

(2) $Q^{(0)} \supset Q^{(1)} \supset \ldots \supset Q^{(l)}$, d.h. für $\nu = 1, \ldots, n$ ist
$$-r \leqq a^{(1)}_\nu \leqq a^{(2)}_\nu \leqq \ldots \leqq a^{(l)}_\nu < b^{(l)}_\nu \leqq \ldots \leqq b^{(1)}_\nu \leqq r;$$

(3) $(b^{(\lambda)}_\nu - a^{(\lambda)}_\nu) = 2^{1-\lambda} \cdot r$ für $\nu = 1, \ldots, n$.

Wir zerlegen dann $Q^{(l)}$ ähnlich wie $Q^{(0)}$ in 2^n Teilwürfel

$$Q^{(l)}_{(+,\ldots,+)} = \{\mathfrak{x}\colon \tfrac{1}{2}(a^{(l)}_\nu + b^{(l)}_\nu) \leqq x_\nu \leqq b^{(l)}_\nu;\, \nu = 1, \ldots, n\}, \ldots,$$
$$Q^{(l)}_{(-,\ldots,-)} = \{\mathfrak{x}\colon a^{(l)}_\nu \leqq x_\nu \leqq \tfrac{1}{2}(a^{(l)}_\nu + b^{(l)}_\nu);\, \nu = 1, \ldots, n\},$$

schließen genau wie oben, daß mindestens einer dieser Teilwürfel
durch kein endliches Teilsystem von $\mathfrak{U}$ überdeckbar ist und wählen
einen solchen als $Q^{(l+1)}$. Für $Q^{(0)}, \ldots, Q^{(l+1)}$ gelten (1), (2), (3) sinn-
gemäß. Aus (2) folgt sofort die Existenz von $\lim\limits_{\lambda \to \infty} a^{(\lambda)}_\nu$ und $\lim\limits_{\lambda \to \infty} b^{(\lambda)}_\nu$
für $\nu = 1, \ldots, n$; aus (3) folgt dann $\lim\limits_{\lambda \to \infty} a^{(\lambda)}_\nu = \lim\limits_{\lambda \to \infty} b^{(\lambda)}_\nu$. Wir setzen
$x^{(0)}_\nu = \lim\limits_{\lambda \to \infty} a^{(\lambda)}_\nu$ sowie $\mathfrak{x}_0 = (x^{(0)}_1, \ldots, x^{(0)}_n)$ und haben

$$\mathfrak{x}_0 \in \bigcap_{\lambda = 1}^{\infty} Q^{(\lambda)} \subset Q_r.$$

Es gibt also ein $\iota_0 \in J$ so, daß $\mathfrak{x}_0 \in U_{\iota_0}$. Da U_{ι_0} offen ist, gibt es $\varepsilon > 0$ so, daß $U_\varepsilon(\mathfrak{x}_0) \subset U_{\iota_0}$. Weiter gibt es $l \in \mathbb{N}$ so, daß $2^{1-l}r < \varepsilon$. Dann ist aber $Q^{(l)} \subset U_\varepsilon(\mathfrak{x}_0)$; für $\mathfrak{x} \in Q^{(l)}$ gilt wegen $\mathfrak{x}_0 \in Q^{(l)}$ und (3) nämlich $|\mathfrak{x} - \mathfrak{x}_0| \leqq 2^{1-l}r < \varepsilon$. Also gilt erst recht $Q^{(l)} \subset U_{\iota_0}$, und $Q^{(l)}$ ist durch *ein* Element von $\mathfrak{U}$ überdeckbar im Widerspruch zu (1).

Es ist zu bemerken, daß dieser Beweis nicht konstruktiv ist, d.h. er beschreibt kein Verfahren, wie aus einer beliebig vorgelegten Überdeckung von Q_r eine endliche Teilüberdeckung auszuwählen sei.

Aufgrund des Satzes 2.1 können die kompakten Teilmengen des $\mathbb{R}^n$ einfach charakterisiert werden.

Definition 2.3. $M \subset \mathbb{R}^n$ *heißt beschränkt, wenn es ein* $r > 0$ *so gibt, daß* $M \subset Q_r = \{\mathfrak{x} : |\mathfrak{x}| \leqq r\}$.

Satz 2.2 (HEINE/BOREL). *Eine Teilmenge* M *des* $\mathbb{R}^n$ *ist genau dann kompakt, wenn* M *abgeschlossen und beschränkt ist.*

Beweis. a) Es sei M abgeschlossen und beschränkt, etwa $M \subset Q_r$. Mit $\mathfrak{U} = \{U_\iota : \iota \in J\}$ sei eine offene Überdeckung von M bezeichnet. M' ist offen, $\mathfrak{U}^* = \mathfrak{U} \cup \{M'\}$ ist eine offene Überdeckung von Q_r. Sie enthält aufgrund von Satz 2.1 eine endliche Überdeckung $\mathfrak{U}'$ von Q_r. Die Elemente von $\mathfrak{U}'$, die zu $\mathfrak{U}$ gehören, überdecken dann M.

b) Es sei nun M kompakt. Wir zeigen zunächst die Abgeschlossenheit von M: Zu einem beliebigen $\mathfrak{x} \in M'$ betrachten wir die Umgebungen $U_\nu = U_{\varepsilon_\nu}(\mathfrak{x})$ für $\varepsilon_\nu = 1/\nu$ und $\nu = 1, 2, 3, \ldots$. Es gilt offenbar $\bar{U}_{\nu+1} \subset \bar{U}_\nu$, $\bigcap\limits_{\nu=1}^{\infty} \bar{U}_\nu = \{\mathfrak{x}\}$. Wir setzen $V_\nu = (\bar{U}_\nu)'$. Dann ist V_ν offen, es gilt $V_{\nu+1} \supset V_\nu$ und $\bigcup\limits_{\nu=1}^{\infty} V_\nu = \mathbb{R}^n - \{\mathfrak{x}\} \supset M$. Die offene Überdeckung $\{V_\nu : \nu \in \mathbb{N}\}$ von M enthält nach Voraussetzung eine endliche Teilüberdeckung $\{V_{\nu_0}, V_{\nu_1}, \ldots, V_{\nu_m}\}$ von M. Ist nun $k = \max\{\nu_0, \ldots, \nu_m\}$, so gilt $M \subset \bigcup\limits_{\mu=0}^{m} V_{\nu_\mu} = V_k$, also $M' \supset V_k' = \bar{U}_k \supset U_k = U_{\varepsilon_k}(\mathfrak{x})$. Damit ist M' als offen erkannt. — Wir zeigen nun, daß M beschränkt ist: $\{\mathring{Q}_\nu : \nu \in \mathbb{N}\}$ ist eine offene Überdeckung von $\mathbb{R}^n$ erst recht also von M. Nach Voraussetzung gibt es eine endliche Teilüberdeckung $\{\mathring{Q}_{\nu_0}, \ldots, \mathring{Q}_{\nu_m}\}$ von M. Wegen $\mathring{Q}_\nu \subset \mathring{Q}_{\nu+1}$ folgt mit $k = \max\{\nu_0, \ldots, \nu_m\}$ die Inklusion $M \subset \mathring{Q}_k \subset Q_k$, d.h. die Beschränktheit von M.

Satz 2.3. *Es seien* $K_1, \ldots, K_l$ *endlich viele kompakte Teilmengen des* $\mathbb{R}^n$. *Dann ist* $K = \bigcup\limits_{\lambda=1}^{l} K_\lambda$ *kompakt.*

Beweis. Es sei $\mathfrak{U} = \{U_\iota : \iota \in J\}$ eine offene Überdeckung von K. Dann ist $\mathfrak{U}$ auch offene Überdeckung von jedem K_λ, es gibt also endliche Teile $J_\lambda \subset J$ für $\lambda = 1, \ldots, l$, so daß $\{U_\iota : \iota \in J_\lambda\}$ eine Überdeckung von K_λ ist. Dann ist aber auch $\bigcup_{\lambda=1}^{l} J_\lambda$ endlich, und $\{U_\iota : \iota \in \bigcup_{\lambda=1}^{l} J_\lambda\}$ ist eine Überdeckung von K.

Definition 2.4. *Es sei G ein offener Teil des $\mathbb{R}^n$. Eine Teilmenge $G^* \subset G$ heißt relativ kompakt in G (oder „ganz im Innern von G gelegen"), in Zeichen $G^* \subset\subset G$, wenn $\overline{G^*}$ kompakt ist und $\overline{G^*} \subset G$ gilt.*

Das bedeutet anschaulich, daß G^* beschränkt ist und nicht an den Rand von G herankommt.

Satz 2.4. *Es sei $K \subset G \subset \mathbb{R}^n$; G sei offen, K kompakt. Dann gibt es eine offene Menge G^* mit $K \subset G^* \subset\subset G$.*

Beweis. Da G offen ist, gibt es zu jedem $\mathfrak{x} \in K$ eine ε-Umgebung $U(\mathfrak{x})$, so daß $\overline{U(\mathfrak{x})} \subset G$. Dann ist $\mathfrak{U} = \{U(\mathfrak{x}) : \mathfrak{x} \in K\}$ eine offene Überdeckung von K. Da K kompakt ist, wird es schon von endlich vielen dieser Mengen, etwa $U(\mathfrak{x}_1), \ldots, U(\mathfrak{x}_l)$ überdeckt. Wir setzen $G^* = \bigcup_{\lambda=1}^{l} U(\mathfrak{x}_\lambda)$. Es ist $\overline{G^*} = \bigcup_{\lambda=1}^{l} \overline{U(\mathfrak{x}_\lambda)}$ kompakt nach Satz 2.3 und $K \subset G^*$ sowie $\overline{G^*} \subset G$ nach Konstruktion.

§ 3. Punktfolgen

Ist jeder natürlichen Zahl $l = 1, 2, 3, \ldots$ ein Punkt $\mathfrak{x}_l \in \mathbb{R}^n$ zugeordnet, so nennt man $\mathfrak{x}_1, \mathfrak{x}_2, \mathfrak{x}_3, \ldots$ eine (unendliche) *Punktfolge* im $\mathbb{R}^n$. Jedes einzelne $\mathfrak{x}_l$ heißt *Glied der Folge*. Zwei Glieder der Folge mit verschiedenen Indices können als Punkt gleich sein, als Glieder der Folge müssen sie als verschieden angesehen werden. Eine Punktfolge $\mathfrak{x}_1, \mathfrak{x}_2, \mathfrak{x}_3, \ldots$ wird abkürzend mit $(\mathfrak{x}_l)$ bezeichnet werden. — Jede Punktfolge $(\mathfrak{x}_l)$ im $\mathbb{R}^n$ bestimmt eine *Teilmenge* des $\mathbb{R}^n$: $\{\mathfrak{x}_l : l \in \mathbb{N}\} = \{\mathfrak{x} \in \mathbb{R}^n : \text{es gibt } l \in \mathbb{N} \text{ mit } \mathfrak{x} = \mathfrak{x}_l\}$.

Viele Sätze über Zahlenfolgen lassen sich auf Punktfolgen im $\mathbb{R}^n$ verallgemeinern. Das soll im folgenden geschehen.

Definition 3.1. *Es sei $(\mathfrak{x}_l)$ eine Punktfolge im $\mathbb{R}^n$. Ein Punkt $\mathfrak{x}_0 \in \mathbb{R}^n$ heißt Häufungspunkt von $(\mathfrak{x}_l)$, wenn in jeder Umgebung von $\mathfrak{x}_0$ unendlich viele Glieder der Folge $(\mathfrak{x}_l)$ liegen.*

Ein Häufungspunkt der Punktmenge $\{\mathfrak{x}_l : l \in \mathbb{N}\}$ ist offenbar auch Häufungspunkt der Folge $(\mathfrak{x}_l)$. Das Umgekehrte ist nicht immer richtig, wie das Beispiel einer konstanten Folge $\mathfrak{x}_l = \mathfrak{x}_0, l = 1, 2, 3, \ldots$, lehrt.

Definition 3.2. *Eine Punktfolge $(\mathfrak{x}_l)$ im $\mathbb{R}^n$ heißt beschränkt, wenn die Punktmenge $\{\mathfrak{x}_l\}$ beschränkt ist.*

Satz 3.1 (BOLZANO/WEIERSTRASS). *Jede unendliche beschränkte Folge* $(\mathfrak{x}_l)$ *im* $\mathbb{R}^n$ *hat mindestens einen Häufungspunkt.*

Beweis. Es sei $r > 0$ so, daß $\{\mathfrak{x}_l\} \subset Q_r$ gilt. Wir nehmen an, daß $(\mathfrak{x}_l)$ keinen Häufungspunkt in Q_r hat. Dann gibt es zu jedem $\mathfrak{y} \in Q_r$ eine offene Umgebung $U(\mathfrak{y})$, die höchstens endlich viele Glieder der Folge $(\mathfrak{x}_l)$ enthält. $\mathfrak{U} = \{U(\mathfrak{y}); \mathfrak{y} \in Q_r\}$ ist eine offene Überdeckung von Q_r; nach Satz 2.1 gibt es endlich viele Punkte $\mathfrak{y}_1, \ldots, \mathfrak{y}_m \in Q_r$ so, daß Q_r schon in $\bigcup\limits_{\mu=1}^{m} U(\mathfrak{y}_\mu)$ enthalten ist. Da in jedem $U(\mathfrak{y}_\mu)$ höchstens endlich viele Glieder von $(\mathfrak{x}_l)$ liegen, können auch in Q_r nur endlich viele Glieder liegen. Das ist aber ein Widerspruch.

Definition 3.3. *Eine Punktfolge* $(\mathfrak{x}_l)$ *im* $\mathbb{R}^n$ *heißt konvergent gegen* $\mathfrak{x}_0 \in \mathbb{R}^n$, *wenn in jeder Umgebung von* $\mathfrak{x}_0$ *fast alle Glieder (d.h. alle Glieder bis auf endlich viele) der Folge enthalten sind.*

Man schreibt dann $\lim\limits_{l \to \infty} \mathfrak{x}_l = \mathfrak{x}_0$ oder $\mathfrak{x}_l \to \mathfrak{x}_0$ und nennt $\mathfrak{x}_0$ den *Grenzwert* der Folge. Die Aussage „$\lim\limits_{l \to \infty} \mathfrak{x}_l = \mathfrak{x}_0$" ist gleichbedeutend mit „Zu jeder Umgebung U von $\mathfrak{x}_0$ gibt es ein $l_0 \in \mathbb{N}$, so daß $\mathfrak{x}_l \in U$ gilt für alle $l \geqq l_0$". — Der Grenzwert einer konvergenten Folge ist offenbar Häufungspunkt von ihr. Wegen des Hausdorffschen Trennungsaxioms (Satz 1.6) hat eine Folge höchstens einen Grenzwert.

Satz 3.2. *Es sei* $\mathfrak{x}_0$ *Häufungspunkt der Punktmenge* $M \subset \mathbb{R}^n$. *Dann gibt es eine Folge* $(\mathfrak{x}_l)$ *mit paarweise verschiedenen in* M *gelegenen Gliedern, welche gegen* $\mathfrak{x}_0$ *konvergiert.*

Beweis. Man setze $\varepsilon_\lambda = 1/\lambda$ und $U_\lambda = U_{\varepsilon_\lambda}(\mathfrak{x}_0)$ für $\lambda = 1, 2, 3, \ldots$. Man wähle $\mathfrak{x}_1 \in U_1 \cap M$ beliebig. Ist für $\lambda = 1, \ldots, l-1$ mit $l \geqq 2$ schon $\mathfrak{x}_\lambda \in U_\lambda \cap M$ so gewählt, daß die Punkte $\mathfrak{x}_1, \ldots, \mathfrak{x}_{l-1}$ paarweise verschieden sind, wähle man $\mathfrak{x}_l \in U_l \cap M$ so, daß $\mathfrak{x}_l$ von allen Punkten $\mathfrak{x}_1, \ldots, \mathfrak{x}_{l-1}$ verschieden ist. Das ist möglich, da $U_l \cap M$ eine unendliche Menge ist. Die solchermaßen induktiv definierte Folge $(\mathfrak{x}_l)$ konvergiert offenbar gegen $\mathfrak{x}_0$ (vgl. Band I, Kap. II, Satz 4.5, 4.6).

Analog beweist man

Satz 3.3. *Es sei* $\mathfrak{x}_0$ *Häufungspunkt der Folge* $(\mathfrak{x}_l)$. *Dann gibt es eine gegen* $\mathfrak{x}_0$ *konvergente Teilfolge* $(\mathfrak{x}_{l_1})$ *von* $(\mathfrak{x}_l)$.

Weiter gilt

Satz 3.4. *Eine Punktfolge* $(\mathfrak{x}_l)$ *konvergiert genau dann, wenn sie beschränkt ist und nur einen Häufungspunkt hat.*

Beweis. a) Es gelte $\mathfrak{x}_l \to \mathfrak{x}_0$. Zu $U_\varepsilon(\mathfrak{x}_0)$ gibt es l_0 so, daß höchstens $\mathfrak{x}_1, \ldots, \mathfrak{x}_{l_0}$ nicht in $U_\varepsilon(\mathfrak{x}_0)$ liegen. Setzt man

$$r = \max(|\mathfrak{x}_0| + \varepsilon, |\mathfrak{x}_1|, \ldots, |\mathfrak{x}_{l_0}|),$$

so gilt offenbar $\{\mathfrak{x}_l\} \subset Q_r$. — Hätte $(\mathfrak{x}_l)$ noch einen von $\mathfrak{x}_0$ verschiedenen Häufungspunkt $\mathfrak{x}_0^*$, so gäbe es nach Satz 1.6 Umgebungen $U(\mathfrak{x}_0)$, $U^*(\mathfrak{x}_0^*)$ mit $U(\mathfrak{x}_0) \cap U^*(\mathfrak{x}_0^*) = \emptyset$. In $U^*(\mathfrak{x}_0^*)$ müßten unendlich viele, in $U(\mathfrak{x}_0)$ fast alle Glieder der Folge liegen. Das ist unmöglich.

b) Es sei $\mathfrak{x}_0$ der einzige Häufungspunkt der Folge $(\mathfrak{x}_l)$, es gelte $\{\mathfrak{x}_l\} \subset Q_r$ für ein passendes r. Gäbe es eine ε-Umgebung $U = U_\varepsilon(\mathfrak{x}_0)$, die nicht fast alle Glieder der Folge enthält, so lägen in $U' \cap Q_r$ unendlich viele Glieder der Folge, d.h. eine unendliche Teilfolge. Nach Satz 3.1 hätte diese einen Häufungspunkt $\mathfrak{x}_0^*$. Da $U' \cap Q_r$ abgeschlossen ist, müßte $\mathfrak{x}_0^* \in U' \cap Q_r \subset U'$, also $\mathfrak{x}_0 \neq \mathfrak{x}_0^*$ gelten. Der Punkt $\mathfrak{x}_0^*$ wäre aber erst recht Häufungspunkt von $(\mathfrak{x}_l)$, und wir hätten einen Widerspruch.

Satz 3.5. *Es sei* $\mathfrak{x}_l = (x_1^{(l)}, \ldots, x_n^{(l)})$ *für* $l = 1, 2, 3, \ldots$ *und* $l = 0$. *Es ist* $\lim_{l \to \infty} \mathfrak{x}_l = \mathfrak{x}_0$ *genau dann, wenn* $\lim_{l \to \infty} x_\nu^{(l)} = x_\nu^{(0)}$ *für* $\nu = 1, \ldots, n$ *gilt.*

Beweis. Die Aussage „$\mathfrak{x}_l \in U_\varepsilon(\mathfrak{x}_0)$" ist gleichbedeutend mit „$\left| x_\nu^{(l)} - x_\nu^{(0)} \right| < \varepsilon$ für $\nu = 1, \ldots, n$". Band I, Kap. II, Satz 4.2 liefert die Behauptung.

Satz 3.6. *Es seien* $(\mathfrak{x}_l)$, $(\mathfrak{y}_l)$ *Punktfolgen im* $\mathbb{R}^n$ *und* (a_l) *eine Zahlenfolge. Falls* $\lim_{l \to \infty} \mathfrak{x}_l$ *und* $\lim_{l \to \infty} \mathfrak{y}_l$ *existieren, so existiert auch* $\lim_{l \to \infty} (\mathfrak{x}_l + \mathfrak{y}_l)$, *und es ist*

$$\lim_{l \to \infty} (\mathfrak{x}_l + \mathfrak{y}_l) = \lim_{l \to \infty} \mathfrak{x}_l + \lim_{l \to \infty} \mathfrak{y}_l.$$

Existieren $\lim_{l \to \infty} \mathfrak{x}_l$ *und* $\lim_{l \to \infty} a_l$, *so existiert auch* $\lim_{l \to \infty} a_l \mathfrak{x}_l$, *und es ist*

$$\lim_{l \to \infty} a_l \mathfrak{x}_l = \lim_{l \to \infty} a_l \cdot \lim_{l \to \infty} \mathfrak{x}_l.$$

Beweis. Mittels Satz 3.5 werden diese Aussagen auf die entsprechenden Aussagen über Zahlenfolgen (siehe Band I, Kap. II, Satz 4.7) zurückgeführt.

§ 4. Funktionen. Stetigkeit

Ist jedem Punkt $\mathfrak{x}$ einer (nicht leeren) Teilmenge M von $\mathbb{R}^n$ in eindeutiger Weise ein Element $f(\mathfrak{x}) \in \bar{\mathbb{R}} = \mathbb{R} \cup \{- \infty, + \infty\}$ zugeordnet, so sagt man, auf M sei eine *Funktion* f mit Werten in $\bar{\mathbb{R}}$ gegeben. M heißt dann *Definitionsbereich* von f. Man nennt f auch eine Funktion von n Veränderlichen und schreibt $f(\mathfrak{x}) = f(x_1, \ldots, x_n)$, wenn $\mathfrak{x} = (x_1, \ldots, x_n)$. Ist für $\mathfrak{x} \in M$ stets $f(\mathfrak{x}) \in \mathbb{R}$, so heißt f eine *reelle Funktion*. Ist $N \subset M$, so nennt man

$$\{y \in \overline{\mathbb{R}} : y = f(\mathfrak{x}) \text{ für ein } \mathfrak{x} \in N\} = f(N)$$

die *Bildmenge* von N. Man setzt weiter $\max f(N) = \sup f(N)$, $\min f(N) = \inf f(N)$. Man definiert schließlich die *Einschränkung von f auf N*, in Zeichen $f \mid N$, als die auf N erklärte Funktion, die jedem $\mathfrak{x} \in N$ den Wert $f(\mathfrak{x})$ zuordnet.

Viele Begriffe und Sätze, die uns für Funktionen einer Veränderlichen bekannt sind, lassen sich auf Funktionen mehrerer Veränderlichen verallgemeinern. Das wird die Aufgabe der nächsten Paragraphen sein.

Definition 4.1. *Es sei f eine auf $M \subset \mathbb{R}^n$ definierte Funktion, es gelte $f(M) \subset \mathbb{R} \cup \{-\infty\}$. Dann heißt f in $\mathfrak{x}_0 \in M$ halbstetig nach oben, wenn es zu jeder reellen Zahl r mit $f(\mathfrak{x}_0) < r$ eine Umgebung U von $\mathfrak{x}_0$ gibt, so daß $f(U \cap M) < r$ ist. Ist f in jedem $\mathfrak{x}_0 \in M$ halbstetig nach oben, so heißt f auf M halbstetig nach oben.*

Definition 4.2. *Es sei f auf $M \subset \mathbb{R}^n$ definiert und $f(M) \subset \mathbb{R} \cup \{+\infty\}$. Dann heißt f in $\mathfrak{x}_0 \in M$ halbstetig nach unten, wenn es zu jedem $r \in \mathbb{R}$ mit $f(\mathfrak{x}_0) > r$ eine Umgebung U von $\mathfrak{x}_0$ gibt, so daß $f(U \cap M) > r$ ist. Ist f in jedem $\mathfrak{x}_0 \in M$ halbstetig nach unten, so heißt f auf M halbstetig nach unten.*

Satz 4.1. (a) *Ist f in $\mathfrak{x}_0$ halbstetig nach oben (bzw. nach unten), so ist $-f$ in $\mathfrak{x}_0$ halbstetig nach unten (bzw. nach oben) und umgekehrt.*

(b) *Sind f_1 und f_2 in $\mathfrak{x}_0$ halbstetig nach oben (nach unten), so gilt das gleiche für $f_1 + f_2$.*

(c) *Ist $c \in \mathbb{R}$, $c > 0$, und f in $\mathfrak{x}_0$ halbstetig nach oben (nach unten), so gilt das gleiche für cf.*

Dabei wird $(-f)(\mathfrak{x}) = -f(\mathfrak{x})$, $(f_1 + f_2)(\mathfrak{x}) = f_1(\mathfrak{x}) + f_2(\mathfrak{x})$, $(cf)(\mathfrak{x}) = c \cdot f(\mathfrak{x})$ gesetzt unter Beachtung der Vereinbarungen

$$-(+\infty) = -\infty, \quad -(-\infty) = +\infty, \quad a + (\pm\infty) = (\pm\infty) + a$$
$$= \pm\infty \quad \text{für} \quad a \in \mathbb{R}, \quad c \cdot (\pm\infty) = \pm\infty \quad \text{für} \quad c > 0.$$

Der Beweis der analogen Aussagen für eine Veränderliche (Band I, Kap. IV, Sätze 2.1—2.3) überträgt sich wörtlich zu einem Beweis dieses Satzes.

Definition 4.3. *Eine auf $M \subset \mathbb{R}^n$ definierte reelle Funktion f heißt stetig in $\mathfrak{x}_0 \in M$, wenn f dort nach oben und nach unten halbstetig ist. Sie heißt stetig auf M, wenn sie in jedem Punkt von M stetig ist.*

Für die Halbstetigkeit bzw. Stetigkeit einer Funktion f in einem Punkt $\mathfrak{x}_0$ ist nur das Verhalten von f in beliebig kleinen Umgebungen von $\mathfrak{x}_0$ maßgeblich; man sagt, es handle sich um *lokale Eigenschaften*.

Auch für reelle Funktionen mehrerer Veränderlichen kann man einen *Graphen* definieren: $G_f = \{(\mathfrak{x}, y) \in \mathbb{R}^{n+1}: \mathfrak{x} \in M, y = f(\mathfrak{x})\}$. Im Fall $n = 2$ kann man sich den Graphen hinreichend „schöner" Funktionen als Fläche im $\mathbb{R}^3$ veranschaulichen.

Es sollen jetzt die für $n = 1$ schon bekannten Stetigkeitskriterien formuliert werden.

Satz 4.2. *Eine auf M definierte reelle Funktion f ist in $\mathfrak{x}_0 \in M$ genau dann stetig, wenn es zu jedem $\varepsilon > 0$ eine Umgebung U von $\mathfrak{x}_0$ gibt, so daß $|f(\mathfrak{x}) - f(\mathfrak{x}_0)| < \varepsilon$ für alle $\mathfrak{x} \in U \cap M$ gilt.*

Der Beweis geht wörtlich wie beim analogen Satz 3.1 aus Band I, Kap. IV.

Satz 4.3 (Folgenkriterium). *Eine auf M definierte reelle Funktion f ist in $\mathfrak{x}_0 \in M$ genau dann stetig, wenn für jede gegen $\mathfrak{x}_0$ konvergierende Folge $(\mathfrak{x}_\lambda)$ von Punkten aus M auch die Folge $f(\mathfrak{x}_\lambda)$ gegen $f(\mathfrak{x}_0)$ strebt.*

Der Beweis verläuft fast wörtlich so wie bei einer Veränderlichen (Band I, Kap. IV, Satz 3.2).

Es sei nun f eine reelle Funktion auf M und $\mathfrak{x}_0$ ein Häufungspunkt von M; der Punkt $\mathfrak{x}_0$ braucht nicht zu M zu gehören. Wir sagen, bei Annäherung von $\mathfrak{x}$ in M an $\mathfrak{x}_0$ strebe $f(\mathfrak{x})$ gegen den Wert a (in Zeichen: $\lim\limits_{\substack{\mathfrak{x} \to \mathfrak{x}_0 \\ \mathfrak{x} \in M}} f(\mathfrak{x}) = a$), wenn die auf $M \cup \{\mathfrak{x}_0\}$ durch

$$F \,|\, (M - \{\mathfrak{x}_0\}) = f \,|\, (M - \{\mathfrak{x}_0\}), \qquad F(\mathfrak{x}_0) = a$$

definierte Funktion F in $\mathfrak{x}_0$ stetig ist. Existiert ein solches a, so ist es eindeutig bestimmt, das erkennt man genau wie im Fall einer Veränderlichen (Band I, Kap. IV, Satz 3.4).

Auch für diesen Sachverhalt können wir ein Folgenkriterium aussprechen, das sich sofort aus Satz 4.3 ergibt.

Satz 4.4. *Es gilt $\lim\limits_{\substack{\mathfrak{x} \to \mathfrak{x}_0 \\ \mathfrak{x} \in M}} f(\mathfrak{x}) = a$ genau dann, wenn für jede gegen $\mathfrak{x}_0$ konvergierende Folge $(\mathfrak{x}_\lambda)$ von Punkten aus $M - \{\mathfrak{x}_0\}$ die Folge $f(\mathfrak{x}_\lambda)$ gegen a strebt.*

Die reellen Funktionen f und g seien auf $M \subset \mathbb{R}^n$ definiert und in $\mathfrak{x}_0 \in M$ stetig. Dann sind $f + g$ und $f - g$ in $\mathfrak{x}_0$ stetig, wie man mittels Satz 4.1 oder Satz 4.3 sieht. Die durch $(f \cdot g)(\mathfrak{x}) = f(\mathfrak{x}) \cdot g(\mathfrak{x})$ auf M definierte Funktion $f \cdot g$ ist auch in $\mathfrak{x}_0$ stetig, wie aus Satz 4.3 folgt. Ebenso sieht man, falls $g(\mathfrak{x}_0) \neq 0$ ist, die Stetigkeit der über

$$\{\mathfrak{x} \in M : g(\mathfrak{x}) \neq 0\} \quad \text{durch} \quad \left(\frac{f}{g}\right)(\mathfrak{x}) = \frac{f(\mathfrak{x})}{g(\mathfrak{x})}$$

definierten Funktion f/g in $\mathfrak{x}_0$.

Konstante Funktionen $f(\mathfrak{x}) \equiv c$ sind auf ganz $\mathbb{R}^n$ definiert und stetig; dasselbe gilt für die Funktionen $f_\nu(x_1, \ldots, x_n) = x_\nu$ mit $\nu = 1, \ldots, n$, wie man mit den Sätzen 3.5 und 4.3 einsieht. Zusammen mit dem oben Bemerkten ergibt sich die Stetigkeit von Polynomfunktionen

$$p(\mathfrak{x}) = p(x_1, \ldots, x_n) = \sum a_{\lambda_1, \ldots, \lambda_n} x_1^{\lambda_1} \cdots x_n^{\lambda_n}$$

(zu summieren über $\lambda_1 = 0, \ldots, l_1; \ldots; \lambda_n = 0, \ldots, l_n$) auf dem ganzen $\mathbb{R}^n$.

Ist f auf $M \subset \mathbb{R}^n$ definiert und reell, und ist $N \subset M$, so zieht die Stetigkeit von f in einem Punkt $\mathfrak{x}_0 \in N$ die Stetigkeit von $f \,|\, N$ dort nach sich, wie das Folgenkriterium lehrt. Das Umgekehrte ist im allgemeinen falsch. — Wir nennen f stetig auf N, wenn f in jedem Punkt von N stetig ist. Das impliziert die Stetigkeit von $f \,|\, N$. Die Stetigkeit von $f \,|\, N$ hat aber nicht die Stetigkeit von f in jedem Punkt von N zur Folge.

Definition 4.4. *Eine auf M definierte Funktion f heißt nach oben beschränkt (bzw. nach unten beschränkt), wenn $\max f(M) < + \infty$ (bzw. $\min f(M) > - \infty$) ist. Sie heißt schlechthin beschränkt, wenn sie nach oben und nach unten beschränkt ist.*

Satz 4.5. *Es sei $M \subset \mathbb{R}^n$ kompakt und f auf M halbstetig nach oben. Dann ist f auf M nach oben beschränkt und nimmt das Maximum an.*

Die letzte Aussage bedeutet: Es gibt ein $\mathfrak{x} \in M$ mit $f(\mathfrak{x}) = \max f(M)$.

Beweis. Wir setzen $r = \max f(M) \leqq + \infty$ und nehmen an, es gebe kein $\mathfrak{x} \in M$ mit $f(\mathfrak{x}) = r$. Dann ist $f(\mathfrak{x}) < r$ für jedes $\mathfrak{x} \in M$. Wir wählen zu $\mathfrak{x}$ eine reelle Zahl $r(\mathfrak{x})$, so daß $f(\mathfrak{x}) < r(\mathfrak{x}) < r$ gilt. Wegen der Halbstetigkeit von f gibt es eine ganze Umgebung $U(\mathfrak{x})$ von $\mathfrak{x}$ (die wir als offen annehmen können), so daß $f(U(\mathfrak{x}) \cap M) < r(\mathfrak{x})$. Das System $\mathfrak{U} = \{ U(\mathfrak{x}) : \mathfrak{x} \in M \}$ ist eine offene Überdeckung von M; aufgrund der Kompaktheit von M gibt es endlich viele Punkte $\mathfrak{x}_1, \ldots, \mathfrak{x}_l$ in M so, daß jedes $\mathfrak{x} \in M$ in einer der Mengen $U(\mathfrak{x}_1), \ldots, U(\mathfrak{x}_l)$ enthalten ist. Damit gilt $f(\mathfrak{x}) < \max(r(\mathfrak{x}_1), \ldots, r(\mathfrak{x}_l)) < r$ in ganz M, was wegen $r = \sup f(M)$ nicht sein kann. Das Maximum wird also angenommen und ist insbesondere nicht $+ \infty$, was zu zeigen war[1].

Satz 4.6. *Es sei $M \subset \mathbb{R}^n$ kompakt und f auf M halbstetig nach unten. Dann ist f auf M nach unten beschränkt und nimmt das Minimum an.*

Der Beweis ergibt sich durch Übergang zu $- f$ aus Satz 4.5. Diese beiden Sätze ergeben zusammen den

Satz 4.7. *Eine stetige Funktion auf einer kompakten Menge ist beschränkt und nimmt ihr Maximum und ihr Minimum an.*

Sind $\mathfrak{x}$ und $\mathfrak{y}$ zwei Punkte des $\mathbb{R}^n$, so kann man $(\mathfrak{x}, \mathfrak{y})$ als Punkt des $\mathbb{R}^{2n}$ auffassen und die Funktion

$$\operatorname{Dist}(\mathfrak{x}, \mathfrak{y}) = |\mathfrak{x} - \mathfrak{y}| = \max_{\nu = 1, \ldots, n} |x_\nu - y_\nu|$$

---

[1] Hiermit ist Satz 5.1 aus Band I, Kap. IV aufs neue bewiesen. Dieser Beweis ist durchsichtiger, da er den Kompaktheitsbegriff benutzt.

als auf $\mathbb{R}^{2n}$ definiert ansehen (Dist hat nicht dieselbe Bedeutung wie dist in Kap. I, § 1). In diesem Sinn ist die Aussage des folgenden Satzes zu verstehen.

Satz 4.8. *Die Funktion* Dist $(\mathfrak{x}, \mathfrak{y})$ *ist stetig.*

Beweis. Sei $(\mathfrak{x}_0, \mathfrak{y}_0) \in \mathbb{R}^{2n}$ und $\varepsilon > 0$ gegeben. Wir zeigen: Wählt man $\delta = \varepsilon/3$, so gilt für alle $(\mathfrak{x}, \mathfrak{y}) \in U_\delta(\mathfrak{x}_0, \mathfrak{y}_0)$

$$|\operatorname{Dist}(\mathfrak{x}, \mathfrak{y}) - \operatorname{Dist}(\mathfrak{x}_0, \mathfrak{y}_0)| = ||\mathfrak{x} - \mathfrak{y}| - |\mathfrak{x}_0 - \mathfrak{y}_0|| < \varepsilon.$$

Die Behauptung ist äquivalent zu

$$|\mathfrak{x}_0 - \mathfrak{y}_0| - \varepsilon < |\mathfrak{x} - \mathfrak{y}| < |\mathfrak{x}_0 - \mathfrak{y}_0| + \varepsilon;$$

und $(\mathfrak{x}, \mathfrak{y}) \in U_\delta(\mathfrak{x}_0, \mathfrak{y}_0)$ ist äquivalent zu $|\mathfrak{x} - \mathfrak{x}_0| < \delta$, $|\mathfrak{y} - \mathfrak{y}_0| < \delta$. Es ist aber

$$\begin{aligned}
|\mathfrak{x} - \mathfrak{y}| &= |\mathfrak{x} - \mathfrak{x}_0 + \mathfrak{x}_0 - \mathfrak{y}_0 + \mathfrak{y}_0 - \mathfrak{y}| \\
&\leq |\mathfrak{x} - \mathfrak{x}_0| + |\mathfrak{x}_0 - \mathfrak{y}_0| + |\mathfrak{y}_0 - \mathfrak{y}| \leq 2\delta + |\mathfrak{x}_0 - \mathfrak{y}_0| \\
&< |\mathfrak{x}_0 - \mathfrak{y}_0| + \varepsilon
\end{aligned}$$

und analog

$$|\mathfrak{x}_0 - \mathfrak{y}_0| < |\mathfrak{x} - \mathfrak{y}| + \varepsilon.$$

Das war zu zeigen.

Dieser Satz beruht darauf, daß die Topologie im $\mathbb{R}^n$ letzten Endes durch die Metrik Dist $(\mathfrak{x}, \mathfrak{y})$ definiert wurde (vgl. § 1).

Definition 4.5. *Es seien M und N zwei nichtleere Teilmengen des $\mathbb{R}^n$. Man setzt* Dist $(M, N) = \inf\limits_{\mathfrak{x} \in M, \, \mathfrak{y} \in N} \operatorname{Dist}(\mathfrak{x}, \mathfrak{y})$.

Satz 4.9. *Es sei $M \subset \mathbb{R}^n$ abgeschlossen und $K \subset \mathbb{R}^n$ kompakt, $M \neq \emptyset \neq K$. Ist $M \cap K = \emptyset$, so ist* Dist $(M, K) > 0$.

Beweis. Wäre Dist $(M, K) = 0$, so gäbe es eine Folge von Punkten $(\mathfrak{x}_\lambda, \mathfrak{y}_\lambda) \in \mathbb{R}^{2n}$ mit $\mathfrak{x}_\lambda \in M$ und $\mathfrak{y}_\lambda \in K$ für $\lambda = 1, 2, 3, \ldots$, für die Dist $(\mathfrak{x}_\lambda, \mathfrak{y}_\lambda) = |\mathfrak{x}_\lambda - \mathfrak{y}_\lambda| \to 0$ gälte. Da K kompakt ist, hat die in K gelegene Folge $(\mathfrak{y}_\lambda)$ einen Häufungspunkt $\mathfrak{y}_0 \in K$; wir wählen eine gegen $\mathfrak{y}_0$ konvergente Teilfolge $(\mathfrak{y}_{1\lambda})$ von $(\mathfrak{y}_\lambda)$ und bilden die entsprechende Teilfolge $(\mathfrak{x}_{1\lambda})$ von $(\mathfrak{x}_\lambda)$. Es gilt dann $|\mathfrak{y}_{1\lambda} - \mathfrak{y}_0| \to 0$ und $|\mathfrak{x}_{1\lambda} - \mathfrak{y}_0| \leq |\mathfrak{x}_{1\lambda} - \mathfrak{y}_{1\lambda}| + |\mathfrak{y}_{1\lambda} - \mathfrak{y}_0|$, also auch $|\mathfrak{x}_{1\lambda} - \mathfrak{y}_0| \to 0$, d.h. $\mathfrak{x}_{1\lambda} \to \mathfrak{y}_0$. Da M abgeschlossen ist, muß $\lim\limits_{\lambda \to \infty} \mathfrak{x}_{1\lambda} = \mathfrak{y}_0 \in M$ gelten. Es war aber $\mathfrak{y}_0 \in K$ und $K \cap M = \emptyset$, wir erhalten einen Widerspruch.

§ 5. Funktionenfolgen

Genau wie bei den Funktionen einer Veränderlichen können wir Folgen (f_λ) von reellen Funktionen betrachten, welche alle den gemeinsamen Definitionsbereich $M \subset \mathbb{R}^n$ haben.

Definition 5.1. *Eine solche Funktionenfolge heißt (punktweise oder im gewöhnlichen Sinne) konvergent, wenn für jedes $\mathfrak{x} \in M$ die Zahlenfolge $(f_\lambda(\mathfrak{x}))$ konvergent ist.*

Die Zuordnung $\mathfrak{x} \to \lim\limits_{\lambda \to \infty} f_\lambda(\mathfrak{x})$ definiert auf M eine Funktion F, die Grenzfunktion der Folge (f_λ). Wir schreiben $f_\lambda \to F$.

Schon der eindimensionale Fall zeigt, daß etwa zur Untersuchung der Stetigkeit der Grenzfunktion einer konvergenten Folge stetiger Funktionen der obige Konvergenzbegriff nicht scharf genug ist. Wir setzen deshalb

Definition 5.2. *Eine Folge (f_λ) auf $M \subset \mathbb{R}^n$ definierter reeller Funktionen heißt (auf M) gleichmäßig konvergent gegen eine Funktion F, wenn es zu jedem $\varepsilon > 0$ ein $\lambda_0 \in \mathbb{N}$ gibt, so daß für alle $\lambda \geqq \lambda_0$ und alle $\mathfrak{x} \in M$ gilt $\left| f_\lambda(\mathfrak{x}) - F(\mathfrak{x}) \right| < \varepsilon$.*

Die gleichmäßige Konvergenz zieht offenbar die gewöhnliche nach sich.

Satz 5.1. *Auf M konvergiere (f_λ) gleichmäßig gegen F, und in $\mathfrak{x}_0 \in M$ seien alle f_λ stetig. Dann ist F stetig in $\mathfrak{x}_0$.*

Der Beweis des eindimensionalen Falles (Band I, Kap. IV, Satz 6.1) läßt sich wörtlich übertragen.

Auch der Begriff der unendlichen Reihe von Funktionen läßt sich in bekannter Weise einführen. Eine Reihe $\sum\limits_{\lambda=1}^{\infty} f_\lambda$ auf M definierter Funktionen f_λ heißt punktweise bzw. gleichmäßig konvergent, wenn die Folge (s_l) der Partialsummen $s_l = \sum\limits_{\lambda=1}^{l} f_\lambda$ auf M punktweise bzw. gleichmäßig konvergiert. $F = \lim\limits_{l \to \infty} s_l$ heißt dann *Summe der Reihe*, man schreibt $F = \sum\limits_{\lambda=1}^{\infty} f_\lambda$. Satz 5.1 überträgt sich zu

Satz 5.2. *Konvergiert $\sum\limits_{\lambda=1}^{\infty} f_\lambda$ gleichmäßig auf M und sind alle f_λ in $\mathfrak{x}_0 \in M$ stetig, so ist auch $F = \sum\limits_{\lambda=0}^{\infty} f_\lambda$ in $\mathfrak{x}_0$ stetig.*

Für die gleichmäßige Konvergenz hat man wieder ein Majorantenkriterium:

Satz 5.3. *Es sei $\sum\limits_{\lambda=1}^{\infty} a_\lambda$ eine konvergente Reihe reeller Zahlen und $\sum\limits_{\lambda=1}^{\infty} f_\lambda(\mathfrak{x})$ eine unendliche Reihe auf M definierter reeller Funktionen. Wenn $\left| f_\lambda(\mathfrak{x}) \right| \leqq a_\lambda$ für jedes $\mathfrak{x} \in M$ und fast alle $\lambda \in \mathbb{N}$ gilt, so konvergiert $\sum\limits_{\lambda=1}^{\infty} f_\lambda(\mathfrak{x})$ gleichmäßig auf M.*

Der Beweis verläuft genauso wie bei Satz 7.4 im vierten Kapitel des ersten Bandes.

Es ist zweckmäßig, den Konvergenzbegriff noch weiter zu differenzieren:

Definition 5.3. *Eine Folge* (f_λ) *über* $M \subset \mathbb{R}^n$ *definierter reeller Funktionen heißt in* $\mathfrak{x}_0 \in M$ *gleichmäßig konvergent, wenn es eine Umgebung U von* $\mathfrak{x}_0$ *gibt, so daß* $(f_\lambda \,|\, M \cap U)$ *gleichmäßig auf* $M \cap U$ *konvergiert. Die Folge* (f_λ) *heißt auf M lokal gleichmäßig konvergent, wenn sie in jedem Punkt von M gleichmäßig konvergiert.*

Da Stetigkeit eine lokale Eigenschaft ist, können wir aus Satz 5.1 schließen: Konvergiert eine Folge stetiger Funktionen auf M gleichmäßig in $\mathfrak{x}_0 \in M$, so ist die Grenzfunktion in $\mathfrak{x}_0$ stetig.

Definition 5.4. *Eine Folge* (f_λ) *über* $M \subset \mathbb{R}^n$ *definierter reeller Funktionen heißt kompakt konvergent auf M, wenn für jeden kompakten Teil* $K \subset M$ *die Folge* $(f_\lambda \,|\, K)$ *auf K gleichmäßig konvergiert.*

Satz 5.4. *Die Funktionenfolge* (f_λ) *konvergiere kompakt auf M, alle* f_λ *seien in* $\mathfrak{x}_0 \in M$ *stetig. Dann ist* $F = \lim\limits_{\lambda \to \infty} f_\lambda$ *in* $\mathfrak{x}_0$ *stetig.*

Beweis. Es sei $(\mathfrak{x}_\mu)$ eine gegen $\mathfrak{x}_0$ konvergente Punktfolge in M. Die Menge $K = \{\mathfrak{x}_\mu : \mu \in \mathbb{N}\} \cup \{\mathfrak{x}_0\} \subset M$ ist kompakt, denn sie enthält alle ihre Häufungspunkte, ist also abgeschlossen (Satz 1.7), und sie ist beschränkt (Satz 3.4). Die Folge $(f_\lambda \,|\, K)$ konvergiert nach Voraussetzung gleichmäßig gegen $F \,|\, K$, daher ist $F \,|\, K$ in $\mathfrak{x}_0$ stetig, d.h. $\lim\limits_{\mu \to \infty} F(\mathfrak{x}_\mu) = F(\mathfrak{x}_0)$. Dies gilt für jede gegen $\mathfrak{x}_0$ strebende Punktfolge in M; nach dem Folgenkriterium (Satz 4.3) ergibt sich die Stetigkeit von F in $\mathfrak{x}_0$.

Als Beispiel betrachten wir $M = \{x : 0 < x < 1\} \subset \mathbb{R}$ und $f_\lambda(x) = x^\lambda$ für $\lambda = 1, 2, 3, \dots$. Offenbar gilt $f_\lambda \to 0$. In Band I, S. 78, ist gezeigt worden, daß die Konvergenz auf M nicht gleichmäßig ist. Sie ist es aber auf jedem $M_q = \{x : 0 < x \leqq q\}$, wobei $0 < q < 1$ gilt (zu gegebenem $\varepsilon > 0$ genügt es, $\lambda_0 > \max\left(0, \dfrac{\log \varepsilon}{\log q}\right)$ zu wählen). Daraus folgt die lokal gleichmäßige Konvergenz auf M: Ist $x_0 \in M$, so wähle man etwa $q = \dfrac{x_0 + 1}{2}$. Dann ist M_q eine Umgebung von x_0, auf der (f_λ) gleichmäßig konvergiert. Es folgt auch die kompakte Konvergenz auf M: Ist K ein nicht leerer kompakter Teil von M, so ist $\sup K < 1$ (es ist $1 \in M' \subset K'$; da K' offen ist, gibt es $\delta > 0$, so daß $U_\delta(1) \subset K'$, d.h. $\sup K \leqq 1 - \delta$), also ist $K \subset M_q$ mit $q = \sup K$. Aus der gleichmäßigen Konvergenz auf M_q folgt erst recht die auf K.

Wir studieren den Zusammenhang zwischen den verschiedenen Konvergenzbegriffen.

Satz 5.5. *Ist M kompakt, so folgt aus der lokal gleichmäßigen Konvergenz einer Funktionenfolge auf M ihre gleichmäßige Konvergenz.*

Beweis. Die Grenzfunktion der auf M lokal gleichmäßig konvergenten Folge (f_λ) sei F. Es sei $\varepsilon > 0$ gegeben. Nach der Voraussetzung über (f_λ) gibt es zu jedem $\mathfrak{x}^* \in M$ ein $\lambda_0(\mathfrak{x}^*) \in \mathbb{N}$ und eine Umgebung $U(\mathfrak{x}^*)$, so daß $|F(\mathfrak{x}) - f_\lambda(\mathfrak{x})| < \varepsilon$ für alle $\mathfrak{x} \in U(\mathfrak{x}^*) \cap M$ und alle $\lambda \geqq \lambda_0(\mathfrak{x}^*)$. Wir dürfen $U(\mathfrak{x}^*)$ als offen annehmen;

$$\mathfrak{U} = \{U(\mathfrak{x}^*)\colon \mathfrak{x}^* \in M\}$$

ist dann eine offene Überdeckung von M. Wegen der Kompaktheit von M gibt es endlich viele Punkte $\mathfrak{x}_1^*, \ldots, \mathfrak{x}_m^* \in M$, so daß $U(\mathfrak{x}_1^*), \ldots, U(\mathfrak{x}_m^*)$ schon M überdecken. Setzen wir

$$\lambda_0 = \max(\lambda_0(\mathfrak{x}_1^*), \ldots, \lambda_0(\mathfrak{x}_m^*)),$$

so gilt für jedes $\mathfrak{x} \in \bigcup_{\mu=1}^{m} U(\mathfrak{x}_\mu^*) \cap M = M$ und jedes $\lambda \geqq \lambda_0$

$$|F(\mathfrak{x}) - f_\lambda(\mathfrak{x})| < \varepsilon.$$

Daraus folgt die Behauptung.

Für kompaktes M folgt aus der kompakten Konvergenz trivialerweise die gleichmäßige. Auf kompakten Mengen sind also die Begriffe „gleichmäßig konvergent", „lokal gleichmäßig konvergent" und „kompakt konvergent" gleichbedeutend.

Für beliebige Mengen M gilt:

Satz 5.6 *Eine auf M lokal gleichmäßig konvergente Funktionenfolge (f_λ) konvergiert kompakt auf M.*

Beweis. Sei $K \subset M$ kompakt. Die Folge $(f_\lambda | K)$ konvergiert auf K lokal gleichmäßig, nach dem vorigen Satz also gleichmäßig auf K. Das war zu zeigen.

Die Umkehrung dieses Satzes ist im allgemeinen falsch, sie gilt nur, wenn man über M passende Voraussetzungen macht.

Definition 5.5. *Eine Teilmenge $M \subset \mathbb{R}^n$ heißt lokalkompakt, wenn jeder Punkt $\mathfrak{x} \in M$ eine Umgebung U besitzt, für die $U \cap M$ kompakt ist.*

Kompakte Mengen sind offenbar lokalkompakt (man kann $U = \mathbb{R}^n$ nehmen). Aber auch offene oder abgeschlossene Teile des $\mathbb{R}^n$ sind lokalkompakt: Ist M offen, $\mathfrak{x} \in M$, so gibt es $\varepsilon > 0$ so, daß $\overline{U_\varepsilon(\mathfrak{x})} \subset M$. Das ist eine in M liegende kompakte Umgebung von $\mathfrak{x}$. — Ist M abgeschlossen, so sei $U(\mathfrak{x})$ eine beschränkte und abgeschlossene Umgebung von $\mathfrak{x} \in M$ (etwa $U(\mathfrak{x}) = \overline{U_\varepsilon(\mathfrak{x})}$). Dann ist $U(\mathfrak{x}) \cap M$ beschränkt und abgeschlossen, also kompakt.

Die Menge

$$M = \{x \in \mathbb{R}\colon 0 \leqq x \leqq 1\} - \{x \in \mathbb{R}\colon \frac{1}{x} \in \mathbb{N}\}$$

ist nicht lokalkompakt: Jede Umgebung U des Nullpunkts enthält Punkte der Form $1/v$, $v \in \mathbb{N}$. Diese kommen in $U \cap M$ nicht vor, sind aber Häufungspunkte von $U \cap M$. Daher ist $U \cap M$ nicht abgeschlossen, also auch nicht kompakt.

Satz 5.7. *Sei M lokalkompakt. Eine auf M kompakt gegen F konvergierende Funktionenfolge (f_λ) konvergiert auf M lokal gleichmäßig.*

Beweis. Sei $\mathfrak{x}_0 \in M$ und U eine Umgebung von $\mathfrak{x}_0$, für die $U \cap M$ kompakt ist. Nach Voraussetzung konvergiert (f_λ) auf $U \cap M$ gleichmäßig, das bedeutet aber auch gleichmäßige Konvergenz in $\mathfrak{x}_0$.

Für lokalkompaktes M sind also die Begriffe „lokal gleichmäßig konvergent" und „kompakt konvergent" gleichbedeutend. Der Begriff „gleichmäßig konvergent" ist wirklich enger, wie das obige Beispiel zeigt.

§ 6. Abbildungen

Ist jedem Punkt $\mathfrak{x}$ einer Teilmenge $M \subset \mathbb{R}^n$ in eindeutiger Weise ein Punkt $\mathfrak{y} = F(\mathfrak{x}) \in \mathbb{R}^m$ zugeordnet, so sagt man, es sei eine *Abbildung F* von M in den $\mathbb{R}^m$ gegeben, in Zeichen $F \colon M \to \mathbb{R}^m$. Man kann dann F in Komponenten zerlegen: $F(\mathfrak{x}) = (f_1(\mathfrak{x}), \ldots, f_m(\mathfrak{x}))$; die f_μ sind auf M definierte reelle Funktionen, wir nennen sie die Komponenten der Abbildung F.

Sind umgekehrt m reelle Funktionen $f_1, \ldots, f_m$ auf $M \subset \mathbb{R}^n$ gegeben, so wird durch die Zuordnung $\mathfrak{x} \to F(\mathfrak{x}) = (f_1(\mathfrak{x}), \ldots, f_m(\mathfrak{x})) \in \mathbb{R}^m$ eine Abbildung $F \colon M \to \mathbb{R}^m$ erklärt, deren Komponenten gerade die f_μ sind. — Im Falle $m = 1$ ist eine Abbildung offenbar dasselbe wie eine reelle Funktion.

Ist eine Abbildung $F \colon M \to \mathbb{R}^m$ gegeben $(M \subset \mathbb{R}^n)$, und ist M^* eine Teilmenge von M, so wird genau wie bei Funktionen die *Bildmenge* $F(M^*) = \{\mathfrak{y} \in \mathbb{R}^m \colon \mathfrak{y} = F(\mathfrak{x}) \text{ für ein } \mathfrak{x} \in M^*\}$ erklärt. Für eine beliebige Teilmenge $N \subset \mathbb{R}^m$ wird die *Urbildmenge* (kurz: das *Urbild*) bez. F erklärt durch $F^{-1}(N) = \{\mathfrak{x} \in M \colon F(\mathfrak{x}) \in N\}$. Schließlich wird die *Einschränkung* $F \mid M^*$ von F auf M^* durch $(F \mid M^*)(\mathfrak{x}) = F(\mathfrak{x})$ für $\mathfrak{x} \in M^*$ definiert.

Abbildungen lassen sich wie Funktionen zusammensetzen: Es seien $M \subset \mathbb{R}^n$ und $N \subset \mathbb{R}^m$ Teilmengen sowie $F \colon M \to \mathbb{R}^m$ und $G \colon N \to \mathbb{R}^l$ Abbildungen. Ist $F(M) \subset N$, so kann man für jedes $\mathfrak{x} \in M$ bilden $G(F(\mathfrak{x})) = (G \circ F)(\mathfrak{x})$ und erhält damit die *zusammengesetzte Abbildung* $G \circ F \colon M \to \mathbb{R}^l$.

Eine Abbildung $F \colon M \to \mathbb{R}^m$ heißt *injektiv* (oder eine *eineindeutige* Abbildung *in* den $\mathbb{R}^m$), wenn verschiedene Punkte von M stets verschiedene Bildpunkte haben, wenn also aus $\mathfrak{x}_1, \mathfrak{x}_2 \in M$ und $\mathfrak{x}_1 \neq \mathfrak{x}_2$ folgt $F(\mathfrak{x}_1) \neq F(\mathfrak{x}_2)$. Das ist gleichbedeutend damit, daß das

Urbild eines jeden Punktes der Bildmenge $F(M)$ aus genau einem Punkt besteht.

Ist $M \subset \mathbb{R}^n$ und $N \subset \mathbb{R}^m$, so heißt eine Abbildung $F: M \to N$ *surjektiv*, wenn $F(M) = N$ gilt. Sie heißt *bijektiv*, wenn sie injektiv und surjektiv ist.

Ist $F: M \to N$ bijektiv, so können wir jedem Punkt $\mathfrak{y} \in N$ den eindeutig bestimmten Punkt $\mathfrak{x} \in M$ mit $F(\mathfrak{x}) = \mathfrak{y}$ zuordnen; auf diese Weise wird eine mit F^{-1} bezeichnete Abbildung von N auf M definiert, die *Umkehrabbildung* von F. Es ist $F^{-1} \circ F: M \to M$ die identische Abbildung id: $M \to M$ und $F \circ F^{-1} = \mathrm{id}: N \to N$. Diese Eigenschaften sind charakteristisch:

Satz 6.1. *Es sei $M \subset \mathbb{R}^n$ und $N \subset \mathbb{R}^m$, weiter sei $F: M \to N$ eine Abbildung.*

(a) *Gibt es eine Abbildung $G: N \to M$, so daß $G \circ F = \mathrm{id}: M \to M$, so ist F injektiv und G surjektiv.*

(b) *Gibt es eine Abbildung $G: N \to M$, so daß $F \circ G = \mathrm{id}: N \to N$, so ist F surjektiv und G injektiv.*

(c) *Gibt es $G: N \to M$ so, daß $G \circ F = \mathrm{id}: M \to M$ und $F \circ G = \mathrm{id}: N \to N$, so sind F und G bijektiv, es ist $G = F^{-1}$ und $F = G^{-1}$.*

Beweis. (a) Aus $\mathfrak{x}_1, \mathfrak{x}_2 \in M$ und $F(\mathfrak{x}_1) = F(\mathfrak{x}_2)$ folgt $\mathfrak{x}_1 = G \circ F(\mathfrak{x}_1) = G \circ F(\mathfrak{x}_2) = \mathfrak{x}_2$, F ist also injektiv. Ist $\mathfrak{x} \in M$, so ist $F(\mathfrak{x}) \in N$ und $\mathfrak{x} = G(F(\mathfrak{x}))$, G ist also surjektiv. — (b) beweist sich genauso. Die erste Aussage von (c) folgt aus (a) und (b), die letzte Aussage ist trivial.

Insbesondere folgt, falls F bijektiv ist, die Bijektivität von F^{-1} und die Gleichung $(F^{-1})^{-1} = F$.

Ist $F: M \to N$ bijektiv und $N^* \subset N$, so bedeutet das Zeichen $F^{-1}(N^*)$ einerseits die Bildmenge von N^* bei der Abbildung $F^{-1}: N \to M$, andererseits die Urbildmenge von N^* bei F. Man sieht aber sofort, daß diese beiden Bedeutungen übereinstimmen, es ist jedesmal

$$F^{-1}(N^*) = \{\mathfrak{x} \in M : \text{ es gibt } \mathfrak{y} \in N^* \text{ mit } \mathfrak{y} = F(\mathfrak{x})\}.$$

Ist $F: M \to N$ bijektiv (bzw. injektiv oder surjektiv) und $G: N \to L$ bijektiv (bzw. injektiv oder surjektiv), so ist auch $G \circ F: M \to L$ bijektiv (bzw. injektiv oder surjektiv). Im bijektiven Fall gilt $(G \circ F)^{-1} = F^{-1} \circ G^{-1}$.

Nun übertragen wir den Stetigkeitsbegriff auf Abbildungen.

Definition 6.1. *Es sei M eine Teilmenge des $\mathbb{R}^n$ und $F: M \to \mathbb{R}^m$ eine Abbildung. F heißt stetig in $\mathfrak{x}_0 \in M$, wenn es zu jeder Umgebung U von $F(\mathfrak{x}_0)$ eine Umgebung V von $\mathfrak{x}_0$ so gibt, daß $F(V \cap M) \subset U$. Die Abbildung F heißt stetig auf M, wenn sie in jedem Punkt von M stetig ist.*

Für den Fall $m = 1$ ist das nur eine einfache Abwandlung von Satz 4.2; die alte Definition 4.3 und diese Definition sind also für reelle Funktionen gleichbedeutend. Definition 6.1 benutzt nur den Umgebungsbegriff, sie ist daher für Abbildungen eines beliebigen topologischen Raums in einen andern sinnvoll. — Statt „Umgebung" kann man in Definition 6.1 jedesmal „offene Umgebung" sagen; das führt offenbar zum selben Begriff.

Satz 6.2. (Folgenkriterium). *Es sei M eine Teilmenge des $\mathbb{R}^n$ und $F: M \to \mathbb{R}^m$ eine Abbildung. F ist genau dann in $\mathfrak{x}_0 \in M$ stetig, wenn für jede gegen $\mathfrak{x}_0$ konvergente Folge $(\mathfrak{x}_\lambda)$ von Punkten aus M die Punktfolge $(F(\mathfrak{x}_\lambda))$ gegen $F(\mathfrak{x}_0)$ konvergiert.*

Beweis. Genau wie bei Funktionen einer Variablen sieht man, daß die Stetigkeit die Gültigkeit des Kriteriums impliziert: Ist U eine Umgebung von $F(\mathfrak{x}_0)$ und V eine Umgebung von $\mathfrak{x}_0$ mit $F(V \cap M) \subset U$, so liegen fast alle $\mathfrak{x}_\lambda$ in V und damit fast alle $F(\mathfrak{x}_\lambda)$ in U, also gilt $F(\mathfrak{x}_\lambda) \to F(\mathfrak{x}_0)$.

Ist aber F in $\mathfrak{x}_0$ nicht stetig, so gibt es eine Umgebung U von $F(\mathfrak{x}_0)$, so daß für jede Umgebung V von $\mathfrak{x}_0$ gilt $F(V \cap M) \nsubseteq U$. Wir wählen sukzessive $V_\lambda = U_{\varepsilon_\lambda}(\mathfrak{x}_0)$ mit $\varepsilon_\lambda = 1/\lambda$ für $\lambda = 1, 2, 3, \ldots$ und bestimmen Punkte $\mathfrak{x}_\lambda \in V_\lambda \cap M$ so, daß $F(\mathfrak{x}_\lambda) \notin U$. Dann gilt $\mathfrak{x}_\lambda \to \mathfrak{x}_0$, aber nicht $F(\mathfrak{x}_\lambda) \to F(\mathfrak{x}_0)$, das Kriterium ist also nicht erfüllt.

Satz 6.3. *Es sei M ein Teil des $\mathbb{R}^n$ und $F = (f_1, \ldots, f_m): M \to \mathbb{R}^m$ eine Abbildung. F ist genau dann in $\mathfrak{x}_0 \in M$ stetig, wenn jede Komponente f_μ in $\mathfrak{x}_0$ stetig ist.*

Der Beweis ergibt sich unmittelbar aus dem Folgenkriterium und Satz 3.5, angewandt auf eine Folge $F(\mathfrak{x}_\lambda)$.

Parametrisierte Wege sind spezielle stetige Abbildungen; dieser Satz zeigt, daß der in Kap. I, Definition 2.1 erklärte Stetigkeitsbegriff für Abbildungen eines Intervalls in den $\mathbb{R}^m$ mit dem hier aufgestellten allgemeinen Stetigkeitsbegriff in Einklang steht.

Satz 6.4. *Es sei $M \subset \mathbb{R}^n$, und $N \subset \mathbb{R}^m$, ferner seien $F: M \to \mathbb{R}^m$ und $G: N \to \mathbb{R}^l$ Abbildungen mit $F(M) \subset N$. Ist F im Punkte $\mathfrak{x}_0 \in M$ und G im Punkte $F(\mathfrak{x}_0) \in N$ stetig, so ist $G \circ F$ in $\mathfrak{x}_0$ stetig.*

Der Beweis ergibt sich unmittelbar aus Satz 6.2.

Satz 6.5. *Es sei $M \subset \mathbb{R}^n$ offen. Eine Abbildung $F: M \to \mathbb{R}^m$ ist genau dann stetig, wenn für jeden offenen Teil $V \subset \mathbb{R}^m$ die Menge $F^{-1}(V) \subset M$ offen ist.*

Beweis. Die Stetigkeit von F auf M ist gleichbedeutend mit folgender Aussage: Zu jedem $\mathfrak{x} \in M$ und jeder offenen Umgebung V' von $F(\mathfrak{x})$ gibt es eine offene Umgebung $U \subset M$ von $\mathfrak{x}$ mit $F(U) \subset V'$. — Es sei nun das Urbild bez. F eines jeden offenen Teils von $\mathbb{R}^m$

offen. Ist $\underline{x} \in M$ und V eine offene Umgebung von $F(\underline{x})$, so ist $F^{-1}(V)$ offen und enthält $\underline{x}$, ist also eine offene Umgebung von $\underline{x}$, und es gilt $F(F^{-1}(V)) \subset V$. Also ist F stetig. — Es sei umgekehrt F stetig und $V \subset \mathbb{R}^m$ offen. Ist $F^{-1}(V)$ leer, so ist es offen. Ist $F^{-1}(V) \neq \emptyset$, so ist V für jedes $\underline{x} \in F^{-1}(V)$ eine offene Umgebung von $F(\underline{x})$. Wegen der Stetigkeit von F gibt es zu jedem $\underline{x} \in F^{-1}(V)$ eine offene Umgebung $U(\underline{x})$ mit $F(U(\underline{x})) \subset V$. Es gilt dann $F^{-1}(V) = \bigcup\limits_{\underline{x} \in F^{-1}(V)} U(\underline{x})$, das ist aber eine offene Menge.

Definition 6.2. *Es sei M eine offene Teilmenge des $\mathbb{R}^n$. Eine Abbildung $F \colon M \to \mathbb{R}^m$ heißt offen, wenn das Bild $F(U)$ jedes offenen Teils $U \subset M$ wieder offen ist.*

Es seien $M \subset \mathbb{R}^n$ und $N \subset \mathbb{R}^m$ offene Mengen und $F \colon M \to N$ eine bijektive Abbildung. Aufgrund von Satz 6.5 ist F genau dann stetig, wenn F^{-1} offen ist, und F genau dann offen, wenn F^{-1} stetig ist.

Für das Verhalten kompakter Mengen bei stetigen Abbildungen hat man den folgenden wichtigen Satz.

Satz 6.6. *Es sei $K \subset \mathbb{R}^n$ kompakt und $F \colon K \to \mathbb{R}^m$ eine stetige Abbildung. Dann ist $F(K)$ kompakt.*

Beweis. Es sei $\mathfrak{U} = \{U_\iota \colon \iota \in J\}$ eine offene Überdeckung von $F(K)$. Zu jedem $\underline{x} \in K$ wählen wir ein $\iota = \iota(\underline{x}) \in J$ so, daß $F(\underline{x}) \in U_\iota$. Dann ist U_ι eine offene Umgebung von $F(\underline{x})$; wegen der Stetigkeit von F gibt es eine offene Umgebung $V(\underline{x})$ von $\underline{x}$ mit $F(V(\underline{x}) \cap K) \subset U_\iota$. Das System $\{V(\underline{x}) \colon \underline{x} \in K\}$ ist eine offene Überdeckung von K. Da K kompakt ist, gibt es endlich viele Punkte $\underline{x}_1, \ldots, \underline{x}_l \in K$ so, daß $V(\underline{x}_1), \ldots, V(\underline{x}_l)$ bereits K überdecken. Setzen wir $\iota_\lambda = \iota(\underline{x}_\lambda)$, so gilt

$$F(K) = F(\bigcup_{\lambda=1}^{l} V(\underline{x}_\lambda) \cap K) = \bigcup_{\lambda=1}^{l} F(V(\underline{x}_\lambda) \cap K) \subset \bigcup_{\lambda=1}^{l} U_{\iota_\lambda}.$$

Also ist $\{U_{\iota_\lambda} \colon \lambda = 1, \ldots, l\}$ eine endliche, in $\mathfrak{U}$ enthaltene Überdeckung von $F(K)$. Damit ist der Satz bewiesen.

Wir wollen nun eine wichtige und besonders einfache Klasse von Abbildungen betrachten. Setzt man

$$f_\mu(x_1, \ldots, x_n) = \sum_{\nu=1}^{n} a_{\mu\nu} x_\nu + b_\mu \quad \text{für} \quad \mu = 1, \ldots, m,$$

wobei die $a_{\mu\nu}$ und b_μ reelle Zahlen sind, und setzt man weiter $F = (f_1, \ldots, f_m)$, so ist F eine auf ganz $\mathbb{R}^n$ definierte und stetige Abbildung in den $\mathbb{R}^m$. Eine solche Abbildung nennen wir *linear*; falls $b_\mu = 0$ für $\mu = 1, \ldots, m$, so heißt sie *homogen linear*. Mit Hilfe der aus der linearen Algebra bekannten Matrizenrechnung lassen sich lineare Abbildungen in übersichtlicher Weise schreiben. Die Koeffizienten $a_{\mu\nu}$ werden zu einer Matrix A von n Spalten und m Zeilen zusammengefaßt, $\mathfrak{x}$ wird als Spaltenvektor mit n Komponenten geschrieben, $\mathfrak{y} = F(\mathfrak{x})$ als Spaltenvektor mit m Komponenten, die b_μ werden auch zu einem solchen zusammengefaßt:

$$A = \begin{pmatrix} a_{11} & \cdots & a_{1n} \\ \cdot & & \cdot \\ \cdot & & \cdot \\ \cdot & & \cdot \\ a_{m1} & \cdots & a_{mn} \end{pmatrix} ; \quad \mathfrak{x} = \begin{pmatrix} x_1 \\ \cdot \\ \cdot \\ \cdot \\ x_n \end{pmatrix} ;$$

$$\mathfrak{y} = F(\mathfrak{x}) = \begin{pmatrix} y_1 \\ \cdot \\ \cdot \\ \cdot \\ y_m \end{pmatrix} = \begin{pmatrix} f_1(\mathfrak{x}) \\ \cdot \\ \cdot \\ \cdot \\ f_m(\mathfrak{x}) \end{pmatrix} ; \quad \mathfrak{b} = \begin{pmatrix} b_1 \\ \cdot \\ \cdot \\ \cdot \\ b_m \end{pmatrix} .$$

Dann gilt $\mathfrak{y} = F(\mathfrak{x}) = A \circ \mathfrak{x} + \mathfrak{b}$, wobei „$\circ$" das Matrizenprodukt bezeichnet.

Lineare Abbildungen führen Geraden in Geraden oder Punkte über, daher der Name.

Ist $A = (a_{\mu\nu})$ eine Matrix mit n Spalten und m Zeilen, so ist dazu die transponierte Matrix $A^t = (a'_{ij})$ erklärt durch $a'_{ij} = a_{ji}$ für $i = 1, \ldots, n$ und $j = 1, \ldots, m$; sie hat m Spalten und n Zeilen. Ist $\mathfrak{x}$ ein Spaltenvektor, so ist $\mathfrak{x}^t$ ein Zeilenvektor, und das Matrizenprodukt $\mathfrak{x}_1^t \circ \mathfrak{x}_2$ ist nichts anderes als das in Kap. I, § 1 eingeführte Skalarprodukt der Vektoren $\mathfrak{x}_1$ und $\mathfrak{x}_2$. — Mit $E = (\delta_{\mu\nu})$ sei die *Einheitsmatrix* bezeichnet, dabei ist

$$\delta_{\mu\nu} = \begin{cases} 1 & \text{für} \quad \mu = \nu \\ 0 & \text{für} \quad \mu \neq \nu \end{cases}$$

das „Kronecker-Symbol".

Ist $F: \mathbb{R}^n \to \mathbb{R}^n$ eine lineare Abbildung, $F(\mathfrak{x}) = A \circ \mathfrak{x} + \mathfrak{b}$, so ist F genau dann bijektiv, wenn die Matrix A eine Inverse A^{-1} besitzt, d.h. genau dann, wenn $\det A \neq 0$. Ist das der Fall, so wird F^{-1} gegeben durch $F^{-1}(\mathfrak{x}) = A^{-1} \circ \mathfrak{x} - A^{-1} \circ \mathfrak{b}$. Lineare Abbildungen sind stetig; wenn F bijektiv ist, so ist also F^{-1} als lineare Abbildung auch stetig, F ist also auch offen.

Eine homogene lineare Abbildung $F: \mathbb{R}^n \to \mathbb{R}^n$ mit $F(\mathfrak{x}) = A \circ \mathfrak{x}$ heißt *orthogonal*, wenn die Matrix A orthogonal ist, d.h. wenn $A^t \circ A = E$ gilt. Dann ist

$$1 = \det E = \det(A^t \circ A) = \det A^t \cdot \det A = (\det A)^2 ,$$

also $\det A = \pm 1$. Im Fall $\det A = +1$ sagen wir, F sei eine *Drehung*, im andern Fall reden wir von einer *Drehspiegelung*.

Satz 6.7. *Eine homogene lineare Abbildung $F: \mathbb{R}^n \to \mathbb{R}^n$ ist genau dann orthogonal, wenn für jeden Vektor $\mathfrak{x} \in \mathbb{R}^n$ gilt $\| F(\mathfrak{x}) \| = \| \mathfrak{x} \|$.*

Beweis. Die Matrix von F sei A. Die Gleichung $\|F(\mathfrak{x})\| = \|\mathfrak{x}\|$ ist wegen

$$\|F(\mathfrak{x})\|^2 = (F(\mathfrak{x}))^t \circ F(\mathfrak{x}) = (A \circ \mathfrak{x})^t \circ (A \circ \mathfrak{x}) = \mathfrak{x}^t \circ A^t \circ A \circ \mathfrak{x}$$

und $\|\mathfrak{x}\|^2 = \mathfrak{x}^t \circ \mathfrak{x}$ gleichbedeutend mit $\mathfrak{x}^t \circ \mathfrak{x} = \mathfrak{x}^t \circ (A^t \circ A) \circ \mathfrak{x}$. Ist F orthogonal, so ist sie offenbar für jedes $\mathfrak{x}$ erfüllt. — Umgekehrt gelte nun diese Gleichung für jedes $\mathfrak{x}$. Wir schreiben $A^t \circ A = B = (b_{\mu\nu})$ und bemerken $B^t = (A^t \circ A)^t = A^t \circ (A^t)^t = A^t \circ A = B$, also $b_{\mu\nu} = b_{\nu\mu}$ für $\nu, \mu = 1, \dots, n$. Setzt man in $\mathfrak{x}^t \circ \mathfrak{x} = \mathfrak{x}^t \circ B \circ \mathfrak{x}$ für $\mathfrak{x}$ die Vektoren $e_\nu = (\delta_{1\nu}, \dots, \delta_{n\nu})^t$ — wobei wieder $\delta_{\mu\nu}$ das Kronecker-Symbol ist — ein, so ergibt sich $b_{\nu\nu} = 1$. Setzt man noch die Vektoren $e_\nu + e_\mu$ mit $\nu \neq \mu$ ein, so ergibt sich

$$2 = b_{\nu\mu} + b_{\mu\nu} + b_{\nu\nu} + b_{\mu\mu} = 2\,b_{\nu\mu} + 2\,,$$

also $b_{\nu\mu} = 0$ und damit $B = E$, was zu zeigen war.

Dieser Satz läßt sich auch so formulieren: Die homogene lineare Abbildung F ist genau dann orthogonal, wenn für jedes Punktepaar $\mathfrak{x}_1, \mathfrak{x}_2$ gilt $\mathrm{dist}(F(\mathfrak{x}_1), F(\mathfrak{x}_2)) = \mathrm{dist}(\mathfrak{x}_1, \mathfrak{x}_2)$. Denn es ist $\mathrm{dist}(\mathfrak{x}_1, \mathfrak{x}_2) = \|\mathfrak{x}_2 - \mathfrak{x}_1\|$ und

$$\mathrm{dist}(F(\mathfrak{x}_1), F(\mathfrak{x}_2)) = \|F(\mathfrak{x}_2) - F(\mathfrak{x}_1)\| = \|F(\mathfrak{x}_2 - \mathfrak{x}_1)\|\,.$$

Ist $\varPhi\colon I \to \mathbb{R}^n$ eine Parametrisierung eines Weges W im $\mathbb{R}^n$, und ist $F\colon \mathbb{R}^n \to \mathbb{R}^m$ eine stetige Abbildung, so parametrisiert $F \circ \varPhi\colon I \to \mathbb{R}^m$ einen Weg $F(W)$ im $\mathbb{R}^m$.

Satz 6.8. *Ist W ein Weg im $\mathbb{R}^n$ und F eine orthogonale Abbildung des $\mathbb{R}^n$ in sich, so gilt $L(W) = L(F(W))$.*

Beweis. Es sei $\mathfrak{Z} = (t_0, \dots, t_l)$ eine Zerlegung von I, $\varPhi(t_\lambda) = \mathfrak{x}_\lambda$, $F \circ \varPhi(t_\lambda) = \mathfrak{y}_\lambda$. Nach Satz 6.7 gilt

$$\|\mathfrak{x}_\lambda - \mathfrak{x}_{\lambda-1}\| = \|\mathfrak{y}_\lambda - \mathfrak{y}_{\lambda-1}\| \quad \text{für} \quad \lambda = 1, \dots, l\,,$$

durch Summation folgt $L(W, \mathfrak{Z}) = L(F(W), \mathfrak{Z})$ und daraus die Behauptung.

Eine lineare Abbildung des $\mathbb{R}^n$ in sich heißt *Translation*, wenn sie von der Gestalt $\mathfrak{y} = F(\mathfrak{x}) = \mathfrak{x} + \mathfrak{b}$ mit festem $\mathfrak{b} \in \mathbb{R}^n$ ist. Sie erfüllt offenbar $F(\mathfrak{x}_2) - F(\mathfrak{x}_1) = \mathfrak{x}_2 - \mathfrak{x}_1$, daher erst recht

$$\mathrm{dist}(F(\mathfrak{x}_1), F(\mathfrak{x}_2)) = \mathrm{dist}(\mathfrak{x}_1, \mathfrak{x}_2)\,.$$

Translationen sind also genau wie orthogonale Abbildungen längenerhaltend. Die allgemeinste Form einer längenerhaltenden linearen Abbildung ist $\mathfrak{y} = A \circ \mathfrak{x} + \mathfrak{b}$ mit orthogonalem A: Es ist klar, daß eine solche Abbildung die euklidischen Distanzen invariant läßt. Ist umgekehrt $\mathfrak{y} = A \circ \mathfrak{x} + \mathfrak{b}$ längenerhaltend, so auch

$$\tilde{\mathfrak{y}}(\mathfrak{x}) = (A \circ \mathfrak{x} + \mathfrak{b}) - \mathfrak{b}\,,$$

da ja eine Translation Längen erhält. $\tilde{\mathfrak{y}}(\mathfrak{x}) = A \circ \mathfrak{x}$ ist aber homogen, nach Satz 6.7 ist A orthogonal.

Die Orthogonalitätsbedingung soll im Fall $n = 2$ noch veranschaulicht werden. Die Matrix

$$A = \begin{pmatrix} a & b \\ c & d \end{pmatrix}$$

sei orthogonal. $A^t \circ A = E$ ist äquivalent zu den drei Bedingungen $a^2 + c^2 = 1$, $b^2 + d^2 = 1$, $ab + cd = 0$. Die ersten beiden Gleichungen besagen, daß die Punkte (a, c) und (b, d) auf dem Einheitskreis liegen, wir können α und β so finden, daß $(a, c) = (\cos\alpha, \sin\alpha)$ und $(b, d) = (-\sin\beta, \cos\beta)$. Die dritte Gleichung sagt dann

$$0 = -\cos\alpha\sin\beta + \sin\alpha\cos\beta = \sin(\alpha - \beta),$$

also $\beta = \alpha + k\pi$ mit $k \in \mathbb{Z}$. Für gerades k erhält man

$$A = \begin{pmatrix} \cos\alpha & -\sin\alpha \\ \sin\alpha & \cos\alpha \end{pmatrix},$$

und die Abbildung $F(\mathfrak{x}) = A \circ \mathfrak{x}$ kann in der Tat als Drehung der Ebene um den Winkel α (im positiven Sinne) angesehen werden; es ist $\det A = 1$. — Für ungerades k erhält man

$$A = \begin{pmatrix} \cos\alpha & \sin\alpha \\ \sin\alpha & -\cos\alpha \end{pmatrix} = \begin{pmatrix} \cos\alpha & -\sin\alpha \\ \sin\alpha & \cos\alpha \end{pmatrix} \circ \begin{pmatrix} 1 & 0 \\ 0 & -1 \end{pmatrix},$$

und die Abbildung $F(\mathfrak{x}) = A \circ \mathfrak{x}$ kann als Spiegelung an der x_1-Achse mit nachfolgender Drehung um α im positiven Sinn angesehen werden; es ist $\det A = -1$.

III. Kapitel

Differentialrechnung mehrerer Veränderlichen

§ 1. Differenzierbarkeit

Bei der Diskussion der Stetigkeit von Funktionen mehrerer Veränderlichen ließ sich fast alles aus der Theorie der Funktionen einer Veränderlichen übertragen. Bei der Differentialrechnung gilt dasselbe für viele Definitionen und Problemstellungen, im einzelnen werden wir aber auf kompliziertere Situationen stoßen als in der „eindimensionalen" Theorie.

Wie bei einer Variablen kann man auch hier die Differentiation nur dann sinnvoll erklären, wenn man nur „vernünftige" Definitionsbereiche zuläßt. Dabei sollen jedenfalls offene Mengen zulässig sein.

Definition 1.1. *Eine Teilmenge M des $\mathbb{R}^n$ heißt zulässig, wenn für jeden Punkt $\mathfrak{x}_0 = (x_1^{(0)}, \ldots, x_n^{(0)})$ von M folgendes gilt: Sind $\Delta_1, \ldots, \Delta_n$ auf M definierte reelle Funktionen, die in $\mathfrak{x}_0$ stetig sind und*

$$\sum_{\nu=1}^{n} (x_\nu - x_\nu^{(0)}) \Delta_\nu(\mathfrak{x}) \equiv 0$$

in M erfüllen, so ist $\Delta_\nu(\mathfrak{x}_0) = 0$ für $\nu = 1, \ldots, n$.

Ist $n = 1$, so sind auf $M - \{x_0\}$ die Bedingungen $(x - x_0)\Delta(x) \equiv 0$ und $\Delta(x) \equiv 0$ äquivalent. Ist $x_0 \in M$ Häufungspunkt von M und Δ in x_0 stetig, so folgt $\Delta(x_0) = 0$ aus $\Delta|(M - \{x_0\}) \equiv 0$. Ist $x_0 \in M$ nicht Häufungspunkt von M, so kann man etwa $\Delta(x_0) = 1$ und $\Delta|(M - \{x_0\}) \equiv 0$ setzen — das ist eine auf M stetige Funktion. Damit ist gezeigt, daß für $n = 1$ die Definition 1.1 mit der alten Definition der zulässigen Menge (Band I, Kap. V, Def. 1.1) übereinstimmt.

Ist $\mathfrak{x}_0 \in \mathbb{R}^n$ beliebig, so bezeichnen wir die zur x_ν-Achse parallele Gerade durch $\mathfrak{x}_0$ mit $G_\nu(\mathfrak{x}_0)$:

$$G_\nu(\mathfrak{x}_0) = \{\mathfrak{x} = (x_1^{(0)}, \ldots, x_{\nu-1}^{(0)}, x_\nu, x_{\nu+1}^{(0)}, \ldots, x_n^{(0)})\} \text{ für } \nu = 1, \ldots, n.$$

Definition 1.2. $M \subset \mathbb{R}^n$ *heißt voll zulässig, wenn jeder Punkt $\mathfrak{x}_0 \in M$ Häufungspunkt jeder der Mengen $M \cap G_\nu(\mathfrak{x}_0)$ ist $(\nu = 1, \ldots, n)$.*

Satz 1.1. *Eine voll zulässige Menge ist zulässig.*

Beweis. Es sei M voll zulässig, $\mathfrak{x}_0 \in M$, und $\Delta_1, \ldots, \Delta_n$ wie in Definition 1.1. Für $\mathfrak{x} \in G_\mu(\mathfrak{x}_0) \cap M$ gilt dann

$$0 \equiv \sum_{\nu=1}^{n} (x_\nu - x_\nu^{(0)}) \Delta_\nu(\mathfrak{x}) = (x_\mu - x_\mu^{(0)}) \Delta_\mu(\mathfrak{x}),$$

also $\Delta_\mu(\mathfrak{x}) \equiv 0$ auf $G_\mu(\mathfrak{x}_0) \cap M - \{\mathfrak{x}_0\}$. Da $\mathfrak{x}_0$ Häufungspunkt von $G_\mu(\mathfrak{x}_0) \cap M$ ist und Δ_μ in $\mathfrak{x}_0$ stetig ist, folgt $\Delta_\mu(\mathfrak{x}_0) = 0$, was zu zeigen war.

Jede offene Menge M ist voll zulässig: Zu $\mathfrak{x}_0 \in M$ wähle man $U_\varepsilon(\mathfrak{x}_0) \subset M$. Dann ist $U_\varepsilon(\mathfrak{x}_0) \cap G_\nu(\mathfrak{x}_0)$ ein Intervall auf der Geraden $G_\nu(\mathfrak{x}_0)$, und $\mathfrak{x}_0$ ist offenbar Häufungspunkt von

$$U_\varepsilon(\mathfrak{x}_0) \cap G_\nu(\mathfrak{x}_0) \subset M \cap G_\nu(\mathfrak{x}_0).$$

Auch abgeschlossene Quader[1] Q sind voll zulässig, denn für jedes $\mathfrak{x}_0 \in Q$ und jedes $\nu \in \{1, \ldots, n\}$ ist $Q \cap G_\nu(\mathfrak{x}_0)$ ein Intervall auf $G_\nu(\mathfrak{x}_0)$, welches $\mathfrak{x}_0$ enthält (evtl. als Randpunkt, jedenfalls aber als Häufungspunkt).

Mengen, die isolierte Punkte enthalten, sind nicht zulässig — das folgt sofort aus Definition 1.1.

---

[1] Ein abgeschlossener Quader wird definiert als abgeschlossene Hülle eines offenen Quaders, enthält also innere Punkte.

Für den Rest dieses Kapitels sei ein für alle Mal vorausgesetzt, daß alle betrachteten Definitionsbereiche von Funktionen zulässig sind.

Definition 1.3. *Eine auf der zulässigen Menge $M \subset \mathbb{R}^n$ definierte reelle Funktion f heißt im Punkt $\mathfrak{x}_0 \in M$ (total) differenzierbar, wenn es n reelle Funktionen $\varDelta_1, \ldots, \varDelta_n$ auf M gibt, die alle in $\mathfrak{x}_0$ stetig sind und in M der Gleichung*

$$f(\mathfrak{x}) = f(\mathfrak{x}_0) + \sum_{\nu=1}^{n} (x_\nu - x_\nu^{(0)}) \varDelta_\nu(\mathfrak{x}) \tag{1}$$

genügen. — Die Funktion f heißt auf ganz M differenzierbar, wenn sie in jedem Punkt von M differenzierbar ist.

Die Differenzierbarkeit von f in $\mathfrak{x}_0$ hängt nur von dem Verhalten von f in einer (beliebig kleinen) Umgebung von $\mathfrak{x}_0$ ab. Außerhalb einer solchen Umgebung kann man nämlich stets $\varDelta_1, \ldots, \varDelta_n$ so definieren, daß (1) erfüllt ist — es werden dort ja keine Stetigkeitsforderungen gestellt. Differenzierbarkeit ist also eine lokale Eigenschaft.

Satz 1.2. *Es sei f auf M definiert und in $\mathfrak{x}_0 \in M$ differenzierbar. Dann sind die Funktionswerte $\varDelta_1(\mathfrak{x}_0), \ldots, \varDelta_n(\mathfrak{x}_0)$ eindeutig bestimmt.*

Die Funktionen $\varDelta_\nu$ im ganzen sind natürlich nicht eindeutig festgelegt.

Beweis. Es seien zwei Darstellungen der Form (1) gegeben:

$$f(\mathfrak{x}) = f(\mathfrak{x}_0) + \sum_{\nu=1}^{n} (x_\nu - x_\nu^{(0)}) \cdot \varDelta_\nu^{(\lambda)}(\mathfrak{x}) \quad \text{mit} \quad \lambda = 1, 2 \,.$$

Subtraktion ergibt

$$\sum_{\nu=1}^{n} (x_\nu - x_\nu^{(0)}) (\varDelta_\nu^{(1)}(\mathfrak{x}) - \varDelta_\nu^{(2)}(\mathfrak{x})) \equiv 0$$

auf M. Nach der Definition der Zulässigkeit folgt die Behauptung.

Die somit eindeutig festgelegten Zahlen $\varDelta_\nu(\mathfrak{x}_0)$ nennt man die (Werte der) *partiellen Ableitungen* von f nach x_ν in $\mathfrak{x}_0$; man schreibt auch $\varDelta_\nu(\mathfrak{x}_0) = \dfrac{\partial f}{\partial x_\nu}(\mathfrak{x}_0) = f_{x_\nu}(\mathfrak{x}_0) = f_{,\nu}(\mathfrak{x}_0)$.

Satz 1.3. *Es sei f in M definiert und in $\mathfrak{x}_0 \in M$ differenzierbar. Dann ist f in $\mathfrak{x}_0$ stetig.*

Durch (1) wird f nämlich als Summe von Produkten in $\mathfrak{x}_0$ stetiger Funktionen dargestellt.

Es sei nun die reelle Funktion f auf der voll zulässigen Menge M definiert, $\mathfrak{x}_0 = (x_1^{(0)}, \ldots, x_n^{(0)})$ sei ein fester Punkt von M. Wir definieren n Funktionen einer Variablen durch

$$g_\nu(x_\nu) = f(x_1^{(0)}, \ldots, x_{\nu-1}^{(0)}, x_\nu, x_{\nu+1}^{(0)}, \ldots, x_n^{(0)}) \quad \text{für} \quad \nu = 1, \ldots, n \,.$$

Der Definitionsbereich von g_ν ist die zulässige Menge

$$\{x_\nu \in \mathbb{R}: (x_1^{(0)}, \ldots, x_{\nu-1}^{(0)}, x_\nu, x_{\nu+1}^{(0)}, \ldots, x_n^{(0)}) \in M \cap G_\nu(\mathfrak{x}_0)\},$$

g_ν ist also gewissermaßen die Einschränkung von f auf $M \cap G_\nu(\mathfrak{x}_0)$, als Funktion einer reellen Variablen betrachtet. Insbesondere ist $g_\nu(x_\nu^{(0)}) = f(\mathfrak{x}_0)$.

Satz 1.4. *Mit den obigen Bezeichnungen gilt: Ist f in $\mathfrak{x}_0$ differenzierbar, so ist jede der Funktionen $g_\nu(x_\nu)$ in $x_\nu^{(0)}$ differenzierbar, und es ist $g'_\nu(x_\nu^{(0)}) = f_{x_\nu}(\mathfrak{x}_0)$.*

Beweis. Es sei f nach (1) dargestellt. Dann ist für $\nu = 1, \ldots, n$

$$g_\nu(x_\nu) = g_\nu(x_\nu^{(0)}) +$$
$$+ (x_\nu - x_\nu^{(0)}) \, \Delta_\nu(x_1^{(0)}, \ldots, x_{\nu-1}^{(0)}, x_\nu, x_{\nu+1}^{(0)}, \ldots, x_n^{(0)}),$$

der letzte Faktor ist in $x_\nu^{(0)}$ stetig (vgl. Bemerkung S. 38) und hat dort den Wert $\Delta_\nu(\mathfrak{x}_0) = f_{x_\nu}(\mathfrak{x}_0)$. Daraus folgt die Behauptung.

Definition 1.4. *Die reelle Funktion f sei auf der voll zulässigen Menge M definiert. Dann heißt f in $\mathfrak{x}_0 \in M$ partiell nach x_ν differenzierbar, wenn $g_\nu(x_\nu)$ in $x_\nu^{(0)}$ differenzierbar ist; $\partial g_\nu(x_\nu^{(0)})/\partial x_\nu = f_{x_\nu}(\mathfrak{x}_0)$ heißt der Wert der partiellen Abteilung von f nach x_ν in $\mathfrak{x}_0$; f heißt in $\mathfrak{x}_0$ partiell differenzierbar, wenn es dort nach $x_1, \ldots, x_n$ partiell differenzierbar ist. Die Funktion f heißt in ganz M partiell nach x_ν differenzierbar bzw. schlechthin partiell differenzierbar, wenn sie es in jedem Punkt von M ist.*

In diesem letzten Fall sind die partiellen Ableitungen von f auf ganz M definierte Funktionen.

Definition 1.5. *Die reelle Funktion f heißt auf der voll zulässigen Menge M stetig differenzierbar, wenn sie auf M differenzierbar ist und ihre partiellen Ableitungen auf M stetig sind.*

Der Satz 1.4 kann nicht umgekehrt werden, wie das folgende Beispiel einer in einem Punkt partiell differenzierbaren, aber nicht differenzierbaren (nicht einmal stetigen) Funktion lehrt. Wir nehmen $M = \mathbb{R}^2$, $\mathfrak{x}_0 = 0$, und setzen $f(x_1, x_2) = x_1 x_2 (x_1^2 + x_2^2)^{-1}$ auf $\mathbb{R}^2 - \{0\}$, $f(0,0) = 0$. Dann ist $g_1(x_1) = f(x_1, 0) \equiv 0$ und $g_2(x_2) = f(0, x_2) \equiv 0$, also ist f in 0 partiell differenzierbar. Die Einschränkung von f auf die durch 0 gehende Gerade $\{\mathfrak{x} : x_1 = x_2\}$ ist außerhalb 0 konstant $\frac{1}{2}$, für $\mathfrak{x} = 0$ ist aber $f(\mathfrak{x}) = 0$. Also ist diese Einschränkung in 0 nicht stetig, also f erst recht nicht.

Unter einer Zusatzvoraussetzung läßt sich Satz 1.4 jedoch umkehren:

Satz 1.5. *Es sei $M = \{\mathfrak{x} : a_\nu \leqq x_\nu \leqq b_\nu$ für $\nu = 1, \ldots, n\}$ ein Quader, f sei eine auf ganz M partiell differenzierbare reelle Funktion. Sind die partiellen Ableitungen f_{x_ν} für $\nu = 1, \ldots, n$ im Punkte $\mathfrak{x}_0 \in M$ stetig, so ist f in $\mathfrak{x}_0$ differenzierbar.*

Bemerkung: Der Satz bleibt offenbar richtig, wenn nur M eine ε-Umgebung von $\mathfrak{x}_0$ enthält, auf der alle partiellen Ableitungen von f existieren, und wenn diese in $\mathfrak{x}_0$ stetig sind.

Beweis. Ist $\mathfrak{x} \in M$ beliebig, so kann man offenbar schreiben

$f(\mathfrak{x}) - f(\mathfrak{x}_0)$
$$= \sum_{\nu=1}^{n} (f(x_1^{(0)}, \ldots, x_{\nu-1}^{(0)}, x_\nu, \ldots, x_n) - f(x_1^{(0)}, \ldots, x_\nu^{(0)}, x_{\nu+1}, \ldots, x_n)).$$

Der ν-te Summand ist gerade $g_\nu(x_\nu) - g_\nu(x_\nu^{(0)})$, wobei die Funktion g_ν zu f und dem Punkt $(x_1^{(0)}, \ldots, x_\nu^{(0)}, x_{\nu+1}, \ldots, x_n)$ gebildet ist. Nach Voraussetzung ist g_ν differenzierbar, wir können den ersten Mittelwertsatz der Differentialrechnung anwenden und schreiben

$$f(\mathfrak{x}) - f(\mathfrak{x}_0) = \sum_{\nu=1}^{n} (x_\nu - x_\nu^{(0)}) f_{x_\nu}(x_1^{(0)}, \ldots, x_{\nu-1}^{(0)}, \xi_\nu, x_{\nu+1}, \ldots, x_n),$$

dabei ist $\xi_\nu = \xi_\nu(\mathfrak{x})$ ein passender Wert zwischen $x_\nu^{(0)}$ und x_ν. Wir setzen $\Delta_\nu(\mathfrak{x}) = f_{x_\nu}(x_1^{(0)}, \ldots, x_{\nu-1}^{(0)}, \xi_\nu, x_{\nu+1}, \ldots, x_n)$ und haben den Beweis vollendet, wenn wir die Stetigkeit von $\Delta_\nu(\mathfrak{x})$ in $\mathfrak{x}_0$ nachgewiesen haben für $\nu = 1, \ldots, n$. Sei $(\mathfrak{x}_\lambda)$ eine gegen $\mathfrak{x}_0$ konvergente Folge von Punkten aus M. Dann konvergieren auch die zwischen $x_\nu^{(0)}$ und $x_\nu^{(\lambda)}$ gelegenen $\xi_\nu(\mathfrak{x}_\lambda)$ gegen $x_\nu^{(0)}$, die Argumente von f_{x_ν} in $\Delta_\nu(\mathfrak{x}_\lambda) = f_{x_\nu}(\ldots)$ konvergieren gegen $\mathfrak{x}_0$, und wegen der vorausgesetzten Stetigkeit von f_{x_ν} in $\mathfrak{x}_0$ konvergieren die Werte gegen $f_{x_\nu}(\mathfrak{x}_0) = \Delta_\nu(\mathfrak{x}_0)$. Damit ist Δ_ν als stetig in $\mathfrak{x}_0$ erkannt.

§ 2. Elementare Regeln

Zu den einfachsten Funktionen auf dem $\mathbb{R}^n$ gehören die *Polynome*

$$f(\mathfrak{x}) = \sum_{\lambda_1, \ldots, \lambda_n = 0}^{m} a_{\lambda_1, \ldots, \lambda_n} x_1^{\lambda_1} \cdot \ldots \cdot x_n^{\lambda_n}.$$

Um deren Schreibweise zu vereinfachen, führen wir *Multiindices* ein: Wir schreiben $(\lambda_1, \ldots, \lambda_n) = \boldsymbol{\lambda}$, $a_{\lambda_1, \ldots, \lambda_n} = a_{\boldsymbol{\lambda}}$, $x_1^{\lambda_1} \cdot \ldots \cdot x_n^{\lambda_n} = \mathfrak{x}^{\boldsymbol{\lambda}}$ und setzen $|\boldsymbol{\lambda}| = \lambda_1 + \ldots + \lambda_n$. Die Zahl $|\boldsymbol{\lambda}|$ ist also der Grad des Monoms $\mathfrak{x}^{\boldsymbol{\lambda}}$. Dann schreibt sich ein Polynom als $f(\mathfrak{x}) = \sum_{|\boldsymbol{\lambda}|=0}^{l} a_{\boldsymbol{\lambda}}\, \mathfrak{x}^{\boldsymbol{\lambda}}$, und l ist der Grad von f, sofern mindestens ein $a_{\boldsymbol{\lambda}}$ mit $|\boldsymbol{\lambda}| = l$ nicht verschwindet.

Satz 2.1. *Polynome sind auf dem ganzen $\mathbb{R}^n$ differenzierbar. Ist*

$$f(\mathfrak{x}) = \sum_{\lambda_1, \ldots, \lambda_n = 0}^{m} a_{\lambda_1, \ldots, \lambda_n} x_1^{\lambda_1} \cdot \ldots \cdot x_n^{\lambda_n}, \quad so\ ist$$

$$f_{,\nu}(\mathfrak{x}) = \sum_{\lambda_1, \ldots, \lambda_n = 0}^{m} \lambda_\nu\, a_{\lambda_1, \ldots, \lambda_n} x_1^{\lambda_1} \cdot \ldots \cdot x_{\nu-1}^{\lambda_{\nu-1}} \cdot x_\nu^{\lambda_\nu - 1} \cdot x_{\nu+1}^{\lambda_{\nu+1}} \cdot \ldots \cdot x_n^{\lambda_n}.$$

Beweis. Ein Polynom ist offenbar partiell differenzierbar, die partiellen Ableitungen haben die im Satz angegebene Gestalt, sind also wieder Polynome und damit stetig auf $\mathbb{R}^n$. Nach Satz 1.5 ist dann f überall differenzierbar.

Definition 2.1. *Eine Abbildung* $F = (f_1, \ldots, f_m)$ *einer zulässigen Menge* $M \subset \mathbb{R}^n$ *in den* $\mathbb{R}^m$ *heißt in* $\mathfrak{x}_0 \in M$ *differenzierbar, wenn alle Komponentenfunktionen* f_μ *in* $\mathfrak{x}_0$ *differenzierbar sind. Sie heißt auf* M *(stetig) differenzierbar, wenn alle* f_μ *auf* M *(stetig) differenzierbar sind.*

Bildet F die zulässige Menge $M \subset \mathbb{R}^n$ in die zulässige Menge $N \subset \mathbb{R}^m$ ab, und ist g eine auf N definierte reelle Funktion, so ist $g \circ F$ eine auf M definierte reelle Funktion, und man hat den wichtigen

Satz 2.2 (Kettenregel). *Ist* $F = (f_1, \ldots, f_m)$ *in* $\mathfrak{x}_0 \in M$ *differenzierbar und* g *in* $\mathfrak{y}_0 = F(\mathfrak{x}_0) \in N$ *differenzierbar, so ist auch* $g \circ F$ *in* $\mathfrak{x}_0$ *differenzierbar, und es gilt*

$$(g \circ F)_{x_\nu}(\mathfrak{x}_0) = \sum_{\mu=1}^{m} g_{y_\mu}(F(\mathfrak{x}_0)) \cdot (f_\mu)_{x_\nu}(\mathfrak{x}_0);$$

mit anderen Zeichen

$$\frac{\partial(g \circ F)}{\partial x_\nu}(\mathfrak{x}_0) = \sum_{\mu=1}^{m} \frac{\partial g}{\partial y_\mu}(F(\mathfrak{x}_0)) \cdot \frac{\partial f_\mu}{\partial x_\nu}(\mathfrak{x}_0).$$

Beweis. Nach Voraussetzung können wir schreiben

$$g(\mathfrak{y}) = g(\mathfrak{y}_0) + \sum_{\mu=1}^{m} (y_\mu - y_\mu^{(0)}) \, \Delta_\mu(\mathfrak{y}),$$

$$f_\mu(\mathfrak{x}) = f_\mu(\mathfrak{x}_0) + \sum_{\nu=1}^{n} (x_\nu - x_\nu^{(0)}) \, \Delta_\nu^{(\mu)}(\mathfrak{x}); \quad \mu = 1, \ldots, m,$$

mit in $\mathfrak{y}_0$ bzw. in $\mathfrak{x}_0$ stetigen Funktionen Δ_μ auf N bzw. $\Delta_\nu^{(\mu)}$ auf M. Es folgt

$$g \circ F(\mathfrak{x}) = g \circ F(\mathfrak{x}_0) + \sum_{\mu=1}^{m} (f_\mu(\mathfrak{x}) - f_\mu(\mathfrak{x}_0)) \cdot (\Delta_\mu \circ F(\mathfrak{x}))$$

$$= g \circ F(\mathfrak{x}_0) + \sum_{\mu=1}^{m} \sum_{\nu=1}^{n} (x_\nu - x_\nu^{(0)}) \, \Delta_\nu^{(\mu)}(\mathfrak{x}) \cdot (\Delta_\mu \circ F(\mathfrak{x}))$$

$$= g \circ F(\mathfrak{x}_0) + \sum_{\nu=1}^{n} (x_\nu - x_\nu^{(0)}) \sum_{\mu=1}^{m} \Delta_\nu^{(\mu)}(\mathfrak{x}) \cdot (\Delta_\mu \circ F(\mathfrak{x})).$$

Dabei ist die über μ erstreckte Summe für jedes ν stetig in $\mathfrak{x}_0$ (als Summe von Produkten dort stetiger Funktionen), und sie hat dort den Wert

$$\sum_{\mu=1}^{m} \Delta_\nu^{(\mu)}(\mathfrak{x}_0) \cdot (\Delta_\mu \circ F(\mathfrak{x}_0)) = \sum_{\mu=1}^{m} (f_\mu)_{x_\nu}(\mathfrak{x}_0) \cdot g_{y_\mu}(F(\mathfrak{x}_0)),$$

was zu zeigen war.

Mit Hilfe der Kettenregel kann man leicht die Differenzierbarkeit von Summen differenzierbarer Funktionen nachweisen.

Satz 2.3. *Die Funktionen f_1 und f_2 seien in $\mathfrak{x}_0 \in M \subset \mathbb{R}^n$ differenzierbar. Dann sind $f_1 + f_2, f_1 - f_2$ und $f_1 \cdot f_2$ in $\mathfrak{x}_0$ differenzierbar, und es gilt für $\nu = 1, \ldots, n$*

$$(f_1 \pm f_2)_{x_\nu}(\mathfrak{x}_0) = f_{1 x_\nu}(\mathfrak{x}_0) \pm f_{2 x_\nu}(\mathfrak{x}_0)$$

und

$$(f_1 \cdot f_2)_{x_\nu}(\mathfrak{x}_0) = f_{1 x_\nu}(\mathfrak{x}_0) \cdot f_2(\mathfrak{x}_0) + f_1(\mathfrak{x}_0) \cdot f_{2 x_\nu}(\mathfrak{x}_0).$$

Beweis. Die Abbildung $F = (f_1, f_2) : M \to \mathbb{R}^2$ ist in $\mathfrak{x}_0$ differenzierbar, die Funktionen

$$g(y_1, y_2) = y_1 + y_2, \tilde{g}(y_1, y_2) = y_1 - y_2 \quad \text{und} \quad \hat{g}(y_1, y_2) = y_1 \cdot y_2$$

sind in der ganzen Ebene differenzierbar (Satz 2.1). Die Kettenregel, angewandt auf $g \circ F$, $\tilde{g} \circ F$ bzw. $\hat{g} \circ F$, ergibt die Behauptung.

Satz 2.4. *Es seien f_1 und f_2 in $\mathfrak{x}_0 \in M \subset \mathbb{R}^n$ differenzierbar, es gelte $f_2(\mathfrak{x}_0) \neq 0$. Dann ist f_1/f_2 in $\mathfrak{x}_0$ differenzierbar, und es ist*

$$\left(\frac{f_1}{f_2}\right)_{x_\nu}(\mathfrak{x}_0) = \frac{f_{1 x_\nu}(\mathfrak{x}_0) \cdot f_2(\mathfrak{x}_0) - f_1(\mathfrak{x}_0) \cdot f_{2 x_\nu}(\mathfrak{x}_0)}{(f_2(\mathfrak{x}_0))^2} \quad \text{für} \quad \nu = 1, \ldots, n.$$

Beweis. Unter unseren Voraussetzungen ist f_2 in $\mathfrak{x}_0$ stetig, es gibt also eine offene Umgebung U von $\mathfrak{x}_0$, so daß f_2 auf $U \cap M$ nirgends verschwindet. Mit M ist offenbar auch $M' = M \cap U$ zulässig. — Die Funktion $g(y_1, y_2) = y_1/y_2$ ist auf

$$N = \mathbb{R}^2 - \{(y_1, y_2) : y_2 = 0\}$$

definiert; N ist offen, also zulässig; g ist auf N partiell differenzierbar mit stetigen partiellen Ableitungen, daher ist g auf N differenzierbar. Durch $F = (f_1, f_2)$ wird M' in N abgebildet, wir können die Kettenregel auf $g \circ F$ anwenden und erhalten die Behauptung.

§ 3. Ableitungen höherer Ordnung

Wenn die auf einer zulässigen Menge $M \subset \mathbb{R}^n$ definierte Funktion f dort überall differenzierbar ist, so kann man die Frage stellen, ob die n partiellen Ableitungen $f_{x_\nu} = f_{,\nu}$ in einem Punkte $\mathfrak{x}_0 \in M$ (partiell oder total) differenzierbar sind. Ist das der Fall, so schreiben wir für diese *zweiten partiellen Ableitungen von f in $\mathfrak{x}_0$* auch

$$(f_{x_\nu})_{x_\mu}(\mathfrak{x}_0) = f_{x_\nu x_\mu}(\mathfrak{x}_0) = f_{,\nu,\mu}(\mathfrak{x}_0) = \frac{\partial^2 f}{\partial x_\mu \, \partial x_\nu}(\mathfrak{x}_0).$$

Existieren die zweiten partiellen Ableitungen sogar auf ganz M, so kann man weiter nach deren Differenzierbarkeit fragen...

So kann man gegebenenfalls partielle Ableitungen beliebig hoher Ordnung (in einem Punkte oder in ganz M) definieren. Wir bezeichnen eine r-te partielle Ableitung von f mit

$$f_{x_{\nu_1} x_{\nu_2} \ldots x_{\nu_r}}(\mathfrak{x}) = f_{,\nu_1 \ldots,\nu_r}(\mathfrak{x}) = \frac{\partial^r f}{\partial x_{\nu_r} \ldots \partial x_{\nu_1}}(\mathfrak{x}).$$

Wir definieren induktiv: f heißt in $\mathfrak{x}_0$ r-*mal differenzierbar* ($r = 2, 3, \ldots$), wenn es eine offene Umgebung U von $\mathfrak{x}_0$ gibt, so daß f in $U \cap M$ $(r-1)$-mal differenzierbar ist und alle $(r-1)$-ten partiellen Ableitungen von f in $\mathfrak{x}_0$ differenzierbar sind; f heißt in M r-mal differenzierbar, wenn es in jedem Punkt von M r-mal differenzierbar ist.

Da partielle Ableitungen von Polynomen wieder Polynome sind, sind Polynomfunktionen auf ganz $\mathbb{R}^n$ beliebig oft differenzierbar.

Wir berechnen beispielsweise die höheren partiellen Ableitungen von $f(x_1, x_2) = x_1^2 + x_2^3 + x_1 x_2^2$. Es ergibt sich

$$
\begin{array}{ll}
f_{,1}(x_1, x_2) = 2 x_1 + x_2^2 & f_{,2}(x_1, x_2) = 3 x_2^2 + 2 x_1 x_2 \\
f_{,1,1}(x_1, x_2) = 2 & f_{,2,2}(x_1, x_2) = 6 x_2 + 2 x_1 \\
f_{,1,2}(x_1, x_2) = 2 x_2 & f_{,2,1}(x_1, x_2) = 2 x_2 \\
f_{,1,2,2}(x_1, x_2) = 2 & f_{,2,2,1}(x_1, x_2) = 2 \\
& f_{,2,1,2}(x_1, x_2) = 2 \\
& f_{,2,2,2}(x_1, x_2) = 6;
\end{array}
$$

alle nicht hingeschriebenen höheren Ableitungen verschwinden identisch. — Man erkennt, daß jeweils solche partiellen Ableitungen gleicher Ordnung, deren Indices durch eine Permutation auseinander hervorgehen, gleich sind:

$$f_{,1,2} \equiv f_{,2,1}; \quad f_{,1,2,2} \equiv f_{,2,1,2} \equiv f_{,2,2,1}.$$

Die durch derartige Beispiele nahegelegte allgemeine Vermutung, daß eine partielle Ableitung höherer Ordnung von der Reihenfolge der zu ihrer Herstellung vorgenommenen Differentiationen nicht abhänge, ist leider im allgemeinen falsch.

Betrachten wir nämlich auf $\mathbb{R}^2$ die Funktion

$$f(x_1, x_2) = \begin{cases} \dfrac{x_1 x_2^3}{x_1^2 + x_2^2} & \text{für} \quad (x_1, x_2) \neq (0,0) \\ 0 & \text{für} \quad (x_1, x_2) = (0,0). \end{cases}$$

Setzen wir $\varDelta_1(\mathfrak{x}) = x_2^3 \cdot (x_1^2 + x_2^2)^{-1}$ für $\mathfrak{x} \neq 0$, $\varDelta_1(0,0) = 0$, und $\varDelta_2(\mathfrak{x}) \equiv 0$, so sind $\varDelta_1$ und $\varDelta_2$ in 0 stetig, und es gilt überall $f(\mathfrak{x}) = x_1 \varDelta_1(\mathfrak{x}) + x_2 \varDelta_2(\mathfrak{x})$. Also ist f in 0 differenzierbar, $f_{x_1}(0,0) = f_{x_2}(0,0) = 0$; die Differenzierbarkeit von f in $\mathbb{R}^2 - \{0\}$ ist klar. Wir berechnen weiter $f_{x_1}(0, x_2) = x_2$ und $f_{x_2}(x_1, 0) = 0$ für jedes x_2 bzw. x_1. In $\mathfrak{x}_0 = 0$ sind f_{x_1} bzw. f_{x_2} partiell nach x_2 bzw. x_1 differenzierbar, es gilt $f_{x_1 x_2}(0,0) = 1 \neq 0 = f_{x_2 x_1}(0,0)$.

Setzt man hingegen etwa voraus, daß $\mathfrak{x}_0$ innerer Punkt von M ist und f in $\mathfrak{x}_0$ zweimal total differenzierbar, so kann man die Vertauschbarkeit der Differentiations-Reihenfolge beweisen. Zunächst einige Vorbereitungen!

Satz 3.1. *Es sei M ein Quader im $\mathbb{R}^n$ und $f(\mathfrak{x}) = \sum\limits_{|\lambda|=0}^{l} a_\lambda \, \mathfrak{x}^\lambda$ eine Polynomfunktion, welche auf M identisch verschwindet. Dann verschwinden alle Koeffizienten a_λ von f.*

Beweis. Durch Induktion nach n: Für $n=1$ folgt die Behauptung aus Band I, Kap. IV, Satz 4.10. Wir nehmen nun an, daß die Behauptung schon für Quader im $\mathbb{R}^{n-1}$ bewiesen sei ($n \geqq 2$). Ist dann $M = \{\mathfrak{x} \in \mathbb{R}^n : c_\nu \leqq x_\nu \leqq d_\nu; \ \nu = 1, \dots, n\}$, so schreiben wir

$$f(\mathfrak{x}) = \sum_{\lambda_2, \dots, \lambda_n} a_{0\lambda_2 \dots \lambda_n} x_2^{\lambda_2} \cdots x_n^{\lambda_n} + x_1 \sum_{\lambda_2, \dots, \lambda_n} a_{1\lambda_2 \dots \lambda_n} x_2^{\lambda_2} \cdots x_n^{\lambda_n} + \dots +$$

$$+ x_1^l \cdot a_{l0\dots0}$$

$$= f_0(x_2, \dots, x_n) + x_1 f_1(x_2, \dots, x_n) + \dots + x_1^l f_l(x_2, \dots, x_n) \, .$$

Für jedes feste $(n-1)$-tupel $(x_2, \dots, x_n)$ aus dem $(n-1)$-dimensionalen Quader $M' = \{(x_2, \dots, x_n) \in \mathbb{R}^{n-1} : c_\nu \leqq x_\nu \leqq d_\nu; \nu = 2, \dots, n\}$ ist das ein Polynom in x_1, welches auf $\{x_1 : c_1 \leqq x_1 \leqq d_1\}$ identisch verschwindet. Nach dem Satz für $n = 1$ verschwinden also die $f_\varkappa(x_2, \dots, x_n)$ für jedes $(x_2, \dots, x_n) \in M'$ und $\varkappa = 0, \dots, l$. Nach Induktionsvoraussetzung verschwinden dann auch alle Koeffizienten jedes Polynoms $f_\varkappa$ mit $\varkappa = 0, \dots, l$, woraus die Behauptung folgt.

Satz 3.2. *Es sei M ein Quader im $\mathbb{R}^n$, $\mathfrak{x}_0$ ein Punkt von M, und $R_\lambda(\mathfrak{x})$ seien in $\mathfrak{x}_0$ stetige und dort verschwindende reelle Funktionen auf M, dabei durchlaufe $\boldsymbol{\lambda}$ alle n-stelligen Multiindices mit $|\boldsymbol{\lambda}| = l$. Gilt dann auf M*

$$\sum_{|\lambda|=0}^{l} a_\lambda \, \mathfrak{x}^\lambda + \sum_{|\lambda|=l} \mathfrak{x}^\lambda R_\lambda(\mathfrak{x}) \equiv 0$$

mit Konstanten a_λ, so verschwinden alle a_λ.

Beweis. Wir nehmen der Einfachheit halber $\mathfrak{x}_0 = 0$ an. Ist $\mathfrak{x}_1$ ein fester, von 0 verschiedener Punkt aus M, so liegt die Verbindungsstrecke $\{\mathfrak{x} : \mathfrak{x} = t\mathfrak{x}_1, \ 0 \leqq t \leqq 1\}$ von 0 und $\mathfrak{x}_1$ ganz in M, und wir haben für $t \in [0, 1]$

$$0 \equiv \sum_{|\lambda|=0}^{l} a_\lambda t^{|\lambda|} \, \mathfrak{x}_1^\lambda + t^l \sum_{|\lambda|=l} \mathfrak{x}_1^\lambda R_\lambda(t\,\mathfrak{x}_1) \, .$$

Dabei ist die letzte Summe stetig im Punkte $t=0$ und hat dort den Wert 0, die erste Summe ist ein Polynom in t. Wir können also den analogen Satz für eine Variable (Bd. I, Kap. VI, Satz 1.2 — man setze dort $f = 0$, $x_0 = 0$, $M = N = [0, 1]$) anwenden und erhalten, daß $\sum\limits_{|\lambda|=0}^{l} a_\lambda t^{|\lambda|} \mathfrak{x}_1^\lambda$ als Polynom in t das Nullpolynom ist. Speziell verschwindet es für $t = 1$, es gilt also $\sum\limits_{|\lambda|=0}^{l} a_\lambda \mathfrak{x}_1^\lambda = 0$. Da $\mathfrak{x}_1$ beliebig ($\neq 0$) war, können wir nun mit Satz 3.1 auf das Verschwinden der a_λ schließen.

Jetzt können wir den angekündigten Satz über die Vertauschbarkeit der Differentiationsfolge beweisen.

Satz 3.3. *Es sei f eine in einem Quader $M \subset \mathbb{R}^n$ differenzierbare Funktion, in einem Punkt $\mathfrak{x}_0 \in M$ sei jede partielle Ableitung f_{x_ν} von f differenzierbar. Dann ist $f_{x_\mu x_\nu}(\mathfrak{x}_0) = f_{x_\nu x_\mu}(\mathfrak{x}_0)$ für $\mu, \nu = 1, \ldots, n$.*

Beweis. Der einfachen Schreibweise halber nehmen wir $\mathfrak{x}_0 = 0$ an.

a) Es genügt, den Satz für Funktionen zweier Veränderlicher zu beweisen. Für $n = 1$ sagt er nichts, es sei also $n \geq 2$ und μ, ν fest, es sei $E_{\mu\nu} = \{\mathfrak{x} \in \mathbb{R}^n : x_\varkappa = 0 \text{ für } \varkappa \neq \mu, \nu\}$ die Ebene der Koordinaten x_μ, x_ν. Aus der Differenzierbarkeit von f in M und der zweimaligen Differenzierbarkeit in $\mathfrak{x}_0$ folgt das entsprechende für $f \mid M \cap E$ im zweidimensionalen „Quader" $M \cap E$. Weiter sind die partiellen Differentiationen nach x_μ oder x_ν in Punkten von $M \cap E$ mit der Einschränkung auf $M \cap E$ vertauschbar, da ja bei ihrer Berechnung die Variablen $x_\varkappa$ mit $\varkappa \neq \mu, \nu$ gleich Null ($= x_\varkappa^{(0)}$) zu setzen sind. Es ist also $(f \mid E \cap M)_{x_\mu} = f_{x_\mu} \mid E \cap M$ und $(f \mid E \cap M)_{x_\mu x_\nu}(0) = f_{x_\mu x_\nu}(0)$ etc., und es genügt, $(f \mid E \cap M)_{x_\mu x_\nu}(0) = (f \mid E \cap M)_{x_\nu x_\mu}(0)$ zu zeigen.

b) Es sei also M ein den Nullpunkt enthaltendes achsenparalleles Rechteck in der Ebene. Wir betrachten die Funktion

$$g(\mathfrak{x}) = f(x_1, 0) + f(0, x_2) - f(0, 0)$$

auf M. Es gilt $g(x_1, 0) = f(x_1, 0)$ und $g(0, x_2) = f(0, x_2)$. Man erkennt außerdem sofort die Differenzierbarkeit von g in M und verifiziert

$$g(0,0) = f(0,0); \quad g_{,1}(x_1, x_2) = f_{,1}(x_1, 0); \quad g_{,2}(x_1, x_2) = f_{,2}(0, x_2).$$

Im Nullpunkt ist g sogar zweimal differenzierbar, und zwar ist

$$g_{,1,1}(0,0) = f_{,1,1}(0,0); \quad g_{,2,2}(0,0) = f_{,2,2}(0,0); \quad g_{,1,2}(0,0)$$
$$= g_{,2,1}(0,0) = 0.$$

Die Funktion $h = f - g$ hat also dieselben Differenzierbarkeitseigenschaften wie f, es gilt $h_{,1,2}(0,0) = f_{,1,2}(0,0), h_{,2,1}(0,0) = f_{,2,1}(0,0)$ und zusätzlich $h(0,0) = h_{,1}(0,0) = h_{,2}(0,0) = h_{,1,1}(0,0) = h_{,2,2}(0,0) = 0$ sowie $h(x_1, 0) \equiv h(0, x_2) \equiv 0$. Es genügt, die Behauptung für h zu beweisen.

c) Es sei $\mathfrak{x} = (x_1, x_2) \in M$. Wir wenden auf h, als Funktion von x_1 betrachtet, den ersten Mittelwertsatz der Differentialrechnung an:

$$h(x_1, x_2) = h(0, x_2) + x_1 h_{x_1}(\vartheta x_1, x_2) = x_1 h_{x_1}(\vartheta x_1, x_2), \quad (1)$$

wobei ϑ eine von $\mathfrak{x}$ abhängige Zahl zwischen 0 und 1 ist. (Es ist hier zu bemerken, daß alle als Argumente auftretenden Punkte wirklich in M liegen — dabei ist wesentlich, daß M ein Rechteck ist!)

Aufgrund der Differenzierbarkeit von h_{x_1} in 0 und von $h_{x_1}(0,0) = 0$ können wir schreiben

$$h_{x_1}(\vartheta x_1, x_2) = \vartheta x_1 \cdot \Delta_1(\vartheta x_1, x_2) + x_2 \cdot \Delta_2(\vartheta x_1, x_2),$$

dabei sind Δ_1 und Δ_2 in 0 stetig, es ist $\Delta_1(0,0) = h_{x_1 x_1}(0,0) = 0$, $\Delta_2(0,0) = h_{x_1 x_2}(0,0)$. Setzen wir das in (1) ein, so erhalten wir

$$h(x_1, x_2) = x_1^2 \cdot \vartheta(\mathfrak{x}) \cdot \Delta_1(\vartheta x_1, x_2) + x_1 x_2 \Delta_2(\vartheta x_1, x_2).$$

Schreiben wir $R_{2,0}(\mathfrak{x}) = \vartheta(\mathfrak{x}) \cdot \Delta_1(\vartheta x_1, x_2)$ und $R_{1,1}(\mathfrak{x}) = \Delta_2(\vartheta x_1, x_2) - h_{x_1 x_2}(0,0)$, so gilt

$$h(x_1, x_2) = x_1 x_2 \cdot h_{,1,2}(0,0) + x_1^2 \cdot R_{2,0}(\mathfrak{x}) + x_1 x_2 R_{1,1}(\mathfrak{x}). \quad (2)$$

Die Funktionen $R_{1,1}$ und $R_{2,0}$ sind in $\mathfrak{x}_0 = 0$ stetig: Es sei $(\mathfrak{x}_\lambda)$ eine gegen 0 konvergente Punktfolge in M. Wegen $0 < \vartheta(\mathfrak{x}) < 1$ gilt $(\vartheta(\mathfrak{x}_\lambda) \cdot x_1^{(\lambda)}, x_2^{(\lambda)}) \to (0,0)$. Wegen der Stetigkeit von Δ_ν in $(0,0)$ folgt $\Delta_\nu(\vartheta(\mathfrak{x}_\lambda) \cdot x_1^{(\lambda)}, x_2^{(\lambda)}) \to \Delta_\nu(0,0)$ für $\nu = 1, 2$, und schließlich, wenn man $\Delta_1(0,0) = 0$ und noch einmal $0 < \vartheta(\mathfrak{x}_\lambda) < 1$ beachtet, auch $\vartheta(\mathfrak{x}_\lambda) \cdot \Delta_1(\vartheta(\mathfrak{x}_\lambda) x_1^{(\lambda)}, x_2^{(\lambda)}) \to 0$. Es gilt offenbar $R_{2,0}(0,0) = R_{1,1}(0,0) = 0$.

Führt man nun die gleiche Überlegung mit vertauschten Rollen von x_1 und x_2 durch, so erhält man auf M eine Darstellung

$$h(x_1, x_2) = x_1 x_2 h_{,2,1}(0,0) + x_1 x_2 R_{1,1}^*(\mathfrak{x}) + x_2^2 R_{0,2}(\mathfrak{x}) \quad (3)$$

mit im Nullpunkt stetigen und dort verschwindenden Funktionen $R_{1,1}^*$ und $R_{0,2}$. Aus (2) und (3) erhält man

$$0 \equiv x_1 x_2 (h_{,1,2}(0,0) - h_{,2,1}(0,0))$$
$$+ x_1^2 R_{2,0} + x_1 x_2 (R_{1,1} - R_{1,1}^*) - x_2^2 R_{0,2}.$$

Auf diesen Ausdruck kann man Satz 3.2 anwenden; das ergibt die gewünschte Gleichung $h_{,1,2}(0,0) = h_{,2,1}(0,0)$.

§ 4. Die Taylorsche Formel

Die aus der Theorie einer Veränderlichen bekannte Taylorsche Formel läßt sich ohne große Mühe auf Funktionen mehrerer Veränderlicher übertragen. Um die beträchtliche Schreibarbeit zu verkleinern, wollen wir den Gebrauch von Multiindices ausdehnen. Ist

f eine Funktion, die im Punkt $\mathfrak{x}_0$ ihres Definitionsbereiches $M \subset \mathbb{R}^n$ k-mal differenzierbar ist, und ist $\boldsymbol{\lambda} = (\lambda_1, \ldots, \lambda_n)$ ein Multiindex mit $|\boldsymbol{\lambda}| \leq k$, so schreiben wir

$$f_{,\boldsymbol{\lambda}}(\mathfrak{x}_0) = \frac{\partial^{|\lambda|} f}{\partial x_n^{\lambda_n} \ldots \partial x_1^{\lambda_1}}(\mathfrak{x}_0) = f_{,\underbrace{1,\ldots,}_{\lambda_1\text{-}}1,\underbrace{2,\ldots,}_{\lambda_2\text{-}}2.\ldots,\underbrace{n,\ldots,}_{\lambda_n\text{-mal}}n} \cdot$$

Weiter schreiben wir $(\boldsymbol{\lambda})! = \lambda_1! \cdot \lambda_2! \cdot \ldots \cdot \lambda_n!$.

Wir setzen nun voraus, die reelle Funktion f sei auf einem Quader $M \subset \mathbb{R}^n$ definiert und in $\mathfrak{x}_0 \in M$ k-mal differenzierbar. Der Einfachheit halber nehmen wir vorerst $\mathfrak{x}_0 = 0$ an.

Wir bestimmen zunächst ein Polynom, dessen Ableitungen bis zur k-ten Ordnung im Nullpunkt mit denen von f übereinstimmen, und zwar setzen wir

$$p(\mathfrak{x}) = \sum_{|\lambda|=0}^{k} \frac{f_{,\lambda}(0)}{(\boldsymbol{\lambda})!} \mathfrak{x}^{\lambda} \cdot \tag{1}$$

Zur Ableitung $p_{,\boldsymbol{\mu}}(0)$ trägt nur der Summand von (1) mit dem Index $\boldsymbol{\mu}$ bei: die andern Summanden enthalten ein x_ν in kleinerer als der μ_ν-ten Potenz, so daß sie bei μ_ν-facher Differentiation nach x_ν verschwinden, oder sie enthalten ein x_ν in höherer als der μ_ν-ten Potenz, so daß nach der Differentiation noch mindestens ein Faktor x_ν vorkommt und die Ableitung im Nullpunkt verschwindet. Hingegen erhält man offenbar $(\mathfrak{x}^{\mu})_{,\boldsymbol{\mu}}(0) = (\boldsymbol{\mu})!$ und somit $p_{,\boldsymbol{\mu}}(0) = f_{,\boldsymbol{\mu}}(0)$ für $0 \leq |\boldsymbol{\mu}| \leq k$.

Wir nennen p das *Taylorpolynom* der Ordnung k zu f.

Es ist nun die Abweichung $g = f - p$ zu untersuchen. Jedenfalls gilt $g_{,\boldsymbol{\lambda}}(0) = 0$ für $0 \leq |\boldsymbol{\lambda}| \leq k$. Wir wählen eine Umgebung $U_\varepsilon(0)$ so, daß f und damit auch g in $U_\varepsilon(0) \cap M$ mindestens $(k-1)$-mal differenzierbar ist. Um unser Problem auf das schon gelöste eindimensionale zurückzuführen, betrachten wir zu einem beliebigen Punkt $\mathfrak{x} \in U_\varepsilon(0) \cap M$ die Einschränkung von g auf die Verbindungsstrecke $\{t\mathfrak{x} : 0 \leq t \leq 1\}$ von 0 und $\mathfrak{x}$. Genauer gesagt, wir untersuchen die auf $I = [0,1]$ definierte Funktion $\sigma(t) = g(t\mathfrak{x})$. Wir zeigen zunächst den

Hilfssatz. *In I ist σ mindestens $(k-1)$-mal differenzierbar, in $0 \in I$ ist σ mindestens k-mal differenzierbar, es gilt*

$$\sigma^{(\mu)}(t) = \sum_{\nu_1,\ldots,\nu_\mu=1}^{n} x_{\nu_1} \cdot \ldots \cdot x_{\nu_\mu} \cdot g_{,\nu_1,\ldots,\nu_\mu}(t\mathfrak{x})$$

für $\mu = 1, \ldots, k-1$ in I, für $\mu = k$ an der Stelle $t = 0$.

Beweis. durch Induktion nach μ: Für $\mu = 1$ hat man

$$\sigma'(t) = \frac{d}{dt}(g(t\mathfrak{x})) = \sum_{\nu_1=1}^{n} x_{\nu_1} g_{,\nu_1}(t\mathfrak{x})$$

nach der Kettenregel, da ja $d(x_\nu t)/dt = x_\nu$ ist. Ist die Formel bis zur Ordnung $\mu - 1$ schon bewiesen $(1 \leq \mu - 1 \leq k - 1)$, so hat man

$$\sigma^{(\mu)}(t) = \frac{d}{dt}\left(\sum_{\nu_1,\ldots,\nu_{\mu-1}} x_{\nu_1} x_{\nu_2} \cdot \ldots \cdot x_{\nu_{\mu-1}} g_{,\nu_1,\ldots,\nu_{\mu-1}}(t\,\mathfrak{x})\right)$$

$$= \sum_{\nu_1,\ldots,\nu_{\mu-1}} x_{\nu_1} x_{\nu_2} \cdot \ldots \cdot x_{\nu_{\mu-1}} \frac{d}{dt}\left(g_{,\nu_1,\ldots,\nu_{\mu-1}}(t\,\mathfrak{x})\right)$$

$$= \sum_{\nu_1,\ldots,\nu_{\mu-1}} x_{\nu_1} x_{\nu_2} \cdot \ldots \cdot x_{\nu_{\mu-1}} \left(\sum_{\nu_\mu=1}^{n} x_{\nu_\mu} g_{,\nu_1,\ldots,\nu_{\mu-1},\nu_\mu}(t\,\mathfrak{x})\right)$$

$$= \sum_{\nu_1,\ldots,\nu_\mu} x_{\nu_1} x_{\nu_2} \cdot \ldots \cdot x_{\nu_\mu} g_{,\nu_1,\ldots,\nu_\mu}(t\,\mathfrak{x}),$$

und zwar auf ganz I für $\mu < k$, in $t = 0$ für $\mu = k$, q.e.d.

Aus dem Hilfssatz folgt insbesondere $\sigma^{(\mu)}(0) = 0$ für $0 \leq \mu \leq k$, da ja die entsprechenden Ableitungen von g im Nullpunkt verschwinden.

Wir wählen nun $\mu = k - 1$ und wenden auf σ die eindimensionale Taylorformel mit dem Lagrangeschen Restglied an (Bd. I, Kap. VI, Satz 1.1). Wegen $\sigma^{(\varkappa)}(0) = 0$ für $\varkappa = 0, \ldots, k - 2$ ergibt sich

$$\sigma(t) = \frac{t^{k-1}}{(k-1)!}\,\sigma^{(k-1)}(\vartheta\,t)$$

mit einer (von $\mathfrak{x}$ und t abhängigen) Zahl ϑ zwischen 0 und 1.

Für $t = 1$ erhalten wir mit dem Hilfssatz

$$\sigma(1) = g(\mathfrak{x}) = \frac{1}{(k-1)!}\sum_{\nu_1,\ldots,\nu_{k-1}} x_{\nu_1} \cdot \ldots \cdot x_{\nu_{k-1}} g_{,\nu_1,\ldots,\nu_{k-1}}(\vartheta\,\mathfrak{x}). \qquad (2)$$

Nach Voraussetzung sind die $g_{,\nu_1,\ldots,\nu_{k-1}}$ in 0 differenzierbar und haben dort den Wert 0; wir können also schreiben

$$g_{,\nu_1,\ldots,\nu_{k-1}}(\vartheta\,\mathfrak{x}) = \sum_{\nu_k=1}^{n} \vartheta\,x_{\nu_k} \cdot \varDelta_{\nu_1\ldots\nu_{k-1}\nu_k}(\vartheta\,\mathfrak{x})$$

mit im Nullpunkt stetigen Funktionen $\varDelta_{\nu_1\ldots\nu_k}$; es ist $\varDelta_{\nu_1\ldots\nu_k}(0) = g_{,\nu_1,\ldots,\nu_k}(0) = 0$. Tragen wir das in (2) ein, so ergibt sich

$$g(\mathfrak{x}) = \frac{1}{(k-1)!}\sum_{\nu_1,\ldots,\nu_k} x_{\nu_1} x_{\nu_2} \cdot \ldots \cdot x_{\nu_k} \vartheta\,\varDelta_{\nu_1\ldots\nu_k}(\vartheta\,\mathfrak{x}). \qquad (3)$$

Die Funktionen $\vartheta(\mathfrak{x}) \cdot \varDelta_{\nu_1\ldots\nu_k}(\vartheta(\mathfrak{x}) \cdot \mathfrak{x})$ sind in 0 stetig und haben dort den Wert 0 — das erkennt man ebenso wie im Beweis von Satz 3.3.

Ordnen wir nun noch die Summe in (3) nach Potenzen der x_ν, so erhalten wir einen Ausdruck der Form

$$f(\mathfrak{x}) - p(\mathfrak{x}) = g(\mathfrak{x}) = \sum_{|\lambda|=k} \mathfrak{x}^\lambda \cdot R_\lambda(\mathfrak{x}), \qquad (4)$$

dabei sind die Funktionen R_λ stetig in 0 und verschwinden dort-
selbst (der in (3) auftretende Koeffizient $((k-1)!)^{-1}$ ist in die R_λ
hineingezogen zu denken).

(4) ist die gesuchte *Taylorsche Formel*, ihre rechte Seite das *Restglied k-ter Ordnung.* Unter einer schärferen Voraussetzung über f
läßt sich das Restglied in expliziterer Form angeben:

Sei jetzt f in ganz M sogar $(k+1)$-mal differenzierbar. Dann
gilt die Formel des Hilfssatzes sogar für $\mu = k + 1$ in ganz I, und
wir erhalten analog zu (2) die Formel

$$g(\mathfrak{x}) = \frac{1}{(k+1)!} \sum_{\nu_1,\ldots,\nu_{k+1}} x_{\nu_1} \cdot \ldots \cdot x_{\nu_{k+1}} g_{,\nu_1,\ldots,\nu_{k+1}}(\vartheta \mathfrak{x}) \tag{5}$$

mit $0 < \vartheta = \vartheta(\mathfrak{x}) < 1$.

Um diese Summe übersichtlicher zu schreiben, zählen wir ab, für
wieviele Index-Systeme $\nu_1, \ldots, \nu_{k+1}$ das Produkt $x_{\nu_1} \cdot \ldots \cdot x_{\nu_{k+1}}$ ein
festes Monom $\mathfrak{x}^\lambda$ (mit $|\boldsymbol{\lambda}| = k + 1$) ergibt. Schreibt man

$$\mathfrak{x}^\lambda = \underbrace{x_1 \cdot \ldots \cdot x_1}_{\lambda_1-} \cdot \underbrace{x_2 \cdot \ldots \cdot x_2}_{\lambda_2-} \cdot \ldots \cdot \underbrace{x_n \cdot \ldots \cdot x_n}_{\lambda_n\text{-mal}} \tag{6}$$

und übt auf die $k + 1$ Faktoren dieses Produkts alle möglichen
$(k+1)!$ Permutationen aus, so erhält man jedesmal einen Aus-
druck der Form $x_{\nu_1} \cdot \ldots \cdot x_{\nu_{k+1}}$. Das Produkt (6) behält aber seine Gestalt bei den Permutationen, die die ersten λ_1 Faktoren x_1 nur unter
sich vertauschen und ebenso die λ_2 Faktoren x_2 unter sich etc. Die
Anzahl dieser Permutationen ist $\lambda_1! \cdot \lambda_2! \cdot \ldots \cdot \lambda_n! = (\boldsymbol{\lambda})!$. Insgesamt
können wir also $\mathfrak{x}^\lambda$ auf $(k+1)!/(\boldsymbol{\lambda})!$ verschiedene Weisen in der
Form $x_{\nu_1} \cdot x_{\nu_2} \cdot \ldots \cdot x_{\nu_{k+1}}$ schreiben. Damit wird

$$\sum_{\nu_1,\ldots,\nu_{k+1}=1}^{n} x_{\nu_1} \cdot \ldots \cdot x_{\nu_{k+1}} = (k+1)! \sum_{|\lambda|=k+1} \frac{1}{(\boldsymbol{\lambda})!} \mathfrak{x}^\lambda .$$

Wir wollen das noch am Beispiel $n = 2$, $k + 1 = 3$ nachrechnen:

$$\sum_{\nu_1,\nu_2,\nu_3=1}^{2} x_{\nu_1} x_{\nu_2} x_{\nu_3} = x_1 x_1 x_1 + x_1 x_1 x_2 + x_1 x_2 x_1 + x_1 x_2 x_2 + x_2 x_1 x_1$$
$$+ x_2 x_1 x_2 + x_2 x_2 x_1 + x_2 x_2 x_2$$
$$= \frac{3!}{3!\,0!} x_1^3 + \frac{3!}{2!\,1!} x_1^2 x_2 + \frac{3!}{1!\,2!} x_1 x_2^2 + \frac{3!}{0!\,3!} x_2^3 .$$

Wir beachten nun weiter, daß auf Grund unserer Voraussetzun-
gen $g_{,\nu_1,\ldots,\nu_{k+1}}$ nicht von der Reihenfolge der Differentiationen abhängt. Jedesmal, wenn $x_{\nu_1} \cdot \ldots \cdot x_{\nu_{k+1}} = \mathfrak{x}^\lambda$ ist, gilt also auch

$$g_{,\nu_1,\ldots,\nu_{k+1}}(\vartheta \mathfrak{x}) = g_{,\lambda}(\vartheta \mathfrak{x}) .$$

Berücksichtigt man noch, daß die $(k+1)$-ten Ableitungen von p
verschwinden, daß also $g_{,\lambda} = f_{,\lambda}$ ist für $|\boldsymbol{\lambda}| = k + 1$, so erhält man

schließlich aus (5) die Formel

$$f(\mathfrak{x}) - p(\mathfrak{x}) = \sum_{|\lambda|=k+1} \frac{f,\lambda(\vartheta\mathfrak{x})}{(\lambda)!} \mathfrak{x}^{\lambda} \quad \text{mit} \quad 0 < \vartheta < 1.$$

In dieser Form heißt die rechtsstehende Summe das *Lagrangesche Restglied k-ter Ordnung* der Taylor-Entwicklung von f.

Wir fassen diese Ergebnisse in einem Satz zusammen und befreien uns dabei noch von der Annahme $\mathfrak{x}_0 = 0$.

Satz 4.1. *Die reelle Funktion f sei in einem Quader $M \subset \mathbb{R}^n$ mindestens $(k-1)$-mal differenzierbar und in $\mathfrak{x}_0 \in M$ k-mal differenzierbar. Dann gibt es auf M definierte, in $\mathfrak{x}_0$ stetige und dortselbst verschwindende Funktionen $R_{\lambda}(\mathfrak{x})$ für $|\lambda| = k$, so daß für alle $\mathfrak{x} \in M$ gilt*

$$f(\mathfrak{x}) = \sum_{|\lambda|=0}^{k} \frac{f,\lambda(\mathfrak{x}_0)}{(\lambda)!} (\mathfrak{x} - \mathfrak{x}_0)^{\lambda} + \sum_{|\lambda|=k} R_{\lambda}(\mathfrak{x}) \cdot (\mathfrak{x} - \mathfrak{x}_0)^{\lambda}.$$

Ist f in M $(k+1)$-mal differenzierbar, so gilt in M sogar

$$f(\mathfrak{x}) = \sum_{|\lambda|=0}^{k} \frac{f,\lambda(\mathfrak{x}_0)}{(\lambda)!} (\mathfrak{x} - \mathfrak{x}_0)^{\lambda} + \sum_{|\lambda|=k+1} \frac{f,\lambda(\mathfrak{x}_0 + \vartheta(\mathfrak{x} - \mathfrak{x}_0))}{(\lambda)!} (\mathfrak{x} - \mathfrak{x}_0)^{\lambda}$$

mit passendem $\vartheta = \vartheta(\mathfrak{x})$ zwischen 0 und 1.

Führen wir den „Zuwachs" $\mathfrak{h} = \mathfrak{x} - \mathfrak{x}_0$ als neue Variable ein, so schreiben sich diese Taylorschen Formeln

$$f(\mathfrak{x}_0 + \mathfrak{h}) = \sum_{|\lambda|=0}^{k} \frac{f,\lambda(\mathfrak{x}_0)}{(\lambda)!} \mathfrak{h}^{\lambda} + \sum_{|\lambda|=k} R_{\lambda}^{*}(\mathfrak{h}) \cdot \mathfrak{h}^{\lambda}$$

(für $\mathfrak{x}_0 + \mathfrak{h} \in M$, mit in $\mathfrak{h} = 0$ stetigen und dort verschwindenden R_{λ}^{*}), bzw.

$$f(\mathfrak{x}_0 + \mathfrak{h}) = \sum_{|\lambda|=0}^{k} \frac{f,\lambda(\mathfrak{x}_0)}{(\lambda)!} \mathfrak{h}^{\lambda} + \sum_{|\lambda|=k+1} \frac{f,\lambda(\mathfrak{x}_0 + \vartheta\mathfrak{h})}{(\lambda)!} \cdot \mathfrak{h}^{\lambda}.$$

Satz 4.2. *Das Taylorsche Polynom k-ter Ordnung $p(\mathfrak{x})$ von $f(\mathfrak{x})$ ist eindeutig bestimmt.*

Hat man nämlich ein Polynom $\tilde{p}$ vom Grade k, welches eine Gleichung

$$f(\mathfrak{x}) = \tilde{p}(\mathfrak{x}) + \sum_{|\lambda|=k} (\mathfrak{x} - \mathfrak{x}_0)^{\lambda} \cdot \tilde{R}_{\lambda}(\mathfrak{x})$$

mit in $\mathfrak{x}_0$ stetigen und dort verschwindenden Funktionen $\tilde{R}_{\lambda}$ erfüllt, so gilt

$$0 \equiv \tilde{p}(\mathfrak{x}) - p(\mathfrak{x}) + \sum_{|\lambda|=k} (\mathfrak{x} - \mathfrak{x}_0)^{\lambda} \cdot (R_{\lambda}(\mathfrak{x}) - \tilde{R}_{\lambda}(\mathfrak{x})),$$

und Satz 3.2 liefert, daß p und $\tilde{p}$ koeffizientenweise übereinstimmen.

Wir notieren noch den Spezialfall $k = 0$ der zweiten Formel aus Satz 4.1 gesondert:

Satz 4.3. *Ist f im Quader $M \subset \mathbb{R}^n$ differenzierbar und ist $\mathfrak{x}_0 \in M$, so gilt mit $\mathfrak{h} = \mathfrak{x} - \mathfrak{x}_0$ in M*

$$f(\mathfrak{x}) - f(\mathfrak{x}_0) = \sum_{\nu=1}^{n} (x_\nu - x_\nu^{(0)}) f_{,\nu}(\mathfrak{x}_0 + \vartheta \mathfrak{h})$$

für ein $\vartheta \in (0,1)$.

Dies ist offenbar eine Verallgemeinerung des ersten Mittelwertsatzes der Differentialrechnung auf Funktionen mehrerer Veränderlicher.

§ 5. Die Taylorsche Reihe

Ist die Funktion f in einem Quader M beliebig oft differenzierbar, so kann man zu f eine unendliche Taylorsche Reihe bilden:

$$\sum_{|\lambda|=0}^{\infty} \frac{f_{,\lambda}(\mathfrak{x}_0)}{(\lambda)!} (\mathfrak{x} - \mathfrak{x}_0)^\lambda; \quad \mathfrak{x}, \mathfrak{x}_0 \in M, \tag{1}$$

und nach Bedingungen fragen, unter denen diese Reihe konvergiert und die Funktion f darstellt.

Es ist freilich nicht klar, wie die Summation in (1) zu verstehen ist, denn die Multiindices $\boldsymbol{\lambda} = (\lambda_1, \ldots, \lambda_n)$, über die summiert wird, sind für $n > 1$ nicht in natürlicher Weise angeordnet. Und bei einer Reihe

$$\sum_{\lambda_1,\ldots,\lambda_n=0}^{\infty} a_{\lambda_1 \ldots \lambda_n}$$

kann Konvergenz oder Divergenz — und im Fall der Konvergenz der Wert der Summe — durchaus von der Weise abhängen, in der man summiert. Wir haben uns daher zunächst um einen geeigneten Konvergenzbegriff für unendliche Reihen, deren Summationsindices nicht von vornherein linear angeordnet sind, zu bemühen.

Es sei J eine beliebige abzählbar unendliche Indexmenge, zu jedem $\iota \in J$ sei eine reelle Zahl a_ι gegeben.

Definition 5.1. *Die Reihe $\sum_{\iota \in J} a_\iota$ heißt konvergent gegen die Zahl a, wenn es zu jedem $\varepsilon > 0$ eine endliche Teilmenge $I_0 \subset J$ gibt, so daß für jede endliche Teilmenge $I \subset J$ mit $I_0 \subset I$ gilt*

$$\left| \sum_{\iota \in I} a_\iota - a \right| < \varepsilon.$$

Wir schreiben dann $\sum_{\iota \in J} a_\iota = a$.

Ein brauchbares Kriterium für die Konvergenz ist der

Satz 5.1. *Die Reihe $\sum_{\iota \in J} a_\iota$ ist dann und nur dann konvergent, wenn die Menge der endlichen Summen $\sum_{\iota \in I} |a_\iota|$, wobei I eine beliebige endliche Teilmenge von J ist, beschränkt ist.*

Beweis. a) Gilt $\sum_{\iota \in I} |a_\iota| \leq M$ für alle endlichen $I \subset J$, und ist $J = \{\iota_1, \iota_2, \iota_3, \ldots\}$ irgendeine Abzählung von J, so gilt auch $\sum_{\lambda=1}^{l} |a_{\iota_\lambda}| \leq M$ für jedes $l \in \mathbb{N}$. Daraus folgt die absolute Konvergenz der Reihe $\sum_{\lambda=1}^{\infty} a_{\iota_\lambda}$. Ihre Summe werde mit a bezeichnet. Zu gegebenem $\varepsilon > 0$ läßt sich nun $\lambda_0 \in \mathbb{N}$ so bestimmen, daß $\left| \sum_{\lambda=1}^{\lambda_0} a_{\iota_\lambda} - a \right| < \varepsilon/2$ und daß für alle λ_1 und λ_2 mit $\lambda_2 \geq \lambda_1 > \lambda_0$ auch $\sum_{\lambda=\lambda_1}^{\lambda_2} |a_{\iota_\lambda}| < \varepsilon/2$ gilt. Setzt man dann $I_0 = \{\iota_1, \ldots, \iota_{\lambda_0}\}$ und ist I endlich mit $I_0 \subset I \subset J$, so gilt

$$\left| \sum_{\iota \in I} a_\iota - a \right| = \left| \sum_{\iota \in I_0} a_\iota - a + \sum_{\iota \in I-I_0} a_\iota \right|$$
$$\leq \left| \sum_{\iota \in I_0} a_\iota - a \right| + \sum_{\iota \in I-I_0} |a_\iota|$$
$$< \frac{\varepsilon}{2} + \frac{\varepsilon}{2} = \varepsilon,$$

und die Konvergenz von $\sum_{\iota \in J} a_\iota$ im Sinne von Definition 5.1 ist nachgewiesen.

b) Die Reihe $\sum_{\iota \in J} a_\iota$ sei konvergent gegen a. Wir zeigen zunächst, daß dann die Menge der endlichen Teilsummen $\sum_{\iota \in I} a_\iota$ beschränkt ist. Wir wählen ein festes $\varepsilon > 0$ und dazu I_0 gemäß Definition 5.1. Ist dann I_1 ein endlicher Teil von J mit $I_0 \cap I_1 = \emptyset$, so gilt

$$\left| \sum_{\iota \in I_1} a_\iota \right| = \left| \sum_{\iota \in I_0 \cup I_1} a_\iota - a - (\sum_{\iota \in I_0} a_\iota - a) \right|$$
$$\leq \left| \sum_{\iota \in I_0 \cup I_1} a_\iota - a \right| + \left| \sum_{\iota \in I_0} a_\iota - a \right|$$
$$< 2\varepsilon.$$

Ist I ein beliebiger endlicher Teil von J, so hat man

$$\left| \sum_{\iota \in I} a_\iota \right| = \left| \sum_{\iota \in I_0 \cap I} a_\iota + \sum_{\iota \in I-I_0} a_\iota \right|$$
$$\leq \sum_{\iota \in I_0 \cap I} |a_\iota| + \left| \sum_{\iota \in I-I_0} a_\iota \right|$$
$$< \sum_{\iota \in I_0} |a_\iota| + 2\varepsilon = M_1.$$

Mit $M = 2M_1$ gilt nun $\sum_{\iota \in I} |a_\iota| \leq M$ für beliebiges endliches I: Wir setzen $I_1 = \{\iota \in I: a_\iota > 0\}$ und $I_2 = \{\iota \in I: a_\iota < 0\}$, dann ist

$$\sum_{\iota \in I} |a_\iota| = \left| \sum_{\iota \in I_1} a_\iota \right| + \left| \sum_{\iota \in I_2} a_\iota \right| \leq 2M_1 = M.$$

Damit ist Satz 5.1 bewiesen.

Folgerung. *Ist $\sum\limits_{\iota\in J} a_\iota$ konvergent und K eine unendliche Teilmenge von J, so ist auch $\sum\limits_{\iota\in K} a_\iota$ konvergent.*

Der Satz 5.1 lehrt auch, daß eine unendliche Reihe $\sum\limits_{\lambda=1}^{\infty} a_\lambda$ genau dann im Sinne von Definition 5.1 konvergent ist, wenn sie im Sinne von Band I (Kap. III, Def. 4.1) absolut konvergent ist.

Ist etwa $J = \{(\lambda, \mu): \lambda \in \mathbb{N}, \ \mu \in \mathbb{N}\}$, so kann man nach Konvergenz und Wert der Summen

$$\sum_{\lambda=1}^{\infty} \left(\sum_{\mu=1}^{\infty} a_{\lambda\mu} \right) \quad \text{bzw.} \quad \sum_{\mu=1}^{\infty} \left(\sum_{\lambda=1}^{\infty} a_{\lambda\mu} \right)$$

fragen. Während im allgemeinen diese Doppelreihen sehr verschiedenes Verhalten zeigen, liegen bei Konvergenz im Sinne von Definition 5.1 einfache Verhältnisse vor. Das bringt der folgende *große Umordnungssatz* zum Ausdruck:

Satz 5.2. *Die Reihe $\sum\limits_{\iota\in J} a_\iota$ konvergiere gegen a. Die Indexmenge J sei in abzählbar unendlich viele nicht leere Teilmengen K_λ, $\lambda \in L$, zerlegt, die paarweise leeren Durchschnitt haben. Setzt man $b_\lambda = \sum\limits_{\iota\in K_\lambda} a_\iota$, so konvergiert $\sum\limits_{\lambda\in L} b_\lambda$ ebenfalls gegen a.*

Beweis. Nach der Folgerung aus Satz 5.1 sind die b_λ wohldefiniert. — Es sei $\varepsilon > 0$ gegeben. Wegen der Konvergenz von $\sum\limits_{\iota\in J} a_\iota$ gibt es einen endlichen Teil $I_0 \subset J$, so daß für jedes endliche I mit $I_0 \subset I \subset J$ gilt $\left| \sum\limits_{\iota\in I} a_\iota - a \right| < \varepsilon/2$. Wir setzen $L_0 = \{\lambda \in L: K_\lambda \cap I_0 \neq \emptyset\}$, das ist eine endliche Menge. Nun sei L_1 irgendein endlicher Teil von L mit $L_0 \subset L_1$, die Anzahl der Elemente von L_1 sei l. Zu jedem $\lambda \in L_1$ gibt es einen endlichen Teil K_λ' von K_λ so, daß $K_\lambda' \supset I_0 \cap K_\lambda$ und $\left| \sum\limits_{\iota\in K_\lambda'} a_\iota - b_\lambda \right| < \varepsilon/2\,l$ gilt. Dann ist $I_0 \subset \bigcup\limits_{\lambda\in L_1} K_\lambda' = K'$ und man hat

$$\left| \sum_{\lambda\in L_1} b_\lambda - a \right| = \left| \sum_{\lambda\in L_1} \left(b_\lambda - \sum_{\iota\in K_\lambda'} a_\iota \right) + \sum_{\iota\in K'} a_\iota - a \right|$$

$$\leq \sum_{\lambda\in L_1} \left| b_\lambda - \sum_{\iota\in K_\lambda'} a_\iota \right| + \left| \sum_{\iota\in K'} a_\iota - a \right|$$

$$< l \cdot \frac{\varepsilon}{2\,l} + \frac{\varepsilon}{2} = \varepsilon\,.$$

Das beweist den Satz.

Als Beispiel diene die „mehrfache geometrische Reihe". Es seien $q_1, \ldots, q_n \in \mathbb{R}$ mit $|q_\nu| < 1$. Wir setzen $\mathfrak{q} = (q_1, \ldots, q_n) \in \mathbb{R}^n$ und bilden den Ausdruck

$$\sum_{\lambda_1, \ldots, \lambda_n = 0}^{\infty} q_1^{\lambda_1} \cdot \ldots \cdot q_n^{\lambda_n} = \sum_{\lambda} \mathfrak{q}^\lambda \,, \tag{2}$$

dabei ist rechts über alle n-stelligen Multiindices zu summieren. Die Menge dieser Multiindices ist abzählbar: Das ist für $n = 1$ klar. Hat man für irgendein n die n-stelligen Multiindices schon in eine Folge $\boldsymbol{\lambda}_1, \boldsymbol{\lambda}_2, \boldsymbol{\lambda}_3, \ldots$ angeordnet, so läßt sich jeder $(n + 1)$-stellige Multiindex als $(\boldsymbol{\lambda}_\nu, \mu)$ schreiben, und man kann die $(n + 1)$-stelligen Multiindices in derselben Weise in einer Folge anordnen, wie das in Band I, Seite 33, mit den rationalen Zahlen geschah.

Die Summe (2) ist wegen Satz 5.1 konvergent: Ist J_0 eine endliche Menge von Multiindizes, so gibt es $l_1, \ldots, l_n \in \mathbb{N}$ so, daß $J_0 \subset J_1 = \{\boldsymbol{\lambda}\colon 0 \leq \lambda_\nu \leq l_\nu;\ \nu = 1, \ldots, n\}$. Dann ist

$$\sum_{\boldsymbol{\lambda} \in J_0} |\,\mathfrak{q}^{\boldsymbol{\lambda}}| \leq \sum_{\boldsymbol{\lambda} \in J_1} |\,\mathfrak{q}^{\boldsymbol{\lambda}}| = \sum_{\lambda_1 = 0}^{l_1} |\,q_1^{\lambda_1}| \sum_{\lambda_2 = 0}^{l_2} |\,q_2^{\lambda_2}| \cdot \ldots \cdot \sum_{\lambda_n = 0}^{l_n} |\,q_n^{\lambda_n}|$$
$$\leq \frac{1}{1 - |q_1|} \cdot \ldots \cdot \frac{1}{1 - |q_n|}\,.$$

Nach Satz 5.2 ist

$$\sum_{\boldsymbol{\lambda}} \mathfrak{q}^{\boldsymbol{\lambda}} = \sum_{\lambda_1 = 0}^{\infty} \cdots \sum_{\lambda_n = 0}^{\infty} q_1^{\lambda_1} \cdot \ldots \cdot q_n^{\lambda_n}$$
$$= \sum_{\lambda_1 = 0}^{\infty} \cdots \sum_{\lambda_{n-1} = 0}^{\infty} q_1^{\lambda_1} \cdot \ldots \cdot q_{n-1}^{\lambda_{n-1}} \cdot \frac{1}{1 - q_n}$$
$$= \frac{1}{1 - q_1} \cdot \ldots \cdot \frac{1}{1 - q_n}\,.$$

Es sei nun $\{f_\iota(\mathfrak{x})\colon \iota \in J\}$ eine abzählbare Menge auf $M \subset \mathbb{R}^n$ definierter Funktionen. Durch Definition 5.1 wird die (gewöhnliche) Konvergenz der Reihe $\sum\limits_{\iota \in J} f_\iota(\mathfrak{x})$ erklärt — dabei darf I_0 in Definition 5.1 von $\mathfrak{x} \in M$ abhängen. Gleichmäßige Konvergenz dieser Reihe auf M liegt vor, wenn I_0 unabhängig von $\mathfrak{x} \in M$ gewählt werden kann. Wie bei Reihen im gewöhnlichen Sinn gilt das Majorantenkriterium: Gibt es Zahlen a_ι, so daß $\sup |f_\iota(M)| \leq a_\iota$ für alle $\iota \in J$ ist, und konvergiert $\sum\limits_{\iota \in J} a_\iota$, so konvergiert $\sum\limits_{\iota \in J} f_\iota(\mathfrak{x})$ gleichmäßig auf M. — Der Begriff der kompakten Konvergenz aus Kapitel III, § 5 überträgt sich wörtlich.

Wir sind nun in der Lage, die Konvergenz von Potenzreihen in mehreren Variablen zu untersuchen. Eine solche Reihe hat die Gestalt

$$p(\mathfrak{x}) = \sum_{|\boldsymbol{\lambda}| = 0}^{\infty} a_{\boldsymbol{\lambda}} (\mathfrak{x} - \mathfrak{x}_0)^{\boldsymbol{\lambda}}, \qquad a_{\boldsymbol{\lambda}} \in \mathbb{R}, \qquad \mathfrak{x}_0 \in \mathbb{R}^n\,. \tag{3}$$

Satz 5.3. *Es gebe einen Punkt* $\mathfrak{x}_1 = \mathfrak{x}_0 + \mathfrak{c}$ *mit* $\mathfrak{c} = (c_1, \ldots, c_n)$ *und* $c_\nu > 0$ *für* $\nu = 1, \ldots n$, *sowie eine Konstante* R, *so daß* $|a_{\boldsymbol{\lambda}}|\,\mathfrak{c}^{\boldsymbol{\lambda}} \leq R$ *für alle* $\boldsymbol{\lambda}$ *gilt. Dann ist die Potenzreihe* (3) *für jedes* $\mathfrak{x}$ *aus dem offenen Quader* $M = \{\mathfrak{x}\colon |x_\nu - x_\nu^{(0)}| < c_\nu;\ \nu = 1, \ldots, n\}$ *konvergent, sie ist in* M *kompakt konvergent.*

Der Satz bleibt natürlich richtig, wenn man „alle $\boldsymbol{\lambda}$" durch „fast alle $\boldsymbol{\lambda}$" ersetzt.

Beweis. Der Einfachheit halber setzen wir $\mathfrak{x}_0 = 0$. Bei Summation über eine endliche Menge J_0 von Multiindizes gilt mit $\mathfrak{x} \in M$, $q_\nu = |x_\nu| c_\nu^{-1} < 1$ und $\mathfrak{q} = (q_1, \ldots, q_n)$

$$\sum_{\lambda \in J_0} |a_\lambda \mathfrak{x}^\lambda| = \sum_{\lambda \in J_0} |a_\lambda| \cdot \mathfrak{c}^\lambda \cdot \mathfrak{q}^\lambda \leqq R \sum_{\lambda \in J_0} \mathfrak{q}^\lambda \leqq \frac{R}{(1 - q_1) \cdots (1 - q_n)},$$

woraus die Konvergenz folgt.

Ist K ein kompakter Teil von M, so ist

$$\min c_\nu \geqq \mathrm{dist}(K, \mathbb{R}^n - M) = d > 0$$

(vgl. Kap. II, Satz 4.9). K liegt in dem kompakten in M enthaltenen Quader $M_1 = \{\mathfrak{x} : |x_\nu| \leqq c_\nu - d/2\}$, und die mehrfache geometrische Reihe mit den „Quotienten" $1 - d/2c_\nu$ ist eine konvergente, von $\mathfrak{x} \in K$ unabhängige Majorante der Potenzreihe $p(\mathfrak{x}) \mid K$. Daraus folgt die kompakte Konvergenz.

Satz 5.3 impliziert die Stetigkeit von $p(\mathfrak{x})$ in M.

Satz 5.4. *Ist die Potenzreihe* (3) *in* $M = \{\mathfrak{x} : |x_\nu - x_\nu^{(0)}| < c_\nu\}$ *mit* $c_\nu > 0$ *konvergent, so ist sie dort beliebig oft differenzierbar, die Ableitungen berechnen sich durch „gliedweise Differentiation"; es ist*

$$p_{,\mu}(\mathfrak{x}_0) = (\boldsymbol{\mu})! \, a_\mu.$$

Beweis. Wir nehmen $\mathfrak{x}_0 = 0$ an. Sind $x_2, \ldots, x_n$ fest mit $|x_\nu| < c_\nu$ für $\nu = 2, \ldots, n$, so kann wegen der Konvergenz

$$\sum_{|\lambda|=0}^{\infty} a_\lambda \mathfrak{x}^\lambda = \sum_{\lambda_1=0}^{\infty} \left(\sum_{\lambda_2, \ldots, \lambda_n = 0}^{\infty} a_{\lambda_1 \lambda_2 \ldots \lambda_n} x_2^{\lambda_2} \cdots x_n^{\lambda_n} \right) x_1^{\lambda_1}$$

geschrieben werden. Der letzte Ausdruck ist eine für $|x_1| < c_1$ konvergente Potenzreihe in x_1, also nach den Erkenntnissen aus Band I für $|x_1| < c_1$ stetig differenzierbar, die Ableitung ist die ebenfalls für $|x_1| < c_1$ konvergente Potenzreihe

$$\sum_{\lambda_1=1}^{\infty} \lambda_1 \sum_{\lambda_2, \ldots, \lambda_n = 0}^{\infty} a_{\lambda_1 \lambda_2 \ldots \lambda_n} x_2^{\lambda_2} \cdots x_n^{\lambda_n} \cdot x_1^{\lambda_1 - 1} \, .$$

Damit ist die stetige partielle Differenzierbarkeit von $p(\mathfrak{x})$ nach x_1 nachgewiesen, ebenso ergibt sich die stetige partielle Differenzierbarkeit nach allen andern Variablen; nach Satz 1.5 ist p differenzierbar in M. Da die partiellen Ableitungen wieder in M konvergente Potenzreihen[1] sind, folgt ihre Differenzierbarkeit genauso; durch Induktion erhalten wir die ersten beiden Aussagen des Satzes. Die letzte Aussage folgt genau wie bei Polynomen (vgl. S. 60).

---

[1] Der Beweis der Konvergenz der abgeleiteten Reihe bleibe dem Leser überlassen; man benutze etwa Satz 5.3.

Folgerung. *Konvergiert die Potenzreihe*

$$p(\mathfrak{x}) = \sum_{|\lambda|=0}^{\infty} a_\lambda (\mathfrak{x} - \mathfrak{x}_0)^\lambda$$

in einem offenen Quader, so stimmt sie dort mit der Taylorschen Reihe von $p(\mathfrak{x})$ um $\mathfrak{x}_0$ überein.

Wir können nun ein hinreichendes Kriterium dafür angeben, daß eine Funktion von ihrer Taylorschen Reihe dargestellt wird.

Satz 5.5. *Es sei $\mathfrak{x}_0 \in \mathbb{R}^n$ und $\mathfrak{c} \in \mathbb{R}^n$ so, daß $c_\nu > 0$ für $\nu = 1, \ldots, n$. Die Funktion $f(\mathfrak{x})$ sei im offenen Quader*

$$M = \{\mathfrak{x} \colon |x_\nu - x_\nu^{(0)}| < c_\nu; \ \nu = 1, \ldots, n\}$$

beliebig oft differenzierbar; es gebe eine Konstante R, so daß für jedes $\mathfrak{x} \in M$ und jeden Multiindex $\boldsymbol{\lambda}$ gilt

$$\frac{|f_{,\lambda}(\mathfrak{x})|}{(\boldsymbol{\lambda})!} \, \mathfrak{c}^\lambda \leq R. \tag{4}$$

Dann konvergiert die Taylorsche Reihe

$$\sum_{|\lambda|=0}^{\infty} \frac{f_{,\lambda}(\mathfrak{x}_0)}{(\boldsymbol{\lambda})!} (\mathfrak{x} - \mathfrak{x}_0)^\lambda$$

in M gegen f.

Beweis. Wir setzen wieder $\mathfrak{x}_0 = 0$. — Die Voraussetzung (4), angewandt für $\mathfrak{x} = 0$, garantiert im Verein mit Satz 5.3 die Konvergenz der Taylorschen Reihe in M.

Ist $l \in \mathbb{N}$ beliebig, so ist nach der Taylorschen Formel mit Lagrangeschem Restglied

$$\left| f(\mathfrak{x}) - \sum_{|\lambda|=0}^{l-1} \frac{f_{,\lambda}(0)}{(\boldsymbol{\lambda})!} \mathfrak{x}^\lambda \right| = \left| \sum_{|\lambda|=l} \frac{f_{,\lambda}(\vartheta \mathfrak{x})}{(\boldsymbol{\lambda})!} \mathfrak{x}^\lambda \right|$$

$$\leq \sum_{|\lambda|=l} \frac{|f_{,\lambda}(\vartheta \mathfrak{x})|}{(\boldsymbol{\lambda})!} \cdot \mathfrak{c}^\lambda \, \frac{|\mathfrak{x}^\lambda|}{\mathfrak{c}^\lambda}$$

$$\leq R \sum_{|\lambda|=l} \frac{|\mathfrak{x}^\lambda|}{\mathfrak{c}^\lambda}.$$

Die letzte Summe ist aber ein Abschnitt der mehrfachen geometrischen Reihe mit den Quotienten $q_\nu = \dfrac{|x_\nu|}{c_\nu} < 1$; mit Hilfe des Beweises von Satz 5.1 kann man zu gegebenem $\varepsilon > 0$ eine Zahl l_0 so wählen, daß für jedes $l \geq l_0$

$$\sum_{|\lambda|=l} \frac{|\mathfrak{x}^\lambda|}{\mathfrak{c}^\lambda} < \frac{\varepsilon}{R}$$

wird. Daraus folgt die Behauptung.

Es genügt natürlich, wenn (4) für fast alle λ erfüllt ist. Sind die Ableitungen $f_{,\lambda}$ in M beschränkt, so ist (4) erfüllt.

§ 6. Lokale Extrema

In diesem Paragraphen sei M eine offene Menge des $\mathbb{R}^n$ und f eine auf M definierte reelle Funktion. Wir wollen untersuchen, wann f in einem Punkt $\mathfrak{x}_0 \in M$ ein lokales Maximum oder Minimum hat. Wie bei Funktionen einer Veränderlichen gewinnt man schnell eine notwendige Bedingung. Die im eindimensionalen Fall hinreichende Bedingung, die vom Vorzeichen der zweiten Ableitung Gebrauch macht, läßt sich zwar übertragen, liefert aber eine schwächere Aussage.

Definition 6.1 *Man sagt, f habe in $\mathfrak{x}_0 \in M$ ein lokales Maximum (bzw. ein lokales Minimum), wenn es eine in M enthaltene Umgebung U von $\mathfrak{x}_0$ gibt, so daß $f(\mathfrak{x}_0) = \max f(U)$ (bzw. $f(\mathfrak{x}_0) = \min f(U)$) ist. Man sagt, f habe in $\mathfrak{x}_0$ ein lokales Extremum, wenn f dort ein lokales Maximum oder Minimum hat.*

Satz 6.1. *Es sei f in $\mathfrak{x}_0$ differenzierbar und habe dort ein lokales Extremum. Dann gilt $f_{,\nu}(\mathfrak{x}_0) = 0$ für $\nu = 1, \ldots, n$.*

Beweis. Wir nehmen etwa an, f habe in $\mathfrak{x}_0$ ein lokales Maximum. Dann hat jede der Funktionen

$$g_\nu(x_\nu) = f(x_1^{(0)}, \ldots, x_{\nu-1}^{(0)}, x_\nu, x_{\nu+1}^{(0)}, \ldots, x_n^{(0)})$$

in $x_\nu^{(0)}$ ein lokales Maximum, es gilt also

$$f_{,\nu}(\mathfrak{x}_0) = \frac{dg_\nu}{dx_\nu}(x_\nu^{(0)}) = 0 \quad \text{für} \quad \nu = 1, \ldots, n.$$

Die im Satz ausgesprochene Bedingung ist keineswegs hinreichend, wie das folgende Beispiel lehrt: Es sei $M = \mathbb{R}^2$, $\mathfrak{x}_0 = 0$, $f(x_1, x_2) = x_1^2 - x_2^2$. Dann ist $f_{x_1}(0, 0) = f_{x_2}(0, 0) = 0$, es hat aber $g_1(x_1)$ in $x_1 = 0$ ein lokales Minimum und $g_2(x_2)$ in $x_2 = 0$ ein lokales Maximum; f kann also in 0 kein lokales Extremum haben. Man sagt hier und in ähnlichen Fällen, $\mathfrak{x}_0$ sei ein „Sattelpunkt" von f, diese Bezeichnung wird durch die Gestalt des Graphen von f (hyperbolisches Paraboloid) in der Umgebung von $\mathfrak{x}_0$ nahegelegt.

Um ein hinreichendes Kriterium für das Vorliegen eines lokalen Maximums aussprechen zu können, müssen wir einige Bemerkungen über homogene Polynome zweiten Grades, sogenannte *quadratische Formen*, einschieben.

Eine quadratische Form ist gegeben durch einen Ausdruck

$$Q(\mathfrak{h}) = \sum_{\mu,\nu=1}^{n} a_{\mu\nu} h_\mu h_\nu,$$

wobei die $a_{\mu\nu}$ für μ, $\nu = 1, \ldots, n$ reelle Zahlen sind und $h_1, \ldots, h_n$ Variable, die zum Vektor $\mathfrak{h}$ zusammengefaßt werden. Wir fordern stets, daß die Koeffizientenmatrix $(a_{\mu\nu})$ von Q symmetrisch ist, d.h. $a_{\mu\nu} = a_{\nu\mu}$ für μ, $\nu = 1, \ldots, n$.

Ist $\mathfrak{h} = 0$, so ist offenbar $Q(\mathfrak{h}) = 0$. Die Form Q heißt *positiv (negativ) definit* — in Zeichen $Q > 0$ bzw. $Q < 0$ —, wenn für jedes $\mathfrak{h} \neq 0$ gilt $Q(\mathfrak{h}) > 0$ (bzw. $Q(\mathfrak{h}) < 0$). Sie heißt *positiv (negativ) semidefinit* — in Zeichen $Q \geqq 0$ bzw. $Q \leqq 0$ —, wenn für jedes $\mathfrak{h}$ gilt $Q(\mathfrak{h}) \geqq 0$ (bzw. $Q(\mathfrak{h}) \leqq 0$). Gibt es sowohl Vektoren, auf denen Q einen positiven Wert annimmt, als auch solche, auf denen Q einen negativen Wert annimmt, so heißt Q *indefinit*.

Betrachten wir als einfachstes Beispiel die quadratische Form $Q(\mathfrak{h}) = a_{11}h_1^2 + a_{22}h_2^2$ auf dem $\mathbb{R}^2$, so sehen wir sofort, daß Q positiv (negativ) definit ist, wenn a_{11} und a_{22} beide positiv (negativ) sind; daß Q positiv (negativ) semidefinit ist, wenn a_{11} und a_{22} beide nichtnegativ (nichtpositiv) sind; daß schließlich Q indefinit ist, wenn a_{11} und a_{22} verschiedene Vorzeichen haben.

Wir behandeln nun die allgemeine quadratische Form auf dem $\mathbb{R}^2$:

$$Q(\mathfrak{h}) = a_{11}h_1^2 + 2a_{12}h_1h_2 + a_{22}h_2^2.$$

Ist $a_{11} \neq 0$, so kann man das auch schreiben als

$$Q(\mathfrak{h}) = a_{11}\left(h_1 + \frac{a_{12}}{a_{11}}h_2\right)^2 + \frac{1}{a_{11}}(a_{11}a_{22} - a_{12}^2)h_2^2.$$

Ist $a_{11} > 0$ und $a_{11}a_{22} - a_{12}^2 > 0$, so ist offenbar $Q(\mathfrak{h}) > 0$ für jedes $\mathfrak{h} \neq 0$. Ist umgekehrt Q positiv definit, so folgt aus $Q(1, 0) > 0$, daß a_{11} positiv sein muß, und dann aus $Q(-a_{12}, a_{11}) > 0$, daß auch $a_{11}a_{22} - a_{12}^2$ positiv sein muß. Wir haben gezeigt: Q ist genau dann positiv definit, wenn $a_{11} > 0$ und $\det(a_{\mu\nu}) = a_{11}a_{22} - a_{12}^2 > 0$ ist.

Für quadratische Formen in mehr als zwei Veränderlichen läßt sich ein analoges Kriterium herleiten:

$$Q(\mathfrak{h}) = \sum_{\mu,\nu=1}^{n} a_{\mu\nu}h_\mu h_\nu$$

ist genau dann positiv definit, wenn $\det((a_{\mu\nu})_{1 \leq \mu, \nu \leq l}) > 0$ gilt für $l = 1, \ldots, n$.

Da Q offenbar genau dann negativ definit ist, wenn $-Q$ positiv definit ist, haben wir damit auch ein Kriterium für „negativ definit".

Sind Q_1 und Q_2 quadratische Formen, für die $Q_1 - Q_2 > 0$ gilt, so schreiben wir $Q_1 > Q_2$.

Wir zeigen noch einen

Hilfssatz. *Gilt für* $\mathfrak{h} \in \mathbb{R}^n$ *mit* $|\mathfrak{h}| = 1$ *stets* $Q_1(\mathfrak{h}) > Q_2(\mathfrak{h})$, *so ist* $Q_1 > Q_2$.

Beweis. Ist $\mathfrak{h} \neq 0$ beliebig, so ist $|\,|\mathfrak{h}|^{-1} \cdot \mathfrak{h}\,| = 1$, und es gilt

$$Q_1(\mathfrak{h}) = |\mathfrak{h}|^2 \cdot Q_1\Big(\frac{1}{|\mathfrak{h}|} \cdot \mathfrak{h}\Big) > |\mathfrak{h}|^2 \cdot Q_2\Big(\frac{1}{|\mathfrak{h}|} \cdot \mathfrak{h}\Big) = Q_2(\mathfrak{h})\,.$$

Nun können wir den angekündigten Satz über lokale Extrema beweisen: Ist f in $M \subset \mathbb{R}^n$ differenzierbar und in $\mathfrak{x}_0 \in M$ sogar zweimal differenzierbar, so ist

$$Q(\mathfrak{h}) = \sum_{\mu,\,\nu=1}^{n} f_{,\mu,\nu}(\mathfrak{x}_0)\,h_\mu h_\nu$$

eine quadratische Form (nach Satz 3.3 ist $f_{,\mu,\nu}(\mathfrak{x}_0) = f_{,\nu,\mu}(\mathfrak{x}_0)$). Mit diesen Bezeichnungen gilt

Satz 6.2. *Es sei $f_{,\nu}(\mathfrak{x}_0) = 0$ für $\nu = 1, \ldots, n$. Ist $Q > 0$ (bzw. $Q < 0$), so hat f in $\mathfrak{x}_0$ ein lokales Minimum (bzw. Maximum.) Ist Q indefinit, so hat f in $\mathfrak{x}_0$ kein lokales Extremum.*

Beweis. Wir wählen eine ε-Umgebung U von $\mathfrak{x}_0$ so, daß $\bar{U} \subset M$. Im Quader $\bar{U}$ können wir für f die Taylorsche Formel (erste Formel aus Satz 6.1) ansetzen:

$$f(\mathfrak{x}) = \sum_{|\lambda|=0}^{2} \frac{f_{,\lambda}(\mathfrak{x}_0)}{(\lambda)!}\,\mathfrak{h}^\lambda + \sum_{|\lambda|=2} R_\lambda(\mathfrak{x})\,\mathfrak{h}^\lambda\,,$$

wobei $\mathfrak{x} = \mathfrak{x}_0 + \mathfrak{h}$ in $\bar{U}$ ist und die R_λ in $\mathfrak{x}_0$ stetig sind und dort verschwinden. In der ersten Summe verschwinden nach Voraussetzung die Glieder mit $|\lambda| = 1$. Der Rest ergibt

$$f(\mathfrak{x}) = f(\mathfrak{x}_0) + \tfrac{1}{2} \sum_{\nu=1}^{n} f_{,\nu,\nu}(\mathfrak{x}_0)\,h_\nu^2 + \sum_{1 \leq \mu < \nu \leq n} f_{,\mu,\nu}(\mathfrak{x}_0)\,h_\mu h_\nu$$
$$+ \sum_{|\lambda|=2} R_\lambda(\mathfrak{x})\,\mathfrak{h}^\lambda$$
$$= f(\mathfrak{x}_0) + \tfrac{1}{2} \sum_{\mu,\,\nu=1}^{n} f_{,\mu,\nu}(\mathfrak{x}_0)\,h_\mu h_\nu + \tfrac{1}{2} \sum_{\mu,\,\nu=1}^{n} R_{\mu\nu}(\mathfrak{x})\,h_\mu h_\nu\,,$$

wenn wir die R_λ geeignet umbenennen (es soll $R_{\mu\nu} = R_{\nu\mu}$ gelten, die $R_{\mu\nu}$ sind dann auch in $\mathfrak{x}_0$ stetig und verschwinden dort). Wir erhalten also

$$f(\mathfrak{x}) = f(\mathfrak{x}_0) + \tfrac{1}{2}\Big(Q(\mathfrak{h}) + \sum_{\mu,\,\nu=1}^{n} R_{\mu\nu}(\mathfrak{x})\,h_\mu h_\nu\Big)\,.$$

Wir sehen nun für den Augenblick von der Bedeutung $\mathfrak{h} = \mathfrak{x} - \mathfrak{x}_0$ ab und fassen $\mathfrak{h}$ als Variable im $\mathbb{R}^n$ auf, insbesondere ist dann die letzte Summe für jedes feste $\mathfrak{x} \in \bar{U}$ eine quadratische Form $R_\mathfrak{x}$ in $\mathfrak{h}$; für $\mathfrak{x} = \mathfrak{x}_0$ ergibt sich die Nullform.

Es sei $Q > 0$. Dann ist $m = \min_{|\mathfrak{h}|=1} Q(\mathfrak{h}) > 0$ (die stetige Funktion $Q(\mathfrak{h})$ nimmt auf der kompakten Menge $\{\mathfrak{h}: |\mathfrak{h}| = 1\}$ ihr Minimum an). Da alle $R_{\mu\nu}(\mathfrak{x})$ in $\mathfrak{x}_0$ stetig sind und dort verschwinden, können wir eine in $\overline{U}$ gelegene Umgebung V von $\mathfrak{x}_0$ so finden, daß $|R_{\mu\nu}(\mathfrak{x})| < m/n^2$ gilt für $\mathfrak{x} \in V$ und $\mu, \nu = 1, \ldots, n$. Dann ist für $|\mathfrak{h}| = 1$ und $\mathfrak{x} \in V$

$$\left| \sum_{\mu,\nu} R_{\mu\nu} h_\mu h_\nu \right| \leqq \sum_{\mu,\nu} |R_{\mu\nu}| \cdot |h_\mu| \cdot |h_\nu| < \frac{m}{n^2} \sum_{\mu,\nu} |h_\mu| \cdot |h_\nu|$$

$$= \frac{m}{n^2} \left(\sum_{\mu=1}^{n} |h_\mu| \right)^2 = m \left(\frac{1}{n} \sum_\mu |h_\mu| \right)^2 \leqq m \leqq Q(\mathfrak{h}).$$

Nach dem Hilfssatz folgt $Q(\mathfrak{h}) > |R_{\mathfrak{x}}(\mathfrak{h})|$ und erst recht $Q(\mathfrak{h}) + R_{\mathfrak{x}}(\mathfrak{h}) > 0$ für jedes $\mathfrak{x} \in V$ und $\mathfrak{h} \in \mathbb{R}^n - \{0\}$, insbesondere auch für die $\mathfrak{h} \neq 0$ mit $\mathfrak{x} = \mathfrak{x}_0 + \mathfrak{h} \in V$. Damit wird $f(\mathfrak{x}) > f(\mathfrak{x}_0)$ für $\mathfrak{x} \in V - \{\mathfrak{x}_0\}$; f hat in $\mathfrak{x}_0$ ein lokales Minimum und ist sogar in der Nähe von $\mathfrak{x}_0$ echt größer als in $\mathfrak{x}_0$.

Ist $Q < 0$, so ist $-Q > 0$, man erkennt wie oben, daß $-f$ in $\mathfrak{x}_0$ ein lokales Minimum, also f in $\mathfrak{x}_0$ ein lokales Maximum hat.

Ist schließlich Q indefinit, so wähle man Vektoren $\mathfrak{h}_1, \mathfrak{h}_2 \in \mathbb{R}^n$ so, daß $Q(\mathfrak{h}_1) > 0 > Q(\mathfrak{h}_2)$ ist. Für kleine $|t|$ ist $\mathfrak{x}_0 + t\mathfrak{h}_\lambda \in M$, und die Funktionen $g_\lambda(t) = f(\mathfrak{x}_0 + t\mathfrak{h}_\lambda)$ sind dann definiert, differenzierbar und in $t = 0$ sogar zweimal differenzierbar. Mittels der Kettenregel ergibt sich

$$\frac{dg_\lambda}{dt}(t) = \sum_{\nu=1}^{n} f_{,\nu}(\mathfrak{x}_0 + t\mathfrak{h}_\lambda) \cdot h_\nu^{(\lambda)},$$

also $g_\lambda'(0) = 0$; und

$$\frac{d^2 g_\lambda}{dt^2}(0) = \sum_{\mu,\nu=1}^{n} f_{,\mu,\nu}(\mathfrak{x}_0) h_\mu^{(\lambda)} h_\nu^{(\lambda)} = Q(\mathfrak{h}_\lambda).$$

Es hat also g_1 in $t = 0$ ein lokales Minimum, g_2 dort ein lokales Maximum, und f kann in $\mathfrak{x}_0$ kein lokales Extremum haben. Die Einschränkung von f auf die Ebene durch $\mathfrak{x}_0$, $\mathfrak{x}_0 + \mathfrak{h}_1$, $\mathfrak{x}_0 + \mathfrak{h}_2$ hat in $\mathfrak{x}_0$ einen Sattelpunkt. — Damit ist der Beweis vollendet.

Während der analoge Satz in einer Veränderlichen nur den Fall des Verschwindens der zweiten Ableitung offenließ, wird hier auch die Möglichkeit, daß Q semidefinit (und nicht definit) ist, nicht erfaßt. Hierzu sei ein Beispiel gebracht. Wir setzen $M = \mathbb{R}^2$ und

$$f_k(\mathfrak{x}) = x_1^k + (x_1 + x_2)^2 \quad \text{für} \quad k = 0, 3, 4.$$

Es gilt $f_{k,1}(\mathfrak{x}) = k x_1^{k-1} + 2(x_1 + x_2)$ und $f_{k,2}(\mathfrak{x}) = 2(x_1 + x_2)$, es ist also $f_{k,1}(\mathfrak{x}) = f_{k,2}(\mathfrak{x}) = 0$ genau für $\mathfrak{x} = 0$, sofern $k = 3$ oder $k = 4$ ist, und $f_{0,1}(\mathfrak{x}) = f_{0,2}(\mathfrak{x}) = 0$ genau für

$$\mathfrak{x} \in \{(x_1, x_2): x_1 + x_2 = 0\}.$$

Die zu f_k und $\mathfrak{x}_0 = 0$ gebildete Form Q_k errechnet sich zu $Q_k(\mathfrak{h}) = 2(h_1 + h_2)^2$, ist also positiv semidefinit und hängt nicht von k

ab. Man stellt nun leicht fest: f_0 hat in 0 ein lokales Minimum, auf der ganzen Geraden $x_1 + x_2 = 0$ ist aber der Funktionswert von f_0 gleich $f_0(0)$; f_3 hat in 0 kein lokales Extremum; f_4 hat in 0 ein Minimum, und der Wert von f_4 ist an jeder andern Stelle echt größer als $f_4(0)$.

§ 7. Einige unendlich oft differenzierbare Funktionen

In diesem Paragraphen wollen wir Beispiele unendlich oft differenzierbarer Funktionen konstruieren, insbesondere solcher, die höchstens auf einer gegebenen relativ kompakten Teilmenge des $\mathbb{R}^n$ nicht verschwinden. Als Ausgangspunkt dient der

Hilfssatz 7.1. *Es sei* $Q = \{\underline{x} : |x_\nu - a_\nu| < \varepsilon_\nu\}$ *ein Quader im* $\mathbb{R}^n$. *Dann gibt es unendlich oft differenzierbare Funktionen auf* $\mathbb{R}^n$, *die auf* Q *positive Werte annehmen und außerhalb von* Q *verschwinden.*

Beweis. Wir definieren auf $\mathbb{R}$ eine Funktion g durch

$$g(x) = \begin{cases} \exp(-x^{-2}) & \text{für} \quad x > 0, \\ 0 & \text{sonst.} \end{cases}$$

Im ersten Band (2. Aufl., Kap. VI, § 5) ist gezeigt worden, daß g unendlich oft differenzierbar ist. Nun setzen wir

$$h(x) = g(1+x) \cdot g(1-x).$$

Das ist eine auf $\mathbb{R}$ unendlich oft differenzierbare Funktion, die genau auf dem offenen Intervall $(-1, 1)$ positiv ist und außerhalb dieses Intervalls verschwindet. Wir definieren schließlich auf dem $\mathbb{R}^n$ eine Funktion f durch

$$f(x_1, \ldots, x_n) = h\left(\frac{x_1 - a_1}{\varepsilon_1}\right) \cdot \ldots \cdot h\left(\frac{x_n - a_n}{\varepsilon_n}\right).$$

Diese Funktion hat die im Hilfssatz verlangten Eigenschaften.

Definition 7.1. *Ist* f *eine stetige Funktion auf dem* $\mathbb{R}^n$, *so bezeichnet man als Träger von* f *die abgeschlossene Hülle der Menge*

$$\{\underline{x} \in \mathbb{R}^n : f(\underline{x}) \neq 0\}.$$

Anders ausgedrückt: Der Träger von f ist das Komplement der größten offenen Menge, auf der f verschwindet. Der Träger der in Hilfssatz 7.1 auftretenden Funktionen ist gerade der abgeschlossene Quader $\bar{Q}$.

Mit Hilfe der im Hilfssatz beschriebenen Funktionen gelingt es, weitere brauchbare differenzierbare Funktionen zu konstruieren.

Satz 7.2. *Es sei K eine nicht leere kompakte, M eine offene Teilmenge des $\mathbb{R}^n$, es gelte $K \subset M$. Dann gibt es eine auf $\mathbb{R}^n$ definierte unendlich oft differenzierbare Funktion f mit $0 \leqq f(\mathfrak{x}) \leqq 1$ für $\mathfrak{x} \in \mathbb{R}^n$, deren Träger in M liegt und die $f \mid K = 1$ erfüllt.*

Beweis. Zunächst wähle man $\varepsilon > 0$ so, daß

$$2\varepsilon < \mathrm{Dist}\,(K, \mathbb{R}^n - M)$$

gilt — das geht nach Kap. II, Satz 4.9. Zu jedem n-tupel ganzer Zahlen $\boldsymbol{\lambda} = (\lambda_1, \ldots, \lambda_n)$ bilde man den Würfel

$$W_{\boldsymbol{\lambda}} = \{\mathfrak{x} \in \mathbb{R}^n \colon |x_\nu - \varepsilon\,\lambda_\nu| < \varepsilon\}$$

mit dem Mittelpunkt $\varepsilon\boldsymbol{\lambda}$ und der Kantenlänge 2ε. Diese Würfel überdecken den $\mathbb{R}^n$. Es sei

$$J_1 = \{\boldsymbol{\lambda} \in \mathbb{Z}^n \colon W_{\boldsymbol{\lambda}} \cap K \neq \emptyset\}$$

und

$$J_2 = \{\boldsymbol{\lambda} \in \mathbb{Z}^n \colon \text{es gibt } \boldsymbol{\mu} \in J_1 \text{ mit } W_{\boldsymbol{\lambda}} \cap W_{\boldsymbol{\mu}} \neq \emptyset\}.$$

Das sind nicht-leere endliche Mengen. Man setze $U_i = \bigcup_{\boldsymbol{\lambda} \in J_i} W_{\boldsymbol{\lambda}}$ für $i = 1, 2$. Die U_i sind offen, es gilt $U_1 \subset \bar{U}_1 \subset M$ nach Wahl von ε und $K \subset U_1 \subset \bar{U}_1 \subset U_2$. Außerdem ist nach Konstruktion

$$K \cap \bigcup_{\boldsymbol{\lambda} \in J_2 - J_1} W_{\boldsymbol{\lambda}} = \emptyset. \tag{1}$$

Nun sei $f_{\boldsymbol{\lambda}}$ eine nach Hilfssatz 7.1 fest gewählte Funktion, die genau in $W_{\boldsymbol{\lambda}}$ positiv ist. Man setze $F_i(\mathfrak{x}) = \sum_{\boldsymbol{\lambda} \in J_i} f_{\boldsymbol{\lambda}}(\mathfrak{x})$ für $i = 1, 2$. Das sind unendlich oft differenzierbare Funktionen auf $\mathbb{R}^n$; es gilt $0 \leqq F_1 \leqq F_2$, und der Träger von F_i ist $\bar{U}_i$ $(i = 1, 2)$. Wegen (1) ist $F_1 \mid K = F_2 \mid K$. Der Quotient $F = F_1/F_2$ ist auf U_2 definiert und unendlich oft differenzierbar; es gilt $F(\mathfrak{x}) = 1$ für $\mathfrak{x} \in K$ sowie $0 \leqq F(\mathfrak{x}) \leqq 1$ für $\mathfrak{x} \in U_2$ und $F(\mathfrak{x}) = 0$ für $\mathfrak{x} \in U_2 - U_1$.

Man kann daher durch

$$f(\mathfrak{x}) = \begin{cases} F(\mathfrak{x}) & \text{für } \mathfrak{x} \in U_2 \\ 0 & \text{für } \mathfrak{x} \in \mathbb{R}^n - \bar{U}_1 \end{cases}$$

eine auf dem ganzen $\mathbb{R}^n$ unendlich oft differenzierbare Funktion erklären. Diese hat wegen $\bar{U}_1 \subset M$ die im Satz verlangten Eigenschaften.

Es ist gelegentlich nützlich, eine auf einer offenen Menge $M \subset \mathbb{R}^n$ erklärte differenzierbare Funktion f in der Form $f = \sum_{\iota \in I} f_\iota$ darzustellen, wo die Träger der f_ι in „kleinen" offenen Mengen U_ι liegen. Dazu dienen die folgenden Überlegungen.

Definition 7.2. *Eine Überdeckung* $\{U_\iota: \iota \in I\}$ *einer Teilmenge* $M \subset \mathbb{R}^n$ *heißt lokal-endlich, wenn jeder Punkt* $\underline{x} \in M$ *eine Umgebung* $U(\underline{x})$ *besitzt, so daß* $U(\underline{x}) \cap U_\iota$ *nur für endlich viele* $\iota \in I$ *nicht leer ist.*

Die im Beweis von Satz 7.2 herangezogene Würfelüberdeckung des $\mathbb{R}^n$ ist lokal-endlich. Die Überdeckung $\{U_m: m \in \mathbb{N}\}$ mit $U_m = \{\underline{x} \in \mathbb{R}^n: |\underline{x}| < m\}$ ist es nicht.

Ist $U = \{U_\iota: \iota \in I\}$ eine lokal-endliche Überdeckung von M, und ist für jedes $\iota \in I$ eine stetige (oder differenzierbare) Funktion f_ι, deren Träger in U_ι liegt, gegeben, so ist $f = \sum_{\iota \in I} f_\iota$ eine wohldefinierte stetige (bzw. differenzierbare) Funktion auf M: Jedes $\underline{x} \in M$ hat eine Umgebung $U(\underline{x})$, auf der nur endlich viele Summanden f_ι nicht verschwinden; auf $U(\underline{x})$ ist die Summe also stetig bzw. differenzierbar.

Hiermit kann man in Satz 7.2 die Voraussetzung abschwächen. Wenn man nämlich „K kompakt" durch „Dist$(K, \mathbb{R}^n - M) > 0$" ersetzt, so bleibt der Beweis gültig. In der Definition von F_1 und F_2 treten dann möglicherweise unendliche Summen von Funktionen auf, deren Träger aber zu einer lokal-endlichen Überdeckung gehören.

Satz 7.3. *Es sei* M *eine offene Menge im* $\mathbb{R}^n$, $\mathfrak{U} = \{U_\iota: \iota \in I\}$ *sei eine lokal-endliche offene Überdeckung von* M *mit abzählbarer Indexmenge* I, *die* U_ι *seien relativ kompakt in* M. *Dann gibt es unendlich oft differenzierbare Funktionen* φ_ι *auf* M *mit*

(a) $0 \leqq \varphi_\iota(\underline{x}) \leqq 1$ *für* $\underline{x} \in M$,
(b)   *der Träger von* φ_ι *liegt in* U_ι,
(c)   *es ist* $\sum_{\iota \in I} \varphi_\iota(\underline{x}) = 1$ *für* $\underline{x} \in M$.

Dabei ist die Summe in (c) wegen (b) und der Lokal-Endlichkeit von $\mathfrak{U}$ definiert. — Eine Menge $\{\varphi_\iota: \iota \in I\}$ von Funktionen mit den Eigenschaften (a), (b), (c) nennt man eine (der Überdeckung $\mathfrak{U}$ untergeordnete) *Partition der Eins*.

Ist f eine stetige oder differenzierbare Funktion auf M, so kann man $f = \sum_{\iota \in I} f_\iota$ schreiben, wo $f_\iota(\underline{x}) = f(\underline{x}) \cdot \varphi_\iota(\underline{x})$ eine stetige oder differenzierbare Funktion ist, deren Träger in U_ι liegt.

Zum Beweis von Satz 7.3 benötigen wir eine topologische Aussage.

Hilfssatz 7.4. *Es sei* $\mathfrak{U} = \{U_\iota: \iota \in I\}$ *eine lokal-endliche abzählbare offene Überdeckung der offenen Menge* $M \subset \mathbb{R}^n$; *für jedes* $\iota \in I$ *gelte* $U_\iota \subset\subset M$. *Dann gibt es eine offene Überdeckung* $\mathfrak{V} = \{V_\iota: \iota \in I\}$ *von* M *mit* $\bar{V}_\iota \subset U_\iota$ *für alle* $\iota \in I$.

Beweis des Hilfssatzes. Wir nehmen $I = \mathbb{N}$ an und konstruieren die V_ι durch Induktion. Es sei $m \geqq 0$, und für $1 \leqq \iota \leqq m$ seien offene Mengen V_ι mit $\bar{V}_\iota \subset U_\iota$ so bestimmt, daß

$$\bigcup_{\iota=1}^{m} V_\iota \cup \bigcup_{\iota \geq m+1} U_\iota = M \qquad (2)$$

(im Falle $m = 0$ treten noch keine V_ι auf, es ist $\displaystyle\bigcup_{\iota=1}^{0} V_\iota = \emptyset$ zu setzen).
Wir definieren

$$A_{m+1} = M - \left(\bigcup_{\iota=1}^{m} V_\iota \cup \bigcup_{\iota \geq m+2} U_\iota \right).$$

Wegen (2) ist $A_{m+1} \subset U_{m+1}$, also auch $\bar{A}_{m+1} \subset \bar{U}_{m+1} \subset M$. Jeder Häufungspunkt von A_{m+1} liegt also in M. Kein Häufungspunkt von A_{m+1} kann in $\displaystyle\bigcup_{\iota=1}^{m} V_\iota \cup \bigcup_{\iota \geq m+2} U_\iota$ liegen, da diese Menge offen ist und A_{m+1} nicht trifft. Alle Häufungspunkte von A_{m+1} gehören also zu A_{m+1}, also ist A_{m+1} abgeschlossen und wegen der Kompaktheit von $\bar{U}_{m+1}$ sogar kompakt.

Ist $A_{m+1} = \emptyset$, so wähle man $V_{m+1} = \emptyset$. Ist $A_{m+1} \neq \emptyset$, so gibt es nach Satz 7.2 eine stetige Funktion f_{m+1} mit $f_{m+1} | A_{m+1} = 1$, deren Träger in U_{m+1} liegt. Man wähle dann

$$V_{m+1} = \{ \mathfrak{x} \colon f_{m+1}(\mathfrak{x}) > \tfrac{1}{2} \}.$$

Nach Kap. II, Satz 6.5 ist V_{m+1} offen. Weiter gilt

$$\bar{V}_{m+1} \subset \{ \mathfrak{x} \colon f_{m+1}(\mathfrak{x}) \geq \tfrac{1}{2} \} \subset U_{m+1}.$$

Wegen $A_{m+1} \subset V_{m+1}$ folgt

$$M = \bigcup_{\iota=1}^{m} V_\iota \cup A_{m+1} \cup \bigcup_{\iota \geq m+2} U_\iota \subset \bigcup_{\iota=1}^{m+1} V_\iota \cup \bigcup_{\iota > m+2} U_\iota \subset M,$$

die Inklusionen müssen Gleichheiten sein.

Die so konstruierte Folge V_ι überdeckt M: Da $\mathfrak{U}$ lokal-endlich ist, gibt es zu $\mathfrak{x}_0 \in M$ ein m mit $\mathfrak{x}_0 \notin U_\iota$ für $\iota > m$. Aus

$$M = \bigcup_{\iota=1}^{m} V_\iota \cup \bigcup_{\iota \geq m+1} U_\iota \quad \text{folgt} \quad \mathfrak{x}_0 \in \bigcup_{\iota=1}^{m} V_\iota \subset \bigcup_{\iota=1}^{\infty} V_\iota.$$

Der Beweis von Satz 7.3 ist nun leicht. Zu $\mathfrak{U}$ wähle man $\mathfrak{V}$ so wie im Hilfssatz angegeben. Nach Satz 7.2 gibt es zu jedem $\iota \in I$ mit $V_\iota \neq \emptyset$ eine unendlich oft differenzierbare Funktion ψ_ι, deren Träger in U_ι liegt, deren Werte zwischen 0 und 1 liegen, und die auf $\bar{V}_\iota$ den Wert 1 hat. Für die ι mit $V_\iota = \emptyset$ setze man $\psi_\iota = 0$. Da $\mathfrak{U}$ lokal-endlich ist, ist $\psi = \sum_{\iota \in I} \psi_\iota$ definiert und unendlich oft differenzierbar. Es gilt $\psi(\mathfrak{x}) \geq 1$ für $\mathfrak{x} \in M$, da die $\bar{V}_\iota$ auch M überdecken. Die Funktionen $\varphi_\iota = \psi_\iota / \psi$ haben offenbar die gewünschten Eigenschaften.

IV. Kapitel

Tangentialvektoren und reguläre Abbildungen

§ 0. Einiges aus der linearen Algebra

In diesem Kapitel werden wir einige einfache Begriffe und Sätze aus der Theorie der Vektorräume benutzen. Zur Bequemlichkeit des Lesers sei das Benötigte hier in aller Kürze zusammengestellt, für die Beweise sei jedoch auf die Lehrbücher der „analytischen Geometrie und linearen Algebra" verwiesen.

Wir erinnern an den Begriff *Vektorraum über einem Körper K:* Ein Vektorraum V über K ist eine abelsche Gruppe (vgl. Band I, Kap. I, Definition 3.1) zusammen mit einer Vorschrift, die jedem Paar (a, X) mit $a \in K$ und $X \in V$ ein Element $aX \in V$ (das „Produkt" von a mit X) derart zuordnet, daß gilt:

$$a(X_1 + X_2) = a X_1 + a X_2,$$
$$(a_1 + a_2) X = a_1 X + a_2 X,$$
$$(a_1 a_2) X = a_1 (a_2 X) \quad \text{und} \quad 1 X = X$$

für alle $X, X_1, X_2 \in V$ und $a, a_1, a_2 \in K$.

Alle in diesem Kapitel vorkommenden Vektorräume sind Vektorräume über dem Körper der reellen Zahlen.

Definition 0.1. *Elemente $X_1, \ldots, X_m$ eines Vektorraums heißen linear unabhängig, wenn aus $a_1, \ldots, a_m \in \mathbb{R}$ und $\sum\limits_{\mu=1}^{m} a_\mu X_\mu = 0$ stets folgt $a_1 = \ldots = a_m = 0$.*

Definition 0.2. *Ein System $\{X_1, \ldots, X_n\}$ von Elementen eines Vektorraumes V heißt Basis von V, wenn $X_1, \ldots, X_n$ linear unabhängig sind und jedes $X \in V$ sich als Linearkombination der $X_1, \ldots, X_n$ darstellen läßt: $X = \sum\limits_{\nu=1}^{n} a_\nu X_\nu$ mit $a_\nu \in \mathbb{R}$.*

Satz 0.1. *Hat ein Vektorraum V eine Basis von n Elementen, so besteht jede Basis von V aus n Elementen.*

Man sagt dann, V habe die Dimension n, und schreibt $\dim V = n$.

Definition 0.3. *Es seien V_1 und V_2 Vektorräume, $F: V_1 \to V_2$ eine Abbildung. F heißt (Vektorraum-)Homomorphismus, wenn für alle $X_1, X_2 \in V_1$ und $c_1, c_2 \in \mathbb{R}$ gilt*

$$F(c_1 X_1 + c_2 X_2) = c_1 F(X_1) + c_2 F(X_2).$$

Abbildungen mit dieser Eigenschaft heißen auch *linear*.

Satz 0.2. *Es seien* V_1, V_2, V_3 *Vektorräume,* $F\colon V_1 \to V_2$ *und* $G\colon V_2 \to V_3$ *Homomorphismen. Dann ist* $G \circ F\colon V_1 \to V_3$ *ein Homomorphismus.*

Es sei $F\colon V_1 \to V_2$ ein Homomorphismus, und es sei $\{X_1, \dots, X_n\}$ Basis von V_1, $\{Y_1, \dots, Y_m\}$ Basis von V_2. Dann gilt für jedes $\nu = 1, \dots, n$ eine Gleichung

$$F(X_\nu) = \sum_{\mu=1}^{m} a_{\mu\nu} Y_\mu \tag{1}$$

mit eindeutig bestimmten $a_{\mu\nu} \in \mathbb{R}$. Man sagt, die Matrix

$$A = \begin{pmatrix} a_{11} & \dots & a_{1n} \\ \cdot & & \cdot \\ \cdot & & \cdot \\ \cdot & & \cdot \\ a_{m1} & \dots & a_{mn} \end{pmatrix}$$

sei die Matrix des Homomorphismus F in bezug auf die gegebenen Basen.

Ist umgekehrt eine solche Matrix A mit m Zeilen und n Spalten gegeben, so kann man mittels (1) einen Homomorphismus $F\colon V_1 \to V_2$ definieren, der in bezug auf die gegebenen Basen die Matrix A hat. Ist $G\colon V_2 \to V_3$ ein weiterer Homomorphismus, $\{Z_1, \dots, Z_l\}$ eine Basis von V_3, und hat G in bezug auf die Basen $\{Y_\mu\}$ und $\{Z_\lambda\}$ die Matrix B, so hat $G \circ F\colon V_1 \to V_3$ in bezug auf die Basen $\{X_\nu\}$ und $\{Z_\lambda\}$ die Matrix $B \circ A$.

Ist $F\colon V_1 \to V_2$ ein Homomorphismus, so ist

$$\{X \in V_1 \colon F(X) = 0\} = \mathrm{Ker}\, F$$

ein Untervektorraum von V_1. Ebenso ist $F(V_1)$ ein Untervektorraum von V_2. Hat V_1 endliche Dimension, so auch $F(V_1)$ und $\mathrm{Ker}\, F$, und es gilt

$$\dim V_1 = \dim (\mathrm{Ker}\, F) + \dim F(V_1)\,.$$

$\mathbb{R}$ kann als eindimensionaler Vektorraum über $\mathbb{R}$ aufgefaßt werden. Ist V ein $\mathbb{R}$-Vektorraum, so kann die Menge der Vektorraumhomomorphismen $V \to \mathbb{R}$ mit einer Vektorraumstruktur versehen werden. Die Menge wird mit $\mathrm{Hom}\,(V, \mathbb{R})$ bezeichnet, ihre Elemente werden *Linearformen* genannt. Die Summe zweier Linearformen ω_1, $\omega_2 \in \mathrm{Hom}\,(V, \mathbb{R})$ wird definiert durch

$$(\omega_1 + \omega_2)\,(X) = \omega_1(X) + \omega_2(X) \quad \text{für alle } X \in V,$$

das Produkt von $\omega \in \mathrm{Hom}\,(V, \mathbb{R})$ mit $c \in \mathbb{R}$ wird definiert durch

$$(c\,\omega)\,(X) = c \cdot \omega\,(X) \quad \text{für alle } X \in V.$$

Man weist leicht nach, daß $\omega_1 + \omega_2$ und $c\,\omega$ wieder Linearformen sind, und daß $\mathrm{Hom}\,(V, \mathbb{R})$ mit diesen Verknüpfungen ein Vektorraum ist. Dieser Vektorraum wird der zu V *duale Vektorraum* genannt und auch mit V^* bezeichnet.

Alle fortan betrachteten Vektorräume sollen endliche Dimension haben.

Eine Linearform $\omega \in V^*$ ist, wie jeder Vektorraumhomomorphismus, schon durch die Werte $\omega(X_1), \ldots, \omega(X_n)$ auf einer Basis $\{X_1, \ldots, X_n\}$ von V bestimmt; und zu beliebig vorgegebenen $a_1, \ldots, a_n \in \mathbb{R}$ gibt es ein $\omega \in V^*$ mit $\omega(X_\nu) = a_\nu$ für $\nu = 1, \ldots, n$. Insbesondere gibt es Linearformen $\omega_1, \ldots, \omega_n$ mit $\omega_\mu(X_\nu) = \delta_{\mu\nu}$ für $1 \leq \mu$, $\nu \leq n$, wobei $\delta_{\mu\nu}$ das Kroneckersymbol ist, d.h. $\delta_{\mu\mu} = 1$ und $\delta_{\mu\nu} = 0$, falls $\mu \neq \nu$. Die so konstruierten Linearformen bilden eine Basis von V^*, diese heißt die zur Basis $\{X_1, \ldots, X_n\}$ *duale Basis*.

Ist $F\colon V_1 \to V_2$ ein Vektorraumhomomorphismus, so kann man dazu in natürlicher Weise den „transponierten Homomorphismus" $F^*\colon V_2^* \to V_1^*$ erklären, und zwar wird für $\omega \in V_2^*$ die Linearform $F^*\,\omega \in V_1^*$ definiert durch $(F^*\,\omega)\,(X) = \omega\,(F(X))$ für alle $X \in V_1$. Hat F in bezug auf die Basen $\{X_1, \ldots, X_n\}$ von V_1, $\{Y_1, \ldots, Y_m\}$ von V_2 die Matrix A, so hat F^* in bezug auf die dazu dualen Basen die zu A transponierte Matrix A^t.

Es sei $G\colon V_2 \to V_3$ ein weiterer Vektorraumhomomorphismus. Für das Transponierte des zusammengesetzten Homomorphismus $G \circ F\colon V_1 \to V_3$ gilt $(G \circ F)^* = F^* \circ G^*\colon V_3^* \to V_1^*$.

§ 1. Derivationen

Es sei $\mathfrak{x}_0 \in \mathbb{R}^n$ ein fester Punkt. Wir bezeichnen mit $\mathscr{S} = \mathscr{S}\,(\mathfrak{x}_0)$ die Menge der reellen Funktionen f, die in einer (von f abhängigen) offenen Umgebung $M = M_f$ von $\mathfrak{x}_0$ definiert und in $\mathfrak{x}_0$ stetig sind. Mit $\mathscr{D} = \mathscr{D}\,(\mathfrak{x}_0)$ bezeichnen wir die Menge derjenigen Funktionen aus $\mathscr{S}\,(\mathfrak{x}_0)$, die in $\mathfrak{x}_0$ differenzierbar sind. Ist $f \in \mathscr{S}$ (bzw. $f \in \mathscr{D}$) in M_f definiert und $g \in \mathscr{S}$ (bzw. $g \in \mathscr{D}$) in M_g, so sind $f + g$ und $f \cdot g$ in $M = M_f \cap M_g$ erklärt, sowohl $f + g$ wie $f \cdot g$ liegt in $\mathscr{S}$ (bzw. in $\mathscr{D}$). Darüber hinaus gilt

Satz 1.1. *Ist* $g \in \mathscr{S}\,(\mathfrak{x}_0)$, $f \in \mathscr{D}\,(\mathfrak{x}_0)$ *und* $f(\mathfrak{x}_0) = 0$, *so ist auch* $g \cdot f \in \mathscr{D}\,(\mathfrak{x}_0)$.

Beweis. Wegen der Differenzierbarkeit von f in $\mathfrak{x}_0$ und $f(\mathfrak{x}_0) = 0$ können wir f in der Form

$$f(\mathfrak{x}) = \sum_{\nu=1}^{n} (x_\nu - x_\nu^{(0)}) \, \Delta_\nu(\mathfrak{x})$$

mit in $\mathfrak{x}_0$ stetigen reellen Funktionen Δ_ν ansetzen. Multiplikation mit $g(\mathfrak{x})$ ergibt

$$(g \cdot f)(\mathfrak{x}) = \sum_{\nu=1}^{n} (x_\nu - x_\nu^{(0)}) \, (g \cdot \Delta_\nu)(\mathfrak{x}) \, .$$

Die Funktionen $g\Delta_\nu$ sind aber in $\mathfrak{x}_0$ stetig, da g und Δ_ν dort stetig sind. Bedenkt man noch $(gf)(\mathfrak{x}_0) = g(\mathfrak{x}_0) \cdot f(\mathfrak{x}_0) = 0$, so ist damit die Differenzierbarkeit von gf in $\mathfrak{x}_0$ nachgewiesen. Es ergibt sich noch $(gf)_{,\nu}(\mathfrak{x}_0) = g(\mathfrak{x}_0) f_{,\nu}(\mathfrak{x}_0) \, .$

Wir wollen nun Operatoren auf $\mathscr{D}$ betrachten, welche die Operatoren der partiellen Differentiation verallgemeinern.

Definition 1.1. *Eine Zuordnung* $D: \mathscr{D}(\mathfrak{x}_0) \to \mathbb{R}$ *(welche also jeder in* $\mathfrak{x}_0$ *differenzierbaren Funktion eine reelle Zahl zuordnet) heißt Derivation in* $\mathfrak{x}_0$, *wenn sie folgende Eigenschaften hat:*

(1) *Sie ist* $\mathbb{R}$-*linear, d.h.* $D(c_1 f_1 + c_2 f_2) = c_1 D(f_1) + c_2 D(f_2)$ *für alle* $f_1, f_2 \in \mathscr{D}(\mathfrak{x}_0)$ *und* $c_1, c_2 \in \mathbb{R}$,

(2) $D(1) = 0$,

(3) $D(gf) = 0$, *wenn* $g \in \mathscr{S}(\mathfrak{x}_0)$, $f \in \mathscr{D}(\mathfrak{x}_0)$ *und* $g(\mathfrak{x}_0) = f(\mathfrak{x}_0) = 0$.

Dabei ist (3) aufgrund von Satz 1.1 sinnvoll. — Aus den Eigenschaften (1)—(3) lassen sich weitere Regeln für Derivationen D in $\mathfrak{x}_0$ ableiten:

(4) $D(c) = 0$ *für jede Konstante* c.

Es ist nämlich $D(c) = D(c \cdot 1) = c \cdot D(1) = 0$ vermöge (1) und (2).

(5) *Für* $f, g \in \mathscr{D}(\mathfrak{x}_0)$ *gilt* $D(fg) = f(\mathfrak{x}_0) \cdot D(g) + D(f) \cdot g(\mathfrak{x}_0)$.

Wir schreiben nämlich

$$fg = (f - f(\mathfrak{x}_0))(g - g(\mathfrak{x}_0)) + f(\mathfrak{x}_0) \cdot g + f \cdot g(\mathfrak{x}_0) - f(\mathfrak{x}_0) \cdot g(\mathfrak{x}_0) \, .$$

Um $D(fg)$ zu erhalten, können wir D auf jeden Summanden der rechten Seite dieser Gleichung einzeln anwenden. Auf dem ersten Summanden verschwindet D nach (3), auf dem letzten nach (4); aus (1) erhält man dann die Behauptung.

Als spezielle Derivationen können wir die Differentialoperatoren $\dfrac{\partial}{\partial x_\nu}$ mit $\nu = 1, \ldots, n$, betrachten; dabei sei $\dfrac{\partial}{\partial x_\nu}: \mathscr{D}(\mathfrak{x}_0) \to \mathbb{R}$ erklärt durch $\dfrac{\partial}{\partial x_\nu}(f) = f_{,\nu}(\mathfrak{x}_0)$. Diese Operatoren haben offenbar die Eigenschaften (1) und (2); der Beweis von Satz 1.1 zeigt, daß auch (3) gilt.

Auf der Menge der Derivationen in $\mathfrak{x}_0$ lassen sich in naheliegender Weise Verknüpfungen erklären: Sind D_1 und D_2 Derivationen in $\mathfrak{x}_0$, so verstehen wir unter ihrer Summe $D_1 + D_2$ die Abbildung $\mathscr{D}(\mathfrak{x}_0) \to \mathbb{R}$, die jedem $f \in \mathscr{D}(\mathfrak{x}_0)$ die Zahl $D_1(f) + D_2(f)$ zuordnet; in Zeichen

$$(D_1 + D_2)\,(f) = D_1(f) + D_2(f)\,.$$

Unter dem Produkt einer Derivation D mit einer reellen Zahl c verstehen wir die Abbildung $\mathscr{D}(\mathfrak{x}_0) \to \mathbb{R}$, die jedem $f \in \mathscr{D}(\mathfrak{x}_0)$ die Zahl $c \cdot D(f)$ zuordnet: $(c\,D)\,(f) = c \cdot D(f)$.

Mit D_1, D_2 und D sind auch $D_1 + D_2$ und $c\,D$ Derivationen. Sie sind linear als Summe bzw. Multiplum linearer Abbildungen. Die Verifikation der Eigenschaft (2) ist trivial. Wir wollen noch (3) nachprüfen: Ist $g \in \mathscr{S}(\mathfrak{x}_0)$, $f \in \mathscr{D}(\mathfrak{x}_0)$ und $g(\mathfrak{x}_0) = f(\mathfrak{x}_0) = 0$, so gilt

$$(D_1 + D_2)\,(gf) = D_1(gf) + D_2(gf) = 0 + 0 = 0$$

und

$$(c\,D)\,(gf) = c \cdot (D(gf)) = c \cdot 0 = 0\,.$$

Satz 1.2. *Mit den soeben erklärten Verknüpfungen ist die Menge der Derivationen in $\mathfrak{x}_0$ ein Vektorraum.*

Beweis. Beginnen wir mit dem Nachweis der Assoziativität der Addition! Es seien D_1, D_2, D_3 Derivationen in $\mathfrak{x}_0$. Für ein beliebiges $f \in \mathscr{D}$ gilt

$$\begin{aligned}
((D_1 + D_2) + D_3)\,(f) &= (D_1 + D_2)\,(f) + D_3(f)\\
&= D_1(f) + D_2(f) + D_3(f)\\
&= D_1(f) + (D_2 + D_3)\,(f)\\
&= (D_1 + (D_2 + D_3))\,(f)\,.
\end{aligned}$$

Die Derivationen $(D_1 + D_2) + D_3$ und $D_1 + (D_2 + D_3)$ sind also gleich, da sie jedem f dieselbe Zahl zuordnen.

Analog beweist man die Kommutativität. Als neutrales Element erweist sich die Derivation, die jeder Funktion die Zahl 0 zuordnet. Als inverses Element (bezüglich der Addition) einer Derivation D erweist sich $(-1)\,D$:

$$\begin{aligned}
(D + (-1) \cdot D)\,(f) &= D(f) + ((-1) \cdot D)\,(f)\\
&= D(f) + (-1) \cdot D(f) = 0 \quad \text{für jedes} \quad f \in \mathscr{D}.
\end{aligned}$$

Von den Multiplikationsregeln sei etwa $(a + b)\,D = a\,D + b\,D$ nachgeprüft: Für $f \in \mathscr{D}(\mathfrak{x}_0)$ gilt

$$\begin{aligned}
((a + b)\,D)\,(f) &= (a + b)\,D(f) = a \cdot D(f) + b \cdot D(f)\\
&= (a\,D)\,(f) + (b\,D)\,(f)\,.
\end{aligned}$$

Da f beliebig war, folgt die Behauptung. — Die Regeln

$$a(D_1 + D_2) = a\,D_1 + a\,D_2,\ a(b\,D) = (ab)\,D \quad \text{und} \quad 1 \cdot D = D$$

lassen sich mühelos nach dem gleichen Schema verifizieren.

Definition 1.2. *Der Vektorraum der Derivationen in $\mathfrak{x}_0$ heißt Tangentialraum* (des $\mathbb{R}^n$) *in $\mathfrak{x}_0$. Wir bezeichnen ihn mit $T_{\mathfrak{x}_0}$. Statt von einer Derivation in $\mathfrak{x}_0$ reden wir auch von einem Tangentialvektor in $\mathfrak{x}_0$.*

Satz 1.3. *Die Derivationen $\dfrac{\partial}{\partial x_\nu}$ für $\nu = 1, \ldots, n$ in $\mathfrak{x}_0$ bilden eine Basis von $T_{\mathfrak{x}_0}$.*

Beweis. Wir zeigen zunächst, daß die $\dfrac{\partial}{\partial x_\nu}$ linear unabhängig sind. Ist $\sum\limits_{\nu=1}^{n} a_\nu \dfrac{\partial}{\partial x_\nu} = 0$, so ergibt sich wegen $\dfrac{\partial}{\partial x_\nu}(x_\mu) = \delta_{\mu\nu}$

$$0 = \left(\sum_{\nu=1}^{n} a_\nu \frac{\partial}{\partial x_\nu} \right)(x_\mu) = a_\mu \qquad \text{für} \quad \mu = 1, \ldots, n\,.$$

Sei nun $D \in T_{\mathfrak{x}_0}$ beliebig, und sei $D(x_\nu) = a_\nu$ für $\nu = 1, \ldots, n$. Dann ist $D = \sum\limits_{\nu=1}^{n} a_\nu \dfrac{\partial}{\partial x_\nu}$: Für $f \in \mathscr{D}(\mathfrak{x}_0)$ schreiben wir

$$f(\mathfrak{x}) = f(\mathfrak{x}_0) + \sum_{\nu=1}^{n} (x_\nu - x_\nu^{(0)})\, \varDelta_\nu(\mathfrak{x})$$

$$= f(\mathfrak{x}_0) + \sum_{\nu=1}^{n} (x_\nu - x_\nu^{(0)})\, (\varDelta_\nu(\mathfrak{x}) - \varDelta_\nu(\mathfrak{x}_0)) +$$

$$+ \sum_{\nu=1}^{n} x_\nu \varDelta_\nu(\mathfrak{x}_0) - \sum_{\nu=1}^{n} x_\nu^{(0)} \varDelta_\nu(\mathfrak{x})\,.$$

Wendet man nun D an, so ergibt der erste und der letzte Term der rechten Seite 0 wegen (4), der zweite Term ergibt 0 wegen (3). Es bleibt

$$D(f) = D\left(\sum_{\nu=1}^{n} x_\nu \varDelta_\nu(\mathfrak{x}_0) \right) = \sum_{\nu=1}^{n} a_\nu \varDelta_\nu(\mathfrak{x}_0) = \sum_{\nu=1}^{n} a_\nu \frac{\partial f}{\partial x_\nu}(\mathfrak{x}_0)$$

$$= \left(\sum_{\nu=1}^{n} a_\nu \frac{\partial}{\partial x_\nu} \right)(f)\,.$$

Da f beliebig war, folgt die Behauptung.

Der Name „Tangentialvektor" findet seine Motivierung in folgender Betrachtung.

Es sei $\varPhi\colon I \to \mathbb{R}^n$ ein glatter parametrisierter Weg im $\mathbb{R}^n$, welcher durch $\mathfrak{x}_0$ läuft; es sei etwa $\mathfrak{x}_0 = \varPhi(t_0)$. Die Tangente an $\varPhi$ in $\mathfrak{x}_0$ hat die Gleichung $\mathfrak{x} = \mathfrak{x}_0 + (t - t_0) \cdot \varPhi'(t_0)$; das n-tupel

$$\varPhi'(t_0) = (\varphi_1'(t_0), \ldots, \varphi_n'(t_0))$$

ist ein Richtungsvektor der Tangente. Ist nun f eine in einer Umgebung der Spur von $\varPhi$ definierte reelle Funktion, welche in $\mathfrak{x}_0$ differenzierbar ist, so ist $f \circ \varPhi$ eine Funktion auf I, welche in t_0

differenzierbar ist, und es gilt nach der Kettenregel

$$(f \circ \Phi)' (t_0) = \sum_{\nu=1}^{n} \varphi_\nu'(t_0) \frac{\partial}{\partial x_\nu} (\Phi(t_0)) \, .$$

Ordnen wir dem Weg Φ oder genauer seinem Tangenten-Richtungsvektor $\Phi'(t_0)$ die Derivation $D = \sum_{\nu=1}^{n} \varphi_\nu'(t_0) \frac{\partial}{\partial x_\nu}$ in $\mathfrak{x}_0$ zu, so ist D charakterisiert durch $D(f) = (f \circ \Phi)'(t_0)$. In demselben Sinn wie eine partielle Ableitung von f als Differentiation der Einschränkung von f auf eine zu einer Koordinatenachse parallele Gerade angesehen werden kann, kann die Derivation D als Differentiation der Einschränkung von f auf den Weg Φ verstanden werden, in anderen Worten, als Differentiation von f in Richtung (der Tangente) von Φ (*Richtungsableitung von f*).

Es ist also dem parametrisierten Weg Φ in natürlicher Weise ein Tangentialvektor in $\mathfrak{x}_0$ zugeordnet. Man kann jeden Tangentialvektor $D = \sum_{\nu=1}^{n} a_\nu \frac{\partial}{\partial x_\nu}$ in $\mathfrak{x}_0$ in dieser Weise erhalten: Zu einer Strecke durch $\mathfrak{x}_0$ mit dem Richtungsvektor $(a_1, \ldots, a_n)$ gehört D als Tangentialvektor.

§ 2. Transformation von Tangentialvektoren

Es sei M eine offene Umgebung des Punktes $\mathfrak{x}_0 \in \mathbb{R}^n$ und $F \colon M \to \mathbb{R}^m$ eine Abbildung, es sei $F(\mathfrak{x}_0) = \mathfrak{y}_0$. Ist F in $\mathfrak{x}_0$ differenzierbar, so läßt sich mittels F jeder Tangentialvektor des $\mathbb{R}^n$ in $\mathfrak{x}_0$ in einen Tangentialvektor des $\mathbb{R}^m$ in $\mathfrak{y}_0$ überführen.

Ist nämlich $f \in \mathscr{D}(\mathfrak{y}_0)$ etwa auf einer Umgebung N von $\mathfrak{y}_0$ definiert, so gibt es wegen der Stetigkeit von F eine Umgebung $M^* \subset M$ von $\mathfrak{x}_0$ mit $F(M^*) \subset N$, und $f \circ F$ ist eine auf M^* definierte, in $\mathfrak{x}_0$ differenzierbare Funktion, also $f \circ F \in \mathscr{D}(\mathfrak{x}_0)$. Die Zuordnung $f \to f \circ F$ ist linear, führt 1 in 1 über, und erhält Produkte.

Ist weiter $D \in T_{\mathfrak{x}_0}$, so können wir einen Tangentialvektor $F_* D \in T_{\mathfrak{y}_0}$ definieren durch

$$(F_* D)(f) = D(f \circ F) \quad \text{für alle} \quad f \in \mathscr{D}(\mathfrak{y}_0) \, .$$

Es ist zu verifizieren, daß $F_* D$ wirklich eine Derivation ist. Zum Nachweis von Regel (1) seien $f_1, f_2 \in \mathscr{D}(\mathfrak{y}_0)$ und $c_1, c_2 \in \mathbb{R}$. Dann ist

$$\begin{aligned}
(F_* D)(c_1 f_1 + c_2 f_2) &= D((c_1 f_1 + c_2 f_2) \circ F) \\
&= D(c_1 \cdot (f_1 \circ F) + c_2 \cdot (f_2 \circ F)) \\
&= c_1 D(f_1 \circ F) + c_2 D(f_2 \circ F) \\
&= c_1 (F_* D)(f_1) + c_2 (F_* D)(f_2) \, .
\end{aligned}$$

Der Nachweis von (2) und (3) erfolgt aufgrund von $1 \circ F = 1$ und

$(gf) \circ F = (g \circ F) \cdot (f \circ F)$ mühelos nach demselben Schema. Es gilt sogar

Satz 2.1. F_* *ist ein Vektorraumhomomorphismus von* $T_{\mathfrak{x}_0}$ *in* $T_{\mathfrak{y}_0}$.

Beweis. Es ist $F_*(c_1 D_1 + c_2 D_2) = c_1 \cdot F_* D_1 + c_2 \cdot F_* D_2$ zu zeigen für beliebige $D_1, D_2 \in T_{\mathfrak{x}_0}$, $c_1, c_2 \in \mathbb{R}$. Zu dem Zweck wenden wir beide Seiten dieser Gleichung, die ja Elemente von $T_{\mathfrak{y}_0}$ sind, auf ein beliebiges $f \in \mathscr{D}(\mathfrak{y}_0)$ an. Wir erhalten

$$\begin{aligned}
(F_*(c_1 D_1 + c_2 D_2))\,(f) &= (c_1 D_1 + c_2 D_2)\,(f \circ F) \\
&= (c_1 D_1)\,(f \circ F) + (c_2 D_2)\,(f \circ F) \\
&= c_1 \cdot D_1(f \circ F) + c_2 \cdot D_2(f \circ F) \\
&= c_1 \cdot F_* D_1(f) + c_2 \cdot F_* D_2(f) \\
&= (c_1 F_* D_1 + c_2 F_* D_2)\,(f)\,,
\end{aligned}$$

was zu zeigen war.

Ist zusätzlich zum bisherigen Sachverhalt noch eine Abbildung G einer offenen Umgebung N von $\mathfrak{y}_0$ in $\mathbb{R}^l$ gegeben, und ist G in $\mathfrak{y}_0$ differenzierbar, so hat man mit $\mathfrak{z}_0 = G(\mathfrak{y}_0)$ auch einen Homomorphismus $G_*: T_{\mathfrak{y}_0} \to T_{\mathfrak{z}_0}$, und durch Hintereinanderausführen von F_* und G_* erhält man einen Vektorraumhomomorphismus $G_* \circ F_*$: $T_{\mathfrak{x}_0} \to T_{\mathfrak{z}_0}$. Andererseits ist in einer offenen Umgebung $M^* \subset M$ von $\mathfrak{x}_0$ die Abbildung $G \circ F: M^* \to \mathbb{R}^l$ erklärt. Sie ist in $\mathfrak{x}_0$ differenzierbar und induziert einen Vektorraumhomomorphismus

$$(G \circ F)_*: T_{\mathfrak{x}_0} \to T_{\mathfrak{z}_0}\,.$$

Satz 2.2. *Mit den obigen Bezeichnungen gilt* $(G \circ F)_* = G_* \circ F_*$.

Beweis. Es ist zu zeigen, daß für $D \in T_{\mathfrak{x}_0}$ gilt

$$(G \circ F)_* D = G_* \circ F_*(D)\,.$$

Dazu muß gezeigt werden, daß beide Seiten dieser Gleichung, die ja Elemente von $T_{\mathfrak{z}_0}$ sind, für jedes $f \in \mathscr{D}(\mathfrak{z}_0)$ denselben Wert ergeben. Es ist in der Tat

$$\begin{aligned}
((G \circ F)_*\,(D))\,(f) &= D(f \circ (G \circ F)) \\
&= D((f \circ G) \circ F) \\
&= (F_* D)\,(f \circ G) \\
&= (G_*(F_* D))\,(f) \\
&= G_* \circ F_* D(f)\,.
\end{aligned}$$

Bezeichnen wir die Koordinaten im $\mathbb{R}^m$ mit $y_1, \ldots, y_m$, so bilden $\partial/\partial y_1, \ldots, \partial/\partial y_m$, aufgefaßt als Tangentialvektoren in $\mathfrak{y}_0$, eine Basis von $T_{\mathfrak{y}_0}$. Für $\nu = 1, \ldots, n$ läßt sich dann $F_* \partial/\partial x_\nu$ als Linearkombination $\sum\limits_{\mu=1}^{m} a_{\mu\nu} \dfrac{\partial}{\partial y_\mu}$ ausdrücken, und zwar ist nach dem Beweis von Satz 1.3, wenn $F = (f_1, \ldots, f_m)$ gesetzt wird,

$$a_{\mu\nu} = \left(F_* \frac{\partial}{\partial x_\nu} \right) (y_\mu) = \frac{\partial}{\partial x_\nu} (y_\mu \circ F) = \frac{\partial f_\mu}{\partial x_\nu} (\mathfrak{x}_0) , \quad \text{also}$$

$$F_* \frac{\partial}{\partial x_\nu} = \sum_{\mu=1}^{m} f_{\mu x_\nu} (\mathfrak{x}_0) \frac{\partial}{\partial y_\mu} .$$

Die Matrix von F_* in bezug auf die hier verwandten Basen ist also

$$\mathfrak{J}_F (\mathfrak{x}_0) = \begin{pmatrix} f_{1x_1}(\mathfrak{x}_0) \cdots f_{1x_n}(\mathfrak{x}_0) \\ \cdot \qquad\qquad \cdot \\ \cdot \qquad\qquad \cdot \\ \cdot \qquad\qquad \cdot \\ f_{mx_1}(\mathfrak{x}_0) \cdots f_{mx_n}(\mathfrak{x}_0) \end{pmatrix} .$$

Sie heißt *Funktionalmatrix* (oder auch *Jacobische Matrix*) der Abbildung F im Punkte $\mathfrak{x}_0$.

Hat G dieselbe Bedeutung wie oben, so folgt aus Satz 2.2 und einer Bemerkung in §0

$$\mathfrak{J}_{G \circ F} (\mathfrak{x}_0) = \mathfrak{J}_G (F(\mathfrak{x}_0)) \circ \mathfrak{J}_F (\mathfrak{x}_0) .$$

Es sei wieder $\Phi \colon I \to M$ ein glatter parametrisierter Weg, und es gelte $\Phi(t_0) = \mathfrak{x}_0$. Der Tangentialraum an $\mathbb{R}^1$ in t_0 wird durch $\partial/\partial t$ aufgespannt, und die oben abgeleitete Formel, auf Φ und $\partial/\partial t$ angewandt, ergibt

$$\Phi_* \frac{\partial}{\partial t} = \sum_{\nu=1}^{n} \varphi_\nu' (t) \frac{\partial}{\partial x_\nu} .$$

Das ist aber gerade der Tangentialvektor in $\mathfrak{x}_0$, den wir in §1 der Parametrisierung Φ zugeordnet hatten. Nehmen wir an, daß auch der Weg $F \circ \Phi \colon I \to N$ glatt ist, so gewinnen wir aus dem bisherigen die Gleichung

$$(F \circ \Phi)_* \frac{\partial}{\partial t} = F_* \left(\Phi_* \frac{\partial}{\partial t} \right) ,$$

die sich so interpretieren läßt:

Der zum Bildweg $F(\Phi)$ gehörige Tangentialvektor in $\mathfrak{y}_0$ entsteht durch Übertragung mittels F aus dem zu Φ gehörigen Tangentialvektor in $\mathfrak{x}_0$.

Bemerkung. Ist M eine $\mathfrak{x}_0$ enthaltende zulässige Menge im $\mathbb{R}^n$, so gilt

$$\frac{\partial(f | M)}{\partial x_\nu} (\mathfrak{x}_0) = \frac{\partial f}{\partial x_\nu} (\mathfrak{x}_0)$$

für jedes $f \in \mathscr{D}(\mathfrak{x}_0)$. Dasselbe gilt für jede Linearkombination der $\partial/\partial x_\nu$. Ist nun $F \colon M \to \mathbb{R}^m$ eine differenzierbare Abbildung und $F(\mathfrak{x}_0) = \mathfrak{y}_0$, so ist also $D(f \circ F)$ für jedes $D \in T_{\mathfrak{x}_0}$ und jedes $f \in \mathscr{D}(\mathfrak{y}_0)$

definiert. In den Paragraphen 2 und 3 genügt es also zu fordern, daß M und N zulässige Mengen sind.

§ 3. Pfaffsche Formen

Es sei wieder $\mathfrak{x}_0 \in \mathbb{R}^n$ ein fester Punkt. Zum Tangentialraum $T_{\mathfrak{x}_0}$ bilden wir den dualen Vektorraum $T^*_{\mathfrak{x}_0} = \mathrm{Hom}\,(T_{\mathfrak{x}_0}, \mathbb{R})$. Die zur Basis $\partial/\partial x_1, \ldots, \partial/\partial x_n$ von $T_{\mathfrak{x}_0}$ duale Basis sei mit $dx_1, \ldots, dx_n$ bezeichnet. Sie ist charakterisiert durch $dx_\nu(\partial/\partial x_\mu) = \delta_{\mu\nu}$ (vgl. §0).

Der Vektorraum $T^*_{\mathfrak{x}_0}$ wird auch als *kovarianter Tangentialraum in $\mathfrak{x}_0$* bezeichnet, seine Elemente als *Kovektoren in $\mathfrak{x}_0$*. Der Vektorraum $T_{\mathfrak{x}_0}$ heißt dann auch *kontravarianter* Tangentialraum.

Es sei nun M eine offene Umgebung von $\mathfrak{x}_0$ und $F: M \to \mathbb{R}^m$ eine Abbildung mit $F(\mathfrak{x}_0) = \mathfrak{y}_0$. Ist F in $\mathfrak{x}_0$ differenzierbar, so ist der Homomorphismus $F_*: T_{\mathfrak{x}_0} \to T_{\mathfrak{y}_0}$ definiert, und man kann den transponierten Homomorphismus $F^*: T^*_{\mathfrak{y}_0} \to T^*_{\mathfrak{x}_0}$ bilden. Ist $\omega \in T^*_{\mathfrak{y}_0}$ und $D \in T_{\mathfrak{x}_0}$, so ist $(F^*\omega)(D) = \omega(F_* D)$, also $F^*\omega = \omega \circ F_*$; wir schreiben dafür auch $F^*\omega = \omega \circ F$.

Ist weiter N eine offene Umgebung von $\mathfrak{y}_0$ und $G: N \to \mathbb{R}^l$ eine in $\mathfrak{y}_0$ differenzierbare Abbildung mit $G(\mathfrak{y}_0) = \mathfrak{z}_0$, so ist auf einer hinreichend kleinen Umgebung $M^* \subset M$ von $\mathfrak{x}_0$ die Abbildung $G \circ F: M^* \to \mathbb{R}^l$ definiert, sie ist in $\mathfrak{x}_0$ differenzierbar. Also ist der Homomorphismus $(G \circ F)^*: T^*_{\mathfrak{z}_0} \to T^*_{\mathfrak{x}_0}$ definiert. Nach Satz 2.2 und einer Bemerkung in §0 gilt $(G \circ F)^* = F^* \circ G^*$. Für $\omega \in T^*_{\mathfrak{z}_0}$ gilt also $(\omega \circ G) \circ F = \omega \circ (G \circ F)$.

Mit $y_1, \ldots, y_m$ seien wieder die Koordinaten im $\mathbb{R}^m$ bezeichnet. Für $\mu = 1, \ldots, m$ läßt sich $F^* dy_\mu = dy_\mu \circ F$ als Linearkombination $\sum_{\nu=1}^{n} a_{\nu\mu} dx_\nu$ ausdrücken, und zwar ist, wenn $F = (f_1, \ldots, f_m)$ gesetzt wird

$$a_{\lambda\mu} = \left(\sum_{\nu=1}^{n} a_{\nu\mu}\,dx_\nu\right)\left(\frac{\partial}{\partial x_\lambda}\right) = (dy_\mu \circ F)\left(\frac{\partial}{\partial x_\lambda}\right)$$

$$= dy_\mu\left(F_* \frac{\partial}{\partial x_\lambda}\right) = dy_\mu\left(\sum_{\varkappa=1}^{m} f_{\varkappa x_\lambda}(\mathfrak{x}_0) \cdot \frac{\partial}{\partial y_\varkappa}\right) = f_{\mu x_\lambda}(\mathfrak{x}_0),$$

also

$$dy_\mu \circ F = \sum_{\nu=1}^{n} f_{\mu x_\nu}(\mathfrak{x}_0)\,dx_\nu. \tag{1}$$

Das folgt auch sofort aus einer Bemerkung in §0 über die Matrix eines transponierten Homomorphismus.

Ist f eine auf M definierte, in $\mathfrak{x}_0$ differenzierbare reelle Funktion, so setzen wir

$$df = df(\mathfrak{x}_0) = \sum_{\nu=1}^{n} f_{x_\nu}(\mathfrak{x}_0)\,dx_\nu \in T^*_{\mathfrak{x}_0}$$

und nennen diesen Kovektor das *totale Differential von f* in $\mathfrak{x}_0$. Mit dieser Bezeichnung schreibt sich (1) einfacher

$$dy_\mu \circ F = df_\mu \quad \text{für} \quad \mu = 1, \ldots, m \, .$$

Es gilt

$$df\left(\frac{\partial}{\partial x_\lambda}\right) = \left(\sum_{\nu=1}^{n} f_{x_\nu}(\mathfrak{x}_0) \, dx_\nu\right)\left(\frac{\partial}{\partial x_\lambda}\right) = f_{x_\lambda}(\mathfrak{x}_0) = \frac{\partial}{\partial x_\lambda}(f)$$

$$\text{für} \quad \lambda = 1, \ldots, n \, .$$

Da df linear auf $T_{\mathfrak{x}_0}$ operiert, gilt somit für jeden Tangentialvektor $D \in T_{\mathfrak{x}_0}$

$$df(D) = D(f) \, .$$

Daraus folgen einige Rechenregeln für die Bildung des totalen Differentials: Sind $f_1, f_2 \in \mathscr{D}(\mathfrak{x}_0)$ und $c_1, c_2 \in \mathbb{R}$, so ist

$$d(c_1 f_1 + c_2 f_2)(D) = D(c_1 f_1 + c_2 f_2) = c_1 D(f_1) + c_2 D(f_2)$$
$$= (c_1 df_1 + c_2 df_2)(D)$$

für jedes $D \in T_{\mathfrak{x}_0}$, also

$$d(c_1 f_1 + c_2 f_2) = c_1 df_1 + c_2 df_2 \, .$$

Weiter ist für $f, g \in \mathscr{D}(\mathfrak{x}_0)$

$$d(fg)(D) = D(fg) = D(f) \cdot g(\mathfrak{x}_0) + f(\mathfrak{x}_0) \cdot D(g)$$
$$= (g(\mathfrak{x}_0) \, df + f(\mathfrak{x}_0) \, dg)(D) \, ,$$

also $$d(fg) = g(\mathfrak{x}_0) \cdot df + f(\mathfrak{x}_0) \cdot dg;$$

und schließlich für eine konstante Funktion c

$$(dc)(D) = D(c) = 0 \, , \quad \text{also} \quad dc = 0 \, .$$

Diese Regeln lassen sich auch sofort aus der Definition des totalen Differentials ableiten.

Hat F dieselbe Bedeutung wie oben, so gilt für $g \in \mathscr{D}(\mathfrak{y}_0)$ und jedes $D \in T_{\mathfrak{x}_0}$

$$(dg \circ F)(D) = dg(F_* D) = F_* D(g) = D(g \circ F) = d(g \circ F)(D) \, ,$$

also $$dg \circ F = d(g \circ F) \, .$$

Bisher hatten wir den kontravarianten und den kovarianten Tangentialraum nur in einem festen Punkt $\mathfrak{x}_0 \in \mathbb{R}^n$ untersucht. Betrachtet man die Tangentialräume in allen Punkten einer Menge M, so bilden natürlich in jedem Punkt $\mathfrak{x} \in M$ die Tangentialvektoren $\left.\frac{\partial}{\partial x_\nu}\right|_{\mathfrak{x}}$, welche durch $\left.\frac{\partial}{\partial x_\nu}\right|_{\mathfrak{x}}(f) = f_{x_\nu}(\mathfrak{x})$ erklärt sind, eine Basis von $T_{\mathfrak{x}}$. Die dazu duale Basis von $T_{\mathfrak{x}}^*$ sei für den Augenblick mit $dx_1(\mathfrak{x}), \ldots, dx_n(\mathfrak{x})$ bezeichnet. Ist in jedem Punkt von M ein Kovektor gegeben, so ist das gleichbedeutend damit, daß ein Ausdruck der Form $\sum_{v=1}^{n} f_v(\mathfrak{x})\, dx_v(\mathfrak{x})$ gegeben ist, wobei die f_v auf M definierte reelle Funktionen sind. Sofern keine Mißverständnisse zu befürchten sind, schreibt man einfach $\sum_{v=1}^{n} f_v(\mathfrak{x})\, dx_v$. Man nennt solche Ausdrücke *Pfaffsche Formen*. Ihre Benutzung ist in der Theorie der Differentialgleichungen zweckmäßig. — Sind in der Pfaffschen Form $\psi = \sum_{v=1}^{n} f_v(\mathfrak{x})\, dx_v$ die f_v k-mal (stetig) differenzierbar, so heißt ψ eine k-mal (stetig) differenzierbare Pfaffsche Form.

§ 4. Reguläre Abbildungen

Beim Studium der Funktionen einer Veränderlichen hatte sich ergeben, daß eine auf einem Intervall I differenzierbare Funktion eineindeutig ist, wenn die Ableitung von f auf I nirgends verschwindet. Dann ist $f(I)$ ein Intervall und die Umkehrfunktion f^{-1} ist auf $f(I)$ differenzierbar. Die Abbildung $f: I \to \mathbb{R}$ ist offen, wenn I offen ist.

Versuchen wir, ähnliche Aussagen für Abbildungen mehrdimensionaler Bereiche zu gewinnen — an die Stelle der Ableitung tritt dann die Funktionalmatrix —, so erhalten wir zunächst nur lokale Aussagen. Das liegt daran, daß die Gestalt mehrdimensionaler Bereiche viel komplizierter sein kann als die von Intervallen oder Quadern.

Es ist zweckmäßig, auch die lokale Version des Begriffs der Injektivität einzuführen.

Definition 4.1. *Es sei F eine Abbildung der offenen Menge $M \subset \mathbb{R}^n$ in den $\mathbb{R}^m$. Dann heißt F im Punkte $\mathfrak{x}_0 \in M$ eineindeutig (injektiv), wenn es eine Umgebung $U \subset M$ von $\mathfrak{x}_0$ gibt, so daß $F \mid U$ injektiv ist.*

Ist F auf der offenen Menge M injektiv, so auch in jedem Punkt von M. Das Umgekehrte ist im allgemeinen nicht der Fall. Zum Beispiel ist die auf

$$M = \{(r, \alpha) \in \mathbb{R}^2 : r > 0\} \subset \mathbb{R}^2$$

durch $F(r, \alpha) = (r \cos \alpha, r \sin \alpha)$ definierte Abbildung (Polarkoordinaten) zwar in jedem Punkt von M injektiv, aber nicht global eineindeutig.

Es sei nun $F = (f_1, \ldots, f_m): M \to \mathbb{R}^m$ im Punkt $\mathfrak{x}_0 \in M$ differenzierbar und

$$\mathfrak{J}_F(\mathfrak{x}_0) = \left((f_{\mu x_v}(\mathfrak{x}_0))_{\substack{1 \le \mu \le m \\ 1 \le v \le n}} \right)$$

die Funktionalmatrix von F in $\mathfrak{x}_0$. Ist insbesondere $m = n$, so ist

$\mathfrak{J}_F(\mathfrak{x}_0)$ eine quadratische Matrix, ihre Determinante

$$\det\left(\left(f_{\mu x_\nu}(\mathfrak{x}_0)\right)_{1 \leq \mu,\, \nu \leq n}\right)$$

heißt *Funktionaldeterminante* (oder *Jacobische Determinante*) von F in $\mathfrak{x}_0$ und wird mit $J_F(\mathfrak{x}_0)$ bezeichnet.

Definition 4.2. *Es sei F eine Abbildung einer offenen Menge $M \subset \mathbb{R}^n$ in den $\mathbb{R}^n$. Dann heißt F regulär im Punkte $\mathfrak{x}_0 \in M$, wenn F in einer in M gelegenen Umgebung von $\mathfrak{x}_0$ stetig differenzierbar ist und $J_F(\mathfrak{x}_0) \neq 0$ gilt. F heißt regulär in M, wenn F in jedem Punkt von M regulär ist.*

Regularität einer stetig differenzierbaren Abbildung F in $\mathfrak{x}_0$ ist gleichbedeutend damit, daß der Homomorphismus $F_*: T_{\mathfrak{x}_0} \to T_{F(\mathfrak{x}_0)}$ bijektiv ist.

Ist $F(M) \subset N \subset \mathbb{R}^n$ und N offen, ist $G\colon N \to \mathbb{R}^n$ eine weitere, in einer Umgebung von $F(\mathfrak{x}_0) = \mathfrak{y}_0$ differenzierbare Abbildung, so ist $G \circ F\colon M \to \mathbb{R}^n$ genau dann in $\mathfrak{x}_0$ regulär, wenn F in $\mathfrak{x}_0$ und G in $\mathfrak{y}_0$ regulär sind. Es ist nämlich

$$\mathfrak{J}_{G \circ F}(\mathfrak{x}_0) = \mathfrak{J}_G(F(\mathfrak{x}_0)) \circ \mathfrak{J}_F(\mathfrak{x}_0),\ \text{also}\ J_{G \circ F}(\mathfrak{x}_0) = J_G(F(\mathfrak{x}_0)) \cdot J_F(\mathfrak{x}_0).$$

Die beiden folgenden Sätze sind fundamental:

Satz 4.1. *Es sei F eine Abbildung einer offenen Menge $M \subset \mathbb{R}^n$ in den $\mathbb{R}^n$. Ist F in $\mathfrak{x}_0 \in M$ regulär, so ist F in $\mathfrak{x}_0$ eineindeutig.*

Satz 4.2. *Es sei F eine Abbildung einer offenen Menge $M \subset \mathbb{R}^n$ in den $\mathbb{R}^n$. Ist F in $\mathfrak{x}_0 \in M$ regulär, so gibt es eine Umgebung W von $\mathfrak{y}_0 = F(\mathfrak{x}_0)$ mit $W \subset F(M)$.*

Zum Beweis dieser Sätze kann man ohne Einschränkung der Allgemeinheit annehmen, daß F in ganz M stetig differenzierbar ist.

Beweis von Satz 4.1. Es sei $F = (f_1, \ldots, f_n)$. Wir wählen eine Umgebung $U_\varepsilon(\mathfrak{x}_0) \subset M$ und betrachten zu n Punkten

$$\mathfrak{x}_1, \ldots, \mathfrak{x}_n \in U_\varepsilon(\mathfrak{x}_0)$$

die Matrix

$$A(\mathfrak{x}_1, \ldots, \mathfrak{x}_n) = \begin{pmatrix} f_{1x_1}(\mathfrak{x}_1) & \cdots & f_{1x_n}(\mathfrak{x}_1) \\ \cdot & & \cdot \\ \cdot & & \cdot \\ \cdot & & \cdot \\ f_{nx_1}(\mathfrak{x}_n) & \cdots & f_{nx_n}(\mathfrak{x}_n) \end{pmatrix} = (f_{\mu x_\nu}(\mathfrak{x}_\mu)).$$

Da F stetig differenzierbar ist, ist $\det(A)$ eine stetige Funktion der n Punkte $\mathfrak{x}_1, \ldots, \mathfrak{x}_n$ oder, in andern Worten, des Punktes

$$(\mathfrak{x}_1, \ldots, \mathfrak{x}_n) \in \mathbb{R}^{n^2}.$$

Der Definitionsbereich dieser Funktion ist $U_\varepsilon((\mathfrak{x}_0, \ldots, \mathfrak{x}_0)) \subset \mathbb{R}^{n^2}$, denn „$\mathfrak{x}_\nu \in U_\varepsilon(\mathfrak{x}_0)$ für $\nu = 1, \ldots, n$" ist äquivalent mit

„$(\mathfrak{x}_1, \ldots, \mathfrak{x}_n) \in U_\varepsilon((\mathfrak{x}_0, \ldots, \mathfrak{x}_0))$".

Weiter ist $\det A\,(\mathfrak{x}_0, \ldots, \mathfrak{x}_0) = J_F(\mathfrak{x}_0) \neq 0$, es gibt also wegen der Stetigkeit eine ganze Umgebung von $(\mathfrak{x}_0, \ldots, \mathfrak{x}_0) \in \mathbb{R}^{n^2}$, auf der $\det(A)$ nirgends verschwindet. Wir dürfen diese Umgebung in der Form $\bar{U}_\delta((\mathfrak{x}_0, \ldots, \mathfrak{x}_0)) \subset \mathbb{R}^{n^2}$ annehmen mit $0 < \delta < \varepsilon$.

Wir setzen $V = U_\delta(\mathfrak{x}_0) \subset M$ und zeigen nun, daß $F \mid \bar{V}$ injektiv ist. Sind $\mathfrak{x}^{(1)}$, $\mathfrak{x}^{(2)} \in \bar{V}$, so ist auf Grund des Mittelwertsatzes (Kap. III, Satz 5.3)

$$f_\mu(\mathfrak{x}^{(2)}) - f_\mu(\mathfrak{x}^{(1)}) = \sum_{\nu=1}^{n} f_{\mu x_\nu}(\mathfrak{x}^{(1)} + \vartheta_\mu(\mathfrak{x}^{(2)} - \mathfrak{x}^{(1)})) \cdot (x_\nu^{(2)} - x_\nu^{(1)})$$

für $\mu = 1, \ldots, n$, wobei ϑ_μ eine passende Zahl zwischen 0 und 1 ist. Diese n Gleichungen lassen sich zu einer Matrixgleichung zusammenfassen, wobei wir noch $\mathfrak{x}^{(1)} + \vartheta_\mu(\mathfrak{x}^{(2)} - \mathfrak{x}^{(1)}) = \mathfrak{x}_\mu$ setzen:

$$F(\mathfrak{x}^{(2)}) - F(\mathfrak{x}^{(1)}) = A\,(\mathfrak{x}_1, \ldots, \mathfrak{x}_n) \circ (\mathfrak{x}^{(2)} - \mathfrak{x}^{(1)}).$$

Da mit $\mathfrak{x}^{(1)}$ und $\mathfrak{x}^{(2)}$ auch $\mathfrak{x}_\mu$ in $\bar{V}$ liegt $(\mu = 1, \ldots, n)$, ist $(\mathfrak{x}_1, \ldots, \mathfrak{x}_n)$ in $\bar{U}_\delta((\mathfrak{x}_0, \ldots, \mathfrak{x}_0))$. Die Matrix A ist also nichtsingulär, und das bedeutet, daß aus $F(\mathfrak{x}^{(2)}) - F(\mathfrak{x}^{(1)}) = 0$ folgt $\mathfrak{x}^{(2)} - \mathfrak{x}^{(1)} = 0$, was zu zeigen war.

Beweis von Satz 4.2. Wir verwenden dieselben Bezeichnungen wie im vorigen Beweis.

Wir betrachten auf $\bar{V}$ die Funktion $g(\mathfrak{x}) = \| F(\mathfrak{x}) - F(\mathfrak{x}_0)\|$. Sie ist stetig auf $\bar{V}$, und für $\mathfrak{x} = \partial V$ gilt $g(\mathfrak{x}) > 0$, denn aus $g(\mathfrak{x}) = 0$ folgte $F(\mathfrak{x}) = F(\mathfrak{x}_0)$ und damit nach dem eben Bewiesenen $\mathfrak{x} = \mathfrak{x}_0$. Da ∂V kompakt ist, nimmt g auf ∂V sein Minimum an (Kap. II, Satz 4.7); da g auf ∂V nur positive Werte hat, ist auch dies Minimum positiv, wir bezeichnen es mit η.

Wir setzen jetzt $W = \{\mathfrak{y} \in \mathbb{R}^n : \| \mathfrak{y} - \mathfrak{y}_0\| < \eta/2\}$; das ist die offene euklidische Kugel um $\mathfrak{y}_0$ vom Radius $\eta/2$, also eine Umgebung von $\mathfrak{y}_0$.

Sei $\mathfrak{y}_1 \in W$. Es soll die Existenz eines $\mathfrak{x} \in V$ mit $F(\mathfrak{x}) = \mathfrak{y}_1$ nachgewiesen werden. Dazu untersuchen wir auf $\bar{V}$ die Funktion

$$h(\mathfrak{x}) = \| F(\mathfrak{x}) - \mathfrak{y}_1\|^2.$$

Da h stetig ist, nimmt h auf der kompakten Menge $\bar{V}$ das Minimum an, etwa in $\mathfrak{x}_1 \in \bar{V}$.

Für $\mathfrak{x} \in \partial V$ gilt

$$\eta \leq \| F(\mathfrak{x}) - \mathfrak{y}_0\| = \| F(\mathfrak{x}) - \mathfrak{y}_1 + \mathfrak{y}_1 - \mathfrak{y}_0\|$$
$$\leq \| F(\mathfrak{x}) - \mathfrak{y}_1\| + \| \mathfrak{y}_1 - \mathfrak{y}_0\|,$$

also $\quad \| F(\mathfrak{x}) - \mathfrak{y}_1\| \geq \eta - \| \mathfrak{y}_1 - \mathfrak{y}_0\| > \eta - \dfrac{\eta}{2} = \dfrac{\eta}{2}\,;$

andererseits ist $\| F(\mathfrak{x}_0) - \mathfrak{y}_1\| = \| \mathfrak{y}_1 - \mathfrak{y}_0\| < \eta/2$, das Minimum von $\sqrt{h}$ und damit das von h kann also nicht auf ∂V angenommen werden, d.h. es gilt $\mathfrak{x}_1 \in V$. Insbesondere hat h dann in $\mathfrak{x}_1$ ein lokales Minimum im Sinne von Kap. III, § 6.

Da $h(\mathfrak{x}) = \sum\limits_{\nu=1}^{n} (f_\nu(\mathfrak{x}) - y_\nu^{(1)})^2$ differenzierbar ist, müssen alle partiellen Ableitungen von h in $\mathfrak{x}_1$ verschwinden:

$$0 = 2 \sum_{\nu=1}^{n} (f_\nu(\mathfrak{x}_1) - y_\nu^{(1)}) f_{\nu x_\mu}(\mathfrak{x}_1) \quad \text{für} \quad \mu = 1, \ldots, n.$$

Diese Gleichungen lassen sich wieder zu einer Matrixgleichung zusammenfassen:

$$0 = 2 \mathfrak{J}_F^t(\mathfrak{x}_1) \circ (F(\mathfrak{x}_1) - \mathfrak{y}_1). \tag{1}$$

Wegen $\mathfrak{x}_1 \in V$ ist $\mathfrak{J}_F(\mathfrak{x}_1) = A(\mathfrak{x}_1, \ldots, \mathfrak{x}_1)$ nicht-singulär, es folgt also $F(\mathfrak{x}_1) - \mathfrak{y}_1 = 0$, und das vollendet den Beweis.

Dieser Beweis ist nicht konstruktiv, d.h. er gibt kein Verfahren, zu gegebenem $\mathfrak{y}_1$ in der Nähe von $\mathfrak{y}_0$ ein $\mathfrak{x}_1$ mit $F(\mathfrak{x}_1) = \mathfrak{y}_1$ wirklich zu berechnen. Dazu wäre es, nach dem obigen Beweis, nämlich nötig, lokale Minima von h wirklich zu bestimmen. Der Satz 4.7 des Kapitels II gibt dazu kein Mittel, denn er stützt sich seinerseits auf den nicht-konstruktiven Beweis von Satz 2.1, Kapitel II. — Das gesuchte $\mathfrak{x}_1$ muß zwar unter den Punkten, welche die Gl. (1) erfüllen, vorkommen, aber das bedeutet, daß $\mathfrak{x}_1$ ein Urbild der 0 bei der Abbildung $\mathfrak{x} \to 2 \mathfrak{J}_F^t(\mathfrak{x}) \circ (F(\mathfrak{x}) - \mathfrak{y}_1)$ sein soll — und Urbilder zu finden war gerade unser Problem. Es erscheint daher wünschenswert, einen weiteren Beweis für Satz 4.2 anzugeben, der, wenigstens im Prinzip, die Berechnung eines Urbilds von $\mathfrak{y}_1$ erlaubt.

Zweiter Beweis von Satz 4.2. Wir betrachten zunächst die lineare Abbildung $L \colon \mathbb{R}^n \to \mathbb{R}^n$, die durch

$$L(\mathfrak{x}) = (\mathfrak{J}_F(\mathfrak{x}_0))^{-1} \circ (\mathfrak{x} - \mathfrak{y}_0) + \mathfrak{y}_0$$

gegeben ist, dabei ist $\mathfrak{y}_0 = F(\mathfrak{x}_0)$ gesetzt. Es ist

$$\mathfrak{J}_L(\mathfrak{y}_0) = (\mathfrak{J}_F(\mathfrak{x}_0))^{-1} \quad \text{und} \quad L(\mathfrak{y}_0) = \mathfrak{y}_0;$$

L ist bijektiv, L^{-1} ist insbesondere offen und führt Umgebungen von $\mathfrak{y}_0$ in Umgebungen von $\mathfrak{y}_0$ über.

Setzen wir $G = L \circ F \colon M \to \mathbb{R}^n$, so gilt $G(\mathfrak{x}_0) = \mathfrak{y}_0$ und

$$\mathfrak{J}_G(\mathfrak{x}_0) = \mathfrak{J}_L(\mathfrak{y}_0) \circ \mathfrak{J}_F(\mathfrak{x}_0) = E.$$

Wir werden unten die vereinfachte Aufgabe lösen, zu beliebigem $\mathfrak{y}_*$ aus einer gewissen Umgebung U von $\mathfrak{y}_0$ ein $\mathfrak{x}_1 \in M$ zu konstruieren mit $G(\mathfrak{x}_1) = \mathfrak{y}_*$, d.h. $\mathfrak{x}_1 = G^{-1}(\mathfrak{y}_*)$. Dann gilt $F(\mathfrak{x}_1) = L^{-1}(\mathfrak{y}_*)$. Damit haben wir auch für jedes $\mathfrak{y}_1$ aus der Umgebung $L^{-1}(U)$ von $\mathfrak{y}_0$ ein $\mathfrak{x}_1$ mit $F(\mathfrak{x}_1) = \mathfrak{y}_1$ gewonnen: Es genügt, $\mathfrak{x}_1 = G^{-1}(L(\mathfrak{y}_1))$ zu nehmen.

Die Abbildung $H\colon M \to \mathbb{R}^n$ sei definiert durch

$$G(\mathfrak{x}) - G(\mathfrak{x}_0) = \mathfrak{x} - \mathfrak{x}_0 + H(\mathfrak{x}).$$

Dann ist H offenbar in M stetig differenzierbar, es ist $H(\mathfrak{x}_0) = 0$. Ferner gilt

$$\delta_{\mu\nu} = \frac{\partial g_\mu}{\partial x_\nu}(\mathfrak{x}_0) = \frac{\partial x_\mu}{\partial x_\nu}(\mathfrak{x}_0) + \frac{\partial h_\mu}{\partial x_\nu}(\mathfrak{x}_0) = \delta_{\mu\nu} + \frac{\partial h_\mu}{\partial x_\nu}(\mathfrak{x}_0),$$

also $h_{\mu x_\nu}(\mathfrak{x}_0) = 0$ für $\mu, \nu = 1, \ldots, n$, wobei wie üblich

$$G = (g_1, \ldots, g_n) \quad \text{und} \quad H = (h_1, \ldots, h_n)$$

gesetzt ist. Wegen der Stetigkeit der $h_{\mu x_\nu}$ können wir $\varepsilon > 0$ so wählen, daß $U = U_{2\varepsilon}(\mathfrak{x}_0) \subset\subset M$ und $\max_{\mu,\nu} \sup |h_{\mu x_\nu}(\bar{U})| \leqq 1/2\,n$. Ist $\mathfrak{x} \in U$, so ist nach dem Mittelwertsatz (Kap. III, Satz 4.3)

$$|h_\nu(\mathfrak{x})| = |h_\nu(\mathfrak{x}) - h_\nu(\mathfrak{x}_0)| = \Big|\sum_{\mu=1}^{n} h_{\nu x_\mu}(\mathfrak{x}_0 + \vartheta_\nu(\mathfrak{x} - \mathfrak{x}_0)) \cdot (x_\mu - x_\mu^{(0)})\Big|$$

$$\leqq \sum_{\mu=1}^{n} |h_{\nu x_\mu}(\mathfrak{x}_0 + \vartheta_\nu(\mathfrak{x} - \mathfrak{x}_0))| \cdot |x_\mu - x_\mu^{(0)}|$$

$$\leqq n \cdot \max_{\mu,\nu} \sup |h_{\nu x_\mu}(\bar{U})| \cdot \max |x_\mu - x_\mu^{(0)}|$$

$$\leqq \tfrac{1}{2}|\mathfrak{x} - \mathfrak{x}_0| \quad \text{für} \quad \nu = 1, \ldots, n,$$

also

$$|H(\mathfrak{x})| \leqq \tfrac{1}{2}|\mathfrak{x} - \mathfrak{x}_0| \leqq \varepsilon. \tag{1}$$

Es sei nun $\mathfrak{y}_* \in \overline{U_\varepsilon(\mathfrak{y}_0)}$. Wir definieren induktiv eine in U gelegene Punktfolge $(\mathfrak{x}_l)$: Es sei $\mathfrak{x}_1$ gegeben durch

$$\mathfrak{y}_* - \mathfrak{y}_0 = \mathfrak{x}_1 - \mathfrak{x}_0. \tag{2_1}$$

Der Punkt $\mathfrak{x}_1$ liegt offenbar in U, es ist sogar

$$|\mathfrak{x}_1 - \mathfrak{x}_0| = |\mathfrak{y}_* - \mathfrak{y}_0| \leqq \varepsilon.$$

Wir nehmen an, es sei $l > 1$ und für $\lambda = 1, \ldots, l-1$ seien schon Punkte $\mathfrak{x}_\lambda$ definiert, die $|\mathfrak{x}_\lambda - \mathfrak{x}_0| \leqq \dfrac{2^\lambda - 1}{2^{\lambda-1}}\varepsilon < 2\,\varepsilon$ erfüllen. Dann wird $\mathfrak{x}_l$ definiert durch

$$\mathfrak{y}_* - \mathfrak{y}_0 = \mathfrak{x}_l - \mathfrak{x}_0 + H(\mathfrak{x}_{l-1}). \tag{2_l}$$

Es ist
$$\begin{aligned}
|\mathfrak{x}_l - \mathfrak{x}_0| &= |\mathfrak{y}_* - \mathfrak{y}_0 - H(\mathfrak{x}_{l-1})| \\
&\leqq |\mathfrak{y}_* - \mathfrak{y}_0| + |H(\mathfrak{x}_{l-1})| \\
&\leqq \varepsilon + \tfrac{1}{2}|\mathfrak{x}_{l-1} - \mathfrak{x}_0| \qquad\qquad \text{nach (1)} \\
&\leqq \Big(1 + \frac{1}{2}\frac{2^{l-1} - 1}{2^{l-2}}\Big)\varepsilon = \frac{2^l - 1}{2^{l-1}}\varepsilon < 2\,\varepsilon.
\end{aligned}$$

Es liegt also $\mathfrak{x}_l$ in U, und $\mathfrak{x}_{l+1}$ kann nun durch

$$\mathfrak{y}_* - \mathfrak{y}_0 = \mathfrak{x}_{l+1} - \mathfrak{x}_0 + H(\mathfrak{x}_l) \qquad (2_{l+1})$$

definiert werden.

Wir zeigen nun, daß die Folge $(\mathfrak{x}_l)$ konvergiert: Subtraktion der Gleichungen (2_{l+1}) und (2_l) ergibt für $l \geqq 1$

$$\mathfrak{x}_{l+1} - \mathfrak{x}_l = H(\mathfrak{x}_{l-1}) - H(\mathfrak{x}_l),$$

also $\quad |\mathfrak{x}_{l+1} - \mathfrak{x}_l| = |H(\mathfrak{x}_l) - H(\mathfrak{x}_{l-1})| = \max_\nu |h_\nu(\mathfrak{x}_l) - h_\nu(\mathfrak{x}_{l-1})|.$

Auf die letzte Differenz wenden wir wieder den Mittelwertsatz an:

$$\begin{aligned}
|h_\nu(\mathfrak{x}_l) - h_\nu(\mathfrak{x}_{l-1})| &= \Big| \sum_{\mu=1}^{n} h_{\nu x_\mu}(\mathfrak{x}_{l-1} + \vartheta_\nu(\mathfrak{x}_l - \mathfrak{x}_{l-1})) \cdot (x_\mu^{(l)} - x_\mu^{(l-1)}) \Big| \\
&\leqq n \cdot \max_{\mu,\nu} \sup |h_{\nu x_\mu}(\bar{U})| \cdot \max |x_\mu^{(l)} - x_\mu^{(l-1)}| \\
&\leqq \tfrac{1}{2} |\mathfrak{x}_l - \mathfrak{x}_{l-1}| \quad \text{für} \quad \nu = 1, \dots, n.
\end{aligned}$$

Wir erhalten also

$$|\mathfrak{x}_{l+1} - \mathfrak{x}_l| \leqq \tfrac{1}{2} |\mathfrak{x}_l - \mathfrak{x}_{l-1}|.$$

Daraus folgt sofort durch vollständige Induktion

$$|\mathfrak{x}_{l+1} - \mathfrak{x}_l| \leqq \frac{1}{2^l} |\mathfrak{x}_1 - \mathfrak{x}_0| \leqq \frac{1}{2^l} \varepsilon.$$

Das zeigt aber, daß die unendliche Reihe $\sum\limits_{\lambda=1}^{\infty} (\mathfrak{x}_\lambda - \mathfrak{x}_{\lambda-1})$ die (gegen 2ε) konvergente Majorante $\sum\limits_{\lambda=1}^{\infty} 2^{1-\lambda} \varepsilon$ hat, also selbst konvergiert. Ihre Summe bezeichnen wir mit $\mathfrak{x}_* - \mathfrak{x}_0$, es ist also

$$\mathfrak{x}_* = \mathfrak{x}_0 + \lim_{l\to\infty} \sum_{\lambda=1}^{l} (\mathfrak{x}_\lambda - \mathfrak{x}_{\lambda-1}) = \mathfrak{x}_0 + \lim_{l\to\infty} (\mathfrak{x}_l - \mathfrak{x}_0) = \lim_{l\to\infty} \mathfrak{x}_l,$$

und $\mathfrak{x}_*$ liegt in der abgeschlossenen Menge $\bar{U}$.

Schließlich kann man in der Formel (2_l) zum Limes übergehen (man beachte die Stetigkeit von H):

$$\begin{aligned}
\mathfrak{y}_* - \mathfrak{y}_0 &= \lim_{l\to\infty} \mathfrak{x}_l - \mathfrak{x}_0 + \lim_{l\to\infty} H(\mathfrak{x}_{l-1}) \\
&= \lim_{l\to\infty} \mathfrak{x}_l - \mathfrak{x}_0 + H(\lim_{l\to\infty} \mathfrak{x}_{l-1}) \\
&= \mathfrak{x}_* - \mathfrak{x}_0 + H(\mathfrak{x}_*),
\end{aligned}$$

also $\qquad\qquad \mathfrak{y}_* = G(\mathfrak{x}_*).$

Damit ist die Aufgabe gelöst.

Im letzten Teil des Beweises wurde eine unendliche Reihe von Vektoren des $\mathbb{R}^n$ benutzt; dieser Begriff ist bisher nicht diskutiert worden. Man muß einfach diese Reihe als Abkürzung für das n-tupel der sich aus den Komponenten der Vektoren ergebenden unendlichen Reihen reeller Zahlen verstehen.

Aus dem obigen Satz ergibt sich leicht

Satz 4.3. *Ist $M \subset \mathbb{R}^n$ offen und $F\colon M \to \mathbb{R}^n$ regulär, so ist F offen.*

Beweis. Es sei $U \subset M$ offen und $\mathfrak{y} \in F(U)$ beliebig, etwa $\mathfrak{y} = F(\mathfrak{x})$ mit $\mathfrak{x} \in U$. Nach Satz 4.2, angewandt auf U statt M, gibt es zur Umgebung U von $\mathfrak{x}$ eine Umgebung W von $\mathfrak{y}$ mit $W \subset F(U)$, $\mathfrak{y}$ ist also innerer Punkt von $F(U)$; $F(U)$ ist offen, was zu zeigen war.

§ 5. Umkehrabbildungen

Wir fragen jetzt nach der Differenzierbarkeit bzw. Regularität der Umkehrabbildung einer bijektiven regulären Abbildung.

Ist $M \subset \mathbb{R}^n$ offen und $F\colon M \to \mathbb{R}^n$ regulär, so ist nach Satz 4.3 die Menge $F(M) = N$ offen und $F\colon M \to N$ eine offene surjektive Abbildung. Ist F außerdem bijektiv, so ist also F^{-1} stetig (vgl. S. 46). Es gilt sogar

Satz 5.1. *Ist $M \subset \mathbb{R}^n$ offen und $F\colon M \to N \subset \mathbb{R}^n$ bijektiv und regulär, so ist auch die Umkehrbildung $F^{-1}\colon N \to M$ bijektiv und regulär.*

Beweis. Es sei $F = (f_1, \ldots, f_n)$ und $F^{-1} = (g_1, \ldots, g_n)$. Weiter seien $\mathfrak{x}, \mathfrak{x}_0 \in M$ und $\mathfrak{y} = F(\mathfrak{x})$, $\mathfrak{y}_0 = F(\mathfrak{x}_0)$. Wegen der Differenzierbarkeit von F in $\mathfrak{x}_0$ können wir für $\mu = 1, \ldots, n$ schreiben

$$y_\mu - y_\mu^{(0)} = f_\mu(\mathfrak{x}) - f_\mu(\mathfrak{x}_0) = \sum_{\nu=1}^{n} (x_\nu - x_\nu^{(0)}) \Delta_{\mu\nu}(\mathfrak{x}) \tag{1}$$

mit in $\mathfrak{x}_0$ stetigen Funktionen $\Delta_{\mu\nu}$.

Dann ist auch $\det((\Delta_{\mu\nu}(\mathfrak{x}))_{1 \le \mu, \nu \le n})$ in $\mathfrak{x}_0$ stetig. Es ist aber $\det(\Delta_{\mu\nu}(\mathfrak{x}_0)) = J_F(\mathfrak{x}_0) \ne 0$. Also ist $\det(\Delta_{\mu\nu}(\mathfrak{x}))$ in einer ganzen Umgebung von $\mathfrak{x}_0$ von 0 verschieden, und die Matrix $(\Delta_{\mu\nu}(\mathfrak{x}))$ hat in dieser Umgebung eine Inverse $(\Theta_{\lambda\mu}(\mathfrak{x}))$. Die Funktionen $\Theta_{\lambda\mu}(\mathfrak{x})$ erhält man, indem man gewisse Polynome in den $\Delta_{\mu\nu}$ durch $\det(\Delta_{\mu\nu})$ dividiert, sie sind also auch in $\mathfrak{x}_0$ stetig. Ferner ist offenbar $\det(\Theta_{\lambda\mu}(\mathfrak{x}_0)) \ne 0$.

Multiplizieren wir (1) mit $\Theta_{\lambda\mu}(\mathfrak{x})$ und summieren über μ, so erhalten wir wegen $\sum\limits_{\mu=1}^{n} \Theta_{\lambda\mu}(\mathfrak{x}) \cdot \Delta_{\mu\nu}(\mathfrak{x}) = \delta_{\lambda\nu}$ und $\mathfrak{x} = F^{-1}(\mathfrak{y})$

$$\sum_{\mu=1}^{n} (y_\mu - y_\mu^{(0)}) \Theta_{\lambda\mu} \circ F^{-1}(\mathfrak{y}) = x_\lambda - x_\lambda^{(0)} = g_\lambda(\mathfrak{y}) - g_\lambda(\mathfrak{y}_0). \tag{2}$$

Da die Funktionen $\Theta_{\lambda\mu} \circ F^{-1}$ in $\mathfrak{y}_0$ stetig sind, ist damit die Differenzierbarkeit von F^{-1} in $\mathfrak{y}_0$ gezeigt. Weiter folgt aus (2) die Gleichung $\mathfrak{J}_{F^{-1}} = \mathfrak{J}_F{}^{-1} \circ F^{-1}$ (für beliebiges $\mathfrak{y}_0 \in N$). Da $\mathfrak{x} = F^{-1}(\mathfrak{y})$ stetig von $\mathfrak{y}$ abhängt und, wie wir oben schon sahen, die Elemente der Inversen einer nicht-singulären Matrix stetiger Funktionen wieder stetige Funktionen sind, folgt die Stetigkeit von $\mathfrak{J}_{F^{-1}}$ in N, d.h. die Stetigkeit aller partiellen Ableitungen der g_ν. Schließlich ist

$$J_{F^{-1}} = \det(\mathfrak{J}_{F^{-1}}) = \det(\mathfrak{J}_F^{-1} \circ F^{-1}) = (J_F \circ F^{-1})^{-1},$$

also $J_{F^{-1}}(\mathfrak{y}) \neq 0$. Also ist F^{-1} in N stetig differenzierbar und hat eine nirgends verschwindende Funktionaldeterminante, was zu beweisen war.

Satz 5.2. *Ist* $M \subset \mathbb{R}^n$ *offen und* $F: M \to N \subset \mathbb{R}^n$ *bijektiv, regulär und* k-*mal (stetig) differenzierbar, so ist* $F^{-1}: N \to M$ *auch* k-*mal (stetig) differenzierbar.*

Beweis durch Induktion nach k: Die Aussage ist für $k = 1$ in Satz 5.1 enthalten. Es sei $k > 1$ und die Aussage für $k - 1$ schon bewiesen. Nach dem Beweis von Satz 5.1 ist jedes $g_{\nu y_\mu}(\mathfrak{y})$ Quotient eines Polynoms in den $f_{\varkappa x_\lambda} \circ F^{-1}(\mathfrak{y})$ mit dem nicht verschwindenden Polynom $J_F \circ F^{-1}(\mathfrak{y})$ in denselben Elementen. Nach Voraussetzung sind die $f_{\varkappa x_\lambda}$ mindestens $(k - 1)$-mal (stetig) differenzierbar, nach Induktionsvoraussetzung gilt das auch für F^{-1}. Dann sind auch die $f_{\varkappa x_\lambda} \circ F^{-1}$ mindestens $(k - 1)$-mal (stetig) differenzierbar nach der Kettenregel und damit schließlich auch die $g_{\nu y_\mu}$. Das heißt aber, daß die g_ν, und damit auch F^{-1}, mindestens k-mal (stetig) differenzierbar sind.

§ 6. Gleichungssysteme und implizite Funktionen

Die Funktionen $f_1, \dots, f_m$ seien auf einer offenen Menge M des $\mathbb{R}^n$ definiert, dabei sei $m \leq n$. Wir fragen nach den Punkten von M, welche das Gleichungssystem

$$f_1(\mathfrak{x}) = 0, \dots, f_m(\mathfrak{x}) = 0 \tag{1}$$

erfüllen. Der aus der analytischen Geometrie bekannte Spezialfall eines linearen Gleichungssystems legt einige Vermutungen nahe: Wenn es überhaupt Lösungen gibt, so erfüllen diese eine mindestens $(n - m)$-dimensionale Fläche; ist deren Dimension gerade $n - m$, so kann man die Lösungsfläche beschreiben, indem man $n - m$ geeignete unter den Variablen $x_1, \dots, x_n$, etwa $x_{m+1}, \dots, x_n$, als „unabhängige Variable" wählt und (1) nach den andern Variablen, etwa $x_1, \dots, x_m$, „auflöst", d.h. man kann Funktionen

$$g_1(x_{m+1}, \dots, x_n), \dots, g_m(x_{m+1}, \dots, x_n)$$

so finden, daß (1) äquivalent ist mit

$$x_1 = g_1(x_{m+1}, \dots, x_n), \dots, x_m = g_m(x_{m+1}, \dots, x_n).$$

Da es im linearen Fall wesentlich auf den Bau der Koeffizienten-matrix ankommt, ist zu erwarten, daß im allgemeinen Fall (bei differenzierbaren f_μ) die Funktionalmatrix von $(f_1, \ldots, f_m)$ die wichtigste Rolle bei der Untersuchung dieser Vermutungen spielen wird.

Es sei noch bemerkt, daß ein Gleichungssystem der Form

$$f_1(\mathfrak{x}) = c_1, \ldots, f_m(\mathfrak{x}) = c_m$$

nur scheinbar allgemeiner als (1) ist: Man kann nämlich die c_μ auf die linke Seite dieser Gleichungen bringen und statt $f_\mu - c_\mu$ wieder f_μ schreiben — damit hat man die Form (1) hergestellt.

Wir wollen zuerst die Auflösbarkeit von (1) nach $x_1, \ldots, x_m$ untersuchen. Dazu ist es zweckmäßig, jedem Punkt $\mathfrak{x} = (x_1, \ldots, x_n) \in \mathbb{R}^n$ einerseits den Punkt $\mathfrak{x}' = (x_1, \ldots, x_m) \in \mathbb{R}^m$, andererseits den Punkt $\mathfrak{x}'' = (x_{m+1}, \ldots, x_n) \in \mathbb{R}^{n-m}$ zuzuordnen. Sind umgekehrt $\mathfrak{x}' \in \mathbb{R}^m$ und $\mathfrak{x}'' \in \mathbb{R}^{n-m}$ beliebige Punkte, so ist $\mathfrak{x} = (\mathfrak{x}', \mathfrak{x}'')$ ein Punkt des $\mathbb{R}^n$.

Es ist weiter zweckmäßig, aus den Funktionen $f_1, \ldots, f_m$ die Abbildung $\tilde{F} = (f_1, \ldots, f_m) \colon M \to \mathbb{R}^m$ zu bilden; die Untersuchung der Lösungsmenge von (1) bedeutet nichts anderes als die Untersuchung von $\tilde{F}^{-1}(0)$.

Sind die f_μ differenzierbar, so hat die Funktionalmatrix $\mathfrak{J}_{\tilde{F}}$ gerade n Spalten und m Zeilen. Die aus ihren ersten m Spalten gebildete quadratische Matrix sei mit $H_{\tilde{F}}$ bezeichnet.

Satz 6.1. *Es sei* $M \subset \mathbb{R}^n$ *offen,* $m \leq n$ *und* $\tilde{F} = (f_1, \ldots, f_m) \colon M \to \mathbb{R}^m$ *eine stetig differenzierbare Abbildung. Ist* $\mathfrak{x}_0 \in M$ *mit* $\tilde{F}(\mathfrak{x}_0) = 0$ *und*

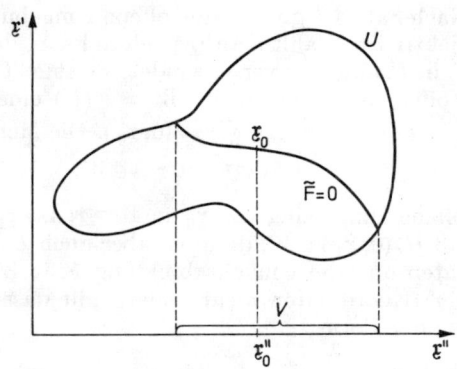

Fig. 9. Zu Satz 6.1

$\det(H_{\tilde{F}}(\mathfrak{x}_0)) = \det((f_{\mu x_\nu}(\mathfrak{x}_0))_{1 \leq \mu, \nu \leq m}) \neq 0$, *so gibt es eine offene Umgebung* $U \subset M$ *von* $\mathfrak{x}_0$ *und eine offene Umgebung* V *von* $\mathfrak{x}_0''$ *im* $\mathbb{R}^{n-m}$ *sowie eine stetig differenzierbare Abbildung* $G = (g_1, \ldots, g_m) \colon V \to \mathbb{R}^m$, *so daß*

$$U \cap \{\mathfrak{x} \in M : \tilde{F}(\mathfrak{x}) = 0\} = \{\mathfrak{x} = (G(\mathfrak{x}''), \mathfrak{x}'') : \mathfrak{x}'' \in V\}.$$

Unter den Voraussetzungen des Satzes kann also die Auflösung von (1) nach $x_1, \ldots, x_m$ in eindeutiger Weise bewerkstelligt werden, jedenfalls in einer Umgebung von $\mathfrak{x}_0$. Die Lösungspunkte von (1), soweit sie in dieser Umgebung liegen, erfüllen gerade den Graphen der Abbildung G. Das ist in der vorstehenden Figur angedeutet.

Beweis. Wir „ergänzen" $\tilde{F}$ zu einer Abbildung

$$F = (f_1, \ldots, f_m, x_{m+1}, \ldots, x_n): M \to \mathbb{R}^n.$$

Die ersten m Zeilen der Funktionalmatrix $\mathfrak{J}_F$ stimmen dann mit denen von $\mathfrak{J}_{\tilde{F}}$ überein, für $m + 1 \leq \mu \leq n$ enthält die μ-te Zeile von $\mathfrak{J}_F$ eine 1 an der μ-ten Stelle, sonst nur Nullen.

Insbesondere ist $J_F(\mathfrak{x}_0) = \det \mathfrak{J}_F(\mathfrak{x}_0) = \det H_{\tilde{F}}(\mathfrak{x}_0) \neq 0$, also ist F in $\mathfrak{x}_0$ regulär. Nach Satz 4.1 gibt es eine offene Umgebung U von $\mathfrak{x}_0$, so daß $F \mid U$ bijektiv ist. Wählt man U noch so klein, daß die stetige Funktion $J_F(\mathfrak{x})$ in U nirgends verschwindet, so ist $F \mid U$ regulär und nach Satz 4.3 offen, insbesondere ist $W = F(U)$ eine offene Umgebung von $\mathfrak{y}_0 = F(\mathfrak{x}_0) = (\tilde{F}(\mathfrak{x}_0), \mathfrak{x}_0'') = (0, \mathfrak{x}_0'')$. Die Menge

$$V = \{\mathfrak{x}'' \in \mathbb{R}^{n-m} : (0, \mathfrak{x}'') \in W\}$$

ist dann eine offene Umgebung von $\mathfrak{x}_0''$ in $\mathbb{R}^{n-m}$: Ist $\mathfrak{x}_1'' \in V$, so gibt es $\varepsilon > 0$ so, daß $U_\varepsilon(0, \mathfrak{x}_1'') \subset W$, dann ist aber auch $U_\varepsilon(\mathfrak{x}_1'') \subset V$.

Wir betrachten nun die Umkehrabbildung $F^{-1}: W \to U$. Da F die letzten $n - m$ Koordinaten nicht ändert, gilt dasselbe für F^{-1}. Also ist F^{-1} von der Form

$$F^{-1}(\mathfrak{x}) = (\check{f}_1(\mathfrak{x}), \ldots, \check{f}_m(\mathfrak{x}), x_{m+1}, \ldots, x_n)$$

mit in W stetig differenzierbaren Funktionen $\check{f}_\mu$ (vgl. Satz 5.1). Wir setzen nun

$$g_\mu(x_{m+1}, \ldots, x_n) = \check{f}_\mu(0, \ldots, 0, x_{m+1}, \ldots, x_n) \text{ für } \mu = 1, \ldots, m,$$

und $G = (g_1, \ldots, g_m)$. Dann ist G eine auf V definierte stetig diffe-
enzierbare Abbildung. Es gilt

$$U \cap \tilde{F}^{-1}(0) = F^{-1}(W \cap \{\mathfrak{y}: \mathfrak{y}' = 0\}) = \{\mathfrak{x}: \mathfrak{x}'' \in V, \ \mathfrak{x}' = G(\mathfrak{x}'')\},$$

was zu beweisen war.

Satz 6.2. *Mit den Bezeichnungen und Voraussetzungen von
Satz 6.1 gilt für die partiellen Ableitungen*

$$G_{x_\nu}(\mathfrak{x}'') = - (H_{\tilde{F}}(G(\mathfrak{x}''), \mathfrak{x}''))^{-1} \circ \tilde{F}_{x_\nu}(G(\mathfrak{x}''), \mathfrak{x}'') \ \text{für } \nu = m + 1, \ldots, n.$$

Dabei ist unter G_{x_ν} bzw. $\tilde{F}_{x_\nu}$ der aus den $g_{\mu x_\nu}$ bzw. $f_{\mu x_\nu}$ gebildete
Spaltenvektor zu verstehen und unter „$\circ$" die Matrizenmultipli-
kation.

Beweis. Für $\mathfrak{x}'' \in V$ und $\mu = 1, \ldots, m$ ist $0 \equiv f_\mu(G(\mathfrak{x}''), \mathfrak{x}'')$, also
auch $0 \equiv \dfrac{\partial}{\partial x_\nu} (f_\mu(G(\mathfrak{x}''), \mathfrak{x}''))$ für $\nu = m + 1, \ldots, n$. Nach der
Kettenregel ergibt sich

$$0 = \sum_{\lambda=1}^{m} f_{\mu x_\lambda}(G(\mathfrak{x}''), \mathfrak{x}'') \cdot g_{\lambda x_\nu}(\mathfrak{x}'') + f_{\mu x_\nu}.$$

Faßt man das zu einer Matrixgleichung zusammen, so ergibt sich
$0 = H_{\tilde{F}} \circ G_{x_\nu} + \tilde{F}_{x_\nu}$, da ja $H_{\tilde{F}} = ((f_{\mu x_\lambda})_{1 \leq \mu, \ \lambda \leq m})$ war. Da schließlich
$(G(\mathfrak{x}''), \mathfrak{x}'') \in U$ und $H_{\tilde{F}}$ nach Konstruktion dort invertierbar ist, er-
gibt sich die Behauptung.

Der Satz 6.1 leistet die Auflösung von (1) nach $x_1, \ldots, x_m$. Hat
nun etwa die m-reihige quadratische Teilmatrix von $\mathfrak{J}_{\tilde{F}}(\mathfrak{x}_0)$, welche
aus der ν_1-ten, ν_2-ten, $\ldots$, ν_m-ten Spalten von $\mathfrak{J}_{\tilde{F}}(\mathfrak{x}_0)$ gebildet ist,
eine nichtverschwindende Determinante, so kann man, falls die
übrigen Voraussetzungen erfüllt sind, in völlig analoger Weise das
System (1) in einer Umgebung von $\mathfrak{x}_0$ nach $x_{\nu_1}, \ldots, x_{\nu_m}$ auflösen;
auch Satz 6.2 gilt sinngemäß. Die eindeutige lokale Auflösbarkeit
von (1) in der Umgebung eines Lösungspunktes $\mathfrak{x}_0$ ist also gewährleistet, sobald der Rang von $\mathfrak{J}_{\tilde{F}}(\mathfrak{x}_0)$ genau m, d.h. maximal ist. Das
bedeutet übrigens, daß der Homomorphismus $\tilde{F}_*: T_{\mathfrak{x}_0} \to T_{\tilde{F}(\mathfrak{x}_0)}$
surjektiv ist.

Wir wollen die obigen Sätze noch am Fall $m = 1$ verdeutlichen:
Es sei also die Funktion f auf der offenen Menge $M \subset \mathbb{R}^n$ stetig differenzierbar, für einen Punkt $\mathfrak{x}_0 \in M$ gelte $f(\mathfrak{x}_0) = 0$. Die Matrix $H_{\tilde{F}}(\mathfrak{x})$
hat nur das eine Element $f_{x_1}(\mathfrak{x})$. Ist $f_{x_1}(\mathfrak{x}_0) \neq 0$, so gibt es nach
Satz 6.1 eine Umgebung U von $\mathfrak{x}_0$ so, daß für $\mathfrak{x} \in U$ die Beziehung
$f(\mathfrak{x}) = 0$ mit $x_1 = g(x_2, \ldots, x_n)$ gleichbedeutend ist; dabei ist g eine
in einer Umgebung V von $\mathfrak{x}_0'' = (x_2^{(0)}, \ldots, x_n^{(0)})$ definierte stetig differenzierbare Funktion. Es ist also $f(g(x_2, \ldots, x_n), x_2, \ldots, x_n) \equiv 0$.
Weiter gilt $g_{x_\nu} = - (1/f_{x_1}) \cdot f_{x_\nu}$ in V für $\nu = 2, \ldots, n$. — Ist

$f_{x_2}(\mathfrak{x}_0) \neq 0$, so kann man in einer Umgebung von $\mathfrak{x}_0$ nach x_2 auflösen: Es gibt $g^*(x_1, x_3, \ldots, x_n)$ mit $f(x_1, g^*(x_1, x_3, \ldots, x_n), x_3, \ldots, x_n) \equiv 0$. Nur in den Punkten $\mathfrak{x}$ mit $f(\mathfrak{x}) = 0$ und $df(\mathfrak{x}) = 0$ gibt unser Satz keine Auskunft über die Auflösbarkeit.

Ist $f(\mathfrak{x}) = 0$ etwa nach x_1 auflösbar, so sagt man auch, diese Gleichung definiere x_1 als *implizite Funktion* von $x_2, \ldots, x_n$. Satz 6.1 wird daher auch als Hauptsatz über implizite Funktionen bezeichnet.

Wir wollen noch ein einfaches Beispiel studieren: Es sei $M = \mathbb{R}^2$, $m = 1$, $f(x_1, x_2) = x_1^2 + x_2^2 - 1$. Es ist $f_{x_1} = 2x_1$, also

$$\{\mathfrak{x} : f(\mathfrak{x}) = 0\} \cap \{\mathfrak{x} : f_{x_1}(\mathfrak{x}) = 0\} = \{(0, 1), (0, -1)\}.$$

Ist $\mathfrak{x}_0$ keiner von diesen beiden Punkten, aber $f(\mathfrak{x}_0) = 0$, so können wir $f = 0$ nach x_1 auflösen, für U kann dann sogar die ganze rechte (bzw. linke) offene Halbebene genommen werden. V ist jedesmal das offene Intervall $(-1, 1)$. Man kann in diesem Fall die Auflösung sofort explizit angeben (im allgemeinen kann das schwer sein):

$$x_1 = g(x_2) = \sqrt{1 - x_2^2} \quad (\text{bzw. } g = -\sqrt{1 - x_2^2}),$$

falls $\mathfrak{x}_0$ in der rechten (bzw. linken) Halbebene liegt. Die Auflösung nach x_1 ist also lokal eindeutig (wenn überhaupt möglich), global aber nicht eindeutig: *eine* implizite Funktion kann *mehrere* verschiedene explizite Funktionen definieren. — Für die Auflösung nach x_2 gilt das Analoge; man sieht, daß $f(\mathfrak{x}) = 0$ in jedem Punkt nach mindestens einer der Variablen aufgelöst werden kann.

Ein Beispiel für Unmöglichkeit der Auflösung gibt die Funktion $f(x_1, x_2) = x_1^2 - x_2^2$ in $\mathfrak{x}_0 = (0, 0)$. Es ist $f_{x_1}(\mathfrak{x}_0) = f_{x_2}(\mathfrak{x}_0) = 0$, Satz 6.1 versagt also. Die Menge $N = \{\mathfrak{x} : f(\mathfrak{x}) = 0\}$ besteht aus zwei sich im Nullpunkt schneidenden Geraden; man sieht, daß für keine Umgebung U von 0 sich $N \cap U$ als Graph einer Funktion von x_1 oder von x_2 ansehen läßt. — Bei $f(x_1, x_2) = x_1^2$ versagt Satz 6.1 auch in $\mathfrak{x}_0 = (0, 0)$, die Gleichung $f(\mathfrak{x}) = 0$ läßt sich dennoch durch $x_1 = 0$ nach x_1 auflösen.

Mit den gleichen Methoden wie bei Satz 6.1 können wir auch solche stetig differenzierbaren Abbildungen behandeln, deren Funktionalmatrix im Definitionsgebiet konstanten Rang hat. Es sei $M \subset \mathbb{R}^n$ offen und $F: M \to \mathbb{R}^m$ stetig differenzierbar. Wir setzen *nicht* $m \leq n$ voraus. In jedem Punkt $\mathfrak{x} \in M$ habe $\mathfrak{J}_F(\mathfrak{x})$ den Rang r, d.h. es gibt eine r-reihige Unterdeterminante von $\mathfrak{J}_F(\mathfrak{x})$, die nicht verschwindet, und alle Unterdeterminanten von $\mathfrak{J}_F(\mathfrak{x})$ mit mehr als r Reihen verschwinden. Es ist $r \leq \min\{m, n\}$. Durch Umnumerieren der Koordinaten im $\mathbb{R}^n$ und $\mathbb{R}^m$ können wir dann für festes $\mathfrak{x}_0 \in M$ erreichen, daß gerade die mit Hilfe der ersten r Spalten und Zeilen gebildete quadratische Untermatrix

$$H_{\tilde{F}}(\mathfrak{x}_0) = (f_{\mu x_\nu}(\mathfrak{x}_0))_{1 \leq \mu, \nu \leq r}$$

eine nichtverschwindende Determinante hat. Aus Stetigkeitsgründen gibt es eine Umgebung von $\mathfrak{x}_0$, für die

$$\det H_{\widetilde{F}}(\mathfrak{x}) = \det((f_{\mu x_\nu}(\mathfrak{x}))_{1 \leq \mu, \nu \leq r}) \neq 0$$

gilt. Wir ersetzen M durch diese Umgebung und können dann den
folgenden Satz aussprechen. Dabei seien, ähnlich wie oben, jedem
$\mathfrak{x} = (x_1, \ldots, x_n) \in \mathbb{R}^n$ die Punkte

$$\mathfrak{x}' = (x_1, \ldots, x_r) \in \mathbb{R}^r \quad \text{und} \quad \mathfrak{x}'' = (x_{r+1}, \ldots, x_n) \in \mathbb{R}^{n-r}$$

zugeordnet, analog jedem $\mathfrak{y} = (y_1, \ldots, y_m) \in \mathbb{R}^m$ die Punkte

$$\mathfrak{y}' = (y_1, \ldots, y_r) \in \mathbb{R}^r \quad \text{und} \quad \mathfrak{y}'' = (y_{r+1}, \ldots, y_m) \in \mathbb{R}^{m-r}.$$

Sind Teilmengen $N_1 \subset \mathbb{R}^r$ und $N_2 \subset \mathbb{R}^{n-r}$ gegeben, so bezeichnen wir
die Menge $\{\mathfrak{x} \in \mathbb{R}^n \colon \mathfrak{x}' \in N_1, \mathfrak{x}'' \in N_2\}$ mit $N_1 \times N_2$.

Satz 6.3. *Es sei* $M \in \mathbb{R}^n$ *offen,* $F = (f_1, \ldots, f_m) \colon M \to \mathbb{R}^m$ *sei
eine stetig differenzierbare Abbildung. In ganz* M *habe* $\mathfrak{J}_F(\mathfrak{x})$ *den
konstanten Rang* r, *es sei*

$$\det(H_{\widetilde{F}}(\mathfrak{x})) = \det(f_{\mu x_\nu}(\mathfrak{x}))_{1 \leq \mu, \nu \leq r} \neq 0 \quad \text{für} \quad \mathfrak{x} \in M.$$

Ist dann $\mathfrak{x}_0 \in M$ *und* $\mathfrak{y}_0 = F(\mathfrak{x}_0)$, *so gibt es offene Umgebungen* U
von $\mathfrak{x}_0$ *in* M, *V von* $\mathfrak{x}_0''$ *in* $\mathbb{R}^{n-r}$, *W von* $\mathfrak{y}_0'$ *in* $\mathbb{R}^r$ *sowie stetig differenzierbare Abbildungen* $h \colon W \to R^{m-r}$ *und* $\widetilde{G} \colon W \times V \to R^r$, *so daß gilt*
a) $F(U) = \{\mathfrak{y} \in \mathbb{R}^m \colon \mathfrak{y}' \in W, \mathfrak{y}'' = h(\mathfrak{y}')\}$,
b) *für* $\mathfrak{y} = (\mathfrak{y}', \mathfrak{y}'') \in F(U)$ *ist*
$$U \cap \{\mathfrak{x} \in M \colon F(\mathfrak{x}) = \mathfrak{y}\} = \{\mathfrak{x} \in \mathbb{R}^n \colon \mathfrak{x}'' \in V, \mathfrak{x}' = \widetilde{G}(\mathfrak{y}', \mathfrak{x}'')\}.$$

Beweis. Wir betrachten zunächst die Abbildung
$$F_1 = (f_1, \ldots, f_r, x_{r+1}, \ldots, x_n) \colon M \to \mathbb{R}^n.$$

Es ist $J_{F_1}(x) = \det \mathfrak{J}_{F_1}(x) = \det H_{\widetilde{F}}(\mathfrak{x}) \neq 0$ in M, also ist F_1 regulär
in M. Nach Satz 4.1 gibt es eine offene Umgebung U von $\mathfrak{x}_0$, so daß
$F_1 | U$ injektiv ist. Wir können U noch so wählen, daß $F_1(U)$ ein
Quader $W \times V$ mit $W \subset \mathbb{R}^r$ und $V \subset \mathbb{R}^{n-r}$ ist. Wir setzen $\widetilde{F} = (f_1, \ldots, f_r)$.
Dann ist $W = \widetilde{F}(U)$ und $V = \{\mathfrak{x}'' \in \mathbb{R}^{n-r} \colon$ es gibt $\mathfrak{x}' \in \mathbb{R}^r$ mit
$(\mathfrak{x}', \mathfrak{x}'') \in U\}$. Die Umkehrabbildung von F_1 bezeichnen wir mit
$G \colon W \times V \to U$. Sie ist nach Satz 5.1 regulär.

Wir betrachten nun die Abbildung $F_2 = F \circ G \colon W \times V \to \mathbb{R}^m$.
Nach Konstruktion von G und F_1 ist

$$F_2(\mathfrak{y}', \mathfrak{x}'') = (\mathfrak{y}', h(\mathfrak{y}', \mathfrak{x}'')) \tag{2}$$

mit einer stetig differenzierbaren Abbildung
$$h = (h_{r+1}, \ldots, h_m) \colon W \times V \to \mathbb{R}^{m-r}.$$

Die Voraussetzung, daß der Rang von $\mathfrak{J}_F$ nirgends größer als r
ist, hat nun zur Folge, daß h in Wirklichkeit nicht von $\mathfrak{x}''$ abhängt.

Wir erinnern an einen Satz aus der linearen Algebra, nach dem der Rang eines Matrizenproduktes $A \circ B$ mit dem Rang von A übereinstimmt, wenn die als quadratisch vorausgesetzte Matrix B eine Inverse besitzt. Danach hat $\mathfrak{J}_{F_2}(\mathfrak{y}', \mathfrak{x}'') = \mathfrak{J}_F(G(\mathfrak{y}', \mathfrak{x}'')) \circ \mathfrak{J}_G(\mathfrak{y}', \mathfrak{x}'')$ in $W \times V$ überall den Rang r. Wegen (2) hat $\mathfrak{J}_{F_2}$ die folgende Gestalt:

$$
\mathfrak{J}_{F_2} = \begin{bmatrix} 1 & & & & & \\ & \cdot & & & & 0 \\ & & \cdot & & & \\ & & & \cdot & & \\ & & & & 1 & \\ \dfrac{\partial h_\mu}{\partial y_\varrho} & & & & & \dfrac{\partial h_\mu}{\partial x_\nu} \end{bmatrix}
$$

mit $1 \leq \varrho \leq r$, $r + 1 \leq \mu \leq m$, $r + 1 \leq \nu \leq n$. Wäre nun $\partial h_{\mu_0}/\partial x_{\nu_0} \neq 0$ für ein $(\mathfrak{y}', \mathfrak{x}'') \in W \times V$, so wäre die aus den Zeilen mit den Nummern $1, \ldots, r, \mu_0$ und den Spalten mit den Nummern $1, \ldots, r, \nu_0$ gebildete Unterdeterminante von Null verschieden im Widerspruch zur Annahme über den Rang. Es gilt also $\partial h_\mu/\partial x_\nu = 0$ in ganz $W \times V$ für $r + 1 \leq \mu \leq m$ und $r + 1 \leq \nu \leq n$. Da V ein Quader ist, folgt $h(\mathfrak{y}', \mathfrak{x}'') = h(\mathfrak{y}', \mathfrak{x}_0'')$ für alle $(\mathfrak{y}', \mathfrak{x}'') \in W \times V$. Wir schreiben einfach $h(\mathfrak{y}', \mathfrak{x}'') = h(\mathfrak{y}')$.

Es folgt jetzt

$$
\begin{aligned} F(U) &= (F \circ G)(W \times V) = F_2(W \times V) \\ &= \{(\mathfrak{y}', \mathfrak{y}''): \mathfrak{y}' \in W, \mathfrak{y}'' = h(\mathfrak{y}')\}. \end{aligned}
$$

Für $\mathfrak{y} = (\mathfrak{y}', h(\mathfrak{y}')) \in F(U)$ ergibt sich

$$
U \cap F^{-1}(\mathfrak{y}) = U \cap ((G \circ F_2^{-1})(\mathfrak{y})) = U \cap G(\{(\mathfrak{y}', \mathfrak{x}''): \mathfrak{x}'' \in V\}).
$$

Nun ist G als Inverse der Abbildung $F_1 = (f_1, \ldots, f_r, x_{r+1}, \ldots, x_n)$ von der Form $G = (g_1, \ldots, g_r, x_{r+1}, \ldots, x_n)$. Mit der stetig differenzierbaren Abbildung $\tilde{G} = (g_1, \ldots, g_r) \colon W \times V \to \mathbb{R}^r$ können wir auch schreiben

$$
U \cap F^{-1}(\mathfrak{y}) = \{\mathfrak{x} = (\mathfrak{x}', \mathfrak{x}'') \in \mathbb{R}^n \colon \mathfrak{x}'' \in V, \mathfrak{x}' = \tilde{G}(\mathfrak{y}', \mathfrak{x}'')\}.
$$

Damit ist der Satz bewiesen.

Man kann eine bijektive reguläre Abbildung als „differenzierbare Koordinatentransformation" ansehen. Mit dieser Ausdrucksweise und mit den obigen Bezeichnungen transformiert F_1 den Bereich U mit den Koordinaten $x_1, \ldots, x_n$ in den Bereich $W \times V$ mit den Koordinaten $\tilde{x}_1 = f_1(\mathfrak{x}), \ldots, \tilde{x}_r = f_r(\mathfrak{x})$, $\tilde{x}_{r+1} = x_{r+1}, \ldots, \tilde{x}_n = x_n$. In den Koordinaten $\tilde{x}_\nu$ sind die „Fasern" $F^{-1}(\mathfrak{y})$ lokal einfach die $(n - r)$-dimensionalen Ebenenstücke $\{\tilde{x} \colon \tilde{x}_1 = y_1, \ldots, \tilde{x}_r = y_r\}$, kurz $\{\mathfrak{y}'\} \times V$. Ähnlich wird durch $\tilde{y}_1 = y_1, \ldots, \tilde{y}_r = y_r$, $\tilde{y}_{r+1} = y_{r+1} - h_{r+1}(\mathfrak{y}'), \ldots, \tilde{y}_m = y_m - h_m(\mathfrak{y}')$ eine differenzierbare Koordinatentransformation einer Umgebung von $\mathfrak{y}_0$ auf eine Umgebung von $(\mathfrak{y}_0', 0)$ beschrieben. In den Koordinaten $\tilde{y}_\mu$ ist $F(U)$ das r-dimensionale Ebenenstück $\{\tilde{\mathfrak{y}}: \tilde{y}_{r-1} = \ldots = \tilde{y}_m = 0\}$, kurz $W \times \{0\}$. Die Abbildung F drückt sich in den Koordinaten $\tilde{x}_\nu$ und $\tilde{y}_\mu$ einfach durch die Zuordnung $(\tilde{x}_1, \ldots, \tilde{x}_n) \to (\tilde{x}_1, \ldots, \tilde{x}_r, \underbrace{0, \ldots, 0}_{m-r})$ aus.

Die Voraussetzung, daß $\mathfrak{J}_F$ konstanten Rang haben soll, ist gleichbedeutend damit, daß die Dimension des Bildes $F^*(T_{\mathfrak{x}}) \subset T_{F(\mathfrak{x})}$ unabhängig von $\mathfrak{x}$ ist. Läßt man diese Voraussetzung fallen, so verliert Satz 6.3 seine Gültigkeit. Sowohl die Bildmenge $F(M)$ als auch die Urbilder $F^{-1}(\mathfrak{y}_0)$ können dann ein sehr unübersichtliches Verhalten zeigen.

Zur Erläuterung von Satz 6.3 mögen folgende Beispiele dienen: Es sei $F_i: \mathbb{R}^2 \to R$ für $i = 1, 2$ durch $F_1(x_1, x_2) = x_1^3 - x_2^2$ und $F_2(x_1, x_2) = x_1 x_2$ definiert. Die Funktionalmatrizen haben genau für $x_1 = x_2 = 0$ den Rang 0. Man überzeugt sich leicht, daß man für $y \in R$, $y \neq 0$, die Urbilder $F_1^{-1}(y)$ als differenzierbare Kurven auffassen kann; das Urbild $F_1^{-1}(0)$ hat im Punkt $x_1 = x_2 = 0$ eine „Spitze", die Behauptung von Satz 6.3 gilt hier nicht (Skizze!). Für F_2 gilt ähnliches; $F_2^{-1}(0)$ hat in $x_1 = x_2 = 0$ einen „Doppelpunkt". Schließlich sei $F_3: \mathbb{R} \to \mathbb{R}^2$ durch $F_3(t) = (t^2, t^3)$ erklärt. Die Funktionalmatrix hat genau für $t = 0$ den Rang 0; für die „Bildkurve" versagt Satz 6.3 in $F_3(0) = (0, 0)$. Für die zusammengesetzten Abbildungen $F_3 \circ F_1$ und $F_3 \circ F_2: \mathbb{R}^2 \to \mathbb{R}^2$ ist sowohl das Urbild $(F_3 \circ F_i)^{-1}(0)$ als auch das Bild $F_3 \circ F_i(\mathbb{R}^2)$ jeweils im Nullpunkt nicht mehr „glatt".

§ 7. Extrema bei Nebenbedingungen

Im $\mathbb{R}^n$ sei eine Fläche E gegeben. Ist f eine Funktion, die auf einer offenen Menge M mit $E \subset M$ erklärt ist, so kann man fragen, in welchen Punkten von E Maxima oder Minima von $f \mid E$ vorliegen. Bevor wir eine notwendige Bedingung dafür angeben, welche den Satz 7.1 aus Kap. III auf unsern Fall verallgemeinert, müssen wir die Begriffe präzisieren.

Es sei $M \subset \mathbb{R}^n$ eine offene Menge. Eine Teilmenge $E \subset M$ heißt *reguläres Flächenstück* der Dimension k in M, wenn es eine stetig differenzierbare Abbildung $F = (f_1, \ldots, f_m): M \to \mathbb{R}^m$ gibt (mit

$m = n - k \geqq 0$), deren Funktionalmatrix $\mathfrak{J}_F$ in ganz M den Rang m hat, so daß gilt $E = \{\mathfrak{x} \in M : F(\mathfrak{x}) = 0\}$.

Eine Teilmenge $E \subset M$ heißt k-dimensionale *reguläre Fläche* in M, wenn E abgeschlossen in M ist, d.h. $\bar{E} \cap M = E$, und wenn jeder Punkt $\mathfrak{x}_0 \in E$ eine offene Umgebung $U(\mathfrak{x}_0) \subset M$ besitzt, so daß $E \cap U(\mathfrak{x}_0)$ ein k-dimensionales reguläres Flächenstück in $U(\mathfrak{x}_0)$ ist.

Ist f eine reelle Funktion auf M und E eine reguläre Fläche in M, so sagen wir, $f | E$ habe in $\mathfrak{x}_0 \in E$ ein *lokales Maximum (Minimum)*, wenn es eine Umgebung $U \subset M$ von $\mathfrak{x}_0$ mit $f(\mathfrak{x}_0) = \sup f(U \cap E)$ (bzw. $f(\mathfrak{x}_0) = \inf f(U \cap E)$) gibt.

Es sei nun E eine k-dimensionale reguläre Fläche und W eine offene Umgebung eines Punktes $\mathfrak{x}_0 \in E$, in der E durch die stetig differenzierbaren Funktionen $f_1, \ldots, f_m$ beschrieben wird, deren Funktionalmatrix $\mathfrak{J}_F$ in ganz W maximalen Rang hat. Wir denken uns die Koordinaten im $\mathbb{R}^n$ so numeriert, daß die ersten m Spalten von $\mathfrak{J}_F$ linear unabhängig sind, d.h. also

$$\det H_F(\mathfrak{x}_0) = \det((f_{\mu x_\nu}(\mathfrak{x}_0))_{1 \leqq \mu, \, \nu \leqq m}) \neq 0 \,.$$

Nach Satz 6.1 gibt es eine Umgebung $U = U(\mathfrak{x}_0) \subset W$, so daß $E \cap U$ Bild eines Bereiches $V \subset \mathbb{R}^{n-m}$ unter einer injektiven differenzierbaren Abbildung $\hat{G} : V \to \mathbb{R}^n$ ist. In der Tat genügt es, die Bezeichnungen aus Satz 6.1 beibehaltend, $\hat{G}(\mathfrak{x}'') = (G(\mathfrak{x}''), \mathfrak{x}'')$ zu setzen. Die Umkehrabbildung von $\hat{G}$ ist $p_2 | (E \cap U)$, wobei $p_2 : \mathbb{R}^n \to \mathbb{R}^{n-m}$ durch $p_2(\mathfrak{x}) = \mathfrak{x}''$ erklärt wird; sie ist also auch stetig.

Eine Funktion f, die in einer E enthaltenden offenen Menge des $\mathbb{R}^n$ differenzierbar ist, hat offenbar genau dann in $\mathfrak{x}_0 \in E$ ein lokales Extremum von $f | E$, wenn $f \circ \hat{G}$ in $\mathfrak{x}_0''$ ein lokales Extremum hat. Nach Kap. III, Satz 7.1, ist dafür $(f \circ \hat{G})_{x_\nu} (\mathfrak{x}_0'') = 0$ für $\nu = m + 1, \ldots, n$ notwendig, in anderen Worten $d(f \circ \hat{G}) = 0$. Nun ist $d(f \circ \hat{G}) = df \circ \hat{G} = \hat{G}^*(df)$, wobei $\hat{G}^* : T^*_{\mathfrak{x}_0} \to T^*_{\mathfrak{x}_0''}$ der durch $\hat{G}$ induzierte Homomorphismus der kovarianten Tangentialräume ist. Notwendig für das Vorliegen eines lokalen Extremums von $f | E$ in $\mathfrak{x}_0$ ist also $df(\mathfrak{x}_0) \in \mathrm{Ker}\,\hat{G}^*$.

Um diese Bedingung anwenden zu können, müssen wir $\mathrm{Ker}\,\hat{G}^*$ mit Hilfe von $f_1, \ldots f_m$ beschreiben. Die übliche Basis von $T^*_{\mathfrak{x}_0''}$ sei mit $dx''_{m+1}, \ldots, dx''_n$ bezeichnet, die von $T^*_{\mathfrak{x}_0}$ mit $dx_1, \ldots, dx_n$. Die Transformationsformel in § 3 ergibt $\hat{G}^*(dx_\nu) = dx''_\nu$ für $\nu = m + 1, \ldots, n$. Also ist $\hat{G}^*$ surjektiv. Nach Konstruktion von $\hat{G}$ gilt $f_\mu \circ \hat{G} \equiv 0$ für $\mu = 1, \ldots, m$, daher auch

$$0 = d(f_\mu \circ \hat{G}) = df_\mu \circ \hat{G} = \hat{G}^*(df_\mu) \,,$$

also $df_\mu \in \mathrm{Ker}\,\hat{G}^*$. Ferner sind die df_μ linear unabhängig: Drückt man sie durch $dx_1, \ldots, dx_n$ aus, so ist die Koeffizientenmatrix gerade $\mathfrak{J}_F(\mathfrak{x}_0)$, und diese hat nach Voraussetzung den Rang m. Es ist aber (vgl. § 0)

$$\dim \operatorname{Ker} \widehat{G}^* = \dim T^*_{\mathfrak{x}_0} - \dim \widehat{G}^*(T^*_{\mathfrak{x}_0}) = \dim T^*_{\mathfrak{x}_0} - \dim T^*_{\mathfrak{x}_0'}$$
$$= n - (n - m) = m \,.$$

Deshalb bilden $df_1, \ldots, df_m$ sogar eine Basis von Ker $\widehat{G}^*$.

Es ist also $df(\mathfrak{x}_0) \in \operatorname{Ker} \widehat{G}^*$ gleichbedeutend damit, daß $df(\mathfrak{x}_0)$ Linearkombination der $df_1(\mathfrak{x}_0), \ldots, df_m(\mathfrak{x}_0)$ ist. Da $df_1, \ldots, df_m$ linear unabhängig sind, ist das äquivalent zu der Aussage, daß $df(\mathfrak{x}_0), df_1(\mathfrak{x}_0), \ldots, df_m(\mathfrak{x}_0)$ linear abhängig sind.

Wir fassen zusammen:

Satz 7.1. *Es sei $M \subset \mathbb{R}^n$ offen, E eine k-dimensionale reguläre Fläche in M und f eine differenzierbare Funktion auf M. In einem Punkt $\mathfrak{x}_0 \in E$ hat $f \mid E$ höchstens dann ein lokales Extremum, wenn es reelle Zahlen $\lambda_1, \ldots, \lambda_{n-k}$ gibt, für die $df + \sum\limits_{\mu=1}^{n-k} \lambda_\mu \, df_\mu = 0$ in $\mathfrak{x}_0$ gilt.*

Dabei ist $f_1, \ldots, f_{n-k}$ ein stetig differenzierbares Funktionensystem, das E in einer Umgebung von $\mathfrak{x}_0$ beschreibt, und dessen Funktionalmatrix in $\mathfrak{x}_0$ den Rang $n - k$ hat.

Dabei kommt es auf die spezielle Wahl der f_μ nicht an.

Diese Methode zur Auffindung lokaler Extrema einer Funktion unter der „Nebenbedingung", daß diese auf eine Fläche eingeschränkt sei, geht auf LAGRANGE zurück; die λ_μ sind daher auch unter dem Namen *Lagrangesche Multiplikatoren* bekannt.

Die Frage, ob in einem Punkt wirklich ein lokales Extremum vorliegt, und ob es ein Maximum oder Minimum ist, kann man z. B. mit dem hinreichenden Kriterium von Kap. III, Satz 7.2, angewandt auf $f \circ \widehat{G}$, untersuchen. Wir wollen darauf nicht weiter eingehen.

Als Beispiel seien noch die lokalen Extrema von

$$f(\mathfrak{x}) = x_1 + x_2 + x_3$$

auf der Einheitskugelfläche im $\mathbb{R}^3$ berechnet, welche durch

$$f_1(\mathfrak{x}) = x_1^2 + x_2^2 + x_3^2 - 1 = 0$$

beschrieben wird. Die Gleichung $df + \lambda \, df_1 = 0$ ist äquivalent zu

$$dx_1 + dx_2 + dx_3 + 2\,\lambda\,(x_1\,dx_1 + x_2\,dx_2 + x_3\,dx_3) = 0 \,,$$

also auch äquivalent zu $2\,\lambda x_\nu + 1 = 0$ mit $\nu = 1, 2, 3$. Ferner muß für die gesuchten Punkte $f_1(\mathfrak{x}) = 0$ gelten. Aus diesen vier Gleichungen für x_1, x_2, x_3, λ errechnet man, daß lokale Extrema von $f \mid E$ nur in den Punkten $\mathfrak{x}_0 = \left(\dfrac{1}{\sqrt{3}}, \dfrac{1}{\sqrt{3}}, \dfrac{1}{\sqrt{3}} \right)$ und $\mathfrak{x}_1 = \left(-\dfrac{1}{\sqrt{3}}, -\dfrac{1}{\sqrt{3}}, -\dfrac{1}{\sqrt{3}} \right)$ liegen können. Da E kompakt ist, nimmt $f \mid E$ aber Maximum und

Minimum an, es müssen also in $\mathfrak{x}_0$ und $\mathfrak{x}_1$ wirklich (lokale) Extrema von $f \mid E$ liegen. Offenbar liegt in $\mathfrak{x}_0$ das Maximum, in $\mathfrak{x}_1$ das Minimum.

In ähnlicher Weise kann man das allgemeinere Problem behandeln, das entsteht, wenn nicht nur eine Fläche vorgegeben ist, sondern eine ganze Schar von Flächen oder Flächenstücken. Die Problemstellung sei zunächst an einem physikalischen Beispiel erläutert.

Im $\mathbb{R}^3$ habe ein „Massenpunkt" der Masse $\mu > 0$ an der Stelle $\mathfrak{x}$ die potentielle Energie $u(\mathfrak{x}) = \mu g x_3$, dabei ist g eine positive Konstante. Die Funktion u hat im $\mathbb{R}^3$ offenbar kein Minimum. Es kann aber die Bewegungsfreiheit des Massenpunktes eingeschränkt sein durch die folgende Nebenbedingung: Befindet sich der Massenpunkt auf der Fläche des Rotationsparaboloids $x_3 - x_1^2 - x_2^2 - c = 0$ (für eine feste Konstante c; jeder Punkt des $\mathbb{R}^3$ befindet sich auf einer solchen Fläche), so darf er sie nicht verlassen (diese Bedingung tritt z. B. bei rotierenden Flüssigkeiten auf). Es ist sinnvoll, nach (lokalen) Extrema der potentiellen Energie unter diesen Nebenbedingungen zu fragen — man sieht sofort, daß sie für den an die Fläche $x_3 - x_1^2 - x_2^2 - c = 0$ gebundenen Massenpunkt im Punkte $(0, 0, c)$ ein Minimum hat.

Die Nebenbedingung im Beispiel zeichnet sich dadurch aus, daß global definierte Flächen vorgegeben sind (*holonome* Nebenbedingungen). Es treten aber auch Situationen auf, in denen nur überall lokal Flächenstücke vorgegeben sind, die sich nicht zu einer Schar globaler Flächen zusammenschließen (*anholonome* Nebenbedingungen). Wir wollen gleich diese allgemeine Situation untersuchen. Es sei also $M \subset \mathbb{R}^n$ offen, zu jedem $\mathfrak{x} \in M$ sei eine offene Umgebung $W(\mathfrak{x}) \subset M$ gegeben und ein reguläres Flächenstück $E(\mathfrak{x}) \subset W(\mathfrak{x})$ mit $\mathfrak{x} \in E(\mathfrak{x})$. Die Dimension k von $E(\mathfrak{x})$ sei unabhängig von $\mathfrak{x}$. Wir sagen, eine auf M definierte reelle Funktion f habe in $\mathfrak{x}_0 \in M$ ein lokales Extremum unter den Nebenbedingungen $\{E(\mathfrak{x})\colon \mathfrak{x} \in M\}$, wenn $f \mid E(\mathfrak{x}_0)$ in $\mathfrak{x}_0$ ein lokales Extremum hat. Das hängt also nur von dem Verhalten von f auf der regulären Fläche $E(\mathfrak{x}_0)$ in $W(\mathfrak{x}_0)$ ab. Wenden wir Satz 7.1 an, so erhalten wir

Satz 7.2. *Notwendig dafür, daß die differenzierbare Funktion f im Punkt $\mathfrak{x}$ ein lokales Extremum unter den Nebenbedingungen*

$$\{E(\mathfrak{x})\colon \mathfrak{x} \in M\}$$

hat, ist die Existenz reeller Zahlen $\lambda_1, \ldots, \lambda_m$, mit denen in $\mathfrak{x}_0$ gilt

$$df + \sum_{\mu=1}^{m} \lambda_\mu \, df_\mu = 0 . \quad \text{Dabei ist } (f_1, \ldots, f_m) \text{ ein Funktionensystem,}$$

welches $E(\mathfrak{x}_0)$ als reguläres Flächenstück darstellt.

Wenden wir diesen Satz auf das oben dargestellte Beispiel an! Es war

$$M = \mathbb{R}^3, \ m = 1, \ f(\mathfrak{x}) = u(\mathfrak{x}) = \mu g x_3, \ f_1(\mathfrak{x}) = x_3 - x_1^2 - x_2^2 - c .$$

Die Gleichung $df + \lambda df_1 = 0$ lautet explizit

$$(\mu g + \lambda) \, dx_3 - 2 \lambda (x_1 \, dx_1 + x_2 \, dx_2) = 0 .$$

Da dx_1, dx_2, dx_3 linear unabhängig sind und $\mu g \neq 0$ ist, ist sie genau für $x_1 = x_2 = 0$ erfüllt; $f_1 = 0$ liefert dann noch $x_3 = c$. Lokale Extrema der potentiellen Energie liegen also höchstens in den Punkten $(0, 0, c)$. Man sieht, daß hier wirklich Minima liegen.

V. Kapitel

Einige Typen gewöhnlicher Differentialgleichungen

§ 1. Gewöhnliche Differentialgleichungen erster Ordnung

In diesem Kapitel wollen wir mit dem Studium der gewöhnlichen Differentialgleichungen beginnen.

Es sei G eine Teilmenge des $\mathbb{R}^2$, dessen Koordinaten wir mit x und y bezeichnen, und f sei eine reelle, auf G definierte Funktion. Ist $M \subset \mathbb{R}$ eine zulässige Menge (im Sinne der Differentialrechnung) und $y = \varphi(x)$ eine auf M definierte reelle Funktion, so sagt man, φ sei (über M) eine *Lösung der Differentialgleichung*

$$y' = f(x, y), \tag{1}$$

wenn

    (a) φ auf M differenzierbar ist;

    (b) der Graph von φ in G liegt, d.h. $\{(x, \varphi(x)): x \in M\} \subset G$;

    (c) $\varphi'(x) \equiv f(x, \varphi(x))$ gilt.

Die Gleichung $y' = f(x, y)$ wird *explizite gewöhnliche Differentialgleichung erster Ordnung* genannt; und zwar „Differentialgleichung", weil die Ableitung der „gesuchten Funktion" y in ihr vorkommt; „gewöhnlich", weil die gesuchte Funktion nur von einer Variablen abhängt, also keine partiellen Ableitungen vorkommen; „erster Ordnung", weil die höchste Ordnung der in ihr vorkommenden Ableitungen von y gerade 1 ist; „explizit", weil die Gleichung nach der Ableitung höchster vorkommender Ordnung aufgelöst ist — im Gegensatz etwa zu *impliziten Differentialgleichungen* $g(x, y, y') = 0$.

Das Hauptproblem bei der Behandlung von Differentialgleichungen ist natürlich, die Lösbarkeit nachzuweisen und sodann einen Überblick über alle Lösungen zu gewinnen oder auch festzustellen, unter welchen Bedingungen eine Lösung eindeutig bestimmt ist.

Oft lassen sich die Lösungen einer Differentialgleichung nicht explizit angeben. Es ist daher nötig, Aussagen über das Verhalten der Lösungen allein aus der Differentialgleichung abzuleiten. Schließlich sind gerade im Hinblick auf Anwendungen Stabilitätsaussagen wichtig: Ersetzt man in (1) die rechte Seite durch eine Funktion f^*, die sich von f nur wenig unterscheidet, so möchte man wissen, ob die Lösungen der geänderten Differentialgleichung sich von denen der ursprünglichen auch nur wenig unterscheiden.

In diesem Kapitel werden wir Probleme, Phänomene und Methoden an einigen Beispielen studieren. In den nächsten Kapiteln werden wir allgemeine Existenz-, Eindeutigkeits- und Stabilitätssätze für Lösungen herleiten und weitere Lösungsmethoden behandeln.

Ist der Definitionsbereich M einer Lösung $\varphi(x)$ der Differentialgleichung $y' = f(x, y)$ ein Intervall, so ist der Graph von φ ein glatter Weg in G, parametrisiert durch $\Phi(t) = (t, \varphi(t))$, $t \in M$ (vgl. Kap. I, § 6). Es besitzt in jedem Punkt $P_0 = \Phi(t_0)$ eine Tangente, welche durch die Gleichungen $x = t$, $y = \varphi(t_0) + (t - t_0)\varphi'(t_0)$ beschrieben wird. Die Zahl $\varphi'(t_0)$ gibt dabei die Steigung der Tangente an, d.h. den Tangens des Winkels, den die orientierte Tangente mit der positiv orientierten x-Achse bildet. — Da φ aber die Gleichung $y' = f(x, y)$ erfüllen soll, ist $\varphi'(t_0) = f(t_0, \varphi(t_0)) = f(\Phi(t_0))$. Eine Lösung φ von $y' = f(x, y)$ über einem Intervall hat also die Eigenschaft, daß in jedem Punkte ihres Graphen G_φ die Steigung der Tangente an G_φ in diesem Punkte gleich dem Wert von f in diesem Punkte ist. Diese Eigenschaft ist charakteristisch.

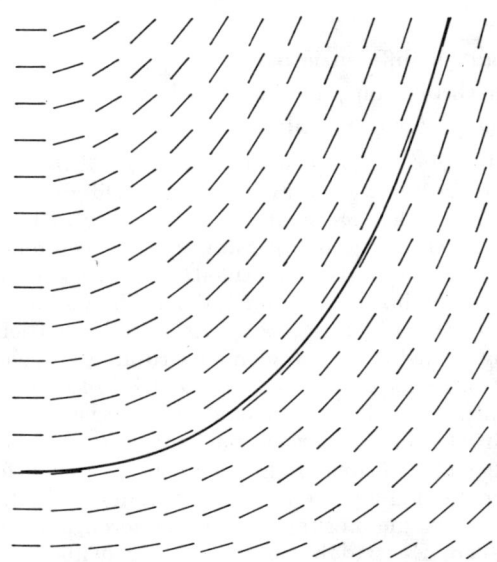

Fig. 10. Richtungsfeld und Integralkurve einer Differentialgleichung

Ordnen wir jedem Punkt $P_0 = (x_0, y_0) \in G$ die Gerade zu, welche durch P_0 geht und die Steigung $f(x_0, y_0)$ hat, so wird dadurch ein

„Feld von Geraden" auf G erklärt. Wir interessieren uns hier nicht für die Geraden als Punktmengen, sondern nur für ihre Richtungen und sprechen daher auch von einem *Richtungsfeld*. Das Ergebnis des letzten Absatzes läßt sich dann auch so formulieren: Eine differenzierbare Funktion φ ist genau dann Lösung von $y' = f(x, y)$, wenn ihr Graph in G liegt und auf das durch f definierte Richtungsfeld „paßt", d.h. in jedem seiner Punkte P die P zugeordnete Gerade als Tangente hat.

Der Graph einer Lösung von $y' = f(x, y)$ heißt auch *Integralkurve* dieser Differentialgleichung. Wir sagen kurz, eine Lösung gehe durch einen Punkt, wenn dieser Punkt auf dem Graphen der Lösung liegt.

§ 2. Lineare Differentialgleichungen erster Ordnung

Wir wollen nun die einfachste nichttriviale Klasse expliziter Differentialgleichungen erster Ordnung studieren, die der *linearen Differentialgleichungen*. Das sind Gleichungen der Form

$$y' = A(x) \cdot y + B(x) \,, \tag{1}$$

in denen also $f(x, y) = A(x) \cdot y + B(x)$ linear in y ist.

Es sei I ein Intervall, das nicht notwendig endlich zu sein braucht, es sei [1] $G = I \times \mathbb{R} = \{(x, y) : x \in I, y \in \mathbb{R}\}$, und die Funktionen $A(x)$, $B(x)$ seien auf I definiert und stetig. Dann ist $f(x, y) = A(x) \cdot y + B(x)$ stetig in G. — Da der Graph jeder auf I definierten reellen Funktion φ in G enthalten ist, ist φ genau dann Lösung von (1), wenn φ differenzierbar ist und $\varphi'(x) \equiv A(x) \cdot \varphi(x) + B(x)$ gilt.

Wir untersuchen zunächst den Fall $B \equiv 0$, die Gleichung hat dann die Form

$$y' = A(x) \cdot y \tag{2}$$

und heißt *homogene* lineare Differentialgleichung erster Ordnung.

Ist $A = 0$, so reduziert sie sich auf $y' = 0$, und die Differentialrechnung lehrt, daß genau die konstanten Funktionen Lösungen dieser Differentialgleichung sind. Ist $(x_0, y_0) \in G$ beliebig, so gibt es genau eine Lösung von $y' = 0$, deren Graph durch (x_0, y_0) geht, nämlich $\varphi(x) \equiv y_0$.

Ist $A \not\equiv 0$, so ist jedenfalls $\varphi(x) \equiv 0$ Lösung von (2). Ist hingegen φ eine nicht identisch verschwindende Lösung von (2), so gibt es $x_0 \in I$ mit $\varphi(x_0) \neq 0$ und sogar ein ganzes x_0 enthaltendes Teilintervall $I^* \subset I$, auf dem φ nirgends verschwindet. Ist $\varphi(x_0) > 0$ und damit $\varphi | I^* > 0$, so bilde man in I^* die Funktion $\psi = \log \varphi$

---

[1] Ist $M \subset \mathbb{R}^m$ und $N \subset \mathbb{R}^n$, so wird unter dem *kartesischen Produkt* $M \times N$ die Menge $\{(\mathfrak{x}, \mathfrak{y}) \in \mathbb{R}^{n+m} : \mathfrak{x} \in M, \mathfrak{y} \in N\}$ verstanden. Diese Notation wird im folgenden oft benutzt.

(im andern Fall $\psi = \log(-\varphi)$). Es gilt $\psi' = \varphi'/\varphi = A$, also

$$\psi(x) = \int_{x_0}^{x} A(t)\, dt + \psi(x_0) \quad \text{für} \quad x \in I^* \, .$$

Daraus folgt

$$\varphi(x) = \exp\left(\int_{x_0}^{x} A(t)\, dt + \psi(x_0)\right) = \varphi(x_0) \exp\left(\int_{x_0}^{x} A(t)\, dt\right) \text{ für } x \in I^* \, .$$

Definiert man umgekehrt eine Funktion φ auf I durch

$$\varphi(x) = c \cdot \exp\left(\int_{x_0}^{x} A(t)\, dt\right),$$

wobei $x_0 \in I$ und $c \in \mathbb{R}$ beliebig sind, so ist φ differenzierbar und genügt offenbar der Gleichung (2). Zu beliebig gegebenem $y_0 \in \mathbb{R}$ kann man in eindeutiger Weise die Konstante c so bestimmen, daß $\varphi(x_0) = y_0$ ist: Man setze einfach $c = y_0$.

Durch jeden Punkt $(x_0, y_0) \in G$ geht also genau eine Integralkurve des Typs $\varphi(x) = c \cdot \exp\left(\int_{x_0}^{x} A(t)\, dt\right)$ von (2). Wir werden später zeigen, daß unter gewissen, hier erfüllten Bedingungen durch jeden Punkt von G eine und nur eine Integralkurve geht; daraus folgt, daß mit den Lösungen der Form $c \cdot \exp\left(\int_{x_0}^{x} A(t)\, dt\right)$, wobei $c \in \mathbb{R}$, schon alle Lösungen erfaßt sind.

Wir wollen diese Aussage hier jedoch direkt beweisen. Dazu genügt es zu zeigen, daß eine Lösung φ, welche nicht identisch verschwindet, keine Nullstelle haben kann. Wir nehmen an, es gebe $x_0, x_1 \in I$ mit $\varphi(x_0) \neq 0$ und $\varphi(x_1) = 0$. Es sei etwa $x_1 > x_0$. Dann existiert $x_2 = \inf\{x \in I : x \geqq x_0 \text{ und } \varphi(x) = 0\}$. Aus der Stetigkeit von φ folgt $\varphi(x_2) = 0$. Nach der Wahl von x_2 hat φ in $I^* = [x_0, x_2]$ keine Nullstelle, in I^* gilt also $\varphi(x) = \varphi(x_0) \exp\int_{x_0}^{x} A(t)\, dt$. Die rechte Seite dieser Gleichung ist eine über ganz I definierte Lösung von (2), aus Stetigkeitsgründen muß gelten

$$0 \neq \varphi(x_0) \exp\int_{x_0}^{x_2} A(t)\, dt = \lim_{\substack{x \to x_2 \\ x \in I^*}} \varphi(x) = \varphi(x_2) = 0 \, ,$$

wir haben einen Widerspruch erhalten.

Weiter bemerken wir, daß die Summe zweier Lösungen von (2) wieder eine Lösung von (2) ist: Gilt $\varphi_1' = A \cdot \varphi_1$, $\varphi_2' = A \cdot \varphi_2$, so gilt auch

$$(\varphi_1 + \varphi_2)' = \varphi_1' + \varphi_2' = A\,\varphi_1 + A\,\varphi_2 = A \cdot (\varphi_1 + \varphi_2) \, .$$

Ferner ist das Produkt einer Lösung φ von (2) mit einer reellen Zahl $c \in \mathbb{R}$ wieder eine Lösung:

$$(c\,\varphi)' = c \cdot \varphi' = c \cdot A\,\varphi = A \cdot (c\,\varphi)\,.$$

Aufgrund dieser beiden Aussagen bildet die Menge der Lösungen (über I) von (2) einen Vektorraum: Die Menge aller auf I definierten reellen Funktionen bildet einen Vektorraum; dafür, daß eine nicht-leere Teilmenge davon einen Vektorraum bildet, ist notwendig und hinreichend, daß mit zwei Funktionen auch deren Summe zu dieser Teilmenge gehört, und daß mit einer Funktion auch alle ihre (konstanten) Vielfachen zu dieser Teilmenge gehören.

Wir fassen diese Ergebnisse zusammen:

Satz 2.1. *Es sei $A(x)$ auf dem Intervall I stetig. Die auf I definierten Lösungen der linearen homogenen Differentialgleichung*

$$y' = A(x) \cdot y \qquad\qquad (2)$$

bilden einen eindimensionalen Vektorraum, der erzeugt wird von

$$\varphi(x) = \exp\left(\int_{x_0}^{x} A(t)\,dt\right)$$

mit einem beliebigen $x_0 \in I$. Durch jeden Punkt (x_1, y_1) von $I \times \mathbb{R}$ geht genau eine Lösung von (2), nämlich

$$\varphi(x) = y_1 \exp\left(\int_{x_1}^{x} A(t)\,dt\right).$$

Wir wenden uns nun der inhomogenen Differentialgleichung

$$y' = A(x) \cdot y + B(x) \quad \text{mit} \quad B \not\equiv 0 \qquad\qquad (3)$$

zu. Ist ψ eine Lösung von (3), φ eine Lösung der „zugehörigen" homogenen Gleichung $y' = A(x) \cdot y$, so gilt

$$(\psi + \varphi)' = \psi' + \varphi' = A \cdot \psi + B + A \cdot \varphi = A\,(\psi + \varphi) + B\,.$$

Die Funktion $\psi + \varphi$ ist also auch eine Lösung von (3). Sind ψ und χ Lösungen von (3), so gilt

$$(\psi - \chi)' = \psi' - \chi' = A\,\psi + B - (A\,\chi + B) = A\,(\psi - \chi)\,,$$

$\psi - \chi$ ist also Lösung der zugehörigen homogenen Gleichung. Damit haben wir

Satz 2.2. *Man erhält die Menge aller Lösungen der inhomogenen linearen Differentialgleichung*

$$y' = A(x) \cdot y + B(x)\,, \qquad\qquad (3)$$

wenn man zu einer Lösung von (3) sämtliche Lösungen der zugehörigen homogenen Gleichung $y' = A(x)\,y$ addiert.

In geometrischer Sprechweise heißt das, daß die Lösungen von (3) einen affinen Raum bilden, dessen zugehöriger Vektorraum der Lösungsraum von (2) ist.

Zur vollständigen Lösung von (3) genügt es also, da (2) vollständig gelöst ist, eine einzige Lösung von (3), eine sogenannte *partikuläre Lösung*, zu bestimmen. Dazu führt ein Ansatz von Johann BERNOULLI, die Methode der *Variation der Konstanten*. Man setzt nämlich eine Lösung von (3) an in der Gestalt $\psi(x) = c(x) \cdot \varphi(x)$, wobei $\varphi(x)$ eine Lösung der zugehörigen homogenen Gleichung ist und $c(x)$ eine noch zu bestimmende differenzierbare Funktion.

Dann ist
$$\begin{aligned} \psi'(x) &= c'(x) \cdot \varphi(x) + c(x) \cdot \varphi'(x) \\ &= c'(x) \cdot \varphi(x) + c(x) \cdot A(x) \cdot \varphi(x) \\ &= c'(x) \cdot \varphi(x) + A(x) \cdot \psi(x) \,. \end{aligned}$$

Als notwendige und hinreichende Bedingung dafür, daß ψ Lösung von (3) ist, erweist sich, daß $c(x)$ der Gleichung

$$c'(x) \cdot \varphi(x) = B(x) \tag{4}$$

genügt. Es ist möglich, φ überall von Null verschieden zu wählen. Dann erhält man alle Lösungen von (4) durch

$$c(x) = \int_{x_0}^{x} \frac{B(t)}{\varphi(t)} \, dt + \gamma \,,$$

wobei $x_0 \in I$ fest und γ eine beliebige Konstante ist. Damit wird

$$\psi(x) = \varphi(x) \int_{x_0}^{x} \frac{B(t)}{\varphi(t)} \, dt + \gamma \cdot \varphi(x) \,. \tag{5}$$

Das ist nach Satz 2.2 auch schon die allgemeine Form der Lösung. Da durch jeden Punkt von G genau eine Integralkurve von (2) geht, gilt aufgrund von Satz 2.2 dasselbe für die Integralkurven von (3). Die durch (x_1, y_1) gehende Kurve gehört zu der Lösung

$$\psi(x) = \varphi(x) \cdot \int_{x_1}^{x} \frac{B(t)}{\varphi(t)} \, dt + \frac{y_1}{\varphi(x_1)} \varphi(x) \,,$$

wenn φ irgendeine feste nirgends verschwindende Lösung von (2) ist.

Als Beispiel betrachten wir die lineare Differentialgleichung erster Ordnung mit konstanten Koeffizienten:

$$y' = a\,y + b \tag{6}$$

über $I = \mathbb{R}$. Eine nirgends verschwindende Lösung der zugehörigen homogenen Gleichung $y' = ay$ ist nach Satz 2.1 die Funktion

$$\varphi(x) = \exp\left(\int_{0}^{x} a \, dt\right) = e^{ax} \,.$$

Nach (5) ist dann die allgemeine Lösung von (6)

$$\psi(x) = e^{ax}\left(\int_0^x b\, e^{-at}\, dt + c\right)$$

$$= \begin{cases} -\dfrac{b}{a} + c^* e^{ax}, & \text{falls} \quad a \neq 0 \\ b\, x + c, & \text{falls} \quad a = 0. \end{cases}$$

Es ist oft nicht möglich, die in den Lösungsformeln für (2), (3) oder für andere Differentialgleichungen auftretenden Integrale in geschlossener Form darzustellen, auch wenn die in der Differentialgleichung auftretenden Funktionen elementar sind. Es ist aber in der Theorie der Differentialgleichungen üblich und sinnvoll, eine solche Differentialgleichung auch dann als gelöst zu betrachten.

§ 3. Weitere Lösungsmethoden

Bei der expliziten Lösung spezieller Differentialgleichungen führen mitunter Ansätze zum Ziel, die eine Motivierung nur schwer erkennen lassen. Wir wollen jetzt die *Bernoullische Differentialgleichung*

$$y' = A(x)\, y + B(x) \cdot y^\alpha \tag{1}$$

mit Hilfe eines Kunstgriffs lösen, der sich aber als Spezialfall der wichtigen Methode der *Variablentransformation* herausstellen wird.

Es sei also I ein Intervall und $G = \{(x, y): x \in I,\, y > 0\}$. Sind A und B stetige Funktionen auf I und ist α eine beliebige reelle Zahl, so ist (1) eine über G definierte Differentialgleichung. Im Fall $\alpha = 1$ hat man es mit einer linearen homogenen Differentialgleichung zu tun, wir nehmen daher $\alpha \neq 1$ an.

Ist φ Lösung von (1) über I, so ist nach Definition $\varphi(x) > 0$. Daher ist $\psi(x) = (\varphi(x))^{1-\alpha}$ eine wohldefinierte differenzierbare Funktion über I, und es gilt

$$\psi' = (1 - \alpha)\,\varphi^{-\alpha}\varphi' = (1 - \alpha)\,\varphi^{-\alpha}(A\,\varphi + B\,\varphi^\alpha) = (1 - \alpha)\,(A\,\psi + B).$$

Also ist ψ Lösung der linearen Differentialgleichung

$$y' = (1 - \alpha)\,(A\,y + B).$$

Ist umgekehrt eine in ganz I positive Lösung ψ dieser linearen Differentialgleichung gegeben, so kann man $\varphi = \psi^{1/(1-\alpha)}$ setzen; φ ist dann offenbar Lösung von (1).

Damit ist die Bernoullische Differentialgleichung auf eine lineare Differentialgleichung zurückgeführt und also als gelöst zu betrachten.

Es seien nun I_1, I_2 sowie I_1^*, I_2^* Intervalle (nicht notwendig endlich), weiter sei $G = I_1 \times I_2 = \{(x, y): x \in I_1,\, y \in I_2\}$ und

$$G^* = I_1^* \times I_2^* = \{(u, v): u \in I_1^*,\, v \in I_2^*\}.$$

Ferner seien $g\colon I_1^* \to I_1$, $h\colon I_2^* \to I_2$ bijektive, umkehrbar stetig differenzierbare[1] Abbildungen; wir schreiben $x = g(u)$, $y = h(v)$. Durch $F(u, v) = (g(u), h(v))$ wird dann eine bijektive reguläre Abbildung $F\colon G^* \to G$ erklärt. Ist $y = \varphi(x)$ eine über I_1 definierte Funktion, deren Graph in G liegt, so ist $\psi(u) = h^{-1} \circ \varphi \circ g(u)$ eine über I_1^* definierte Funktion, deren Graph in G^* liegt und als Bild unter F den Graphen von φ hat. Ist umgekehrt ψ über I_1^* definiert und der Graph von ψ in G^*, so ist $\varphi = h \circ \psi \circ g^{-1}$ über I_1 definiert, der Graph von φ liegt in G und ist Bild des Graphen von ψ unter F. Man hat also eine bijektive Zuordnung der Funktionen φ zu den Funktionen ψ. Genau dann ist ψ differenzierbar, wenn φ es ist.

Es sei nun über G eine Differentialgleichung

$$y' = f(x, y) \tag{2}$$

gegeben. Schreibt man rein formal dafür $dy = f(x, y)\, dx$ und setzt $x = g(u)$, $y = h(v)$ ein, so ergibt sich $h'(v)dv = f(g(u), h(v))g'(u)du$. Es liegt also nahe, der Differentialgleichung (2) die über G^* definierte Differentialgleichung

$$v' = \frac{g'(u)}{h'(v)}\, f(g(u), h(v)) \tag{3}$$

zuzuordnen. Die rechte Seite von (3) ist definiert, da h' als Ableitung einer umkehrbar differenzierbaren Funktion nirgends verschwindet; sie ist stetig, wenn f stetig ist. Wir zeigen

Satz 3.1. *Ist φ Lösung von (2) über I_1, so ist $h^{-1} \circ \varphi \circ g$ Lösung von (3) über I_1^*. Ist ψ Lösung von (3) über I_1^*, so ist $h \circ \psi \circ g^{-1}$ Lösung von (2) über I_1.*

Beweis. Ist φ Lösung von (2) und $u_0 \in I_1^*$, so ist $\psi = h^{-1} \circ \varphi \circ g$ in u_0 differenzierbar, nach der Kettenregel gilt

$$\begin{aligned}
\psi'(u_0) &= (h^{-1})'(\varphi \circ g(u_0)) \cdot \varphi'(g(u_0)) \cdot g'(u_0) \\
&= \frac{1}{h'(h^{-1} \circ \varphi \circ g(u_0))} \cdot f(g(u_0), \varphi(g(u_0))) \cdot g'(u_0) \\
&= \frac{g'(u_0)}{h'(\psi(u_0))} \cdot f(g(u_0), h(\psi(u_0))),
\end{aligned}$$

ψ löst also (3). Die zweite Aussage des Satzes beweist sich analog.

Durch Satz 3.1 werden die Lösungen zweier verschiedener Differentialgleichungen einander eineindeutig zugeordnet. Durch geschickte Wahl einer Variablentransformation kann man also in glücklichen Fällen eine Differentialgleichung auf eine schon gelöste zurückführen.

---

[1] Eine bijektive Abbildung $g\colon I^* \to I$ wird *umkehrbar stetig differenzierbar* genannt, wenn g und $g^{-1}\colon I \to I^*$ stetig differenzierbar sind.

Unsere Behandlung der Bernoullischen Differentialgleichung benutzte im Fall $\alpha \neq 1$ die Variablentransformation $x = g(u) \equiv u$, $y = h(v) = v^{1/(1-\alpha)}$. Dabei ist $I_1 = I_1^* = I$ zu denken,

$$I_2 = \{y : y > 0\} \text{ und } I_2^* = \{v : v > 0\}.$$

Die transformierte Differentialgleichung hatte sich als linear erwiesen.

Als zweites Beispiel für diese Methode behandeln wir die Differentialgleichung

$$y' = \frac{f_1(x)}{f_2(y)}, \tag{4}$$

dabei ist f_1 als stetig in dem Intervall I_1 und f_2 als stetig und von Null verschieden in dem Intervall I_2 vorausgesetzt. Über I_2 hat $f_2(y)$ eine Stammfunktion $F_2(y)$, die umkehrbar stetig differenzierbar ist, da ja ihre Ableitung f_2 nirgends verschwindet. Die Umkehrfunktion von F_2 sei wie üblich mit F_2^{-1} bezeichnet. Wir setzen dann $I_1^* = I_1$, $x \equiv u$, $I_2^* = F_2(I_2)$, $h = F_2^{-1} : I_2^* \to I_2$, also $y = F_2^{-1}(v)$. Die transformierte Differentialgleichung ist dann

$$
\begin{aligned}
v' &= \frac{1}{(F_2^{-1})'(v)} \cdot \frac{f_1(u)}{f_2(F_2^{-1}(v))} \\
&= F_2'(F_2^{-1}(v)) \cdot \frac{f_1(u)}{f_2(F_2^{-1}(v))} \\
&= f_1(u).
\end{aligned}
$$

Ihre Lösung ist offenbar $v = F_1(u) + c$, wo F_1 eine feste Stammfunktion von f_1 und c eine beliebige Konstante ist. Damit ist die allgemeine Lösung von (4)

$$y = F_2^{-1}(F_1(x) + c).$$

Diese Behandlung der Gl. (4) wird *Trennung der Variablen* genannt, (4) heißt auch Differentialgleichung mit getrennten Variablen. Der Grund wird deutlich, wenn man für (4) rein formal

$$f_2(y)\, dy = f_1(x)\, dx$$

schreibt.

Als spezielles Beispiel hierzu lösen wir etwa $y' = \dfrac{x^2}{y}$ für $y > 0$.

Es kann $F_1(x) = \dfrac{x^3}{3}$ und $F_2(y) = \frac{1}{2}y^2$, also $F_2^{-1}(v) = \sqrt{2v}$ gewählt werden. Alle Lösungen von $y' = \dfrac{x^2}{y}$ werden also durch

$$y = \sqrt{\tfrac{2}{3}x^3 + c}$$

mit konstantem c gegeben; die zur Konstante c gehörende Lösung ist nur für $x > (-\tfrac{3}{2}c)^{\frac{1}{3}}$ definiert.

§ 4. Die Riccatische Differentialgleichung

Es sei I ein Intervall, $A(x)$, $B(x)$, $C(x)$ seien stetige Funktionen auf I, es werde $G = I \times \mathbb{R}$ gesetzt. Die Differentialgleichung

$$y' = A(x) + B(x) \cdot y + C(x) \cdot y^2 \tag{1}$$

heißt *allgemeine Riccatische Differentialgleichung.* Ist speziell $C \equiv 1$, $B \equiv 0$, $A(x) = \beta x^\alpha$ mit α, $\beta \in \mathbb{R}$ und $\beta \neq 0$ (damit das sinnvoll ist, muß I rechts vom Nullpunkt liegen), so wird aus (1) die *spezielle Riccatische Differentialgleichung*

$$y' = y^2 + \beta x^\alpha. \tag{2}$$

Im Gegensatz zu den bisher betrachteten Beispielen ist es im allgemeinen nicht möglich, die Riccatische Differentialgleichung (1) explizit zu lösen. Kennt man hingegen auch nur eine Lösung, so lassen sich alle anderen angeben:

Satz 4.1. *Es sei* $\psi(x)$ *eine partikuläre Lösung der Riccatischen Differentialgleichung* (1), *und es sei* $\varphi(x)$ *eine auf* I *differenzierbare Funktion, es gelte schließlich* $\varphi(x) \neq \psi(x)$ *für alle* $x \in I$. *Die Funktion* φ *ist genau dann Lösung von* (1), *wenn* $\eta = \dfrac{1}{\varphi - \psi}$ *Lösung der linearen Differentialgleichung*

$$y' = -y\{2C(x) \cdot \psi(x) + B(x)\} - C(x) \tag{3}$$

ist.

Beweis. Es ist $\eta' = -\dfrac{\varphi' - \psi'}{(\varphi - \psi)^2}$. Ist η Lösung von (3), so gilt also

$$\varphi' - \psi' = (\varphi - \psi)^2 \left(\frac{1}{\varphi - \psi}(2C\psi + B) + C \right)$$
$$= (\varphi - \psi)(2C\psi + B) + (\varphi - \psi)^2 C$$
$$= A + \varphi B + \varphi^2 C - (A + \psi B + \psi^2 C).$$

Wegen $\psi' = A + \psi B + \psi^2 C$ folgt nun $\varphi' = A + \varphi B + \varphi^2 C$, mithin löst φ die Gl. (1). — Diese Schlüsse sind umkehrbar; der Satz ist also vollständig bewiesen.

Später wird gezeigt werden, daß zwei Lösungen von (1) über I schon dann identisch sind, wenn sie nur in einem Punkt den gleichen Wert haben. Also besagt Satz 4.1 in der Tat, daß man bei Kenntnis einer Lösung von (1) alle Lösungen durch Integration der linearen Differentialgleichung (3) erhält.

Wir wollen nun noch die spezielle Riccatische Differentialgleichung (2) in einigen Fällen lösen. Zunächst sei $\alpha = 0$; (2) spezialisiert sich zu

$$y' = \beta + y^2. \tag{4}$$

Dies ist eine Gleichung des im vorigen Paragraphen durch Trennung der Variablen behandelten Typs. Man setze $I_1 = \mathbb{R}$ und $f_1(x) \equiv 1$; im Fall $\beta > 0$ setze man $I_2 = \mathbb{R}$, $f_2(y) = (\beta + y^2)^{-1}$. Es ergeben sich die Stammfunktionen $F_1(x) = x$, $F_2(y) = (1/\sqrt{\beta})\,\mathrm{arc\,tg}\,y\sqrt{\beta}$, und schließlich

$$y = F_2^{-1}(F_1(x) + c)$$
$$= \sqrt{\beta}\,\mathrm{tg}\,(\sqrt{\beta}\,(x + c)).$$

Im Falle $\beta < 0$ hat $y^2 + \beta = (y - \sqrt{-\beta})(y + \sqrt{-\beta})$ die zwei reellen Nullstellen $\sqrt{-\beta}$ und $-\sqrt{-\beta}$. Wir haben die Untersuchung für die Intervalle $I_2^{(1)} = (-\infty, -\sqrt{-\beta})$, $I_2^{(2)} = (-\sqrt{-\beta}, \sqrt{-\beta})$, $I_2^{(3)} = (\sqrt{-\beta}, +\infty)$ getrennt zu führen. In jedem dieser Intervalle ist

$$f_2(y) = \frac{1}{y^2 + \beta} = \frac{1}{2\sqrt{-\beta}}\left(\frac{1}{y - \sqrt{-\beta}} - \frac{1}{y + \sqrt{-\beta}}\right)$$

zu setzen. Eine Stammfunktion ist in jedem dieser Intervalle

$$F_2(y) = \frac{1}{2\sqrt{-\beta}}\,\log\left|\frac{y - \sqrt{-\beta}}{y + \sqrt{-\beta}}\right|.$$

In $I_1 \times I_2^{(1)}$ und $I_1 \times I_2^{(3)}$ ist

$$\left|\frac{y - \sqrt{-\beta}}{y + \sqrt{-\beta}}\right| = \frac{y - \sqrt{-\beta}}{y + \sqrt{-\beta}}\,,$$

und damit erhalten wir als Lösung in diesen Gebieten

$$y = \sqrt{-\beta}\,\frac{1 + \exp(2\sqrt{-\beta}(x + c'))}{1 - \exp(2\sqrt{-\beta}(x + c'))} = \sqrt{-\beta}\,\frac{1 + c\exp(2\sqrt{-\beta}\,x)}{1 - c\exp(2\sqrt{-\beta}\,x)}$$

mit $\;c = \exp(2\sqrt{-\beta}\,c') > 0$.

Diese Integralkurven sind für $x < \dfrac{-1}{2\sqrt{-\beta}}\log c$ definiert und in $I_1 \times I_2^{(3)}$ gelegen, sowie für $x > \dfrac{-1}{2\sqrt{-\beta}}\log c$ definiert und in $I_1 \times I_2^{(1)}$ gelegen.

In $I_1 \times I_2^{(2)}$ erhält man wegen

$$\left|\frac{y - \sqrt{-\beta}}{y + \sqrt{-\beta}}\right| = -\frac{y - \sqrt{-\beta}}{y + \sqrt{-\beta}}$$

die Lösung

$$y = \sqrt{-\beta}\,\frac{1 - \exp(2\sqrt{-\beta}(x + c'))}{1 + \exp(2\sqrt{-\beta}(x + c'))} = \sqrt{-\beta}\,\frac{1 + c\exp(2\sqrt{-\beta}\,x)}{1 - c\exp(2\sqrt{-\beta}\,x)}$$

mit $c = -\exp(2\sqrt{-\beta}\,c') < 0$, die für alle x definiert ist. Schließlich sind auch die Geraden $y = -\sqrt{-\beta}$ und $y = \sqrt{-\beta}$, welche die betrachteten Gebiete voneinander trennen, Lösungen von (4).

Sie sind Asymptoten der Integralkurvenscharen in den angrenzenden Gebieten.

Im Fall $\beta = 0$ ist die Sachlage ähnlich, aber einfacher. Man setze $I_2^{(1)} = \{y\colon y < 0\}$ und $I_2^{(2)} = \{y\colon y > 0\}$, $f_2(y) = 1/y^2$. Als Lösungen in $I_1 \times I_2^{(1)}$ ergeben sich die Funktionen $y = -1/(x + c)$ für $x > -c$. Die Lösungen in $I_1 \times I_2^{(2)}$ werden durch dieselbe Formel beschrieben, es ist jetzt aber $x < -c$ zu nehmen. Schließlich ist noch die Gerade $y \equiv 0$ Lösung.

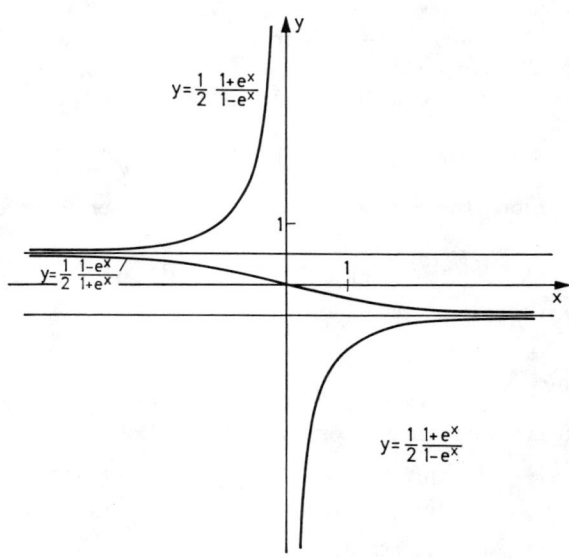

Fig. 11. Lösungskurven von $y' = y^2 - \frac{1}{4}$

Wir wollen weiter angeben, wie die spezielle Riccatische Differentialgleichung für $\alpha = -2$ gelöst werden kann; sie lautet

$$y' = \frac{\beta}{x^2} + y^2; \qquad (5)$$

wir untersuchen sie im Quadranten $G = \{(x, y)\colon x > 0, y > 0\}$. Mittels der Variablentransformation $x = u$, $y = 1/v$ von G auf sich geht (5) über in

$$v' = -\beta \frac{v^2}{u^2} - 1. \qquad (6)$$

Diese Gleichung ist vom Typ

$$v' = f^* \left(\frac{v}{u} \right), \qquad (7)$$

wo die (stetige) Funktion f^* nur vom Quotienten v/u abhängt.

Gleichungen der Form (7), wo etwa $v > 0$, $u > 0$ und die Stetigkeit von f^* auf dem offenen Intervall von 0 bis $+\infty$ angenommen wird, können auf Grund folgender Bemerkung gelöst werden: Ist $\varphi(u)$ Lösung von (7), so erfüllt die Funktion $\psi(u) = \varphi(u)/u$ die Gleichung

$$\frac{d\psi}{du} = \frac{u \cdot \varphi'(u) - \varphi(u)}{u^2} = \frac{u\left(f^*\left(\dfrac{\varphi(u)}{u}\right) - \dfrac{\varphi(u)}{u}\right)}{u^2} = \frac{f^*(\psi(u)) - \psi(u)}{u}$$

bzw.

$$v' = \frac{f^*(v) - v}{u} \; ; \tag{8}$$

gilt umgekehrt $\psi' = \dfrac{f^*(\psi) - \psi}{u}$, so erfüllt $\varphi(u) = u \cdot \psi(u)$ die Gleichung (7). Es genügt also, (8) zu lösen, und dies kann durch Trennung der Variablen geschehen. Dabei ist allerdings zu beachten, daß $f^*(v) - v$ Nullstellen haben kann.

Es sei noch erwähnt, daß die spezielle Riccatische Differentialgleichung (2) stets dann explizit durch elementare Funktionen gelöst werden kann, wenn der Exponent α von der Form

$$\alpha = -\frac{4n}{2n-1} \quad \text{mit} \quad n \in \mathbb{Z}$$

ist. Diese sowie $\alpha = -2$ sind aber, wie LIOUVILLE schon 1841 zeigte, die einzigen Exponenten, für die (2) Lösungen hat, welche durch endlich viele algebraische, trigonometrische und Exponential-Funktionen dargestellt werden können.

§ 5. Allgemeine Klassen von Differentialgleichungen

Bisher haben wir nur explizite gewöhnliche Differentialgleichungen erster Ordnung behandelt. Wir wollen nun einen Überblick über weitere Typen von Differentialgleichungen geben.

A) Es sei f eine auf einer Teilmenge $G \subset \mathbb{R}^{n+2}$ definierte Funktion und φ eine auf einer zulässigen Teilmenge $M \subset \mathbb{R}$ definierte Funktion. Man nennt φ eine Lösung der Differentialgleichung

$$f(x, y, y', y^{(2)}, \ldots, y^{(n)}) = 0, \tag{1}$$

wenn

(a) φ n-mal differenzierbar ist,

(b) $\{(x_0, y_0, y_1, \ldots, y_n) : x_0 \in M, \ y_\nu = \varphi^{(\nu)}(x_0) \ ; \ 0 \leq \nu \leq n\} \subset G$,

(c) $f(x, \varphi(x), \varphi'(x), \ldots, \varphi^{(n)}(x)) \equiv 0$ in M gilt.

Dabei heißt (1) eine *implizite Differentialgleichung n-ter Ordnung*. Von einer *expliziten Differentialgleichung n-ter Ordnung* redet man, wenn f nach der höchsten vorkommenden Ableitung von y aufgelöst ist, wenn also die Differentialgleichung die Form

$$y^{(n)} = g\,(x, y, y', \ldots, y^{(n-1)}) \qquad (2)$$

hat, wo g eine auf einer Teilmenge des $\mathbb{R}^{n+1}$ definierte reelle Funktion ist.

Eine Gleichung der Form (1) wird sich jedoch im allgemeinen nicht nach $y^{(n)}$ auflösen lassen (vgl. Kap. IV, § 6). Als Beispiel diene die Gleichung $(y')^2 + x = 0$, wo also $f(x, y, y_1) = y_1^2 + x$ ist. In den Punkten (x, y, y_1) mit $x = 0$, $f(x, y, y_1) = 0$ kann man f nicht nach y_1 auflösen.

B) Sind mehrere Funktionen einer Variablen untereinander durch Differentialgleichungen verknüpft, so spricht man von *Systemen gewöhnlicher Differentialgleichungen*. Die Systeme einfachster Bauart sind die *expliziten Systeme erster Ordnung:* Gegeben sei eine Menge G im $\mathbb{R}^{n+1}$, dessen Koordinaten mit $x, y_1, \ldots, y_n$ bezeichnet seien, und n reelle Funktionen $f_1, \ldots, f_n$ auf G. Dann kann man über G das Gleichungssystem

$$y_1' = f_1\,(x, y_1, \ldots, y_n)$$
$$\vdots \qquad\qquad (3)$$
$$y_n' = f_n\,(x, y_1, \ldots, y_n)$$

aufstellen. Eine Lösung von (3) über einer zulässigen Menge $M \subset \mathbb{R}$ ist ein System $\varphi_1, \ldots, \varphi_n$ auf M definierter differenzierbarer Funktionen, die

$$\{(x, y_1, \ldots, y_n) \in \mathbb{R}^{n+1}: x \in M,\ y_\nu = \varphi_\nu(x);\ \nu = 1, \ldots, n\} \subset G$$

und $\varphi_\nu'(x) = f_\nu(x, \varphi_1(x), \ldots, \varphi_n(x))$ für $\nu = 1, \ldots, n$ erfüllen.

Es dürfte nun klar sein, was unter einem Differentialgleichungs-System höherer Ordnung und unter einem System von impliziten Differentialgleichungen zu verstehen ist.

C) Ist M eine zulässige Menge des $\mathbb{R}^n$, und soll eine auf M definierte differenzierbare Funktion y so bestimmt werden, daß zwischen ihr und ihren partiellen Ableitungen eine bestimmte Gleichung auf M erfüllt ist, so redet man von einer *partiellen Differentialgleichung*. Sie heißt von m-ter Ordnung, wenn m die höchste Ordnung der in der Gleichung vorkommenden Ableitungen der gesuchten Funktion ist.

Ein wichtiges Beispiel einer partiellen Differentialgleichung zweiter Ordnung (linear mit konstanten Koeffizienten) ist die Laplacesche Gleichung

$$\Delta y = \frac{\partial^2 y}{\partial x_1^2} + \frac{\partial^2 y}{\partial x_2^2} = 0 . \qquad (4)$$

Für beliebige Bereiche $B \subset \mathbb{R}^2$ ist die Frage nach über B definierten Lösungen von (4) sinnvoll — sie heißen auch *harmonische Funktionen* auf B. — An (4) lassen sich einige Eigentümlichkeiten partieller Differentialgleichungen illustrieren:

Ist ∂B eine glatte Kurve, so ist das *Dirichlet-Problem* für B stets lösbar, d. h. zu jeder stetigen Funktion g auf ∂B gibt es genau eine auf $\overline{B}$ definierte und stetige Funktion h, für die $h \mid \partial B \equiv g$ gilt und die auf B eine Lösung von (4) ist.

Bei der Lösung einer partiellen Differentialgleichung kann man also im Normalfall eine ganze Funktion (hier g auf ∂B) ziemlich willkürlich vorgeben. Bei gewöhnlichen Differentialgleichungen erster Ordnung kann dagegen im Normalfall nur über eine Konstante (etwa den Funktionswert in einem Punkt) verfügt werden, bei gewöhnlichen Differentialgleichungen n-ter Ordnung wird eine Lösung meistens durch Vorgabe von n Konstanten (etwa der Werte der Funktion und ihrer ersten $n-1$ Ableitungen in einem Punkte) festgelegt.

Eine Lösung von (4) ist per definitionem zweimal differenzierbar. Es läßt sich aber zeigen, daß sie, allein auf Grund der Tatsache, der Differentialgleichung (4) zu genügen, schon beliebig oft differenzierbar ist, ja sogar sich um jeden Punkt des Bereiches B in eine Potenzreihe entwickeln läßt. Man nennt dies Phänomen die *Regularisierung* der Lösung.

D) Bestehen zwischen den partiellen Ableitungen einer oder mehrerer (auf derselben Menge definierten) „gesuchten Funktionen" mehrerer Variabler mehrere Gleichungen, so redet man von einem *System partieller Differentialgleichungen*.

Die einfachste Klasse von Systemen erhält man so: Es sei $G \subset \mathbb{R}^n$ ein Bereich, die Variablen seien wie üblich mit $x_1, \ldots, x_n$ bezeichnet. $A_1, \ldots, A_n$ seien reelle Funktionen über G. Dann ist

$$y_{x_1} = A_1(\mathfrak{x}), \ldots, y_{x_n} = A_n(\mathfrak{x}) \tag{5}$$

ein explizites System linearer partieller Differentialgleichungen erster Ordnung für eine Funktion y. Eine Funktion f heißt Lösung von (5), wenn sie auf G differenzierbar ist und dort $f_{x_\nu}(\mathfrak{x}) \equiv A_\nu(\mathfrak{x})$ mit $\nu = 1, \ldots, n$ gilt. — Sind die A_ν differenzierbar, so folgt, daß eine Lösung f von (5) in G zweimal differenzierbar ist. Insbesondere gilt dann (Kap. III, Satz 3.3) $f_{x_\mu x_\nu}(\mathfrak{x}) = f_{x_\nu x_\mu}(\mathfrak{x})$ für $\mathfrak{x} \in G$ und alle μ, ν. Notwendig für die Lösbarkeit von (5) ist also das Erfülltsein der Integrabilitätsbedingungen $A_{\nu x_\mu} = A_{\mu x_\nu}$ für $\mu, \nu = 1, \ldots, n$. Es läßt sich leicht zeigen, daß diese Bedingungen hinreichend sind für die lokale Lösbarkeit von (5), d. h. die Lösbarkeit in kleinen Teilbereichen von G.

Im letzten Kapitel dieses Bandes werden wir explizite Systeme gewöhnlicher Differentialgleichungen erster Ordnung mit einiger

Ausführlichkeit behandeln. Wir zeigen auch, daß sich explizite Differentialgleichungen höherer Ordnung stets auf Systeme von Differentialgleichungen erster Ordnung zurückführen lassen. Das gleiche gilt für explizite Systeme von Differentialgleichungen höherer Ordnung. — Hingegen liegt die Behandlung partieller Differentialgleichungen durchaus außerhalb des Rahmens dieses Buchs.

§ 6. Komplexwertige Funktionen

Die Auflösung von gewöhnlichen Differentialgleichungen, insbesondere von linearen, vereinfacht sich mitunter, wenn man auch komplexwertige Lösungsfunktionen zuläßt. Wir stellen daher die im folgenden benötigten Tatsachen über Funktionen mit komplexen Werten zusammen. Wir setzen den Begriff der komplexen Zahl dabei als bekannt voraus. Es sei nur noch auf einige grundlegende Tatsachen hingewiesen.

Die *komplexen Zahlen* bilden einen Körper, der mit $\mathbb{C}$ bezeichnet wird. Er enthält den Körper der reellen Zahlen als Unterkörper. In $\mathbb{C}$ gibt es ein Element i, das die Gleichung $i^2 = -1$ erfüllt, und jede komplexe Zahl läßt sich eindeutig in der Form $z = u + iv$ mit reellen Zahlen u, v schreiben; u bzw. v heißt *Realteil* (Re z) bzw. *Imaginärteil* (Im z) von z. Eine komplexe Zahl z mit Im $z = 0$ ist reell, d.h. sie gehört dem Unterkörper $\mathbb{R}$ von $\mathbb{C}$ an. Eine komplexe Zahl z mit Re $z = 0$ heißt rein imaginär. Jedes nicht konstante Polynom mit komplexen Koeffizienten hat mindestens eine Nullstelle in $\mathbb{C}$.

Ist $z = u + iv \in \mathbb{C}$, so definieren wir den *Absolutbetrag* von z durch $|z| = + \sqrt{u^2 + v^2} \in \mathbb{R}$. Man rechnet leicht nach, daß die folgenden Regeln genau wie im Reellen gelten:

(a) $|z| \geqq 0$; $\quad |z| = 0$ genau für $z = 0$;
(b) $|z_1 z_2| = |z_1| \cdot |z_2|$,
(c) $|z_1 + z_2| \leqq |z_1| + |z_2|$.

Regel (c) ist ein Spezialfall der Schwarzschen Ungleichung (Kap. I, Satz 2.3). Ist Im $z = 0$, d.h. $z = u$ reell, so wird $|z| = \sqrt{u^2} = |u|$, auf $\mathbb{R}$ stimmt also die neue Betragsdefinition mit der alten überein.

Eine unendliche Reihe $\sum\limits_{\nu=0}^{\infty} z_\nu$ komplexer Zahlen konvergiert genau dann, wenn die reellen Reihen $\sum\limits_{\nu=0}^{\infty} \text{Re } z_\nu$ und $\sum\limits_{\nu=0}^{\infty} \text{Im } z_\nu$ konvergieren.

In dem Fall ist $\sum\limits_{\nu=0}^{\infty} z_\nu = \sum\limits_{\nu=0}^{\infty} \text{Re } z_\nu + i \sum\limits_{\nu=0}^{\infty} \text{Im } z_\nu$ (man kann dies als

Definition ansehen). Ist $\sum\limits_{\nu=0}^{\infty} z_\nu$ eine Reihe, für welche die Reihe

$\sum\limits_{\nu=0}^{\infty} |z_\nu|$ konvergiert, so konvergieren wegen $|\operatorname{Re} z_\nu| \leqq |z_\nu|$ und

$|\operatorname{Im} z_\nu| \leqq |z_\nu|$ auch die Reihen $\sum\limits_{\nu=0}^{\infty} \operatorname{Re} z_\nu$ und $\sum\limits_{\nu=0}^{\infty} \operatorname{Im} z_\nu$ und damit

auch $\sum\limits_{\nu=0}^{\infty} z_\nu$.

Wir wollen nun die Exponentialfunktion auf komplexe Werte des Arguments erweitern. Wir setzen für $z = u + iv$

$$e^z = e^u (\cos v + i \sin v)$$

wobei e^u natürlich die bekannte Exponentialfunktion mit dem reellen Argument u ist; entsprechend sind $\cos v$ und $\sin v$ wie in Band I erklärt. Es ergibt sich aus $\cos 0 = 1$ und $\sin 0 = 0$ sofort, daß die komplexe Exponentialfunktion für reelles z, d. h. für $v = \operatorname{Im} z = 0$, mit der reellen Exponentialfunktion übereinstimmt. Wegen $e^0 = 1$ gilt für rein imaginäres $z = iv$

$$e^{iv} = \cos v + i \sin v \,.$$

Für $v_1, v_2 \in \mathbb{R}$ ist

$$\begin{aligned}
e^{i(v_1+v_2)} &= \cos(v_1 + v_2) + i \sin(v_1 + v_2) \\
&= \cos v_1 \cos v_2 - \sin v_1 \sin v_2 + i(\sin v_1 \cos v_2 + \cos v_1 \sin v_2) \\
&= (\cos v_1 + i \sin v_1)(\cos v_2 + i \sin v_2) \\
&= e^{iv_1} \cdot e^{iv_2} \,.
\end{aligned}$$

Sind $z_1 = u_1 + iv_1$ und $z_2 = u_2 + iv_2 \in \mathbb{C}$, so gilt aufgrund dieser Gleichungen und des Additionstheorems für die reelle Exponentialfunktion

$$\begin{aligned}
e^{z_1+z_2} &= e^{(u_1+iv_1)+(u_2+iv_2)} = e^{(u_1+u_2)+i(v_1+v_2)} \\
&= e^{u_1+u_2} \cdot e^{i(v_1+v_2)} = e^{u_1} e^{u_2} \cdot e^{iv_1} e^{iv_2} \\
&= e^{u_1} \cdot e^{iv_1} \cdot e^{u_2} \cdot e^{iv_2} \\
&= e^{u_1+iv_1} \cdot e^{u_2+iv_2} = e^{z_1} e^{z_2} \,.
\end{aligned}$$

Das Additionstheorem für die Exponentialfunktion bleibt also auch im Bereich der komplexen Zahlen richtig. Insbesondere ist für beliebiges $z \in \mathbb{C}$

$$1 = e^0 = e^{z-z} = e^z \cdot e^{-z} \,,$$

e^z ist also für jedes z von Null verschieden.

Wir wollen noch zeigen, daß die komplexe Exponentialfunktion durch die Reihe $\sum\limits_{\nu=0}^{\infty} \dfrac{1}{\nu!} z^\nu$ dargestellt wird. Wir schreiben $e^u \cos v$

$= f(u, v)$ und $e^u \sin v = g(u, v)$. Die Funktionen f und g sind auf $\mathbb{R}^2$ beliebig oft differenzierbar, ihre partiellen Ableitungen sind alle von der Gestalt $\pm e^u \cos v$ oder $\pm e^u \sin v$. In jedem Quadrat $\{(u, v) : |u| \leqq K, |v| \leqq K\}$ sind diese Ableitungen beschränkt, nach Kap. III, Satz 5.5 konvergieren die Taylorschen Reihen

$$\sum_{k, l=0}^{\infty} \frac{1}{k!\, l!} \frac{\partial^{k+l}}{\partial u^k\, \partial v^l} f(0, 0) \cdot u^k v^l \quad \text{und} \quad \sum_{k, l=0}^{\infty} \frac{1}{k!\, l!} \frac{\partial^{k+l}}{\partial u^k\, \partial v^l} g(0, 0)\, u^k v^l$$

in jedem Quadrat gegen f bzw. g, also sogar in der ganzen Ebene. Man berechnet sofort

$$\frac{\partial^{k+l}}{\partial u^k\, \partial v^l} f(0, 0) + i\, \frac{\partial^{k+l}}{\partial u^k\, \partial v^l} g(0, 0) = i^l\,.$$

Man bekommt damit für $(u, v) \in \mathbb{R}^2$

$$e^{u+iv} = f(u, v) + i\, g(u, v) = \sum_{k, l=0}^{\infty} \frac{1}{k!\, l!}\, u^k (i\, v)^l\,.$$

Nun gilt der große Umordnungssatz (Kap. III, Satz 5.2) samt seinem Beweis auch für Reihen komplexer Zahlen. Die folgende Umformung ist also erlaubt:

$$\sum_{k, l=0}^{\infty} \frac{1}{k!\, l!}\, u^k (i\, v)^l = \sum_{\nu=0}^{\infty} \left(\frac{1}{\nu!} \sum_{k+l=\nu} \frac{\nu!}{k!\, l!}\, u^k (i\, v)^l \right) = \sum_{\nu=0}^{\infty} \frac{1}{\nu!}\, (u + i\, v)^\nu\,.$$

Damit ist $e^z = \sum_{\nu=0}^{\infty} \frac{1}{\nu!}\, z^\nu$ für jedes $z \in \mathbb{C}$ gezeigt.

Ist $M \subset \mathbb{R}$, so ist eine *komplexwertige Funktion* f auf M nichts anderes als eine Zuordnung, die jedem $x \in M$ in eindeutiger Weise eine komplexe Zahl $f(x)$ zuordnet. Durch $g(x) = \operatorname{Re} f(x)$ und $h(x) = \operatorname{Im} f(x)$ sind zwei reelle Funktionen g und h auf M definiert. Es ist sinnvoll, $f = g + ih$ sowie $g = \operatorname{Re} f$, $h = \operatorname{Im} f$ zu schreiben. Komplexwertige Funktionen auf M kann man addieren und mit komplexen Zahlen multiplizieren: Man setze analog zum reellen Fall

$$(f_1 + f_2)(x) = f_1(x) + f_2(x)\,, \qquad (z\, f)(x) = z \cdot f(x)\,.$$

Ist $M \subset \mathbb{R}$ zulässig und $f : M \to \mathbb{C}$ eine komplexwertige Funktion auf M, so heißt f im Punkte $x_0 \in M$ differenzierbar, wenn $g = \operatorname{Re} f$ und $h = \operatorname{Im} f$ in x_0 differenzierbar sind; es wird $f'(x_0) = g'(x_0) + i\, h'(x_0)$ gesetzt. Wenn f in jedem Punkt von M differenzierbar ist, so heißt f in M differenzierbar. — Entsprechend werden höhere Ableitungen eingeführt.

Aufgrund dieser Definition lassen sich sofort die elementaren Differentiationsregeln für komplexwertige Funktionen verifizieren: Sind f_1 und f_2 in x_0 differenzierbar, so ist $f_1 + f_2$ in x_0 differenzierbar, es gilt $(f_1 + f_2)'(x_0) = f_1'(x_0) + f_2'(x_0)$; es ist $z \cdot f_1$ in x_0 differenzierbar für jedes $z \in \mathbb{C}$, und es gilt $(zf_1)'(x_0) = z \cdot f_1'(x_0)$.

Ist $f\colon M \to \mathbb{C}$ eine komplexwertige Funktion, so wird durch die Zuordnung $M \ni x \to e^{f(x)}$ eine neue komplexwertige Funktion e^f auf M definiert. Ist f in $x_0 \in M$ differenzierbar, so ist auch e^f in x_0 differenzierbar, und es gilt $(e^f)'(x_0) = e^{f(x_0)} \cdot f'(x_0)$. Mit $f = g + ih$ ist wegen $e^f = e^g(\cos h + i \sin h)$ nämlich in x_0

$$
\begin{aligned}
e^f \cdot f' &= e^g \cdot (\cos h + i \sin h) \cdot (g' + i h') \\
&= e^g \cdot (g' \cos h - h' \sin h) + i\, e^g \cdot (g' \sin h + h' \cos h) \\
&= (e^g \cdot \cos h)' + i\, (e^g \cdot \sin h)' \\
&= (e^f)'.
\end{aligned}
$$

§ 7. Die homogene lineare Differentialgleichung zweiter Ordnung mit konstanten Koeffizienten

Es soll jetzt die Differentialgleichung

$$
y'' + 2a\,y' + b\,y = 0 \quad \text{mit} \quad a, b \in \mathbb{R} \tag{1}
$$

als einfaches Beispiel einer gewöhnlichen Differentialgleichung höherer Ordnung studiert werden. Sie ist von fundamentaler Bedeutung für viele physikalische Vorgänge, z. B. sind die Funktionen, die die Bewegung eines linear und frei schwingenden Massenpunktes beschreiben, Lösungen von (1), falls die rücktreibende Kraft der Elongation und der (Reibungs-)Widerstand der Geschwindigkeit proportional ist. Die Gleichung (1) heißt daher auch Schwingungsgleichung. Wir wollen das Verhalten ihrer Lösungen, insbesondere für $x \to +\infty$, im Detail untersuchen[1].

Die Gl. (1) ist definiert über der ganzen Ebene $\mathbb{R}^2$. Es ist jedoch zweckmäßig, auch komplexwertige Lösungen zuzulassen, das sind zweimal differenzierbare komplexwertige Funktionen φ auf $\mathbb{R}$, für die $\varphi''(x) + 2a\,\varphi'(x) + b\,\varphi(x) \equiv 0$ gilt.

Aus der Linearität und Homogenität folgt sofort

Satz 7.1. *Die komplexen (bzw. reellen) Lösungen von (1) bilden einen komplexen (bzw. reellen) Vektorraum $V_{\mathbb{C}}$ (bzw. $V_{\mathbb{R}}$).*

Beweis. Es ist $0 \in V_{\mathbb{R}} \subset V_{\mathbb{C}}$, also $V_{\mathbb{R}} \neq \emptyset \neq V_{\mathbb{C}}$. Sind φ_1 und φ_2 komplexe (bzw. reelle) Lösungen, so gilt

$$
\begin{aligned}
&(\varphi_1 + \varphi_2)'' + 2a(\varphi_1 + \varphi_2)' + b(\varphi_1 + \varphi_2) \\
&= (\varphi_1'' + 2a\,\varphi_1' + b\,\varphi_1) + (\varphi_2'' + 2a\,\varphi_2' + b\,\varphi_2) = 0.
\end{aligned}
$$

---

[1] In physikalischen Zusammenhängen entspricht unsere Variable x im allgemeinen der Zeit.

Ist $c \in \mathbb{C}$ (bzw. $c \in \mathbb{R}$), so gilt

$$(c\,\varphi_1)'' + 2\,a\,(c\,\varphi_1)' + b\,(c\,\varphi_1) = c\,(\varphi_1'' + 2\,a\,\varphi_1' + b\,\varphi_1) = 0 \,.$$

Offenbar ist $V_{\mathbb{R}} \subset V_{\mathbb{C}}$. Ist $\varphi \in V_{\mathbb{C}}$, so ist $\operatorname{Re}\varphi \in V_{\mathbb{R}}$ und $\operatorname{Im}\varphi \in V_{\mathbb{R}}$: Es ist

$$
\begin{aligned}
0 &= \varphi'' + 2\,a\,\varphi' + b\,\varphi \\
&= (\operatorname{Re}\varphi)'' + i\,(\operatorname{Im}\varphi)'' + 2\,a\,((\operatorname{Re}\varphi)' + i\,(\operatorname{Im}\varphi)') \\
&\qquad\qquad\qquad\qquad\qquad\quad + b\,(\operatorname{Re}\varphi + i\,\operatorname{Im}\varphi) \\
&= ((\operatorname{Re}\varphi)'' + 2\,a\,(\operatorname{Re}\varphi)' + b\,\operatorname{Re}\varphi) + \\
&\qquad + i\,((\operatorname{Im}\varphi)'' + 2\,a\,(\operatorname{Im}\varphi)' + b\,\operatorname{Im}\varphi)\,.
\end{aligned}
$$

Diese Gleichung kann nur bestehen, wenn Realteil und Imaginärteil der rechten Seite beide verschwinden; das ist aber die Behauptung.

Ist $\{\psi_1, \ldots, \psi_m\}$ ein über $\mathbb{R}$ linear unabhängiges System reeller Funktionen, so ist es auch über $\mathbb{C}$ linear unabhängig. Es seien nämlich $z_\mu = a_\mu + i\,b_\mu \in \mathbb{C}$ und es gelte $0 \equiv \sum\limits_{\mu=1}^{m} z_\mu \psi_\mu$. Dann ist

$$0 = \sum_{\mu=1}^{m} (a_\mu + i\,b_\mu)\,\psi_\mu = \sum_{\mu=1}^{m} a_\mu\,\psi_\mu + i \sum_{\mu=1}^{m} b_\mu\,\psi_\mu \,,$$

wieder müssen Realteil und Imaginärteil verschwinden; das ergibt die Behauptung. — Ist $\varphi \in V_{\mathbb{C}}$ beliebig und $\{\psi_1, \ldots, \psi_m\}$ eine Basis von $V_{\mathbb{R}}$, so ist φ Linearkombination der ψ_μ mit komplexen Koeffizienten: Wegen $\operatorname{Re}\varphi \in V_{\mathbb{R}}$ ist $\operatorname{Re}\varphi = \sum\limits_{\mu=1}^{m} a_\mu \psi_\mu$ mit reellen a_μ, entsprechend ist $\operatorname{Im}\varphi = \sum\limits_{\mu=1}^{m} b_\mu \psi_\mu$ mit reellen b_μ, also ist

$$\varphi = \operatorname{Re}\varphi + i\,\operatorname{Im}\varphi = \sum_{\mu=1}^{m} (a_\mu + i\,b_\mu)\,\psi_\mu \,.$$

Es ist also $\{\psi_1, \ldots, \psi_m\}$ auch eine Basis von $V_{\mathbb{C}}$. Ähnlich erkennt man: Ist $\{\varphi_1, \ldots, \varphi_m\}$ eine Basis von $V_{\mathbb{C}}$ aus nicht notwendig reellen Funktionen, so erzeugt $\{\operatorname{Re}\varphi_1, \ldots, \operatorname{Re}\varphi_m, \operatorname{Im}\varphi_1, \ldots, \operatorname{Im}\varphi_m\}$ den Vektorraum $V_{\mathbb{R}}$ über $\mathbb{R}$; dieses System reeller Funktionen enthält also eine Basis von $V_{\mathbb{R}}$. Damit haben wir unter anderem gezeigt:

Satz 7.2. *Es gilt* $\dim_{\mathbb{R}} V_{\mathbb{R}} = \dim_{\mathbb{C}} V_{\mathbb{C}}$.

Später wird $\dim_{\mathbb{R}} V_{\mathbb{R}} = 2$ gezeigt werden. Nehmen wir diese Tatsache als bewiesen an, so genügt es also zur vollständigen Lösung von (1), zwei (komplex) linear unabhängige (komplexe) Lösungen zu finden.

Es liegt nahe, $\varphi(x) = e^{\lambda x}$ mit noch zu bestimmendem $\lambda \in \mathbb{C}$ anzusetzen. Dann wird

$$\varphi''(x) + 2\,a\,\varphi'(x) + b\,\varphi(x) = e^{\lambda x}(\lambda^2 + 2\,a\,\lambda + b)\,.$$

Da $e^{\lambda x}$ stets von Null verschieden ist, ist $\varphi(x) = e^{\lambda x}$ genau dann Lösung von (1), wenn λ der quadratischen Gleichung

$$\lambda^2 + 2a\,\lambda + b = 0 \tag{2}$$

genügt.

Bei der Lösung von (2) sind drei Fälle zu unterscheiden, je nach dem Vorzeichen der *Diskriminante* $\Delta = a^2 - b$ von (2).

I. $\Delta = 0$. Dann hat $\lambda^2 + 2a\,\lambda + b = (\lambda + a)^2 = 0$ genau die Lösung $\lambda = -a$. Wir erhalten $\varphi_1(x) = e^{-ax}$ als eine Lösung von (1). Es bleibt eine weitere, davon linear unabhängige Lösung zu finden. Man prüft nach, daß $\varphi_2(x) = x\,e^{-ax}$ auch Lösung von (1) ist:

$$\varphi_2''(x) + 2a\,\varphi_2'(x) + a^2\,\varphi_2(x)$$
$$= (a^2 x - 2a)\,e^{-ax} + 2a(1 - a\,x)\,e^{-ax} + a^2\,x\,e^{-ax} = 0\,.$$

Es sind φ_1 und φ_2 reell, es genügt, ihre lineare Unabhängigkeit über $\mathbb{R}$ zu zeigen: Es gelte für $c_1, c_2 \in \mathbb{R}$

$$0 \equiv c_1\,\varphi_1(x) + c_2\,\varphi_2(x) = (c_1 + x\,c_2)\,e^{-ax}\,.$$

Wegen $e^{-ax} \neq 0$ folgt $c_1 + x c_2 \equiv 0$, für $x = 0$ ergibt sich $c_1 = 0$, für $x = 1$ folgt dann $c_2 = 0$.

Im Fall $\Delta = 0$ hat also jede Lösung φ von (1) die Form $\varphi(x) = (c_1 + c_2 x)e^{-ax}$. Sind $x_0, y_0, y_1 \in \mathbb{R}$ beliebig, so kann man c_1 und c_2 in eindeutiger Weise so bestimmen, daß $\varphi(x_0) = y_0$ und $\varphi'(x_0) = y_1$ gilt: Es sind dazu die Gleichungen

$$(c_1 + c_2 x_0)\,e^{-ax_0} = y_0$$
$$(-a\,c_1 + c_2(1 - a\,x_0))\,e^{-ax_0} = y_1 \tag{3}$$

zu lösen. Die Determinante der Matrix dieses Gleichungssystems ist

$$\begin{vmatrix} e^{-ax_0} & x_0\,e^{-ax_0} \\ -a\,e^{-ax_0} & (1 - a\,x_0)\,e^{-ax_0} \end{vmatrix} = e^{-2ax_0} \begin{vmatrix} 1 & x_0 \\ -a & 1 - a\,x_0 \end{vmatrix} = e^{-2ax_0} \neq 0\,,$$

das System (3) ist also stets eindeutig nach c_1, c_2 auflösbar.

Dieselbe Überlegung ergibt übrigens einen zweiten Beweis für die lineare Unabhängigkeit von φ_1 und φ_2: Gilt $c_1\varphi_1 + c_2\varphi_2 \equiv 0$, so auch $c_1\varphi_1' + c_2\varphi_2' \equiv 0$. Diese beiden Gleichungen führen für ein festes x_0 gerade auf das zu (3) gehörige homogene Gleichungssystem (d.h. mit $y_0 = y_1 = 0$), das wegen des Nichtverschwindens der Determinante nur die triviale Lösung $c_1 = c_2 = 0$ hat.

II. $\Delta > 0$. Dann hat (2) die 2 verschiedenen reellen Lösungen $\lambda_1 = -a + \sqrt{a^2 - b}$ und $\lambda_2 = -a - \sqrt{a^2 - b}$; entsprechend erhalten wir die Lösungen $\varphi_1(x) = e^{\lambda_1 x}$, $\varphi_2(x) = e^{\lambda_2 x}$ von (1). Diese reellen Lösungen sind über $\mathbb{R}$ linear unabhängig: Es gelte mit $c_1, c_2 \in \mathbb{R}$

$$0 \equiv c_1 e^{\lambda_1 x} + c_2 e^{\lambda_2 x} = (c_1 + c_2 e^{(\lambda_2 - \lambda_1)x})\,e^{\lambda_1 x}\,.$$

Wegen $e^{\lambda_1 x} \neq 0$ ist dann auch $c_1 + c_2 e^{(\lambda_2 - \lambda_1)x} \equiv 0$. Für $x = 0$ folgt $c_1 + c_2 = 0$, mithin $c_1(1 - e^{(\lambda_2 - \lambda_1)x}) \equiv 0$. Für $x \neq 0$ ist wegen $\lambda_2 - \lambda_1 \neq 0$ und $\lambda_2 - \lambda_1 \in \mathbb{R}$ auch $1 \neq e^{(\lambda_2 - \lambda_1)x}$, also erhält man $c_1 = 0$, $c_2 = 0$.

Jede reelle (komplexe) Lösung von (1) hat also in diesem Fall die Form $\varphi(x) = c_1 e^{\lambda_1 x} + c_2 e^{\lambda_2 x}$ mit $c_1, c_2 \in \mathbb{R}$ bzw. $\in \mathbb{C}$. Sind $x_0, y_0, y_1 \in \mathbb{R}$ gegeben, so lassen sich wieder c_1 und c_2 in eindeutiger Weise so bestimmen, daß $\varphi(x_0) = y_0$ und $\varphi'(x_0) = y_1$ wird: Man hat das Gleichungssystem

$$c_1 e^{\lambda_1 x_0} + c_2 e^{\lambda_2 x_0} = y_0,$$
$$c_1 \lambda_1 e^{\lambda_1 x_0} + c_2 \lambda_2 e^{\lambda_2 x_0} = y_1,$$

zu lösen — seine Determinante ist

$$\begin{vmatrix} e^{\lambda_1 x_0} & e^{\lambda_2 x_0} \\ \lambda_1 e^{\lambda_1 x_0} & \lambda_2 e^{\lambda_2 x_0} \end{vmatrix} = (\lambda_2 - \lambda_1) e^{(\lambda_1 + \lambda_2)x_0} \neq 0.$$

Wieder kann man auch aus dieser Tatsache auf die lineare Unabhängigkeit von φ_1 und φ_2 schließen.

III. $\Delta < 0$. Jetzt hat (2) keine reelle Lösung. Setzt man

$$\omega = \sqrt{-\Delta} = \sqrt{b - a^2},$$

so hat (2) die beiden komplexen Lösungen $\lambda_1 = -a + i\omega$, $\lambda_2 = -a - i\omega$; entsprechend erhalten wir die komplexen Lösungen $\varphi_1(x) = e^{\lambda_1 x}$, $\varphi_2(x) = e^{\lambda_2 x}$ von (1). Diese Lösungen sind über $\mathbb{C}$ linear unabhängig. Der Beweis verläuft fast wörtlich wie im Fall II, nur $1 - e^{(\lambda_2 - \lambda_1)x} \neq 0$ bedarf einer besonderen Untersuchung, da jetzt $\lambda_2 - \lambda_1 = -2i\omega$ nicht mehr reell ist. Es ist aber

$$e^{-2i\omega x} = \cos(-2\omega x) + i \sin(-2\omega x) = 1$$

genau dann, wenn $\cos(-2\omega x) = 1$ und $\sin(-2\omega x) = 0$ ist. Das ist genau für $\omega x = k\pi$ mit $k \in \mathbb{Z}$ der Fall, und x kann sicher so gewählt werden, daß diese Gleichung nicht gilt.

Jede komplexe Lösung hat also die Form $\varphi(x) = z_1 e^{\lambda_1 x} + z_2 e^{\lambda_2 x}$ mit $z_1, z_2 \in \mathbb{C}$. Um reelle Lösungen zu gewinnen, bilde man etwa $\psi_1(x) = \mathrm{Re}\,\varphi_1(x) = e^{-ax}\cos\omega x$ und $\psi_2 = \mathrm{Im}\,\varphi_1 = e^{-ax}\sin\omega x$. Man stellt sofort fest, daß $\varphi_2 = \psi_1 - i\psi_2$ gilt und $\{\psi_1, \psi_2\}$ eine Basis der reellen Lösungen ist. Ferner bemerkt man, daß

$$\varphi(x) = (u_1 + iv_1)e^{\lambda_1 x} + (u_2 + iv_2)e^{\lambda_2 x}$$
$$= (u_1 + u_2)\psi_1 + (v_2 - v_1)\psi_2 + i\{(v_1 + v_2)\psi_1 + (u_1 - u_2)\psi_2\}$$

genau dann reell ist, wenn $u_1 = u_2$ und $v_1 = -v_2$ gilt.

Schließlich kann man wieder zu beliebigen $x_0, y_0, y_1 \in \mathbb{R}$ eine reelle Lösung φ mit $\varphi(x_0) = y_0$ und $\varphi'(x_0) = y_1$ finden. Das kann man entweder zeigen, indem man $\varphi = z_1\varphi_1 + z_2\varphi_2$ ansetzt, dieselbe

Rechnung wie im Fall II durchführt und schließlich nachweist, daß das sich ergebende φ reell ist, oder aber, indem man $\varphi = c_1 \psi_1 + c_2 \psi_2$ mit $c_1, c_2 \in \mathbb{R}$ ansetzt. Das Gleichungssystem für c_1, c_2:

$$c_1 \psi_1(x_0) + c_2 \psi_2(x_0) = y_0$$
$$c_1 \psi_1'(x_0) + c_2 \psi_2'(x_0) = y_1$$

hat dann die Determinante $\omega e^{-2ax_0} \neq 0$.

Wir studieren jetzt das Verhalten der eben konstruierten reellen Lösungen für $x \geqq 0$, insbesondere für $x \to + \infty$.

Im Fall I hatten wir die Lösungen $\varphi_1(x) = e^{-ax}$ und $\varphi_2(x) = x e^{-ax}$. Ist $a > 0$, so fällt φ_1 von $\varphi_1(0) = 1$ an sehr schnell monoton gegen 0, schneller als jede Potenz x^{-n} mit $n \in \mathbb{N}$. Ist $a < 0$, so wächst φ_1 sehr schnell gegen $+ \infty$. Es ist $\varphi_2(0) = 0$. Ist $a > 0$, so nimmt φ_2 für $x = 1/a$ seinen Maximalwert $(a \cdot e)^{-1}$ an und fällt von da an fast so schnell gegen 0 wie φ_1. Ist $a < 0$, so wächst auch φ_2 streng monoton gegen $+ \infty$. — Mit φ_1 und φ_2 strebt für $a > 0$ (bzw. $a < 0$) auch jede Linearkombination $c_1 \varphi_1 + c_2 \varphi_2$ gegen 0 (bzw. gegen $+ \infty$ oder $- \infty$, sofern sie nicht identisch verschwindet).

Im Fall II hatten wir die Lösungen $\varphi_1(x) = e^{\lambda_1 x}$ und $\varphi_2(x) = e^{\lambda_2 x}$ mit $\lambda_1 = - a + \sqrt{a^2 - b}$ und $\lambda_2 = - a - \sqrt{a^2 - b}$. Das im Fall I für φ_1 Gesagte trifft hier sinngemäß auf φ_1 und φ_2 zu; man bemerkt leicht, daß λ_1 genau dann positiv ist, wenn $a < 0$ oder $a > 0$ und $b < 0$ gilt, und daß λ_2 genau dann positiv ist, wenn $a < 0$ und $b > 0$ gilt. Genau dann, wenn a und b positiv sind, sind λ_1 und λ_2 negativ, und genau in diesem Fall strebt jede Lösung $c_1 \varphi_1 + c_2 \varphi_2$ gegen 0.

Im Fall III hatten wir die Lösungen $\psi_1(x) = e^{-ax} \cos \omega x$, $\psi_2(x) = e^{-ax} \sin \omega x$ mit $\omega = \sqrt{b - a^2}$. Ist $a = 0$, so hat jede Lösung $c_1 \psi_1 + c_2 \psi_2$ die Gestalt einer (evtl. längs der x-Achse verschobenen) Sinuskurve mit der Periode oder „Wellenlänge" $2 \pi / \omega = 2 \pi / \sqrt{b}$. Das folgt, weil für $c_1^2 + c_2^2 \neq 0$ mit $A = \sqrt{c_1^2 + c_2^2}$ und $\gamma = (1/\omega) \cdot \arcsin(c_1/A) = (1/\omega) \arccos(c_2/A)$ gilt

$$c_1 \cos \omega x + c_2 \sin \omega x = A \cdot \sin \omega (x + \gamma).$$

Ist $a \neq 0$, so können wir immer noch

$$\psi(x) = c_1 e^{-ax} \cos \omega x + c_2 e^{-ax} \sin \omega x = A e^{-ax} \sin \omega (x + \gamma)$$

schreiben. Der letzte Faktor stellt eine Wellenlinie der Wellenlänge $\dfrac{2 \pi}{\omega}$ dar, deren Maxima (Wellenberge) bei $x = \dfrac{(4k + 1) \pi}{2 \omega} - \gamma$, $k \in \mathbb{Z}$, liegen. Falls $a > 0$ ist, so bewirkt der Faktor e^{-ax}, daß der Graph von ψ eine Wellenlinie ist, deren Amplitude (Höhe der Wellenberge) exponentiell abnimmt. Man redet in diesem Fall auch von einer *gedämpften Schwingung* und bezeichnet a als *Dämpfungs-*

konstante. — Ist $a < 0$, so ist der Graph von ψ eine Wellenlinie mit exponentiell zunehmender Amplitude.

Schließlich sei noch die Lösung von (1) unter den Anfangsbedingungen $\varphi(0) = 1$, $\varphi'(0) = 0$ diskutiert. Dabei nehmen wir der Einfachheit halber $b = 1$ an und beschränken uns auf den physikalisch interessanten Fall $a > 0$.

Offenbar liegt Fall I genau dann vor, wenn $a = 1$ ist, Fall II ist mit $a > 1$, Fall III mit $0 < a < 1$ äquivalent.

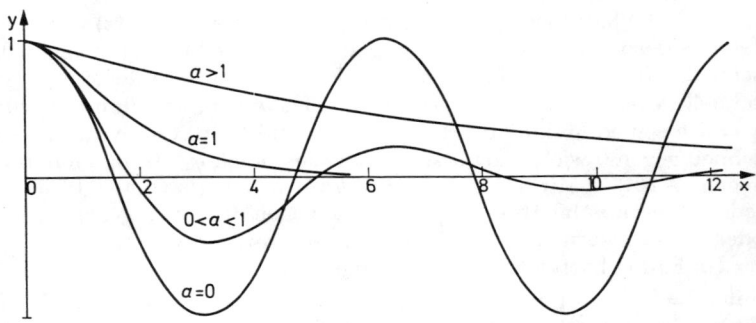

Fig. 12. Lösungskurven von $y'' + 2ay' + y = 0$
(Anfangswerte $\varphi(0) = 1$ und $\varphi'(0) = 0$)

Mit dem Verfahren von S. 120 erhält man für $a = 1$ die Lösung $\varphi(x) = (1 + x)e^{-x}$. Die Ableitung $\varphi'(x) = -xe^{-x}$ ist in $(0, +\infty)$ stets negativ; $\varphi(x)$ strebt monoton fallend gegen 0. Ist $0 < q < 1$ (bzw. $q > 1$), so strebt $\varphi(x)/e^{-qx} = (1 + x)e^{(q-1)x}$ gegen 0 (bzw. gegen $+\infty$), d.h. φ nimmt stärker ab als e^{-qx} für $0 < q < 1$ (bzw. schwächer als e^{-qx} für $q > 1$). Wir können daher sagen, daß $\varphi(x)$ ebenso stark gegen 0 geht wie e^{-x}.

In den Fällen II und III setzen wir $\varphi(x) = c_1 e^{\lambda_1 x} + c_2 e^{\lambda_2 x}$ an und errechnen

$$c_1 = \frac{\lambda_2}{\lambda_2 - \lambda_1} = \frac{a + \sqrt{a^2 - 1}}{2\sqrt{a^2 - 1}}, \quad c_2 = \frac{-\lambda_1}{\lambda_2 - \lambda_1} = \frac{-a + \sqrt{a^2 - 1}}{2\sqrt{a^2 - 1}}.$$

Im Fall II sind c_1 und c_2 reell, es gilt

$$\varphi(x) = \left(\frac{a}{2\sqrt{a^2 - 1}} + \frac{1}{2}\right)e^{(-a+\sqrt{a^2-1})x} - \left(\frac{a}{2\sqrt{a^2 - 1}} - \frac{1}{2}\right)e^{(-a-\sqrt{a^2-1})x}$$

$$= e^{(-a+\sqrt{a^2-1})x}\left(1 + \left(\frac{a}{2\sqrt{a^2 - 1}} - \frac{1}{2}\right)\left(1 - e^{-2x\sqrt{a^2-1}}\right)\right).$$

Nun ist $a > \sqrt{a^2 - 1}$, also $\dfrac{a}{2\sqrt{a^2 - 1}} - \dfrac{1}{2} > 0$. Ebenfalls ist

$1 - e^{-2\sqrt{a^2-1}\,x} > 0$ für positives x. Ferner ist wegen $a > 1$ auch $(a - 1)^2 = a^2 - 2a + 1 < a^2 - 1$, also $a - 1 < \sqrt{a^2 - 1}$ bzw. $a - \sqrt{a^2 - 1} < 1$. Damit wird

$$\varphi(x) > e^{(-a+\sqrt{a^2-1})x} = e^{-(a-\sqrt{a^2-1})x} > e^{-x}.$$

Die Lösung $\varphi(x)$ klingt also für $x \to +\infty$ schwächer ab als

$$e^{-(a-\sqrt{a^2-1})x},$$

und diese Funktion klingt ihrerseits wesentlich schwächer ab als e^{-x}.
— Ist a sehr groß, so kann man in $a - \sqrt{a^2 - 1} = a(1 - \sqrt{1 - a^{-2}})$ den Ausdruck $\sqrt{1 - a^{-2}}$ gut durch die ersten zwei Glieder seiner Potenzreihenentwicklung, nämlich durch $1 - \frac{1}{2}a^{-2}$, approximieren; es ist also $a - \sqrt{a^2 - 1}$ ungefähr gleich der sehr kleinen Zahl $1/(2a)$. Die Lösung $\varphi(x)$ klingt dann noch langsamer ab als die langsam gegen 0 gehende Funktion $e^{-x/(2a)}$.

Im Fall III sind c_1, c_2 komplex. Umformung auf reelle Gestalt liefert $\varphi(x) = e^{-ax}(\cos\omega x + (a/\omega)\cdot\sin\omega x)$. Das ist eine gedämpfte Schwingung mit Maxima bei $x = \dfrac{2k\pi}{\omega}$ für $k \in \mathbb{Z}$. Liegt in x_0 ein Maximum, so ist $\varphi(x_0) = e^{-ax_0} > e^{-x_0}$, d.h. die Amplitude klingt wegen $a < 1$ langsamer ab als die Funktion e^{-x}.

Hat man ein physikalisches System, welches durch $y'' + 2ay' + b = 0$ beschrieben wird, so redet man im Fall II, insbesondere bei großen a, vom *Kriechfall*, da φ gegen Null „kriecht". Der Fall I heißt in diesem Zusammenhang *aperiodischer Grenzfall* — das ist nach unsern Überlegungen zugleich der Fall, in dem die Lösung am schnellsten abklingt.

Es soll nun noch ganz kurz die inhomogene lineare Differentialgleichung zweiter Ordnung mit konstanten Koeffizienten besprochen werden, also die Gleichung

$$y'' + 2ay' + by = f(x) \quad \text{mit} \quad a, b \in \mathbb{R}, \tag{4}$$

wo f eine auf $\mathbb{R}$ definierte stetige Funktion ist. Man kann ohne weiteres für f komplexwertige Funktionen zulassen; unter einer Lösung ist dann eine zweimal differenzierbare komplexwertige Funktion φ zu verstehen, die $\varphi'' + 2a\varphi' + b\varphi \equiv f$ erfüllt. Ist φ eine Lösung von (4), so ist offenbar $\operatorname{Re}\varphi$ eine Lösung von $y'' + 2ay' + by = \operatorname{Re} f$ und $\operatorname{Im}\varphi$ ist Lösung von $y'' + 2ay' + by = \operatorname{Im} f$. Über die Gesamtheit der Lösungen von (4) gilt

Satz 7.3. *Man erhält alle Lösungen von (4), wenn man zu einer partikulären Lösung von (4) alle Lösungen der zugehörigen homogenen Gleichung $y'' + 2ay' + by = 0$ addiert.*

Der Beweis verläuft genau wie beim analogen Satz 2.2.

Wegen ihrer Wichtigkeit bei der Untersuchung erzwungener Schwingungen mit periodischer Erregung wollen wir noch die spezielle Differentialgleichung

$$y'' + 2ay' + by = ce^{i\omega x} \tag{5}$$

mit $c, \omega \in \mathbb{R}$ und $\omega \neq 0$ lösen. Der Ansatz $\varphi(x) = C \cdot e^{i\omega x}$ ergibt, sofern nicht $a = 0$ und $\omega^2 = b$ ist, die partikuläre Lösung

$$\varphi(x) = c \, \frac{(b - \omega^2) - 2ia\omega}{(b - \omega^2)^2 + 4a^2\omega^2} \, e^{i\omega x}. \tag{6}$$

Wenn $a = 0$ und $\omega^2 = b$ ist, wird (5) zu $y'' + \omega^2 y = ce^{i\omega x}$, als partikuläre Lösung erhält man jetzt

$$\varphi(x) = -\frac{ic}{2\omega} x e^{i\omega x}.$$

Für die physikalische Interpretation genügt es, den Realteil der Lösung φ zu untersuchen. Aus (6) folgt

$$\mathrm{Re}\,\varphi(x) = c \, \frac{b - \omega^2}{(b - \omega^2)^2 + 4a^2\omega^2} \cos \omega x + c \, \frac{2a\omega}{(b - \omega^2)^2 + 4a^2\omega^2} \sin \omega x$$

$$= A \cdot \cos \omega(x - \delta).$$

Dabei ergeben sich die *Amplitude* A und die *Phasenverschiebung* δ wie auf S. 122 als

$$A = \frac{c}{\sqrt{(b - \omega^2)^2 + 4a^2\omega^2}},$$

$$\delta = \frac{1}{\omega} \arccos \frac{b - \omega^2}{\sqrt{(b - \omega^2)^2 + 4a^2\omega^2}} = \frac{1}{\omega} \arcsin \frac{2a\omega}{\sqrt{(b - \omega^2)^2 + 4a^2\omega^2}}.$$

Der Graph von $\mathrm{Re}\,\varphi$ ist also eine Wellenlinie mit der Wellenlänge $2\pi/\omega$ und der Amplitude A. Sie ist aber um δ gegenüber der Erregung $\mathrm{Re}(ce^{i\omega x}) = c \cdot \cos \omega x$ verschoben.

Bei der mathematischen Beschreibung physikalischer Vorgänge durch (5) hat man häufig $b > 0$ als fest anzunehmen, während a und ω noch unter den Bedingungen $\omega > 0$ und $a > 0$ variieren können. Ohne Beschränkung der Allgemeinheit kann $c = 1$ gesetzt werden. Die Lösungen der zugehörigen homogenen Gleichung streben dann, wie wir gesehen haben, für wachsendes x gegen Null. Für großes x kann man sie also vernachlässigen und (6) als *die* Lösung von (5) betrachten. Es ist nun von Interesse, A und δ als Funktionen von a und ω zu studieren.

Man erkennt, daß für festes a mit $0 < a < \sqrt{b/2}$ die Amplitude A genau für $\omega = \sqrt{b - 2a^2}$ ihr Maximum annimmt; ihr Maximalwert ist dann

$$A_{\max} = \frac{1}{2a\sqrt{b - a^2}}.$$

Man nennt diesen Wert von ω die *Resonanzfrequenz* und A_{max} die *Resonanzamplitude.* Für sehr kleine a liegt die Resonanzfrequenz in der Nähe von $\sqrt{b}$, und die Resonanzamplitude ist sehr groß. Wächst

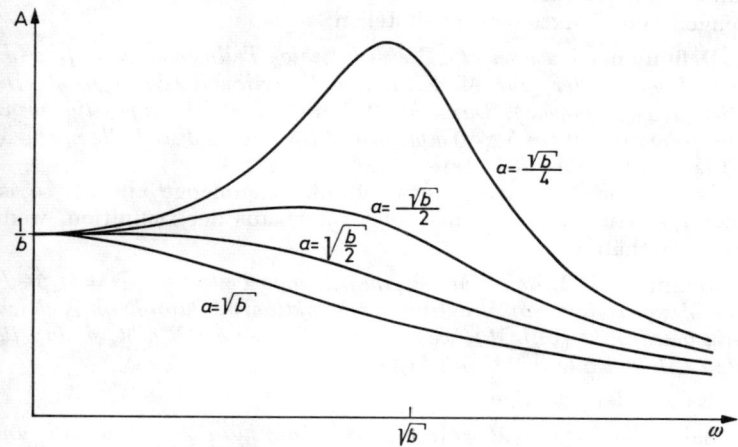

Fig. 13. Amplitude als Funktion von ω und a

a gegen $\sqrt{b/2}$, so fällt die Resonanzfrequenz monoton gegen 0 und auch die Resonanzamplitude nimmt monoton bis auf $1/b$ ab. Für $a \geqq \sqrt{b/2}$ existiert keine Resonanzfrequenz, die Amplitude ist dann bei festem a eine monoton fallende Funktion von ω. Sie fällt umso schneller, je größer a ist.

Die Diskussion der Phasenverschiebung δ kann in ähnlicher Weise durchgeführt werden. Sie soll, ebenso wie die sehr einfachen Beweise der Aussagen über die Amplitude, dem Leser zu seiner Übung überlassen bleiben.

VI. Kapitel

Existenzsätze

In diesem Kapitel wollen wir die Frage nach der Existenz und Eindeutigkeit von Lösungen gewöhnlicher Differentialgleichungen behandeln. Die Sätze, welche die Existenz garantieren, sind aber nicht immer zur wirklichen Berechnung von Lösungen geeignet.

§ 1. Gleichartig stetige Funktionen

Mitunter wird die Lösung einer Differentialgleichung als Limes einer konvergenten Teilfolge aus einer Menge sie approximierender Funktionen gewonnen. Wir müssen daher noch einige Aussagen über Mengen von Funktionen bereitstellen.

Definition 1.1. *Es sei $M \subset \mathbb{R}$ eine beliebige Teilmenge, $\mathfrak{F} = \{f_\iota : \iota \in J\}$ eine Menge reeller, auf M definierter Funktionen (dabei ist J eine beliebige Indexmenge). Dann heißt $\mathfrak{F}$ auf M gleichartig stetig, wenn es zu jedem $\varepsilon > 0$ ein $\delta > 0$ gibt, so daß für alle $\iota \in J$ und alle $x, x^* \in M$ mit $|x - x^*| < \delta$ gilt $|f_\iota(x) - f_\iota(x^*)| < \varepsilon$.*

Ist $\mathfrak{F}$ eine gleichartig stetige Funktionenmenge auf M, so ist jedes $f_\iota \in \mathfrak{F}$ in M stetig; das folgt sofort aus der Definition, wenn man ι festhält.

Definition 1. 2. *Es sei $M \subset \mathbb{R}$ eine beliebige Teilmenge, $\mathfrak{F} = \{f_\iota : \iota \in J\}$ eine Menge reeller, auf M definierter Funktionen. Dann heißt $\mathfrak{F}$ gleichartig beschränkt (auf M), wenn es eine Konstante R gibt, so daß für alle $\iota \in J$ und alle $x \in M$ gilt $|f_\iota(x)| \leqq R$.*

Es gilt der wichtige

Satz 1.1. *Es sei $M = [a, b]$ ein abgeschlossenes Intervall und $\mathfrak{F} = \{f_\nu : \nu \in \mathbb{N}\}$ eine gleichartig stetige und gleichartig beschränkte Funktionenfolge auf M. Dann enthält $\mathfrak{F}$ eine auf M gleichmäßig konvergente Teilfolge.*

Beweis. (a) Da die Menge $\mathbb{Q}$ der rationalen Zahlen abzählbar ist, ist auch $M^* = M \cap \mathbb{Q}$ abzählbar. Wir denken die Elemente von M^* in irgendeiner Weise als Folge angeordnet:

$$M^* = \{x_1, x_2, x_3, \ldots\}.$$

(b) Da $\mathfrak{F}$ gleichartig beschränkt ist, ist auch die Zahlenfolge $f_\nu(x_1)$ beschränkt. Sie hat daher mindestens einen Häufungspunkt. Einen solchen bezeichnen wir mit a_1. Sie enthält ferner eine gegen a_1 konvergente Teilfolge, die mit $f_{1\nu}(x_1)$ bezeichnet sei.

Die Funktionenfolge $(f_{1\nu})$ ist als Teilmenge von $\mathfrak{F}$ gleichartig beschränkt, daher ist auch die Zahlenfolge $(f_{1\nu}(x_2))$ beschränkt. Es gibt also einen Häufungspunkt a_2 von $f_{1\nu}(x_2)$ und eine gegen a_2 konvergente Teilfolge von $f_{1\nu}(x_2)$. Sie sei mit $f_{2\nu}(x_2)$ bezeichnet.

In dieser Weise fahren wir fort: Sind für $\lambda = 1, \ldots, l \geqq 2$ schon Teilfolgen $(f_{\lambda\nu})$ von $\mathfrak{F}$ gewählt mit den Eigenschaften

$(f_{\lambda\nu})$ *ist Teilfolge von* $(f_{\lambda'\nu})$ *für alle* λ' *mit* $1 \leqq \lambda' \leqq \lambda$,

$(f_{\lambda\nu}(x_\lambda))$ *konvergiert gegen eine Zahl* a_λ,

so hat die (beschränkte) Zahlenfolge $(f_{l\nu}(x_{l+1}))$ einen Häufungspunkt, etwa a_{l+1}, und wir können eine Teilfolge $(f_{l+1,\,\nu})$ von $(f_{l\nu})$ so auswählen, daß $f_{l+1,\,\nu}(x_{l+1})$ gegen a_{l+1} strebt.

Wir bekommen ein System von abzählbar unendlich vielen Folgen

$$\begin{array}{llll} f_{11}, & f_{12}, & f_{13}, & f_{14}, \ldots \\ f_{21}, & f_{22}, & f_{23}, & f_{24}, \ldots \\ f_{31}, & f_{32}, & f_{33}, & f_{34}, \ldots \end{array} \qquad (1)$$

Für $\lambda_1 \leqq \lambda_2$ ist stets $(f_{\lambda_2 \nu})$ Teilfolge von $(f_{\lambda_1 \nu})$. Wegen $f_{\lambda_1 \nu}(x_{\lambda_1}) \to a_{\lambda_1}$ gilt dann auch $f_{\lambda_2 \nu}(x_{\lambda_1}) \to a_{\lambda_1}$.

Aus dem System (1) bilden wir nun die „Diagonalfolge", d.h. wir setzen $g_\nu = f_{\nu\nu}$ für $\nu = 1, 2, 3, \ldots$, und betrachten die in $\mathfrak{F}$ enthaltene Funktionenfolge (g_ν).

Für jedes λ bilden die Elemente $g_\lambda, g_{\lambda+1}, g_{\lambda+2}, \ldots$ von (g_ν) eine Teilfolge von $(f_{\lambda\nu})$. Es konvergiert also $g_\nu(x_\lambda)$ gegen a_λ, da die ersten $\lambda - 1$ Glieder die Konvergenz nicht beeinflussen.

(c) Wir zeigen jetzt mittels des Cauchy-Kriteriums, daß die Folge (g_ν) auf M gleichmäßig konvergiert. Da (g_ν) als Teilfolge von $\mathfrak{F}$ gleichartig stetig ist, können wir zu gegebenem $\varepsilon > 0$ ein $\delta > 0$ so finden, daß für alle ν gilt

$$|g_\nu(x) - g_\nu(x^*)| < \varepsilon/3, \quad \text{falls} \quad |x - x^*| < \delta \quad \text{und} \quad x, x^* \in M. \quad (2)$$

Zu beliebigem $x \in M$ bilden wir $U_\delta(x) \cap M$; das ist ein Intervall. Da $\mathbb{Q}$ dicht in $\mathbb{R}$ liegt (d.h. jede offene Menge von $\mathbb{R}$ enthält rationale Punkte), enthält $U_\delta(x) \cap M$ sicher ein Element von M^*, etwa x_μ. Es gilt dann auch $x \in U_\delta(x_\mu)$, wir setzen $U_\delta(x_\mu) = V(x)$. Auf diese Weise erhalten wir zu jedem $x \in M$ eine offene Umgebung $V(x)$, das System $\mathfrak{V} = \{V(x) : x \in M\}$ bildet also eine offene Überdeckung von M. Da M als beschränktes abgeschlossenes Intervall kompakt ist, wird M schon von endlich vielen der $V(x)$, etwa von $V(x^{(1)}), \ldots, V(x^{(s)})$ überdeckt. Jedes dieser $V(x^{(\sigma)})$ ist aber von der Form $U_\delta(x_{\lambda_\sigma})$ für passendes λ_σ.

Da $g_\nu(x_{\lambda_\sigma}) \to a_{\lambda_\sigma}$, gibt es nach dem Cauchy-Kriterium eine Zahl $\nu_0(\sigma)$ so, daß für $\nu, \mu \geqq \nu_0(\sigma)$ gilt $|g_\nu(x_{\lambda_\sigma}) - g_\mu(x_{\lambda_\sigma})| < \varepsilon/3$. Wählt man $\nu_0 = \max(\nu_0(1), \ldots, \nu_0(s))$, so gilt

$$|g_\nu(x_{\lambda_\sigma}) - g_\mu(x_{\lambda_\sigma})| < \varepsilon/3 \text{ für } \sigma = 1, \ldots, s \text{ und } \nu, \mu \geqq \nu_0. \quad (3)$$

Es sei nun $x \in M$ beliebig, σ so, daß $x \in U_\delta(x_{\lambda_\sigma})$, und $\nu, \mu \geqq \nu_0$. Dann ist

$$|g_\nu(x) - g_\mu(x)| = |g_\nu(x) - g_\nu(x_{\lambda_\sigma}) + g_\nu(x_{\lambda_\sigma}) - g_\mu(x_{\lambda_\sigma}) + g_\mu(x_{\lambda_\sigma}) - g_\mu(x)|$$
$$\leqq |g_\nu(x) - g_\nu(x_{\lambda_\sigma})| + |g_\nu(x_{\lambda_\sigma}) - g_\mu(x_{\lambda_\sigma})| + |g_\mu(x_{\lambda_\sigma}) - g_\mu(x)|.$$

Der erste und der dritte Summand sind kleiner als $\varepsilon/3$ wegen (2), der zweite ist kleiner als $\varepsilon/3$ wegen (3). Wir bekommen also

$$|g_\nu(x) - g_\mu(x)| < \varepsilon, \quad \text{falls} \quad \nu, \mu \geqq \nu_0.$$

Da ν_0 nicht von x abhängt, folgt die Behauptung.

Wir wollen die Begriffe der gleichartigen Stetigkeit bzw. gleichartigen Beschränktheit an einigen Beispielen illustrieren:

Es sei $M = (0, 1]$ und $\mathfrak{F}$ bestehe aus der einen Funktion $f(x) = 1/x$. Dann ist $\mathfrak{F}$ nicht gleichartig beschränkt, da f nicht beschränkt ist. Außerdem ist $\mathfrak{F}$ auch nicht gleichartig stetig: Ist $\varepsilon = 1$ und $\delta > 0$ beliebig, so wähle man etwa $x = \min(1, \delta)$ und $x^* = \frac{1}{2}x$. Dann ist $|x - x^*| < \delta$ und

$$\left| \frac{1}{x} - \frac{1}{x^*} \right| = \frac{1}{x} = \max\left(1, \frac{1}{\delta}\right) \geqq 1 = \varepsilon .$$

Es sei $M = [0, 2\pi]$ und $\mathfrak{F} = \{f_\nu(x) = \sin\nu x \colon \nu \in \mathbb{N}\}$. Die Menge $\mathfrak{F}$ ist gleichartig beschränkt, denn 1 ist eine Schranke für alle f_ν. Jeder Teil von $\mathfrak{F}$, der nur aus einem Element besteht, ist gleichartig stetig auf M: Zu $\varepsilon > 0$ und $f_\nu \in \mathfrak{F}$ wähle man $\delta = \varepsilon/\nu$. Für $|x - x^*| < \delta$ und $x, x^* \in M$ ist dann

$$\left| \sin\nu x - \sin\nu x^* \right| = \left| \nu \int_x^{x^*} \cos\nu t\, dt \right| \leqq \nu \int_{\min(x, x^*)}^{\max(x, x^*)} |\cos\nu t|\, dt$$

$$\leqq \nu |x - x^*| < \nu\delta = \varepsilon .$$

Die Funktionenmenge $\mathfrak{F}$ ist aber nicht gleichartig stetig: Zu $\varepsilon = 1$ und beliebigem $\delta > 0$ wähle man $x = 0$ und ν so groß, daß $\pi < 2\nu\delta$. Mit $x^* = \pi/(2\nu)$ ist dann $|x - x^*| < \delta$ und $|\sin\nu x - \sin\nu x^*| = 1 \geqq \varepsilon$.

Es sei $M = [0, 1]$ und $\mathfrak{F} = \{f_\nu(x) \equiv \nu \colon \nu \in \mathbb{N}\}$. Die Menge $\mathfrak{F}$ ist offenbar nicht gleichartig beschränkt, aber $\mathfrak{F}$ ist gleichartig stetig: Für beliebige $\varepsilon > 0$, $\nu \in \mathbb{N}$ und $x, x^* \in M$ ist $0 = |f_\nu(x) - f_\nu(x^*)| < \varepsilon$.

Beispiele gleichartig stetiger und gleichartig beschränkter Funktionenmengen werden uns im nächsten Paragraphen begegnen.

§ 2. Der Existenzsatz von Peano

Es sei $f(x, y)$ eine in einem Bereich $G \subset \mathbb{R}^2$ stetige Funktion, und (x_0, y_0) sei ein Punkt von G. Es soll eine Lösung $\varphi(x)$ von $y' = f(x, y)$ mit $\varphi(x_0) = y_0$ gefunden werden. Die Idee des im folgenden dargestellten Peanoschen Existenzbeweises ist die Approximation der gesuchten Integralkurve durch Streckenzüge, die mit Hilfe des durch f definierten Richtungsfeldes wie folgt konstruiert werden: Man schreite von (x_0, y_0) ein (kleines) Stück auf der zu diesem Punkt gehörenden Geraden des Feldes fort bis zu einem Punkt $(x_1, y_1) \in G$. Von (x_1, y_1) schreite man auf der hierzu gehörenden Geraden des Feldes wieder ein (kleines) Stück fort bis zu einem Punkt $(x_2, y_2) \in G$, und so weiter. Auf diese Weise erhält man einen Streckenzug in G, und es ist zu hoffen, daß eine Folge solcher Streckenzüge gegen eine Integralkurve konvergiert, wenn die Teilstreckenlängen eine Nullfolge bilden.

Wir beweisen zuerst zwei Aussagen über Streckenzüge. Es sei $I = [x_0, x_0 + a]$ ein abgeschlossenes Intervall und $\mathfrak{Z} = (x_0, \ldots, x_l)$ eine Zerlegung von I. Es werde $I_\lambda = [x_{\lambda-1}, x_\lambda]$ für $1 \leq \lambda \leq l$

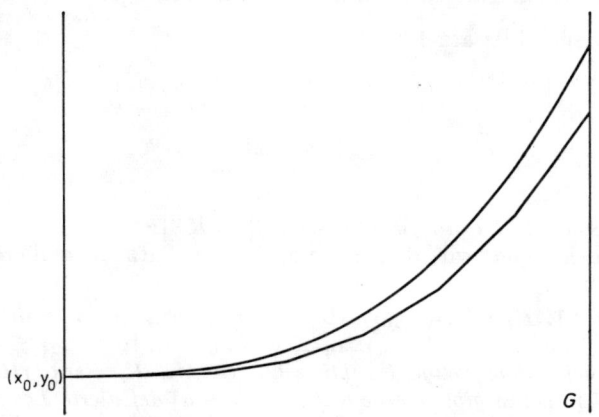

(x_0, y_0) G

Fig. 14. Zum Verfahren von PEANO

gesetzt. — Ein *Streckenzug* zu $\mathfrak{Z}$ ist der Graph einer stetigen Funktion φ auf I, für welche

$$\varphi(x) = \varphi(x_{\lambda-1}) + m_{\lambda-1}(x - x_{\lambda-1}) \quad \text{auf} \quad I_\lambda \quad \text{für} \quad 1 \leq \lambda \leq l$$

gilt mit gewissen reellen Zahlen $m_0, \ldots, m_{l-1}$.

Ist $x, x^* \in I$, $x < x^*$, und sind die Teilpunkte x_ν und x_μ von $\mathfrak{Z}$ so gewählt, daß $x_\nu \leq x \leq x_{\nu+1}$, $x_\mu \leq x^* \leq x_{\mu+1}$, so gilt $\nu \leq \mu$ und

$$\varphi(x^*) - \varphi(x) = \{\varphi(x^*) - \varphi(x_\mu)\}$$
$$+ \{\varphi(x_\mu) - \varphi(x_{\mu-1})\} + \ldots + \{\varphi(x_{\nu+1}) - \varphi(x)\}$$
$$= m_\mu(x^* - x_\mu) + m_{\mu-1}(x_\mu - x_{\mu-1}) + \ldots + m_\nu(x_{\nu+1} - x)$$
$$= (x^* - x) \cdot \left(\frac{x^* - x_\mu}{x^* - x} m_\mu + \frac{x_\mu - x_{\mu-1}}{x^* - x} m_{\mu-1} \right.$$
$$\left. + \ldots + \frac{x_{\nu+1} - x}{x^* - x} m_\nu \right),$$

falls $\nu < \mu$, und $\varphi(x^*) - \varphi(x) = (x^* - x) \cdot m_\nu$, falls $\nu = \mu$. Bezeichnet man den Koeffizienten von $m_\varkappa$ für $\nu \leq \varkappa \leq \mu$ mit $q_\varkappa$, so gilt offenbar

Hilfssatz 1. *Es ist*

$$\varphi(x^*) - \varphi(x) = (x^* - x) \sum_{\varkappa=\nu}^{\mu} q_\varkappa m_\varkappa$$

mit $q_\varkappa \geq 0$ *und* $\sum_{\varkappa=\nu}^{\mu} q_\varkappa = 1$ *für* $\nu \leq \mu$.

Diese Formel bleibt richtig für $x^* = x$ und auch für $x > x^*$. In diesem Fall braucht man nur die Rollen von μ und ν zu vertauschen.

Sind die Steigungen m_λ beschränkt, ist etwa $\sup\limits_{\lambda=1,\dots,l} |m_{\lambda-1}| \leqq K$, so folgt aus Hilfssatz 1

$$|\varphi(x^*) - \varphi(x)| = |x^* - x| \cdot \left|\sum_{\varkappa=\nu}^{\mu} q_\varkappa m_\varkappa\right|$$

$$\leqq |x^* - x| \cdot \sum_{\varkappa=\nu}^{\mu} q_\varkappa \cdot K,$$

also

Hilfssatz 2. *Es gilt* $|\varphi(x^*) - \varphi(x)| \leqq K \cdot |x^* - x|$.

Nun können wir den angekündigten Satz formulieren und beweisen.

Satz 2.1. *Es sei* $(x_0, y_0) \in \mathbb{R}^2$, *weiter seien a und r positive reelle Zahlen und* $G = \{(x, y): x_0 \leqq x \leqq x_0 + a, |y - y_0| \leqq r\} \subset \mathbb{R}^2$. *Ferner sei f eine stetige Funktion auf G. Mit $K = \sup|f(G)|$ gelte $a \cdot K \leqq r$. Dann gibt es eine auf $[x_0, x_0 + a]$ definierte Lösung $\varphi(x)$ der Differentialgleichung $y' = f(x, y)$, die $\varphi(x_0) = y_0$ erfüllt.*

Bemerkung. Da G kompakt ist, ist K endlich. Ist $G' \subset G$, so ist $K' = \sup|f(G')| \leqq K$. Die Bedingung $a \cdot K \leqq r$ läßt sich also immer erfüllen, indem man nötigenfalls von G zu einem Teilrechteck mit kleinerem a übergeht.

Beweis. a) Zu einer beliebigen Zerlegung $\mathfrak{Z} = (x_0, \dots, x_l)$ von $[x_0, x_0 + a] = I$ konstruieren wir induktiv einen Streckenzug $\varphi(x) = \varphi(x; \mathfrak{Z})$. Dazu sei $J_\lambda = [x_0, x_\lambda]$ für $\lambda = 1, \dots, l$. Auf J_1 sei $\varphi_1(x) = y_0 + f(x_0, y_0)(x - x_0)$. Es ist für $x \in J_1$

$$|\varphi_1(x) - y_0| = |f(x_0, y_0)| \cdot |x - x_0| \leqq K \cdot a \leqq r,$$

der Graph von φ_1 liegt also in G.

Sind auf den Intervallen $J_\varkappa$ mit $1 \leqq \varkappa \leqq \lambda$ für ein $\lambda < l$ schon Streckenzüge $\varphi_\varkappa$ definiert, deren Graphen in G liegen, und die $\varphi_\varkappa | J_{\varkappa-1} = \varphi_{\varkappa-1}$ (sofern $2 \leqq \varkappa \leqq \lambda$) erfüllen, so definieren wir $\varphi_{\lambda+1}$ auf $J_{\lambda+1}$ durch

$$\varphi_{\lambda+1}(x) = \begin{cases} \varphi_\lambda(x), & \text{falls } x \in J_\lambda, \\ \varphi_\lambda(x_\lambda) + f(x_\lambda, \varphi_\lambda(x_\lambda)) \cdot (x - x_\lambda), & \text{falls } x \in J_{\lambda+1} - J_\lambda. \end{cases}$$

In der oben verwandten Notation ist also $m_\varkappa = f(x_\varkappa, \varphi_\varkappa(x_\varkappa))$ für $\varkappa = 0, \dots, \lambda$. Wir bemerken, daß auch der Graph von $\varphi_{\lambda+1}$ in G liegt: Nach Hilfssatz 2 ist für $x \in J_{\lambda+1}$

$$|\varphi_{\lambda+1}(x) - y_0| \leqq |x - x_0| \cdot K \leqq a K \leqq r.$$

Mit $\varphi(x) = \varphi_l(x)$ hat man schließlich einen über I definierten Streckenzug zu $\mathfrak{Z}$, der in G verläuft.

b) Es sei $\mathfrak{F}$ die Menge aller Streckenzüge $\varphi(x; \mathfrak{Z})$, wobei $\mathfrak{Z}$ alle Zerlegungen von I durchläuft. Die Menge $\mathfrak{F}$ ist gleichartig beschränkt, denn da die Graphen der $\varphi(x; \mathfrak{Z})$ in G liegen, gilt $|\varphi(x; \mathfrak{Z})| \leqq r + |y_0|$. Außerdem ist $\mathfrak{F}$ gleichartig stetig, denn Hilfssatz 2 läßt sich auf jedes $\varphi(x; \mathfrak{Z})$ anwenden:

$$|\varphi(x; \mathfrak{Z}) - \varphi(x^*; \mathfrak{Z})| \leqq K \cdot |x - x^*|,$$

und zu gegebenem $\varepsilon > 0$ genügt es, $\delta = \varepsilon/K$ zu wählen, um der Forderung von Definition 1.1 genüge zu tun.

c) Ist $\mathfrak{Z} = (x_0, \ldots, x_l)$ eine Zerlegung von I, so setzen wir $|\mathfrak{Z}| = \max\limits_{\lambda=1,\ldots,l} |x_\lambda - x_{\lambda-1}|$. Es sei nun $(\mathfrak{Z}_\sigma)$ eine Folge von Zerlegungen von I, für die $|\mathfrak{Z}_\sigma|$ gegen 0 strebt, und es sei φ_σ der nach a) zu $\mathfrak{Z}_\sigma$ konstruierte Streckenzug, $\varphi_\sigma(x) = \varphi(x; \mathfrak{Z}_\sigma)$. Die Folge (φ_σ) ist dann in $\mathfrak{F}$ enthalten, also auch gleichartig stetig und gleichartig beschränkt. Nach Satz 1.1 enthält sie eine auf I gleichmäßig konvergente Teilfolge $(\varphi_{1\sigma})$; deren Grenzfunktion sei mit φ bezeichnet. Es gilt $\varphi(x_0) = \lim\limits_{\sigma\to\infty} \varphi_{1\sigma}(x_0) = y_0$, und für $x \in I$ folgt aus $|\varphi_{1\sigma}(x) - y_0| \leqq r$ auch $|\varphi(x) - y_0| \leqq r$. Der Graph von φ liegt also in G. Wir zeigen jetzt, daß φ in I differenzierbar ist und $\varphi'(x) = f(x, \varphi(x))$ erfüllt.

d) Es sei x^* ein beliebiger Punkt aus I. Wir setzen $y^* = \varphi(x^*)$. Zu φ und x^* definieren wir eine Funktion h auf I durch

$$h(x) = \frac{\varphi(x) - \varphi(x^*)}{x - x^*} - f(x^*, y^*) \quad \text{für} \quad x \in I - \{x^*\},$$
$$h(x^*) = 0.$$

Dann gilt für $x \in I$

$$\varphi(x) = \varphi(x^*) + (x - x^*)f(x^*, y^*) + (x - x^*)h(x),$$

und wir brauchen nur noch zu zeigen, daß h in x^* stetig ist. Für $x \in I - \{x^*\}$ gilt

$$h(x) = \lim_{\sigma\to\infty} \left(\frac{\varphi_{1\sigma}(x) - \varphi_{1\sigma}(x^*)}{x - x^*} - f(x^*, y^*) \right).$$

Wir werden zeigen, daß es zu jedem $\varepsilon > 0$ ein $\delta > 0$ und ein $\sigma_0 \in \mathbb{N}$ gibt, so daß für alle $x \in U_\delta(x^*) \cap (I - \{x^*\})$ und alle $\sigma \geqq \sigma_0$ gilt

$$\left| \frac{\varphi_{1\sigma}(x) - \varphi_{1\sigma}(x^*)}{x - x^*} - f(x^*, y^*) \right| < \varepsilon/2.$$

Dann ist auch im Limes für $\sigma \to \infty$

$$|h(x) - h(x^*)| = |h(x)| \leqq \varepsilon/2 < \varepsilon,$$

und das bedeutet gerade die Stetigkeit von h in x^*.

e) Es sei also $\varepsilon > 0$ gegeben. Da f stetig ist, gibt es ein $\eta > 0$, so daß $|f(x, y) - f(x^*, y^*)| < \varepsilon/2$, falls $(x, y) \in U_\eta(x^*, y^*) \cap G$. Wir wählen $\delta = \min\left(\dfrac{\eta}{2} \cdot \dfrac{\eta}{2\,K+1}\right)$. Da $|\mathfrak{Z}_{1\sigma}| \to 0$ und $\varphi_{1\sigma}(x^*) \to y^*$, gibt es σ_0 so, daß $|\mathfrak{Z}_{1\sigma}| < \delta$ und $|\varphi_{1\sigma}(x^*) - y^*| < \delta$ ist für $\sigma \geqq \sigma_0$.

Es sei jetzt $\sigma \geqq \sigma_0$ fest und $x \in U_\delta(x^*) \cap I$. Aufgrund von Hilfssatz 1 können wir schreiben

$$\varphi_{1\sigma}(x) - \varphi_{1\sigma}(x^*) = (x - x^*) \sum_{\varkappa=\nu}^{\mu} q_\varkappa f(x_\varkappa, y_\varkappa),$$

wobei die $x_\varkappa$ Teilpunkte der Zerlegung $\mathfrak{Z}_{1\sigma}$ sind, $y_\varkappa = \varphi_{1\sigma}(x_\varkappa)$ gesetzt ist, und die Summationsgrenzen zu wählen sind wie bei der Herleitung von Hilfssatz 1 angegeben. Es gilt also für die in der Summe vorkommenden Teilpunkte $x_\varkappa$, sofern $x \geqq x^*$ ist, $x^* - |\mathfrak{Z}_{1\sigma}| \leqq x_\varkappa \leqq x$, also

$$|x_\varkappa - x^*| \leqq |x - x^*| + |\mathfrak{Z}_{1\sigma}| < 2\,\delta \leqq \eta.$$

Diese Ungleichung gilt offenbar auch für $x \leqq x^*$. Nach Hilfssatz 2 gilt weiter

$$\begin{aligned}
|y_\varkappa - y^*| &\leqq |y_\varkappa - \varphi_{1\sigma}(x^*)| + |\varphi_{1\sigma}(x^*) - y^*| \\
&\leqq K \cdot |x_\varkappa - x^*| + \delta < (2\,K+1)\,\delta \leqq \eta,
\end{aligned}$$

also liegt $(x_\varkappa, y_\varkappa)$ in $U_\eta(x^*, y^*) \cap G$. Deswegen ist, wenn man $q_\varkappa \geqq 0$ und $\sum\limits_{\varkappa=\nu}^{\mu} q_\varkappa = 1$ beachtet, für $x \neq x^*$

$$\begin{aligned}
\left| \frac{\varphi_{1\sigma}(x) - \varphi_{1\sigma}(x^*)}{x - x^*} - f(x^*, y^*) \right| &= \left| \sum_{\varkappa=\nu}^{\mu} q_\varkappa (f(x_\varkappa, y_\varkappa) - f(x^*, y^*)) \right| \\
&\leqq \sum_{\varkappa=\nu}^{\mu} q_\varkappa |f(x_\varkappa, y_\varkappa) - f(x^*, y^*)| \\
&< \sum_{\varkappa=\nu}^{\mu} q_\varkappa \cdot \frac{\varepsilon}{2} = \frac{\varepsilon}{2}.
\end{aligned}$$

Damit ist der Beweis vollendet.

Im allgemeinen wird nicht schon die im Absatz c) betrachtete Folge φ_σ konvergieren. Das liegt daran, daß es mehrere Lösungen von $y' = f(x, y)$, die durch (x_0, y_0) gehen, geben kann. Es gilt aber

Satz 2.2. *Die Voraussetzungen und Bezeichnungen seien wie bei Satz 2.1 und in den ersten drei Abschnitten seines Beweises. Hat $y' = f(x, y)$ nur eine Lösung φ mit $\varphi(x_0) = y_0$, so strebt für jede Folge $(\mathfrak{Z}_\sigma)$ von Zerlegungen von I mit $|\mathfrak{Z}_\sigma| \to 0$ die zugehörige Folge (φ_σ) von Streckenzügen gleichmäßig auf I gegen φ.*

Beweis. Wir nehmen an, daß (φ_σ) nicht gleichmäßig gegen φ konvergiert. Dann gibt es ein $\varepsilon > 0$, so daß für unendlich viele σ die

Ungleichung $|\varphi_\sigma(x) - \varphi(x)| < \varepsilon$ nicht für alle $x \in I$ gilt. Man kann dann eine Teilfolge $(\varphi_{1\sigma})$ von (φ_σ) wählen, so daß für jedes $\varphi_{1\sigma}$ die Ungleichung $|\varphi_{1\sigma}(x) - \varphi(x)| < \varepsilon$ nicht für alle x gilt. Nach dem Beweis von Satz 2.1 enthält $(\varphi_{1\sigma})$ eine gegen eine Lösung ψ mit $\psi(x_0) = y_0$ von $y' = f(x, y)$ gleichmäßig konvergente Teilfolge $(\varphi_{2\sigma})$. Wegen der vorausgesetzten Eindeutigkeit der Lösung ist $\psi \equiv \varphi$, und $(\varphi_{2\sigma})$ konvergiert gleichmäßig gegen φ. Das ist ein Widerspruch zur Wahl von $(\varphi_{1\sigma})$.

Falls also die Lösung von $y' = f(x, y)$, welche durch (x_0, y_0) geht, eindeutig bestimmt ist, liefert der Beweis des Peanoschen Existenzsatzes auch ein Mittel zu ihrer Bestimmung. Es ist daher von Interesse, Kriterien für die eindeutige Lösbarkeit von Differentialgleichungen aufzustellen. Das soll in den folgenden Paragraphen geschehen.

Der Satz 2.1 bleibt gültig, wenn man G ersetzt durch das links der Geraden $x = x_0$ gelegene Rechteck

$$G^* = \{(\tilde{x}, \tilde{y}) \in \mathbb{R}^2 \colon \tilde{x} \in [x_0 - a, x_0], \, |\tilde{y} - y_0| \leqq r\}.$$

Die Variablentransformation $x = 2x_0 - \tilde{x}$, $y = \tilde{y}$ bildet nämlich G^* auf G ab, der über G^* definierten Differentialgleichung $\tilde{y}' = \tilde{f}(\tilde{x}, \tilde{y})$ entspricht dabei die über G definierte Differentialgleichung $y' = f(x, y)$ mit $f(x, y) = -\tilde{f}(\tilde{x}, \tilde{y})$, es ist $\sup|\tilde{f}(G^*)| = \sup|f(G)|$. Eine nach Satz 2.1 konstruierte Lösung φ über $[x_0, x_0 + a]$ von $y' = f(x, y)$ ergibt die über $[x_0 - a, x_0]$ definierte Lösung $\tilde{\varphi}(\tilde{x}) = \varphi(2x_0 - \tilde{x})$ von $\tilde{y}' = \tilde{f}(\tilde{x}, \tilde{y})$.

§ 3. Die Lipschitz-Bedingung

Definition 3.1. *Die reelle Funktion f sei auf der Teilmenge $G \subset \mathbb{R}^2$ definiert. Man sagt, f genüge in G der Lipschitzbedingung, wenn es eine Konstante $R \geqq 0$ gibt, so daß stets*

$$|f(x, y) - f(x, y^*)| \leqq R|y - y^*|$$

gilt, sofern $(x, y) \in G$ und $(x, y^*) \in G$.

R heißt dann eine *Lipschitz-Konstante* für f.

Satz 3.1. *Ist die reelle Funktion f in einem abgeschlossenen Rechteck G nach y stetig partiell differenzierbar, so genügt sie in G der Lipschitz-Bedingung.*

Beweis. Es seien (x, y) und (x, y^*) in G. Nach dem Mittelwertsatz gilt

$$f(x, y) - f(x, y^*) = (y - y^*) \cdot f_y(x, \eta)$$

für ein passendes η zwischen y und y^*. Offenbar ist $(x, \eta) \in G$. Da G kompakt und f_y stetig in G ist, ist $R = \sup|f_y(G)|$ endlich,

und es gilt
$$\left| f(x, y) - f(x, y^*) \right| \leqq R \left| y - y^* \right|.$$

Satz 3.2. *Es sei* $(x_0, y_0) \in \mathbb{R}^2$ *und* $a > 0$, $r > 0$. *Wir setzen* $G = \{(x, y): x_0 \leqq x \leqq x_0 + a, \ |y - y_0| \leqq r\} \subset \mathbb{R}^2$. *Die reelle Funktion* f *sei auf* G *definiert und genüge dort der Lipschitzbedingung. Sind dann* φ_1 *und* φ_2 *über* $[x_0, x_0 + a]$ *Lösungen der Differentialgleichung* $y' = f(x, y)$, *und gilt* $\varphi_1(x_0) = \varphi_2(x_0) = y_0$, *so ist* $\varphi_1 \equiv \varphi_2$.

Beweis. Wir betrachten die Funktion $\psi = \varphi_1 - \varphi_2$. Es gilt $\psi(x_0) = 0$ und für $x \in [x_0, x_0 + a]$ ist
$$\begin{aligned} \left| \psi'(x) \right| &= \left| \varphi_1'(x) - \varphi_2'(x) \right| = \left| f(x, \varphi_1(x)) - f(x, \varphi_2(x)) \right| \\ &\leqq R \left| \varphi_1(x) - \varphi_2(x) \right| = R \left| \psi(x) \right|. \end{aligned}$$

Die Behauptung ergibt sich aus dem folgenden

Hilfssatz. *Die reelle Funktion* $\psi(x)$ *sei differenzierbar in* $I = [x_0, x_0 + a]$, *es gelte* $\psi(x_0) = 0$ *und* $\left| \psi'(x) \right| \leqq R \left| \psi(x) \right|$ *mit einer Konstanten* $R \geqq 0$. *Dann ist* $\psi \equiv 0$ *in* I.

Beweis. Wir wählen eine natürliche Zahl n so, daß $Ra < n$, und teilen I in n Teilintervalle $I_\nu = \left[x_0 + \frac{\nu - 1}{n} a, \ x_0 + \frac{\nu}{n} a \right]$ mit $\nu = 1, \dots, n$; es werde $I_0 = \{x_0\}$ gesetzt. Nach Voraussetzung ist $\psi \,|\, I_0 = 0$. Wir nehmen an, es sei für ein ν mit $0 \leqq \nu < n$ schon $\psi \,\Big| \left(\bigcup_{\mu=0}^{\nu} I_\mu \right) \equiv 0$ gezeigt. Dann ist insbesondere $\psi \left(x_0 + \frac{\nu}{n} a \right) = 0$. Mit ψ ist auch $\left| (\psi \,|\, I_{\nu+1}) \right|$ stetig und nimmt im kompakten Intervall $I_{\nu+1}$ das Maximum an, d.h. es gibt $x_{\nu+1} \in I_{\nu+1}$ mit $K_{\nu+1} = \sup \left| \psi(I_{\nu+1}) \right| = \left| \psi(x_{\nu+1}) \right|$.

Es gilt dann mit einem ξ zwischen $x_0 + \frac{\nu}{n} a$ und $x_{\nu+1}$
$$\begin{aligned} K_{\nu+1} = \left| \psi(x_{\nu+1}) \right| &= \left| \psi(x_{\nu+1}) - \psi \left(x_0 + \frac{\nu}{n} a \right) \right| \\ &= \left(x_{\nu+1} - \left(x_0 + \frac{\nu}{n} a \right) \right) \cdot \left| \psi'(\xi) \right| \\ &\leqq \left(x_{\nu+1} - \left(x_0 + \frac{\nu}{n} a \right) \right) \cdot R \left| \psi(\xi) \right| \\ &\leqq \frac{a}{n} \cdot R K_{\nu+1}. \end{aligned}$$

Wegen $0 \leqq \frac{a}{n} R < 1$ folgt hieraus $K_{\nu+1} = 0$, also $\psi \,|\, I_{\nu+1} \equiv 0$ und damit $\psi \,\Big| \left(\bigcup_{\mu=0}^{\nu+1} I_\mu \right) \equiv 0$. Durch Induktion erhalten wir $\psi \equiv 0$, q.e.d.

Es sei noch ein Beispiel einer Differentialgleichung gebracht, wo die Lösung nicht eindeutig durch den Anfangswert bestimmt ist.

Es sei $G = \{(x, y)\colon 0 \leqq x \leqq 1,\ -1 \leqq y \leqq 1\}$, $(x_0, y_0) = (0, 0)$ und $f(x, y) = y^{2/3}$. Offenbar ist f stetig in G, nach Satz 2.1 existiert mindestens eine Lösung von $y' = f(x, y) = y^{2/3}$ durch $(0, 0)$. Man überzeugt sich leicht, daß $\varphi(x) \equiv 0$ und $\psi(x) = \dfrac{1}{27}\, x^3$ zwei Lösungen mit dem Anfangswert $(0, 0)$ sind. — In der Tat genügt f in G nicht der Lipschitz-Bedingung. Für $0 < y^* < y$ ist nämlich

$$\big|f(x, y) - f(x, y^*)\big| = \big|y^{2/3} - (y^*)^{2/3}\big| = \frac{2}{3} \left| \int\limits_{y^*}^{y} \eta^{-1/3}\, d\eta \right|$$
$$\geqq \tfrac{2}{3}\, (y - y^*)\, y^{-1/3}.$$

Der Faktor $y^{-1/3}$ wächst aber über alle Grenzen, wenn y sich dem Wert 0 nähert. Es kann also für f keine Lipschitz-Konstante geben.

Natürlich ist die Lipschitz-Bedingung keine notwendige Bedingung für die Eindeutigkeit. Man kann auch schwächere hinreichende Bedingungen als die Lipschitz-Bedingung angeben; diese zeichnet sich jedoch durch ihre Einfachheit aus.

§ 4. Verlauf der Integralkurven im Großen

Ist $G \subset \mathbb{R}^2$ eine offene Menge und f eine stetige Funktion, so gibt es zu jedem Punkt $(x_0, y_0) \in G$ nach dem Satz von PEANO eine Lösung φ der Differentialgleichung $y' = f(x, y)$, die auf einem Intervall der Form $[x_0, x_0 + a]$ definiert ist und $\varphi(x_0) = y_0$ erfüllt. Man kann nämlich $\varepsilon > 0$ so wählen, daß $\overline{U_\varepsilon(x_0, y_0)} = \bar{U} \subset G$. Da $\bar{U}$ kompakt ist, ist $K = \sup |f(\bar{U})|$ endlich. Man wähle die Zahl $r = \varepsilon$, sodann eine Zahl a mit $aK \leqq r$ und $0 < a \leqq \varepsilon$. Satz 2.1 garantiert die Existenz von φ über $[x_0, x_0 + a]$.

Ebenso existiert eine Lösung $\tilde\varphi$ von $y' = f(x, y)$ mit $\tilde\varphi(x_0) = y_0$, welche auf einem Intervall $[x_0 - \tilde a, x_0]$ definiert ist. Man kann nun fragen: 1. nach dem maximalen Definitionsbereich einer durch (x_0, y_0) gehenden Lösung; 2. nach Bedingungen dafür, daß eine solche Lösung in ganz G eindeutig bestimmt ist. Um die zweite Frage zu beantworten, bedienen wir uns der lokalen Version der Lipschitz-Bedingung.

Definition 4.1. *Es sei $G \subset \mathbb{R}^2$ offen und f eine auf G definierte reelle Funktion. Man sagt, f genüge in G lokal der Lipschitz-Bedingung, wenn jeder Punkt $(x_0, y_0) \in G$ eine in G gelegene Umgebung $U = U(x_0, y_0)$ besitzt, so daß $f \mid U$ der Lipschitz-Bedingung genügt.*

Ist f in G nach y stetig differenzierbar, so genügt f in G lokal der Lipschitz-Bedingung: Zu $(x_0, y_0) \in G$ kann man $\varepsilon > 0$ so wählen, daß $\bar{U} = \overline{U_\varepsilon(x_0, y_0)}$ in G liegt. Nach Satz 3.1 genügt $f \mid \bar{U}$ der Lipschitz-Bedingung.

Satz 4.1. *Es sei $G \subset \mathbb{R}^2$ offen und f genüge in G lokal der Lipschitz-Bedingung. Es sei $(x_0, y_0) \in G$ und $I = [x_0, x_0 + a]$ oder $I = [x_0, x_0 + a)$. Sind dann φ_1 und φ_2 über I definierte Lösungen von $y' = f(x, y)$ mit $y_0 = \varphi_1(x_0) = \varphi_2(x_0)$, so gilt $\varphi_1 \equiv \varphi_2$ in I.*

Der Satz gilt ebenso für $I = [x_0 - a, x_0]$ oder $I = (x_0 - a, x_0]$.

Beweis. Wir nehmen an, die Menge $N = \{x \in I : \varphi_1(x) \neq \varphi_2(x)\}$ sei nicht leer. Dann existiert $x_1 = \inf N$, und es ist $x_1 \in I$. Gilt $\varphi_1(x_1) \neq \varphi_2(x_1)$, so ist $x_1 > x_0$, und wegen der Stetigkeit von φ_1 und φ_2 gibt es eine Umgebung $U_\varepsilon(x_1)$, so daß $\varphi_1(x) \neq \varphi_2(x)$ für alle $x \in U_\varepsilon(x_1) \cap I$ gilt. Also ist $U_\varepsilon(x_1) \cap I \subset N$ und x_1 keine untere Schranke von N im Widerspruch zur Annahme. Insbesondere ist $x_1 < x_0 + a$. — Gilt $\varphi_1(x_1) = \varphi_2(x_1) = y_1$, so gibt es eine in G gelegene Umgebung $\overline{U_\varepsilon(x_1, y_1)} = \bar{U}$ derart, daß $f \mid \bar{U}$ die Lipschitz-Bedingung erfüllt. Setzt man $\varepsilon_1 = \min\{\varepsilon, \frac{1}{2}(x_0 + a - x_1)\}$, so läßt sich auf

$$\{(x, y) : x_1 \leqq x \leqq x_1 + \varepsilon_1, |y - y_1| \leqq \varepsilon\}$$

Satz 3.2 anwenden, es ist also $\varphi_1(x) = \varphi_2(x)$ für $x_1 \leqq x \leqq x_1 + \varepsilon_1$, und das widerspricht der Annahme $x_1 = \inf N$. — Die Menge N muß daher leer sein, w.z.z.w.

Damit ist auch die in Kap. V, § 2 bei der linearen Differentialgleichung sowie in Kap. V, § 4 bei der Riccatischen Differentialgleichung erwähnte Eindeutigkeitsaussage bewiesen.

Es seien G, f sowie (x_0, y_0) wie im Satz, außerdem sei f stetig. Wir betrachten die Menge A aller $a > 0$, für die es über $I_a = [x_0, x_0 + a]$ eine Lösung φ_a von $y' = f(x, y)$ mit $\varphi_a(x_0) = y_0$ gibt. Nach dem zu Anfang dieses Paragraphen Bemerkten ist $A \neq \emptyset$. Setzt man $b = \sup A$ und $I = [x_0, x_0 + b]$ bzw. $I = [x_0, + \infty)$, falls $b = + \infty$, so kann man eine Funktion φ auf I durch $\varphi \mid I_a = \varphi_a$, falls $a \in A$, definieren, denn für $0 < a' < a$, $a \in A$, gilt $\varphi_a \mid I_{a'} = \varphi_{a'}$ nach Satz 4.1. Offenbar ist φ Lösung von $y' = f(x, y)$, und es gilt $\varphi(x_0) = y_0$. Ist $b = + \infty$, so „endet" die durch φ bestimmte Integralkurve nicht (jedenfalls nicht rechts von x_0). Ist $b < + \infty$, so endet die Integralkurve nicht im Innern von G, sondern der Punkt $(x, \varphi(x))$ der Kurve strebt für $x \to b$ gegen den Rand von G oder ins Unendliche. Das ist der Inhalt des folgenden Satzes.

Satz 4.2. *Es sei $G \subset \mathbb{R}^2$ offen, f sei in G stetig und genüge lokal der Lipschitz-Bedingung. Ferner sei $(x_0, y_0) \in G$ und $b \leqq + \infty$ maximal mit der Eigenschaft, daß es eine über $I = [x_0, x_0 + b)$ bzw. $I = [x_0, \infty)$ definierte Lösung φ von $y' = f(x, y)$ mit $\varphi(x_0) = y_0$ gibt. Dann ist $b = + \infty$ oder $b < + \infty$ und*

$$\overline{\{(x, \varphi(x)) : x \in I\}} \cap \{(x, y) : x = x_0 + b\} \cap G = \emptyset.$$

Beweis. Wir nehmen an, es wäre $b < + \infty$, aber der besagte Durchschnitt nicht leer. Es sei (x_1, y_1) ein Punkt dieses Durchschnitts. Dann ist $x_1 = x_0 + b$ sowie $(x_1, y_1) \in G$. Es gibt daher $\varepsilon > 0$, so daß $\bar{U} = \overline{U_\varepsilon(x_1, y_1)} \subset G$. Wir setzen

$$K = \sup |f(\bar{U})| < + \infty \quad \text{und} \quad \delta = \frac{1}{2} \min \left(\varepsilon, \frac{\varepsilon}{K} \right) > 0 \,.$$

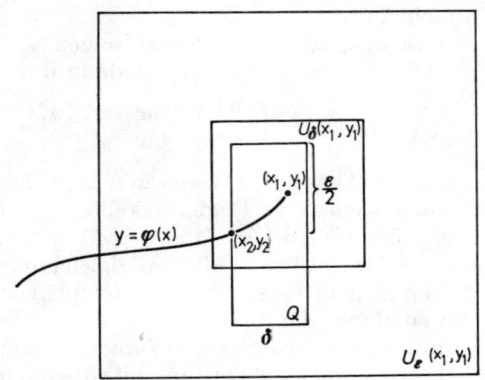

Fig. 15. Zum Beweis von Satz 4.2

Da (x_1, y_1) zur abgeschlossenen Hülle des Graphen von φ gehört, können wir in $U_\delta(x_1, y_1)$ einen Punkt (x_2, y_2) auf dem Graphen von φ so wählen, daß noch $x_0 \leqq x_2 < x_0 + b$ gilt. Wir setzen weiter

$$Q = \{(x, y): x_2 \leqq x \leqq x_2 + \delta, \, |y - y_2| \leqq \frac{\varepsilon}{2} \} \,.$$

Dann gilt $Q \subset \bar{U}$, denn aus $x_1 - \delta < x_2 \leqq x \leqq x_2 + \delta < x_1 + \delta$ und $\delta < \varepsilon$ folgt $x \in \overline{U_\varepsilon(x_1)}$, und man hat

$$|y - y_1| \leqq |y - y_2| + |y_2 - y_1| \leqq \frac{\varepsilon}{2} + \delta \leqq \varepsilon,$$

falls $|y - y_2| \leqq \frac{\varepsilon}{2}$. Weiter gilt $\delta K \leqq \frac{\varepsilon}{2}$. Nach Satz 2.1 gibt es also eine auf $I_2 = [x_2, x_2 + \delta]$ definierte Lösung ψ von $y' = f(x, y)$ mit $\psi(x_2) = y_2$, deren Graph in Q liegt.

Setzen wir schließlich

$$\varphi_1(x) = \begin{cases} \varphi(x) & \text{für} \quad x \in I \\ \psi(x) & \text{für} \quad x \in I_2, \end{cases}$$

so ist das eine eindeutig definierte Funktion über $I \cup I_2 = [x_0, x_2 + \delta]$, denn auf $I \cap I_2 = [x_2, x_0 + b)$ gilt wegen $\varphi(x_2) = \psi(x_2) = y_2$ und Satz 4.1 die Identität $\varphi \equiv \psi$. Außerdem ist φ_1 Lösung von $y' = f(x, y)$ mit $\varphi_1(x_0) = y_0$, und es gilt $x_2 + \delta > x_1 - \delta + \delta = x_1 = x_0 + b$ im Widerspruch zur Wahl von b. Damit ist der Satz bewiesen.

Die gleichen Überlegungen kann man für die Intervalle der Form $[x_0^* - a, x_0^*]$ anstellen, dabei sei wieder $(x_0^*, y_0^*) \in G$. Man findet ein maximales b^* mit $0 < b^* \leqq + \infty$, so daß über $I^* = (x_0^* - b^*, x_0^*]$ eine Lösung φ^* von $y' = f(x, y)$ mit $\varphi^*(x_0^*) = y_0^*$ existiert (für $b^* = + \infty$ ist $I^* = (- \infty, x_0^*]$ zu setzen). Der Graph von φ^* endet (links von x^*) nicht in G.

Wir wählen nun $x_0 < x_0^* < x_0 + b$ und setzen $y_0^* = \varphi(x_0^*)$. Auf $I \cup I^* = (x_0^* - b^*, x_0 + b) = I(x_0, y_0)$ ist dann durch

$$\varphi(x; x_0, y_0) = \begin{cases} \varphi^*(x) & \text{für } x \leqq x_0^* \\ \varphi(x) & \text{für } x \geqq x_0 \end{cases}$$

eine reelle Funktion erklärt, deren Graph in G liegt. Die Funktionen φ und φ^* stimmen nach dem Eindeutigkeitssatz 4.1 nämlich in $I \cap I^* = [x_0, x_0^*]$ überein, da $\varphi(x_0^*) = \varphi^*(x_0^*)$ gilt. Also genügt $\varphi(x; x_0, y_0)$ in ganz $I(x_0, y_0)$ der Differentialgleichung $y' = f(x, y)$. Wegen Satz 4.2 kann man sagen, daß der Graph von $\varphi(x; x_0, y_0)$ in G ,,von Rand zu Rand" läuft.

Wir können nun — immer unter der Voraussetzung, daß G offen ist und f in G stetig ist sowie lokal der Lipschitz-Bedingung genügt — zu jedem Punkt $(\xi, \eta) \in G$ wie oben das maximale Intervall $I(\xi, \eta)$ bilden, über dem eine Lösung $\varphi(x; \xi, \eta)$ der Differentialgleichung $y' = f(x, y)$ definiert ist, welche $\varphi(\xi; \xi, \eta) = \eta$ erfüllt. Die Menge $B = \{(x, \xi, \eta) : (\xi, \eta) \in G, x \in I(\xi, \eta)\}$ kann als Teilmenge des $\mathbb{R}^3$ aufgefaßt werden und $\varphi(x, \xi, \eta)$ als eine auf B definierte Funktion. Man nennt diese Funktion die *allgemeine Lösung* der Differentialgleichung $y' = f(x, y)$.

In den nächsten Paragraphen wollen wir die allgemeine Lösung genauer studieren. Dazu wird u.a. zu untersuchen sein, wie eine partikuläre Lösung sich ändert, wenn man den Anfangspunkt (ξ, η) ein wenig verschiebt.

§ 5. Abhängigkeit der Lösungen von den Anfangsbedingungen

Satz 5.1. *Es seien G_1, $G_2 \subset \mathbb{R}^2$ und $(x_0, y_0) \in G_1 \cap G_2$, weiter seien f und g stetige Funktionen auf G_1 bzw. G_2. Schließlich sei $\varphi(x)$ bzw. $\psi(x)$ über $I = [x_0 - a, x_0 + b]$ eine Lösung von $y' = f(x, y)$ bzw. von $y' = g(x, y)$, es gelte $\varphi(x_0) = \psi(x_0) = y_0$. Ist dann auf dem Durchschnitt*

$$\{(x, y) \in G_1 : x \in I, y = \varphi(x)\} \cap \{(x, y) \in G_2 : x \in I, y = \psi(x)\}$$

der Graphen von φ und ψ stets $f(x, y) > g(x, y)$, so gilt $\varphi(x) \leqq \psi(x)$ für $x \leqq x_0$ und $\varphi(x) \geqq \psi(x)$ für $x \geqq x_0$ und $x \in I$.

Beweis. Es genügt, die Behauptung für $x \geqq x_0$ zu zeigen. Wir nehmen an, der Satz sei falsch, die Menge

$$N = \{x : x_0 \leqq x \leqq x_0 + b, \varphi(x) < \psi(x)\}$$

sei also nicht leer. Dann existiert $x_1 = \inf N$. Es gilt $x_1 \in [x_0, x_0 + b]$ $= I_1$. Wäre nun $\varphi(x_1) < \psi(x_1)$, so gälte diese Ungleichung aus Stetigkeitsgründen im Durchschnitt einer ε-Umgebung von x_1 mit I_1, außerdem wäre $x_1 > x_0$. Also wäre x_1 keine untere Schranke von N. Wäre aber $\varphi(x_1) > \psi(x_1)$, so wäre diese Ungleichung wieder im Durchschnitt einer ε-Umgebung von x_1 mit I_1 erfüllt, und x_1 wäre nicht größte untere Schranke von N. Es muß also $\varphi(x_1)$ $= \psi(x_1)$ gelten; wir setzen $y_1 = \varphi(x_1)$. Der Punkt (x_1, y_1) liegt im Durchschnitt der Graphen, nach Voraussetzung ist

$$(\varphi - \psi)'(x_1) = \varphi'(x_1) - \psi'(x_1) = f(x_1, y_1) - g(x_1, y_1) > 0;$$

aus Stetigkeitsgründen gibt es $\varepsilon > 0$ so, daß $(\varphi - \psi)'(x) > 0$ gilt für $x \in U_\varepsilon(x_1) \cap I_1$. Nach dem Mittelwertsatz gilt nun für beliebiges $x \in U_\varepsilon(x_1) \cap I_1$ mit $x > x_1$

$$(\varphi - \psi)(x) = (x - x_1)\,((\varphi - \psi)'(\xi))$$

mit passendem ξ zwischen x_1 und x. Beide Faktoren auf der rechten Seite sind aber positiv, also gilt auch $\varphi(x) > \psi(x)$, d.h. $x \notin N$, und x_1 ist nicht die größte untere Schranke von N.

Wir erhalten in jedem Fall einen Widerspruch, also muß N doch leer sein, und der Satz ist bewiesen.

Satz 5.2. *Es sei $G \subset \mathbb{R}^2$ offen, $(x_0, y_0) \in G$, und f sei eine stetige Funktion auf G, es gelte $|f(G)| \leq K$. Ist dann $\varphi(x)$ über einem x_0 enthaltenden Intervall I Lösung von $y' = f(x, y)$ mit $\varphi(x_0) = y_0$, so gilt für alle $x \in I$*

$$|\varphi(x) - y_0| \leq K\,|x - x_0|\,.$$

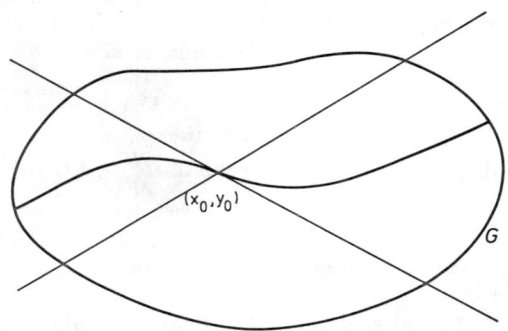

Fig. 16. Zu Satz 5.2

Dieser Satz besagt, anschaulich gesprochen, daß die Integralkurve durch (x_0, y_0) zwischen den beiden durch (x_0, y_0) gehenden Geraden der Steigung K bzw. $-K$ verläuft. Durch ihn wird klar, warum beim Existenzsatz von PEANO $aK \leqq r$ vorausgesetzt werden muß.

Der **Beweis** ist einfach: Wir setzen $G_1 = \mathbb{R}^2$, $G_2 = G$. Nach Voraussetzung gilt in $G_1 \cap G_2$ für jedes $\varepsilon > 0$

$$-(K + \varepsilon) < f < K + \varepsilon.$$

Wir wenden Satz 5.1 auf f und die konstante Funktion $K + \varepsilon$ bzw. auf $-(K + \varepsilon)$ und f an und bedenken, daß $y' = \pm (K + \varepsilon)$ die durch (x_0, y_0) gehende Lösung $y_0 \pm (K + \varepsilon)(x - x_0)$ hat. Wir erhalten für $x \geqq x_0$

$$y_0 - (K + \varepsilon)(x - x_0) \leqq \varphi(x) \leqq y_0 + (K + \varepsilon)(x - x_0)$$

bzw.

$$|\varphi(x) - y_0| \leqq (K + \varepsilon)(x - x_0).$$

Der Grenzübergang $\varepsilon \to 0$ liefert die Behauptung für $x \geqq x_0$; für $x \leqq x_0$ verläuft der Beweis analog.

Als Vorbereitung für die zentrale Abschätzung in Satz 5.4 beweisen wir jetzt

Satz 5.3. *Die Funktion φ sei stetig differenzierbar im Intervall $I = [a, b]$, es gelte $|\varphi'(x)| \leqq M|\varphi(x)| + N$ in I mit Konstanten $M > 0$, $N \geqq 0$. Dann ist für alle $x, x_0 \in I$*

$$|\varphi(x)| \leqq |\varphi(x_0)| e^{M|x-x_0|} + \frac{N}{M}(e^{M|x-x_0|} - 1).$$

Beweis. a) Die Voraussetzung impliziert $|\varphi'(x)| < M|\varphi(x)| + N'$ für jedes $N' = N + \varepsilon$ mit $\varepsilon > 0$. Wir werden in b) bis d) die behauptete Ungleichung mit N' statt N ableiten. Dann kann man aber den Grenzübergang $\varepsilon \to 0$ vollziehen und erhält so die gewünschte Ungleichung.

b) Es sei also $|\varphi'(x)| < M|\varphi(x)| + N$ vorausgesetzt; wir betrachten $I_1 = [x_0, b]$ und nehmen weiter $y_0 = \varphi(x_0) \geqq 0$ an.

Die Funktion $\psi(x) = y_0 e^{M(x-x_0)} + \frac{N}{M}(e^{M(x-x_0)} - 1)$ erfüllt $\psi(x_0) = y_0$ und löst über I_1 die Differentialgleichung $y' = My + N$. Wegen $y_0 \geqq 0$ und $M(x - x_0) \geqq 0$ gilt in I_1 auch $\psi(x) \geqq 0$, die Funktion ψ löst also über I_1 auch die Differentialgleichung $y' = M|y| + N$.

Setzt man $A(x, y) = \varphi'(x)$ in $I \times \mathbb{R}$, so ist φ über I eine Lösung der Differentialgleichung $y' = A(x, y)$, und nach Voraussetzung gilt auf dem Graphen von φ stets $A \leqq |A| < M|y| + N$. Nach Satz 5.1 erhalten wir also über I_1

$$\varphi(x) \leqq \psi(x) = \varphi(x_0) e^{M(x-x_0)} + \frac{N}{M}(e^{M(x-x_0)} - 1).$$

Setzt man $B(x, y) = - \varphi'(x)$ in $I \times \mathbb{R}$, so löst $- \varphi$ die Differentialgleichung $y' = B(x, y)$, auf dem Graphen von $- \varphi$ gilt $B \leq |B| < M|y| + N$. Nach Satz 5.1 erhalten wir also $- \varphi(x) \leq \psi(x)$ über I_1. Im Verein mit der eben hergeleiteten Ungleichung ist das wegen $\varphi(x_0) \geqq 0$ und $x - x_0 \geqq 0$ die Behauptung.

c) Wir betrachten weiter das Intervall I_1, nehmen aber nun $y_0 = \varphi(x_0) \leqq 0$ an. Wir erhalten die Behauptung durch Übergang zu $- \varphi$.

d) Es ist noch das Intervall $[a, x_0]$ zu behandeln. Hier läßt sich das Problem mittels der Variablentransformation $\tilde{x} = 2x_0 - x$ auf das schon gelöste zurückführen: Mit $\tilde{\varphi}(\tilde{x}) = \varphi(2x_0 - \tilde{x})$ für $x_0 \leqq \tilde{x} \leqq 2x_0 - a$ ist $\tilde{\varphi}'(\tilde{x}) = - \varphi'(2x_0 - \tilde{x})$, also

$$|\tilde{\varphi}'(\tilde{x})| = |\varphi'(2x_0 - \tilde{x})| < M|\varphi(2x_0 - \tilde{x})| + N = M|\tilde{\varphi}(\tilde{x})| + N.$$

Nach b) und c) gilt die Behauptung für $\tilde{\varphi}$ auf $\{\tilde{x}: x_0 \leqq \tilde{x} \leqq 2x_0 - a\}$. Also folgt für φ und $x \in [a, x_0]$

$$|\varphi'(x)| = |\tilde{\varphi}'(2x_0 - x)| \leqq |\tilde{\varphi}(x_0)| e^{M|x-x_0|} + \frac{N}{M}(e^{M|x-x_0|} - 1).$$

Wegen $\tilde{\varphi}(x_0) = \varphi(x_0)$ ist Satz 5.3 vollständig bewiesen.

Satz 5.4 *Es sei $G \subset \mathbb{R}^2$ offen, f sei eine stetige Funktion auf G, welche in G der Lipschitz-Bedingung mit einer positiven Konstanten R genügt, und welche $|f(G)| \leq M$ erfüllt. Weiter sei I ein abgeschlossenes Intervall, φ und ψ seien stetig differenzierbare Funktionen auf I, deren Graphen in G liegen. Schließlich gelte für alle $x \in I$ mit nichtnegativen Konstanten ε_1 und ε_2*

$$|\varphi'(x) - f(x, \varphi(x))| \leq \varepsilon_1 \quad und \quad |\psi'(x) - f(x, \psi(x))| \leq \varepsilon_2.$$

Dann gilt für alle $x, x_1, x_2 \in I$ mit $y_1 = \varphi(x_1)$ und $y_2 = \psi(x_2)$

$$|\psi(x) - \varphi(x)| \leqq \frac{\varepsilon_1 + \varepsilon_2}{R}(e^{R|x-x_1|} - 1) + $$
$$+ (|y_2 - y_1| + (M + \varepsilon_2)|x_2 - x_1|)e^{R|x-x_1|}.$$

Dieser Satz enthält eine umfassende quantitative Abhängigkeitsaussage. Bevor wir ihn beweisen, erläutern wir seine Bedeutung an zwei Spezialfällen.

1. Es sei $\varepsilon_1 = \varepsilon_2 = 0$, d.h. also φ und ψ seien Lösungen von $y' = f(x, y)$ durch (x_1, y_1) bzw. (x_2, y_2). In diesem Fall gibt der Satz die Abschätzung

$$|\psi(x) - \varphi(x)| \leqq (|y_2 - y_1| + M|x_2 - x_1|)e^{R|x-x_1|};$$

sie besagt insbesondere: Wenn sich die Anfangswerte (x_1, y_1) und (x_2, y_2) nur wenig unterscheiden, so unterscheiden sich die zugehörigen Lösungen φ und ψ auch nur wenig.

2. Es sei $x_1 = x_2$, $y_1 = y_2$ sowie $\varepsilon_1 = 0$, d.h. also, φ sei Lösung von $y' = f(x, y)$. Ist dann ψ Lösung der Differentialgleichung $y' = g(x, y)$ mit $\psi(x_1) = y_1$, und gilt $|f(x, y) - g(x, y)| \leq \varepsilon_2$ in G, so ist $|\psi'(x) - f(x, \psi(x))| = |g(x, \psi(x)) - f(x, \psi(x))| \leq \varepsilon_2$, und der Satz liefert

$$|\psi(x) - \varphi(x)| \leq \frac{\varepsilon_2}{R} \left(e^{R|x-x_1|} - 1 \right).$$

Ändert man also die rechte Seite der Differentialgleichung $y' = f(x, y)$ in ganz G ein wenig, so ändert sich die durch einen festen Punkt $(x_1, y_1) \in G$ laufende Integralkurve nur wenig (jedenfalls in der Nähe von x_1). Aussagen dieser Art bezeichnet man als *Stabilitätsaussagen* für die betrachtete Differentialgleichung. Sie sind von großer Wichtigkeit z.B. bei den in der Strömungsphysik oder in der Himmelsmechanik auftretenden (partiellen) Differentialgleichungen, aber auch bei der numerischen Lösung von Differentialgleichungen. — Man kann mitunter diesen Spezialfall von Satz 5.4 benutzen, um eine nicht oder nur schwer elementar darstellbare Lösung von $y' = f(x, y)$ zu approximieren: Man wähle eine f approximierende Funktion g so, daß $y' = g(x, y)$ sich leicht lösen läßt.

Nun zum **Beweis** von Satz 5.4! Wir definieren $\chi(x) = \psi(x) - \varphi(x)$ in I. Da f der Lipschitzbedingung genügt, gilt für $x \in I$

$$|f(x, \psi(x)) - f(x, \varphi(x))| \leq R|\psi(x) - \varphi(x)| = R|\chi(x)|.$$

Ferner ist in I

$$\begin{aligned}
|\chi'(x)| &= |\psi'(x) - \varphi'(x)| \\
&= |\psi'(x) - f(x, \psi(x)) + f(x, \psi(x)) - f(x, \varphi(x)) + f(x, \varphi(x)) - \varphi'(x)| \\
&\leq |\psi'(x) - f(x, \psi(x))| + |f(x, \psi(x)) - f(x, \varphi(x))| + \\
&\quad + |f(x, \varphi(x)) - \varphi'(x)| \\
&\leq \varepsilon_1 + \varepsilon_2 + R|\chi(x)|.
\end{aligned}$$

Nach Satz 5.3 gilt dann

$$|\chi(x)| \leq \frac{\varepsilon_1 + \varepsilon_2}{R} \left(e^{R|x-x_1|} - 1 \right) + |\chi(x_1)| \, e^{R|x-x_1|},$$

und wir brauchen nur noch zu zeigen

$$|\chi(x_1)| \leq |y_2 - y_1| + (M + \varepsilon_2)|x_2 - x_1|.$$

Es ist aber

$$\begin{aligned}
|\chi(x_1)| &= |\psi(x_1) - \varphi(x_1)| = |\psi(x_2) - \varphi(x_1) + \psi(x_1) - \psi(x_2)| \\
&\leq |\psi(x_2) - \varphi(x_1)| + |\psi(x_2) - \psi(x_1)| \\
&= |y_2 - y_1| + \left| \int_{x_1}^{x_2} \psi'(x) \, dx \right| \\
&\leq |y_2 - y_1| + (M + \varepsilon_2)|x_2 - x_1|,
\end{aligned}$$

denn wegen $|\psi'(x) - f(x, \psi(x))| \leqq \varepsilon_2$ und $|f| \leqq M$ ist das Maximum von $|\psi'|$ höchstens $M + \varepsilon_2$. — Damit ist der Beweis beendet.

§ 6. Die allgemeine Lösung

Bevor wir die am Schluß von § 4 eingeführte „allgemeine Lösung" der Differentialgleichung $y' = f(x, y)$ weiter untersuchen, müssen wir einen Hilfssatz beweisen.

Satz 6.1. *Es sei $G \subset \mathbb{R}^2$ offen, f sei auf G stetig und genüge lokal der Lipschitz-Bedingung. Ist dann K ein kompakter Teil von G, so genügt $f \mid K$ der Lipschitzbedingung (global auf K).*

Beweis. Auf der Menge

$$A = \{(x, y, y^*) \in \mathbb{R}^3 : (x, y) \in K, (x, y^*) \in K, y \neq y^*\}$$

definieren wir die Funktion

$$R(x, y, y^*) = \left| \frac{f(x, y) - f(x, y^*)}{y - y^*} \right|.$$

Es ist zu zeigen, daß $R(x, y, y^*)$ beschränkt ist; ist nämlich R eine obere Schranke dieser Funktion, so gilt $|f(x, y) - f(x, y^*)| \leqq R|y - y^*|$ für alle (x, y), $(x, y^*) \in K$, denn für $y = y^*$ ist diese Ungleichung trivial.

Wir nehmen an, $R(x, y, y^*)$ sei nicht beschränkt. Dann gibt es in A eine Punktfolge (x_ν, y_ν, y_ν^*) mit $R(x_\nu, y_\nu, y_\nu^*) \to +\infty$. Die Punktfolge (x_ν, y_ν) ist dann in K gelegen und hat, da K kompakt ist, einen Häufungspunkt $(x_0, y_0) \in K$; wir wählen eine Teilfolge $(x_{1\nu}, y_{1\nu}) \to (x_0, y_0)$. Die Punktfolge $(x_{1\nu}, y_{1\nu}^*)$ liegt auch in K, hat also einen Häufungspunkt $(\tilde{x}_0, y_0^*) \in K$. Wegen $x_{1\nu} \to x_0$ gilt $\tilde{x}_0 = x_0$. Wir können also schließlich eine Teilfolge $(x_{2\nu}, y_{2\nu}, y_{2\nu}^*)$ so wählen, daß sie gegen $(x_0, y_0, y_0^*) \in A$ konvergiert. Mit $R(x_\nu, y_\nu, y_\nu^*)$ wächst auch $R(x_{2\nu}, y_{2\nu}, y_{2\nu}^*)$ über alle Grenzen.

Ist $y_0 \neq y_0^*$, so gibt es $\varepsilon > 0$ so, daß für fast alle ν gilt $|y_{2\nu} - y_{2\nu}^*| \geqq \varepsilon$. Ferner ist wegen der Kompaktheit $M = \sup |f(K)| < +\infty$. Es gilt also

$$R(x_{2\nu}, y_{2\nu}, y_{2\nu}^*) = \left| \frac{f(x_{2\nu}, y_{2\nu}) - f(x_{2\nu}, y_{2\nu}^*)}{y_{2\nu} - y_{2\nu}^*} \right| \leqq \frac{2M}{\varepsilon}$$

für fast alle ν, und $R(x_{2\nu}, y_{2\nu}, y_{2\nu}^*)$ ist beschränkt im Widerspruch zur Annahme.

Ist $y_0 = y_0^*$, so kann man eine Umgebung $U \subset G$ von (x_0, y_0) so wählen, daß $f \mid U$ der Lipschitz-Bedingung genügt mit einer Konstanten R^*. Für fast alle ν ist aber $(x_{2\nu}, y_{2\nu}) \in U$ und $(x_{2\nu}, y_{2\nu}^*) \in U$, und wir erhalten $R(x_{2\nu}, y_{2\nu}, y_{2\nu}^*) \leqq R^*$ für fast alle ν im Widerspruch zur Annahme. — Also muß $R(x, y, y^*)$ auf A beschränkt sein, und der Satz ist bewiesen.

Nun können wir die angekündigte Diskussion der allgemeinen Lösung durchführen. Es werde wieder vorausgesetzt: $G \subset \mathbb{R}^2$ ist offen, f genügt in G lokal der Lipschitz-Bedingung und ist stetig; für $(\xi, \eta) \in G$ ist $I(\xi, \eta)$ das maximale offene Intervall, über dem die durch (ξ, η) gehende Lösung $\varphi(x, \xi, \eta)$ von $y' = f(x, y)$ existiert. $B = \{(x, \xi, \eta) : (\xi, \eta) \in G, x \in I(\xi, \eta)\}$ ist der Definitionsbereich der allgemeinen Lösung $\varphi(x, \xi, \eta)$.

Satz 6.2. *Es gelten die Identitäten* $\varphi(\xi, \xi, \eta) \equiv \eta$ *und* $\varphi(\xi, x, \varphi(x, \xi, \eta))$ $\equiv \eta$ *in* B.

Beweis. Die erste Identität folgt sofort aus der Definition der allgemeinen Lösung. Zur zweiten bemerken wir: Mit $(x_0, \xi, \eta) \in B$ ist auch $(x_0, \varphi(x_0, \xi, \eta)) \in G$ als Punkt der Integralkurve $\psi(x)$ $= \varphi(x, \xi, \eta)$. Wegen $\xi \in I(\xi, \eta) = I(x_0, \psi(x_0))$ ist $(\xi, x_0, \varphi(x_0, \xi, \eta))$ $= (\xi, x_0, \psi(x_0)) \in B$. Es ist $\varphi(x, x_0, \psi(x_0)) = \varphi(x, \xi, \eta)$, also auch $\varphi(\xi, x_0, \psi(x_0)) = \varphi(\xi, \xi, \eta) = \eta$, q.e.d.

Satz 6.3. *Der Definitionsbereich* B *der allgemeinen Lösung* $\varphi(x, \xi, \eta)$ *der Differentialgleichung* $y' = f(x, y)$ *ist offen und* $\varphi(x, \xi, \eta)$ *ist stetig in* B.

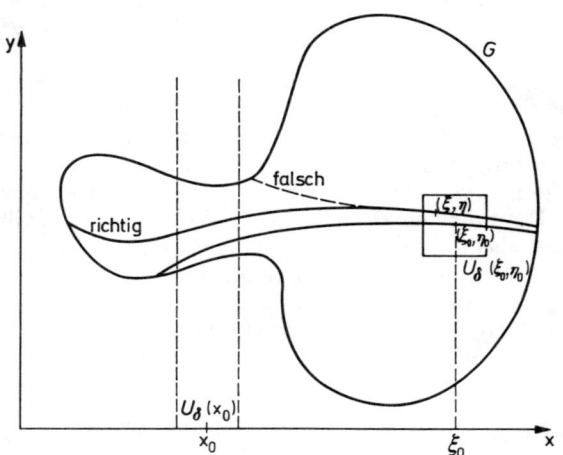

Fig. 17. Zu Satz 6.3

Beweis. a) Daß B offen ist, bedeutet: Zu jedem $(x_0, \xi_0, \eta_0) \in B$ gibt es eine in B gelegene Umgebung $U_\delta(x_0, \xi_0, \eta_0)$. Wegen $U_\delta(x_0, \xi_0, \eta_0) = U_\delta(x_0) \times U_\delta(\xi_0, \eta_0)$ heißt das: Für $(\xi, \eta) \in U_\delta(\xi_0, \eta_0)$ und $x \in U_\delta(x_0)$ gilt $x \in I(\xi, \eta)$, in anderen Worten: Die (maximale) Integralkurve durch $(\xi, \eta) \in U_\delta(\xi_0, \eta_0)$ ist noch über der Umgebung $U_\delta(x_0)$ von x_0 definiert. Wir haben also, grob gesagt, zu zeigen, daß für kleine δ die Integralkurve durch $(\xi, \eta) \in U_\delta(\xi_0, \eta_0)$ sich von der durch (ξ_0, η_0) nur so wenig entfernt, daß sie den Rand von G erst erreichen kann, wenn sie zuvor über eine Umgebung von x_0 gelaufen ist.

b) Wir nehmen $x_0 \leq \xi_0$ an, im andern Fall verläuft der Beweis analog. Da $I(\xi_0, \eta_0)$ ein offenes Intervall ist, gibt es $\alpha > 0$ so, daß $I_\alpha = [x_0 - \alpha, \xi_0 + \alpha] \subset I(\xi_0, \eta_0)$. Die durch (ξ_0, η_0) laufende Integralkurve sei $y = \varphi(x) = \varphi(x; \xi_0, \eta_0)$. Nun ist

$$K = \{(x, y): x \in I_\alpha, \, y = \varphi(x)\}$$

das Bild des kompakten Intervalls I_α bei der stetigen Abbildung $x \to (x, \varphi(x))$; nach Kap. II, Satz 6.6 ist K kompakt. Nach Kap. II, Satz 2.4 können wir dann ein offenes G^* mit $K \subset G^* \subset\subset G$ finden. Nach Satz 6.1 genügt $f \,|\, \overline{G^*}$ und damit erst recht $f \,|\, G^*$ global der Lipschitz-Bedingung, eine Lipschitz-Konstante für $f \,|\, G^*$ sei mit R bezeichnet. Schließlich ist $M = \sup |f(\overline{G^*})| < \infty$.

Wir wählen nun $\beta > 0$ so, daß das abgeschlossene Quadrat $\overline{U}_\beta(\xi_0, \eta_0)$ noch in G^* liegt, und wählen dann ein δ mit

$$0 < \delta \leq \min\left(\frac{\beta}{3}, \frac{\beta}{3M}, \alpha\right).$$

Zu jedem $(\xi, \eta) \in U_\delta(\xi_0, \eta_0)$ bilden wir das Rechteck

$$Q = Q(\xi, \eta) = \{(x, y): |x - \xi| \leq 2\delta, |y - \eta| \leq \tfrac{2}{3}\beta\}.$$

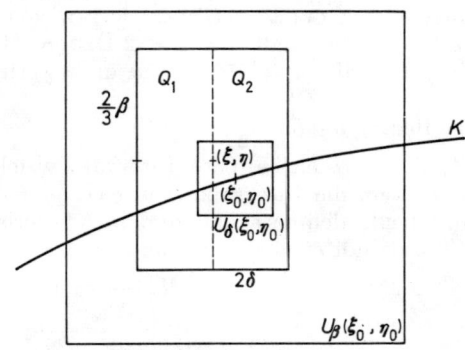

Fig. 18. Zum Beweis von Satz 6.3

Es gilt dann

$$\overline{U_\delta(\xi_0, \eta_0)} \subset Q(\xi, \eta) \subset \overline{U_\beta(\xi_0, \eta_0)} \subset G^*.$$

Ist nämlich $\mathrm{Dist}((x, y), (\xi_0, \eta_0)) \leq \delta$, so ist $\mathrm{Dist}((x, y), (\xi, \eta))$
$\leq \mathrm{Dist}((x, y), (\xi_0, \eta_0)) + \mathrm{Dist}((\xi_0, \eta_0), (\xi, \eta)) < 2\delta$, also   wegen

$2\,\delta \leqq \tfrac{2}{3}\beta$ auch $(x, y) \in Q(\xi, \eta)$. Und ist $(x, y) \in Q(\xi, \eta)$, so ist

$$\mathrm{Dist}\,((x, y), (\xi, \eta)) \leqq \tfrac{2}{3}\beta\,,$$

also

$$\mathrm{Dist}\,((x, y), (\xi_0, \eta_0))$$
$$\leqq \mathrm{Dist}\,((x, y), (\xi, \eta)) + \mathrm{Dist}\,((\xi, \eta), (\xi_0, \eta_0)) < \tfrac{2}{3}\beta + \delta \leqq \beta\,.$$

Wir zerlegen nun $Q = Q(\xi, \eta)$ in die Teilrechtecke

$$Q_1 = \{(x, y) \in Q\colon\ x \leqq \xi\}\quad \text{und}\quad Q_2 = \{(x, y) \in Q, x \geqq \xi\}\,.$$

Wegen $|f(Q)| \leqq M$ und $2\,\delta\,M \leqq \tfrac{2}{3}\beta$ sind in Q_1 und Q_2 jeweils die Voraussetzungen des Satzes 2.1 (Existenzsatz von PEANO) erfüllt. Es gibt daher eine über $[\xi - 2\,\delta,\ \xi + 2\,\delta]$ definierte Integralkurve von $y' = f(x, y)$, d.h. $\overline{U_{2\delta}(\xi)} \subset I(\xi, \eta)$. Wegen $\overline{U_\delta(\xi_0, \eta_0)} \subset Q(\xi, \eta)$ ist also für jedes $(\xi, \eta) \in U_\delta(\xi_0, \eta_0)$

$$J = \overline{U_\delta(\xi_0)} \subset \overline{U_{2\delta}(\xi)} \subset I(\xi, \eta)\,.$$

Also ist jede Integralkurve $\varphi(x; \xi, \eta)$ mindestens über J definiert, sie verläuft über J in G^*.

c) Es sei nun immer $(\xi, \eta) \in U_\delta(\xi_0, \eta_0)$ vorausgesetzt. Wir wollen zeigen, daß jede Integralkurve $\varphi(x; \xi, \eta)$ sogar über $I = [x_0 - \delta, \xi_0 + \delta]$ definiert ist und über I in G^* verläuft. Dann ist sie insbesondere über $U_\delta(x_0)$ definiert, und das war behauptet worden.

Nach Kap. II, Satz 4.9 ist $\mathrm{Dist}\,(K, \mathbb{R}^2 - G^*) > 0$, denn $\mathbb{R}^2 - G^*$ ist abgeschlossen und $K \cap (\mathbb{R}^2 - G^*)$ ist leer wegen $K \subset G^*$. Wir können also ε so wählen, daß $0 < \varepsilon < 2\,\mathrm{Dist}\,(K, \mathbb{R}^2 - G^*)$ gilt. Wir setzen $N = (1 + M)\sup\limits_{x \in I_\alpha} e^{R\,|x - \xi_0|}$ und unterwerfen die Zahl δ aus b) noch der Bedingung $\delta < \dfrac{\varepsilon}{2\,N}$.

Ist dann I_1 ein in I enthaltenes Intervall, welches ξ_0 und ξ enthält, und über dem die Integralkurven $\varphi(x, \xi_0, \eta_0) = \varphi(x)$ und $\varphi(x, \xi, \eta) = \psi(x)$ beide definiert sind und in G^* verlaufen, so gilt nach Satz 5.4 (Spezialfall $\varepsilon_1 = \varepsilon_2 = 0$) für $x \in I_1$

$$\begin{aligned}
|\varphi(x) - \psi(x)| &\leqq (|\eta - \eta_0| + M\,|\xi - \xi_0|)\,e^{R\,|x - \xi_0|} \\
&\leqq \delta\,(1 + M)\sup_{x \in I_1} e^{R\,|x - \xi_0|} \\
&\leqq \delta\,N < \frac{\varepsilon}{2}\,.
\end{aligned} \tag{1}$$

Bezeichnen wir mit $I^*(\xi, \eta)$ das maximale Definitionsintervall der durch (ξ, η) laufenden Integralkurve der auf G^* eingeschränkten Differentialgleichung $y' = f\,|\,G^*$, so gilt nach b) die Inklusion $J \subset I^*(\xi, \eta)$, und wir können $I_1 = I \cap I^*(\xi, \eta)$ nehmen. Die Aussage $I_1 = I$ bedeutet $I^*(\xi, \eta) \supset I$, das ist gerade zu zeigen.

d) Wir nehmen $I_1 \neq I$ an. Da $I^*(\xi, \eta)$ offen ist, ist dann I_1 von der Form $(a, \xi_0 + \delta]$ mit $x_0 - \delta \leqq a$. Es sei nun (x_ν) eine monoton fallend gegen a konvergente Punktfolge in I_1. Die Punktfolge $(\mathfrak{x}_\nu) = (x_\nu, \psi(x_\nu))$ liegt dann auf dem Graphen von ψ, nach Satz 4.2 hat sie keinen Häufungspunkt in G^*. Da $\overline{G^*}$ kompakt ist, hat sie aber einen Häufungspunkt $\mathfrak{x}_0$, der dann in $\partial G^* \subset \mathbb{R}^2 - G^*$ liegen muß. Wir wählen eine gegen $\mathfrak{x}_0$ konvergente Teilfolge $(\mathfrak{x}_{1\nu})$.

Die Punktfolge $\mathfrak{y}_\nu = (x_{1\nu}, \varphi(x_{1\nu}))$ liegt in K und konvergiert gegen $\mathfrak{y}_0 = (a, \varphi(a)) \in K$. Nun ist

$$\text{Dist}(\mathbb{R}^2 - G^*, K) \leqq \text{Dist}(\mathfrak{x}_0, \mathfrak{y}_0) = \lim_{\nu \to \infty} \text{Dist}(\mathfrak{x}_{1\nu}, \mathfrak{y}_\nu)$$

$$= \lim_{\nu \to \infty} |\psi(x_{1\nu}) - \varphi(x_{1\nu})| \leqq \frac{\varepsilon}{2} < \text{Dist}(\mathbb{R}^2 - G^*, K)$$

nach (1) und der Wahl von ε. Das ist aber absurd.

Es muß also $I_1 = I$ sein, und damit ist B als offen erkannt.

e) Die Stetigkeit von $\varphi(x, \xi, \eta)$ auf B folgt nun leicht. Wir halten $(x_0, \xi_0, \eta_0) \in B$ fest und verwenden die Bezeichnungen aus b) bis d). Wir wählen γ so, daß $0 < \gamma \leqq \delta$ und

$$|\varphi(x, \xi_0, \eta_0) - \varphi(x_0, \xi_0, \eta_0)| < \frac{\varepsilon}{2},$$

falls $x \in U_\gamma(x_0)$. Das geht wegen der Stetigkeit von $\varphi(x)$. Dann ist für $(x, \xi, \eta) \in U_\gamma(x_0, \xi_0, \eta_0)$ nach (1)

$$|\varphi(x, \xi, \eta) - \varphi(x_0, \xi_0, \eta_0)|$$
$$\leqq |\varphi(x, \xi, \eta) - \varphi(x, \xi_0, \eta_0)| + |\varphi(x, \xi_0, \eta_0) - \varphi(x_0, \xi_0, \eta_0)|$$
$$< \frac{\varepsilon}{2} + \frac{\varepsilon}{2} = \varepsilon.$$

Hierin ist die Zahl ε nur der Bedingung $0 < \varepsilon < 2 \cdot \text{Dist}(K, \mathbb{R}^2 - G^*)$ unterworfen. Ist $\varepsilon' \geqq 2 \cdot \text{Dist}(K, \mathbb{R}^2 - G^*)$ gegeben, so wählen wir ε und γ wie oben. Es gilt für $(x, \xi, \eta) \in U_\gamma(x_0, \xi_0, \eta_0)$ erst recht

$$|\varphi(x, \xi, \eta) - \varphi(x_0, \xi_0, \eta_0)| < \varepsilon',$$

die Stetigkeit von φ in (x_0, ξ_0, η_0) ist damit für beliebiges $(x_0, \xi_0, \eta_0) \in B$ nachgewiesen. Damit ist der Beweis von Satz 6.3 beendet.

Wir wollen nun zeigen, daß die allgemeine Lösung $\varphi(x, \xi, \eta)$ unter einer Zusatzvoraussetzung an f sogar stetig differenzierbar ist. Zunächst folgt leicht:

Satz 6.4. *Die allgemeine Lösung $\varphi(x, \xi, \eta)$ ist stetig partiell nach x differenzierbar.*

Beweis. Für festes (ξ, η) löst $\varphi(x, \xi, \eta)$ die Differentialgleichung $y' = f(x, y)$. Die Funktion φ ist also nach x differenzierbar, und es gilt $\dfrac{\partial \varphi}{\partial x}(x, \xi, \eta) = f(x, \varphi(x, \xi, \eta))$. Da aber f (nach Voraussetzung) und φ (nach Satz 6.3) stetig sind, ist auch $\dfrac{\partial \varphi}{\partial x}$ stetig.

Satz 6.5. *Es sei $f(x, y)$ stetig partiell nach y differenzierbar. Dann ist $\varphi(x, \xi, \eta)$ stetig nach η differenzierbar.*

Zum Beweis dieses Satzes brauchen wir einen Satz über Integrale, welcher im wesentlichen besagt, daß das Integral einer Funktion, welche stetig von einigen Parametern abhängt, auch stetig in diesen Parametern ist. Sein Beweis soll jedoch an den Schluß dieses Paragraphen verschoben werden. — Wir schreiben die Punkte $(x_1, \ldots, x_n) \in \mathbb{R}^n$ als $(x_1, \underline{x}')$ mit $\underline{x}' = (x_2, \ldots, x_n) \in \mathbb{R}^{n-1}$. Ist dann g eine auf einer Teilmenge $M \subset \mathbb{R}^n$ stetige Funktion, so ist

$$F(a, b, \underline{x}') = \int\limits_a^b g(x_1, \underline{x}') \, dx_1$$

genau dann definiert, wenn $a \leqq b$ und $[a, b] \times \{\underline{x}'\} \subset M$ oder $b \leqq a$ und $[b, a] \times \{\underline{x}'\} \subset M$. Der im $\mathbb{R}^{n+1}$ gelegene Definitionsbereich von F heiße A.

Satz 6.6. *Ist g stetig auf M, so ist*

$$F(a, b, \underline{x}') = \int\limits_a^b g(x_1, \underline{x}') \, dx_1$$

stetig auf A.

Beweis von Satz 6.5. a) Zunächst sei $(x_0, \xi_0, \eta_0) \in B$ fest. Es gibt ein Intervall $I \subset\subset I(\xi_0, \eta_0)$ mit $x_0, \xi_0 \in I$. Dann ist $I \times \{\xi_0\} \times \{\eta_0\}$ relativ kompakt in B, und da B offen ist, kann man ein $\varepsilon > 0$ so finden, daß $I \times \{\xi_0\} \times U_\varepsilon(\eta_0) \subset B$ gilt. Für $\eta \in U_\varepsilon(\eta_0)$ ist dann $\varphi(x, \xi_0, \eta)$ über I definiert. Wir kürzen diese Funktion mit $\varphi(x;\eta)$ ab.

b) Da f nach y differenzierbar ist, gilt für $x \in I$ und $\eta \in U_\varepsilon(\eta_0)$ nach dem Mittelwertsatz

$$f(x, \varphi(x; \eta)) - f(x, \varphi(x; \eta_0))$$
$$= (\varphi(x; \eta) - \varphi(x; \eta_0)) \cdot f_y(x, \chi(x, \eta)) \qquad (2)$$

mit passendem $\chi(x, \eta)$ zwischen $\varphi(x; \eta)$ und $\varphi(x; \eta_0)$. Es sei $\chi(x, \eta_0) = \varphi(x; \eta_0)$. Wir setzen $h(x, \eta) = f_y(x, \chi(x, \eta))$ und behaupten, daß h auf $I \times U_\varepsilon(\eta_0)$ stetig ist. Für $\eta \neq \eta_0$ können wir h nach (2) als Quotienten zweier stetiger Funktionen darstellen; der Nenner $\varphi(x; \eta) - \varphi(x; \eta_0)$ verschwindet nach dem Eindeutigkeitssatz 4.1 nirgends.

Um die Stetigkeit von h in einem Punkt (x, η_0) zu erkennen, wählen wir eine gegen (x, η_0) konvergente Punktfolge (x_ν, η_ν) in $I \times U_\varepsilon(\eta_0)$. Aus der Stetigkeit der allgemeinen Lösung folgt $\varphi(x_\nu; \eta_\nu) \to \varphi(x; \eta_0)$ und $\varphi(x_\nu; \eta_0) \to \varphi(x; \eta_0)$. Also konvergieren auch die zwischen $\varphi(x_\nu; \eta_\nu)$ und $\varphi(x_\nu; \eta_0)$ gelegenen Zahlen $\chi(x_\nu, \eta_\nu)$ gegen $\varphi(x; \eta_0)$. Da f_y als stetig vorausgesetzt ist, gilt dann auch

$$h(x_\nu, \eta_\nu) = f_y(x_\nu, \chi(x_\nu, \eta_\nu)) \to f_y(x, \varphi(x; \eta_0)) = h(x, \eta_0).$$

c) Setzen wir $\psi(x, \eta) = \varphi(x; \eta) - \varphi(x; \eta_0)$, so gilt für $x \in I$

$$\frac{\partial \psi}{\partial x}(x, \eta) = f(x, \varphi(x; \eta)) - f(x, \varphi(x; \eta_0)) = h(x, \eta)\,\psi(x, \eta).$$

Also ist $\psi(x, \eta)$ für jedes $\eta \in U_\varepsilon(\eta_0)$ Lösung der linearen homogenen Differentialgleichung $y' = h(x, \eta) \cdot y$. Berücksichtigt man $\psi(\xi_0, \eta)$ $= \eta - \eta_0$, so erhält man die Darstellung

$$\varphi(x; \eta) - \varphi(x; \eta_0) = (\eta - \eta_0) \exp\left(\int_{\xi_0}^{x} h(t, \eta)\, dt\right). \tag{3}$$

Da h stetig in $I \times U_\varepsilon(\eta_0)$ war, ist nach Satz 6.6 auch $\int_{\xi_0}^{x} h(t, \eta)\, dt$ und damit ebenfalls $\exp\left(\int_{\xi_0}^{x} h(t, \eta)\, dt\right)$ stetig in $I \times U_\varepsilon(\eta_0)$, insbesondere im Punkte (x_0, η_0). Also folgt aus (3) die Differenzierbarkeit von $\varphi(x; \eta)$ nach η in (x_0, ξ_0, η_0). Wegen $h(t, \eta_0) = f_y(t, \varphi(t; \eta_0))$ gilt

$$\frac{\partial \varphi}{\partial \eta}(x_0, \xi_0, \eta_0) = \exp\left(\int_{\xi_0}^{x_0} f_y(t, \varphi(t, \xi_0, \eta_0))\, dt\right). \tag{4}$$

d) Faßt man nun (x_0, ξ_0, η_0) als variablen Punkt in B auf, so ist nach unseren Voraussetzungen und nach Satz 6.6 die rechte Seite von (4) eine stetige Funktion in B. Damit ist Satz 6.5 bewiesen.

Satz 6.7. *Es sei f stetig partiell nach y differenzierbar. Dann ist $\varphi(x, \xi, \eta)$ stetig partiell nach ξ differenzierbar.*

Beweis. Es sei $(x_0, \xi_0, \eta_0) \in B$. Wir setzen $\varphi(\xi, x_0, \eta) = g(\xi, \eta)$ und $\varphi(x_0, \xi, \eta_0) = h(\xi)$. Nach Satz 6.2 ist $\varphi(\xi, x, \varphi(x, \xi, \eta)) \equiv \eta$, das impliziert $g(\xi, h(\xi)) \equiv \eta_0$. Die Funktion $\eta = h(\xi)$ ist also eine Auflösung der Gleichung $g(\xi, \eta) - \eta_0 = 0$ in einer Umgebung von $(\xi_0, h(\xi_0))$. Nun ist g nach den Sätzen 6.4 und 6.5 stetig nach ξ und η differenzierbar, nach Kap. III, Satz 1.5 ist g also total differenzierbar. Nach dem Beweis von Satz 6.5 ist $\frac{\partial g}{\partial \eta}$ positiv, insbesondere $\neq 0$. Unter diesen Umständen ist aber nach Kap. IV, § 6 die Auflösung von $g(\xi, \eta) - \eta_0 = 0$ nach η möglich und lokal eindeutig, die auflösende Funktion, also $h(\xi)$, ist stetig differenzierbar, und es gilt

$$h'(\xi_0) = \frac{\partial \varphi}{\partial \xi}(x_0, \xi_0, \eta_0) = -\frac{g_\xi(\xi_0, \eta_0)}{g_\eta(\xi_0, \eta_0)} = -\frac{\varphi_x(\xi_0, x_0, \eta_0)}{\varphi_\eta(\xi_0, x_0, \eta_0)}.$$

Wir haben also gezeigt, daß φ nach allen drei Variablen stetig partiell differenzierbar ist, falls f nach y stetig differenzierbar ist. Nach Kap. III, Satz 1.5 folgt dann

Satz 6.8. *Es sei* $f(x, y)$ *in der offenen Menge* $G \subset \mathbb{R}^2$ *stetig und stetig nach* y *differenzierbar. Dann ist die allgemeine Lösung* $\varphi(x, \xi, \eta)$ *der Differentialgleichung* $y' = f(x, y)$ *in ihrem Definitionsbereich stetig differenzierbar.*

Die „allgemeine Lösung" sei noch an zwei Beispielen erläutert.

1. Es sei $I = (a, b)$ ein offenes, nicht notwendig endliches Intervall, $G = I \times \mathbb{R}$; die Funktionen $A(x)$ und $B(x)$ seien in I stetig. Die Funktion $f(x, y) = A(x) \cdot y + B(x)$ ist dann in G stetig und nach y stetig differenzierbar. Auf die lineare Differentialgleichung $y' = A(x)\,y + B(x)$ lassen sich also die vorstehenden Sätze anwenden. Im homogenen Fall $B \equiv 0$ ist die durch (ξ, η) laufende Lösung $\eta \exp\left(\int\limits_\xi^x A(t)\, dt \right)$, die allgemeine Lösung hat hier die Gestalt $\varphi(x, \xi, \eta) = \eta \exp\left(\int\limits_\xi^x A(t)\, dt \right)$, ihr Definitionsbereich ist $I \times I \times \mathbb{R}$. Ihre Differenzierbarkeit wird sich auch dem unbewaffneten Auge nicht verbergen.

2. Es sei $G = \mathbb{R}^2$ und $f(x, y) = |y|$. Diese Funktion erfüllt global die Lipschitz-Bedingung, denn nach der Dreiecksungleichung ist für $y, y^* \in \mathbb{R}$ stets $|y| \leq |y - y^*| + |y^*|$ und $|y^*| \leq |y^* - y| + |y|$, also $|(|y| - |y^*|)| \leq |y - y^*|$. Sie ist aber nicht überall nach y differenzierbar. Die durch (ξ, η) laufende Integralkurve von $y' = |y|$ ist für $\eta \geqq 0$ offenbar $y = \eta\, e^{x - \xi}$, für $\eta \leqq 0$ ergibt sich $y = \eta\, e^{-(x - \xi)}$. Die allgemeine Lösung, definiert über $\mathbb{R}^3$, ist also $\varphi(x, \xi, \eta) = \eta \exp((\operatorname{sgn} \eta) \cdot (x - \xi))$, und diese Funktion[1] ist in der Tat nicht überall nach η differenzierbar: Für festes (x_0, ξ_0) mit $x_0 \neq \xi_0$ hat der Graph von $\varphi(x_0, \xi_0, \eta)$ bei $\eta = 0$ einen Knick.

Es ist noch nachzutragen der

Beweis von Satz 6.6. a) Es sei $a < b$ und $\underline{x}'_\nu \to \underline{x}'_0$; es gelte $(a, b, \underline{x}'_\nu) \in A$ für $\nu = 0, 1, 2, \ldots$. Dann konvergiert die Funktionenfolge $h_\nu(x_1) = g(x_1, \underline{x}'_\nu)$ auf $[a, b]$ gleichmäßig gegen $h_0(x_1) = g(x_1, \underline{x}'_0)$: Wäre das nicht der Fall, so gäbe es nämlich ein $\gamma > 0$, so daß für unendlich viele ν die Ungleichung $|h_\nu(x_1) - h_0(x_1)| < \gamma$ nicht für alle $x_1 \in [a, b]$ gälte. Wir könnten dann eine Teilfolge $h_{1\nu}$ von (h_ν) und Punkte $x_{1\nu} \in [a, b]$ so wählen, daß $|h_{1\nu}(x_{1\nu}) - h_0(x_{1\nu})| \geqq \gamma$ wäre. Da $[a, b]$ kompakt ist, enthält $(x_{1\nu})$ eine konvergente Teilfolge $(x_{2\nu})$, ihr Limes sei $x_1^* \in [a, b]$. Es gilt dann

$$\gamma \leqq |h_{2\nu}(x_{2\nu}) - h_0(x_{2\nu})| = |g(x_{2\nu}, \underline{x}'_{2\nu}) - g(x_{2\nu}, \underline{x}'_0)|.$$

---

[1] Es ist $\operatorname{sgn}(\eta) = 1$ für $\eta > 0$; $\operatorname{sgn}(\eta) = 0$ für $\eta = 0$; $\operatorname{sgn}(\eta) = -1$ für $\eta < 0$.

Wegen $\lim_{\nu\to\infty} (x_{2\nu}, \underset{\sim}{x}'_{2\nu}) = \lim_{\nu\to\infty} (x_{2\nu}, \underset{\sim}{x}'_0) = (x_1^*, \underset{\sim}{x}'_0)$ und der Stetigkeit von g in $(x_1^*, \underset{\sim}{x}'_0)$ wird aber $\left| g(x_{2\nu}, \underset{\sim}{x}'_{2\nu}) - g(x_{2\nu}, \underset{\sim}{x}'_0) \right|$ für hinreichend große ν beliebig klein, insbesondere kleiner als γ im Widerspruch zur Annahme.

Vermöge Band I, VII. Kap., Satz 4.2 gilt dann

$$\left| \int_a^b (g(x_1, \underset{\sim}{x}'_\nu) - g(x_1, \underset{\sim}{x}'_0)) \, dx_1 \right| \to 0 \quad \text{für} \quad \nu \to +\infty$$

und $F(a, b, \underset{\sim}{x}'_\nu) \to F(a, b, \underset{\sim}{x}'_0)$.

Diese Aussage ist schwächer als die des Satzes, denn dort war die simultane Stetigkeit von F in a, b und $\underset{\sim}{x}'$ behauptet worden. Der Rest des Beweises ist zwar nicht tiefliegend, aber etwas langwierig, da wir über die geometrische Situation keine Voraussetzungen gemacht haben (vgl. Figur!).

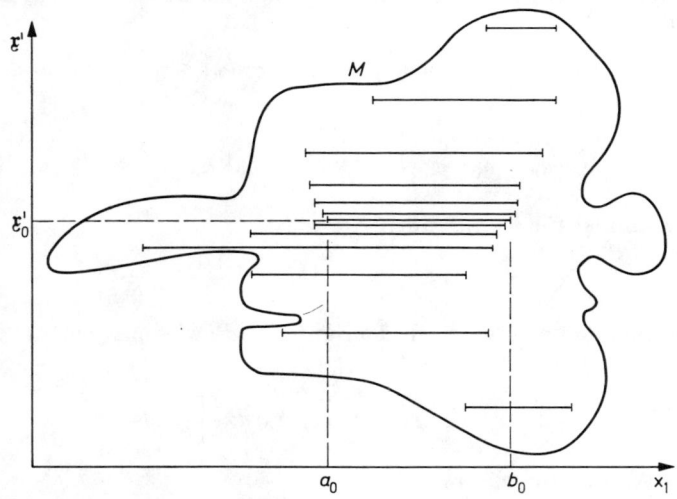

Fig. 19. Zu Satz 6.6

b) Es sei $(a_0, b_0, \underset{\sim}{x}'_0) \in A$. Um die Stetigkeit von F in diesem Punkte zu zeigen, verwenden wir das Folgenkriterium. Wir können ohne Einschränkung der Allgemeinheit $a_0 \leq b_0$ annehmen und behandeln zuerst den Fall $a_0 < b_0$.

Da g in den Punkten $(a_0, \underset{\sim}{x}'_0)$ und $(b_0, \underset{\sim}{x}'_0)$ stetig ist, gibt es ein $\delta > 0$, so daß für $\underset{\sim}{x} \in U_\delta(a_0, \underset{\sim}{x}'_0) \cap M$ oder $\underset{\sim}{x} \in U_\delta(b_0, \underset{\sim}{x}'_0) \cap M$ gilt $|g(\underset{\sim}{x}) - g(a_0, \underset{\sim}{x}'_0)| < 1$ bzw. $|g(\underset{\sim}{x}) - g(b_0, \underset{\sim}{x}'_0)| < 1$. Mit

$$K = 1 + \max \{|g(a_0, \underset{\sim}{x}'_0)|, |g(b_0, \underset{\sim}{x}'_0)|\}$$

ist dann $|g(\underset{\sim}{x})| < K$ für $\underset{\sim}{x} \in (U_\delta(a_0, \underset{\sim}{x}'_0) \cup U_\delta(b_0, \underset{\sim}{x}'_0)) \cap M$.

c) Es sei nun $(a_\nu, b_\nu, \mathfrak{x}_\nu')$ eine gegen $(a_0, b_0, \mathfrak{x}_0')$ konvergente Folge von Punkten aus A. Wir setzen $c_\mu = \sup\limits_{\nu \geqq \mu} a_\nu$ und $d_\mu = \inf\limits_{\nu \geqq \mu} b_\nu$ für $\mu = 1, 2, 3, \ldots$. Für jedes $\varepsilon > 0$ liegen fast alle a_ν in $U_\varepsilon(a_0)$, also liegen fast alle c_μ in $\overline{U_\varepsilon(a_0)}$. Weiter gilt $c_{\mu+1} = \sup\limits_{\nu \geqq \mu+1} a_\nu \leqq \sup\limits_{\nu \geqq \mu} a_\nu = c_\mu$. Die Folge (c_μ) konvergiert also monoton fallend gegen a_0. Ebenso sieht man, daß die Folge (d_μ) monoton gegen b_0 wächst. Wegen $a_0 < b_0$ gibt es ein μ_0, so daß für $\mu \geqq \mu_0$ gilt $a_0 \leqq c_\mu \leqq d_\mu \leqq b_0$. Für $\nu \geqq \mu \geqq \mu_0$ gilt $a_\nu \leqq c_\mu \leqq d_\mu \leqq b_\nu$. Dann ist auch

$$[c_\mu, d_\mu] \times \{\mathfrak{x}_\nu'\} \subset [a_\nu, b_\nu] \times \{\mathfrak{x}_\nu'\} \subset M .$$

Wegen $c_\mu \to a_0$, $a_\mu \to a_0$, $d_\mu \to b_0$, $b_\nu \to b_0$ und $\mathfrak{x}_\nu' \to \mathfrak{x}_0'$ gibt es ein $\mu_1 \geqq \mu_0$, so daß für $\mu, \nu \geqq \mu_1$ gilt $c_\mu, a_\nu \in U_\delta(a_0)$ und $d_\mu, b_\nu \in U_\delta(b_0)$ sowie $\mathfrak{x}_\nu' \in U_\delta(\mathfrak{x}_0')$.

d) Es sei nun $\varepsilon > 0$ gegeben. Wir können dazu ein $\mu^* \geqq \mu_1$ so wählen, daß

$$\left| c_{\mu^*} - a_0 \right| < \frac{\varepsilon}{8\,K}, \quad \left| d_{\mu^*} - b_0 \right| < \frac{\varepsilon}{8\,K}$$

und für $\nu \geqq \mu^*$

$$\left| a_\nu - a_0 \right| < \frac{\varepsilon}{8\,K}, \quad \left| b_\nu - b_0 \right| < \frac{\varepsilon}{8\,K}$$

gilt. Dann ist für $\nu \geqq \mu^*$ auch

$$\left| a_\nu - c_{\mu^*} \right| < \frac{\varepsilon}{4\,K}, \quad \left| b_\nu - d_{\mu^*} \right| < \frac{\varepsilon}{4\,K} .$$

Schließlich können wir nach dem unter a) Bewiesenen ein $\nu_0 \geqq \mu^*$ so finden, daß für $\nu \geqq \nu_0$ gilt

$$\left| \int\limits_{c_{\mu^*}}^{d_{\mu^*}} g(x_1, \mathfrak{x}_\nu')\, dx_1 - \int\limits_{c_{\mu^*}}^{d_{\mu^*}} g(x_1, \mathfrak{x}_0')\, dx_1 \right| < \varepsilon/4 .$$

e) Nun ist für $\nu \geqq \nu_0$

$$\left| \int\limits_{a_\nu}^{c_{\mu^*}} g(x_1, \mathfrak{x}_\nu')\, dx_1 \right| \leqq K \cdot \left| c_{\mu^*} - a_\nu \right| < \varepsilon/4 ,$$

denn $[a_\nu, c_{\mu^*}] \times \{\mathfrak{x}_\nu'\}$ liegt nach c) in $U_\delta(a_0, \mathfrak{x}_0')$ und dort kann g nach b) durch K abgeschätzt werden. — Ebenso ergibt sich

$$\left| \int\limits_{d_{\mu^*}}^{b_\nu} g(x_1, \mathfrak{x}_\nu')\, dx_1 \right| \leqq K \cdot \left| b_\nu - d_{\mu^*} \right| < \varepsilon/4$$

sowie

$$\left| \int\limits_{a_0}^{c_{\mu^*}} g(x_1, \mathfrak{x}_0')\, dx_1 \right| \leqq K \cdot \left| c_{\mu^*} - a_0 \right| < \varepsilon/8$$

und

$$\left| \int\limits_{d_{\mu*}}^{b_0} g\left(x_1, \underline{x}_0'\right) dx_1 \right| \leqq K \cdot \left| d_{\mu*} - b_0 \right| < \varepsilon/8 \,.$$

Damit hat man schließlich für $\nu \geqq \nu_0$

$$\left| F\left(a_\nu, b_\nu, \underline{x}_\nu'\right) - F\left(a_0, b_0, \underline{x}_0'\right) \right|$$

$$= \left| \int\limits_{a_\nu}^{b_\nu} g\left(x_1, \underline{x}_\nu'\right) dx_1 - \int\limits_{a_0}^{b_0} g\left(x_1, \underline{x}_0'\right) dx_1 \right|$$

$$= \left| \int\limits_{a_\nu}^{c_{\mu*}} g\left(x_1, \underline{x}_\nu'\right) dx_1 + \int\limits_{d_{\mu*}}^{b_\nu} g\left(x_1, \underline{x}_\nu'\right) dx_1 - \int\limits_{a_0}^{c_{\mu*}} g\left(x_1, \underline{x}_0'\right) dx_1 \right.$$

$$\left. - \int\limits_{d_{\mu*}}^{b_0} g\left(x_1, \underline{x}_0'\right) dx_1 + \left(\int\limits_{c_{\mu*}}^{d_{\mu*}} g\left(x_1, \underline{x}_\nu'\right) dx_1 - \int\limits_{c_{\mu*}}^{d_{\mu*}} g\left(x_1, \underline{x}_0'\right) dx_1 \right) \right|$$

$$\leqq 2 \cdot \frac{\varepsilon}{8} + 2 \cdot \frac{\varepsilon}{4} + \frac{\varepsilon}{4} = \varepsilon \,.$$

Die Stetigkeit von F in $(a_0, b_0, \underline{x}_0)$ ist damit bewiesen.

Die Hauptschwierigkeit dieses Beweises lag darin, ein Intervall $[c_{\mu*}, d_{\mu*}] \subset [a_0, b_0]$ zu finden, über dem $h_0(x_1) = g(x_1, \underline{x}_0')$ und fast alle $h_\nu(x_1) = g(x_1, \underline{x}_\nu')$ definiert sind.

f) Es ist noch der Fall $a_0 = b_0$ zu behandeln. Es sei wieder $(a_\nu, b_\nu, \underline{x}_\nu') \to (a_0, b_0, \underline{x}_0')$. Wegen $F(a_0, a_0, \underline{x}_0') = 0$ ist $\int\limits_{a_\nu}^{b_\nu} g(x_1, \underline{x}_\nu') dx_1 \to 0$ zu zeigen. Wie in b) wählen wir Konstanten $\delta > 0$ und K so, daß für $\underline{x} \in U_\delta(a_0, \underline{x}_0') \cap M$ gilt $\left| g(\underline{x}) \right| < K$. Für fast alle ν liegt dann $[a_\nu, b_\nu] \times \{\underline{x}_\nu'\}$ bzw. $[b_\nu, a_\nu] \times \{\underline{x}_\nu'\}$ in $U_\delta(a_0, \underline{x}_0')$. Es gilt für fast alle ν also $\left| \int\limits_{a_\nu}^{b_\nu} g(x_1, \underline{x}_\nu') dx_1 \right| \leqq K \cdot \left| b_\nu - a_\nu \right|$.

Daraus folgt wegen $\left| b_\nu - a_\nu \right| \to 0$ die Behauptung. Damit ist Satz 6.6 vollständig bewiesen.

§ 7. Die Stammfunktion einer Differentialgleichung

Es sei wie in § 6 mit G eine offene Menge und mit f eine stetige Funktion auf G bezeichnet, welche lokal der Lipschitz-Bedingung genügt.

Ein System $\{M_\iota : \iota \in J\}$ von Teilmengen des $\mathbb{R}^n$ heißt *lokalendlich*, wenn jeder Punkt $\underline{x} \in \mathbb{R}^n$ eine Umgebung $U(\underline{x})$ besitzt, so daß nur für endlich viele $\iota \in J$ der Durchschnitt $M_\iota \cap U(\underline{x})$ nicht leer ist.

Definition 7.1. *Eine auf G definierte stetige Funktion $F(x, y)$ heißt Stammfunktion der Differentialgleichung $y' = f(x, y)$, wenn für jedes*

$c \in \mathbb{R}$ *die Menge* $\{(x, y) \in G \colon F(x, y) = c\}$ *Vereinigung einer lokalendlichen Menge von Integralkurven der Differentialgleichung* $y' = f(x, y)$ *ist.*

Eine Menge $\{(x, y) \in G \colon F(x, y) = c\}$ heißt auch Niveaulinie von F. Die Bedingung „lokal-endlich" in Definition 7.1 ist wesentlich: Da durch jeden Punkt von G eine Integralkurve läuft, hat die Funktion $F \equiv 0$ die Eigenschaft, daß $G = \{(x, y) \in G \colon F(x, y) = 0\}$ Vereinigung von Integralkurven ist. Das ist aber uninteressant.

Es sei F eine Stammfunktion von $y' = f(x, y)$ und $\varphi(x)$ die Lösung von $y' = f(x, y)$ mit $\varphi(x_0) = y_0$. Dann enthält die Niveaulinie $\{(x, y) \colon F(x, y) = F(x_0, y_0)\}$ den Punkt (x_0, y_0), also auch den Graphen einer durch (x_0, y_0) laufenden Lösung ψ. Aufgrund des Eindeutigkeitssatzes muß diese mit φ übereinstimmen.

Kennt man eine Stammfunktion F von $y' = f(x, y)$, so kann man durch Auflösen der Gleichungen $F(x, y) = c$ für $c \in \mathbb{R}$ nach y sämtliche Lösungen der Differentialgleichung erhalten.

Unter den zu Anfang des Paragraphen notierten Voraussetzungen gilt:

Satz 7.1. *Die Differentialgleichung* $y' = f(x, y)$ *besitzt lokal stets eine Stammfunktion.*

Das besagt: Zu jedem Punkt $(x_0, y_0) \in G$ gibt es eine offene, in G enthaltene Umgebung U von (x_0, y_0) und eine in U definierte Funktion F, welche Stammfunktion der auf U beschränkten Differentialgleichung $y' = (f \mid U)(x, y)$ ist.

Beweis. Mit den Bezeichnungen von § 6 wird zu $(x_0, y_0) \in G$ gesetzt $U = \{(x, y) \in G \colon (x_0, x, y) \in B\}$. Offenbar gilt $(x_0, y_0) \in U \subset G$, und U ist offen, da B nach Satz 6.8 offen ist. Wir setzen weiter $F(x, y) = \varphi(x_0, x, y)$ auf U und zeigen, daß genau die Mengen $\{(x, y) \in U \colon F(x, y) = c\}$, sofern sie nicht leer sind, Integralkurven von $y' = f \mid U$ sind.

U besteht aus allen $(x, y) \in G$, so daß die durch (x, y) laufende Integralkurve über x_0 definiert ist. Ist ψ eine Lösung von $y' = f(x, y)$ in U und gilt etwa $\psi(x_0) = y_1$, so ist nach dem Eindeutigkeitssatz $\psi(x) = \varphi(x, x_0, y_1)$. Nach Satz 6.2 ist $y_1 \equiv \varphi(x_0, x, \varphi(x, x_0, y_1)) = \varphi(x_0, x, \psi(x)) = F(x, \psi(x))$. Die Funktion F ist also auf dem Graphen von ψ konstant.

Ist umgekehrt

$$(\xi, \eta) \in \{(x, y) \in U \colon F(x, y) = y_1\},$$

so ist $\varphi(x_0, \xi, \eta) = y_1$. Nach dem Eindeutigkeitssatz liegt (ξ, η) auf dem Graphen der durch (x_0, y_1) gehenden Lösung $\varphi(x, x_0, y_1)$. $F(x, y) = y_1$ beschreibt also den Graphen der durch (x_0, y_1) gehenden Lösung. Das beendet den Beweis.

Es sei noch bemerkt, daß die Methode der Trennung der Variablen (Kap. V, § 3) in praxi eine Stammfunktion der Differentialgleichung $y' = f_1(x)/f_2(y)$ liefert, nämlich (mit der dortigen Notation) $F(x, y) = F_2(y) - F_1(x)$.

VII. Kapitel

Lösungsmethoden

§ 1. Pfaffsche Formen

Wir hatten schon in Kapitel V bemerkt, daß es zweckmäßig sein kann, eine Differentialgleichung $y' = f(x, y)$ formal als $dy = f(x, y)dx$ zu schreiben. Diesen Zeichen war dort keine Bedeutung beigelegt worden. Wir können aber aufgrund der Entwicklungen in Kap. IV, § 3 Ausdrücke der Gestalt $f(x, y)dx - dy$ als Pfaffsche Formen, definiert über einem Bereich $G \subset \mathbb{R}^2$, betrachten.

Der hiermit angedeutete Zusammenhang zwischen gewöhnlichen Differentialgleichungen erster Ordnung und Pfaffschen Formen soll in den folgenden Paragraphen untersucht werden. Das wird uns nicht nur erlauben, die „formalen Rechnungen" aus Kap. V sinnvoll zu interpretieren, sondern uns auch einfache Formulierungen weiterer wichtiger Lösungsmethoden für Differentialgleichungen erster Ordnung liefern. Es wird sich zudem herausstellen, daß die Sprache der Pfaffschen Formen bei der Behandlung geometrischer Probleme (Kurvenscharen) angemessener ist als die der Differentialgleichungen — das liegt daran, daß bei Pfaffschen Formen keine Koordinate ausgezeichnet ist.

Zunächst müssen wir den Begriff der Lösungskurve geeignet fassen. Eine glatt parametrisierte Kurve in $\mathbb{R}^2$ sei eine stetig differenzierbare Abbildung $\Phi \colon I \to \mathbb{R}^2$ eines offenen Intervalls in den $\mathbb{R}^2$, deren Ableitungsvektor Φ' in keinem Punkt von I verschwindet. Wir wollen zwei glatte Parametrisierungen $\Phi \colon I \to \mathbb{R}^2$ und $\Phi^* \colon I^* \to \mathbb{R}^2$ hier als äquivalent bezeichnen, wenn es eine umkehrbar stetig differenzierbare Abbildung $h \colon I^* \to I$ mit $\Phi^* = \Phi \circ h$ gibt. Eine glatte Kurve ist eine Äquivalenzklasse von glatten Parametrisierungen. Wir fordern hier nicht, daß die Parametertransformationen monoton *wachsen*; das bedeutet, daß wir die Kurven nicht als orientiert betrachten.

Es sei nun $G \subset \mathbb{R}^2$ offen und $\alpha = A(x, y)dx + B(x, y)dy$ eine stetige Pfaffsche Form auf G.

Definition 1.1. *Eine glatte Kurve W heißt Lösung der Gleichung* $\alpha = 0$, *wenn es eine glatte Parametrisierung* $\Phi\colon I \to \mathbb{R}^2$ *von W gibt mit*

(a) $\Phi(I) \subset G$,

(b) $\alpha \circ \Phi \equiv 0$.

Wir schreiben die Gleichung (b) ausführlich: Ist $\Phi = (\varphi_1, \varphi_2)$ und wird der Parameter auf I mit t bezeichnet, so ist nach den Regeln von Kap. IV, § 3

$$\begin{aligned}
\alpha \circ \Phi &= (A\,dx + B\,dy) \circ \Phi = (A\,dx) \circ \Phi + (B\,dy) \circ \Phi \\
&= (A \circ \Phi)\,d(x \circ \Phi) + (B \circ \Phi)\,d(y \circ \Phi) \\
&= (A \circ \Phi)\,d\varphi_1 + (B \circ \Phi)\,d\varphi_2 \\
&= \{(A \circ \Phi)\,\varphi_1' + (B \circ \Phi)\,\varphi_2'\}\,dt\,.
\end{aligned}$$

Die Gleichung $\alpha \circ \Phi \equiv 0$ bedeutet also

$$A(\varphi_1(t), \varphi_2(t)) \cdot \varphi_1'(t) + B(\varphi_1(t), \varphi_2(t)) \cdot \varphi_2'(t) \equiv 0\,.$$

Die Aussage, eine glatte Kurve W löse die Gleichung $\alpha = 0$, hängt nicht von der Parametrisierung von W ab. Ist nämlich I^* ein offenes Intervall und $h\colon I^* \to I$ eine umkehrbar stetig differenzierbare Abbildung, so folgt $0 \equiv (\alpha \circ \Phi) \circ h = \alpha \circ (\Phi \circ h)$ aus $\alpha \circ \Phi \equiv 0$, und $0 \equiv (\alpha \circ \Phi \circ h) \circ h^{-1} = \alpha \circ \Phi$ aus $\alpha \circ (\Phi \circ h) \equiv 0$.

Wir sagen, eine Lösung W von $\alpha = 0$ gehe durch $(x_0, y_0) \in G$, wenn (x_0, y_0) auf der Spur von W liegt.

Einer im Bereich G definierten Differentialgleichung $y' = f(x, y)$ mit stetigem f kann man die stetige Pfaffsche Form $\alpha = dy - f(x,y)\,dx$ zuordnen. Die Definition 1.1 wird gerechtfertigt durch den

Satz 1.1. *Die Differentialgleichung* $y' = f(x, y)$ *und die zugehörige Pfaffsche Form* $\alpha = dy - f(x, y)\,dx$ *haben die gleichen Lösungen.*

Der Satz ist nicht präzise formuliert, denn die Lösungen der Differentialgleichung sind Funktionen, die von $\alpha = 0$ sind Kurven. Aus dem Beweis ist aber ersichtlich, wie hier Kurven und Funktionen einander entsprechen.

Beweis. a) Die Funktion $\psi(x)$ löse $y' = f(x, y)$ über einem (offenen) Intervall I. Erklärt man eine Abbildung $\Phi\colon I \to G$ durch $\Phi(t) = (t, \psi(t))$ für $t \in I$, so definiert Φ eine glatte Kurve W, und es ist $\alpha \circ \Phi = (\psi'(t) - f(t, \psi(t)))\,dt \equiv 0$. Die Kurve W löst also $\alpha = 0$.

b) Es sei die durch $\Phi = (\varphi_1, \varphi_2)\colon I \to G$ definierte glatte Kurve eine Lösung von $\alpha = 0$, das bedeutet $0 \equiv \varphi_2' - (f \circ \Phi)\varphi_1'$. Wäre $\varphi_1'(t) = 0$ für ein $t \in I$, so folgte aus dieser Gleichung auch $\varphi_2'(t) = 0$, also $\Phi'(t) = 0$ im Widerspruch dazu, daß Φ glatt ist. Die Funktion $\varphi_1\colon I \to \varphi_1(I) = I^*$ ist also sogar umkehrbar stetig differenzierbar. Nach dem oben Gesagten gilt dann mit

$$\Phi^* = \Phi \circ \varphi_1^{-1} = (\mathrm{id}, \varphi_2^*)\colon I^* \to G$$

auch $\alpha \circ \Phi^* = 0$. Es ist also $((\varphi_2^*)' - (f \circ \Phi^*))dt \equiv 0$, d.h. die
über I^* definierte Funktion $\varphi_2^* = \varphi_2 \circ \varphi_1^{-1}$ löst $y' = f(x, y)$.

Man kann nun fragen, ob umgekehrt auch jeder Pfaffschen Form
eine Differentialgleichung so zugeordnet werden kann, daß die
Lösungsmengen übereinstimmen. Daß das im allgemeinen nicht der
Fall ist, zeigt das folgende Beispiel: Es sei $G = \mathbb{R}^2 - \{0\}$ und
$\alpha = x\,dx + y\,dy$. Lösungen von $\alpha = 0$ sind die Kreise um den
Nullpunkt (und nur diese). Definiert man nämlich für festes $r \in \mathbb{R}$,
$r > 0$, eine parametrisierte Kurve $\Phi \colon \mathbb{R} \to \mathbb{R}^2 - \{0\}$ durch $\Phi(t)$
$= (r\cos t, r\sin t)$, so ist $\alpha \circ \Phi = \{r^2 \cos t \cdot (-\sin t) + r^2 \sin t \cos t\}\,dt = 0$.
Diese Kurven können aber nicht Integralkurven einer über G defi-
nierten Differentialgleichung sein, denn als solche müßten sie in G
von Rand zu Rand laufen.

§ 2. Reguläre Punkte einer Pfaffschen Form

Definition 2.1. *Die Pfaffsche Form* $\alpha = A\,dx + B\,dy$ *sei im
Bereich* $G \subset \mathbb{R}^2$ *stetig. Sie heißt in einem Punkt* $(x_0, y_0) \in G$ *regulär,
wenn* $A(x_0, y_0)$ *und* $B(x_0, y_0)$ *nicht beide verschwinden. Sie heißt in
einer Teilmenge* $M \subset G$ *regulär, wenn sie in jedem Punkt von* M
regulär ist. Ein Punkt, in dem α *nicht regulär ist, heißt singulärer
Punkt von* α.

Regularität von α in (x_0, y_0) bedeutet also, daß der durch α in
diesem Punkt bestimmte kovariante Tangentialvektor nicht verschwindet.

Satz 2.1. *Es sei* α *eine im Bereich* $G \subset \mathbb{R}^2$ *stetige Pfaffsche Form
und* h *eine in* G *stetige und nirgends verschwindende Funktion. Dann
haben* $\alpha = 0$ *und* $h\alpha = 0$ *die gleichen Lösungen.*

Beweis. Es sei $\Phi \colon I \to G$ Lösung von $\alpha = 0$, d.h. es sei $\alpha \circ \Phi \equiv 0$.
Dann ist auch $(h\alpha) \circ \Phi = (h \circ \Phi) \cdot (\alpha \circ \Phi) \equiv 0$. Ist umgekehrt
$(h \cdot \alpha) \circ \Phi \equiv 0$, so ist auch

$$\alpha \circ \Phi = \left(\frac{1}{h} \cdot h\alpha\right) \circ \Phi = \left(\frac{1}{h} \circ \Phi\right) \cdot ((h\alpha) \circ \Phi) \equiv 0 \,.$$

Satz 2.2. *Die im Bereich* $G \subset \mathbb{R}^2$ *stetige Pfaffsche Form* α *sei in*
$(x_0, y_0) \in G$ *regulär. Dann gibt es eine Umgebung* $U \subset G$ *von* (x_0, y_0)
und eine in U *definierte Differentialgleichung* $y' = f(x, y)$ *oder eine
in* U *definierte Differentialgleichung* $x' = g(x, y)$, *die die gleichen
Lösungen hat wie* $\alpha \,|\, U = 0$.

Beweis. Es sei $\alpha = A\,dx + B\,dy$. Ist $B(x_0, y_0) \neq 0$, so gibt es
wegen der Stetigkeit von B eine Umgebung $U \subset G$ von (x_0, y_0), auf der
B nirgends verschwindet. Auf U haben $\alpha = 0$ und $\dfrac{1}{B}\,\alpha = \dfrac{A}{B}\,dx + dy$
$= 0$ nach Satz 2.1 dieselben Lösungen. Die letztere Pfaffsche

Form ist aber der Differentialgleichung $y' = -\dfrac{A}{B}$ zugeordnet. Satz 1.1 liefert die Behauptung. — Ist $B(x_0, y_0) = 0$, so muß $A(x_0, y_0) \neq 0$ sein. In diesem Fall wird U so gewählt, daß A in U nirgends verschwindet. Die Differentialgleichung $x' = -\dfrac{B}{A}$ löst dann das Problem.

Satz 2.3. *Die Pfaffsche Form α sei im Bereich $G \subset \mathbb{R}^2$ stetig differenzierbar und in $(x_0, y_0) \in G$ regulär. Dann gibt es eine Umgebung $U \subset G$ von (x_0, y_0), so daß durch jeden Punkt von U genau eine Lösung von $\alpha \,|\, U = 0$ geht.*

Beweis. Es sei etwa $B(x_0, y_0) \neq 0$ und U so, daß B dort nirgends verschwindet. Nach dem vorigen Satz hat $\alpha \,|\, U = 0$ die gleichen Lösungen wie $y' = -\dfrac{A(x, y)}{B(x, y)}$. Die rechte Seite dieser Differentialgleichung ist aber stetig differenzierbar, insbesondere ist sie stetig und erfüllt lokal die Lipschitz-Bedingung. Satz 2.3 folgt nun aus dem entsprechenden Satz über Differentialgleichungen. — Im Fall $A(x_0, y_0) \neq 0$ schließt man analog.

Wir wollen nun den Begriff des Richtungsfeldes von Differentialgleichungen auf Pfaffsche Formen übertragen. Es sei $\alpha = A\,dx + B\,dy$ eine im Bereich $G \subset \mathbb{R}^2$ stetige und reguläre Pfaffsche Form. Jedem Punkt $(\xi, \eta) \in G$ ordnen wir die Punktmenge

$$\{(x, y) \in \mathbb{R}^2 : A(\xi, \eta) \cdot (x - \xi) + B(\xi, \eta) \cdot (y - \eta) = 0\}$$

zu, das ist die durch (ξ, η) gehende Gerade, welche senkrecht auf dem „Vektor" $(A(\xi, \eta), B(\xi, \eta))$ steht. Da A und B stetig sind, hängt die Richtung der (ξ, η) zugeordneten Geraden stetig von (ξ, η) ab — wir nennen diese Zuordnung daher ein *stetiges Richtungsfeld.* Das Richtungsfeld einer Pfaffschen Form kann im Gegensatz zum Richtungsfeld einer Differentialgleichung auch zur y-Achse parallele Geraden enthalten. — In Analogie zum entsprechenden Sachverhalt bei Differentialgleichungen (Kap. V, § 1) gilt der

Satz 2.4. *Die Pfaffsche Form α sei im Bereich $G \subset \mathbb{R}^2$ stetig und regulär, $\Phi\colon I \to G$ sei eine glatt parametrisierte Kurve. Φ ist genau dann Lösung von $\alpha = 0$, wenn in jedem Punkt $(\xi, \eta) = \Phi(t_0) \in \Phi(I)$ die Kurventangente gerade die zu (ξ, η) gehörende Gerade des Richtungsfeldes von α ist.*

Beweis. Nach Kap. I, § 6 hat die Tangente an die durch Φ gegebene Kurve in $\Phi(t_0) = (\xi, \eta)$ die Parametrisierung

$$(x - \xi, y - \eta) = (\tau - t_0) \cdot (\varphi_1'(t_0), \varphi_2'(t_0)); \tag{1}$$

die zu (ξ, η) gehörende Gerade des Richtungsfeldes besteht aus den

Punkten (x, y) mit

$$A(\xi, \eta)(x - \xi) + B(\xi, \eta)(y - \eta) = 0; \qquad (2)$$

$\alpha \circ \Phi = 0$ ist schließlich äquivalent zu

$$A(\varphi_1(t), \varphi_2(t)) \cdot \varphi_1'(t) + B(\varphi_1(t), \varphi_2(t)) \cdot \varphi_2'(t) \equiv 0 \quad \text{für} \quad t \in I. \quad (3)$$

Ist Φ Lösung von $\alpha = 0$, so multipliziere man (1) skalar mit dem Vektor $(A(\xi, \eta), B(\xi, \eta))$, wegen (3) folgt (2), d.h. die Tangente stimmt mit der Geraden des Richtungsfeldes überein. — Sind umgekehrt die durch (1) und (2) dargestellten Geraden für alle $(\xi, \eta) \in \Phi(I)$ gleich, so liefert Einsetzen von (1) in (2)

$$(\tau - t_0)(A(\xi, \eta)\varphi_1'(t_0) + B(\xi, \eta)\varphi_2'(t_0)) = 0$$

für alle $\tau \in \mathbb{R}$, $t_0 \in I$, $(\xi, \eta) = \Phi(t_0)$, also $(A \circ \Phi)\varphi_1' + (B \circ \Phi)\varphi_2' = 0$, q. e. d.

§ 3. Der Eulersche Multiplikator

Definition 3.1. *Eine in einem Bereich $G \subset \mathbb{R}^2$ definierte stetige Pfaffsche Form α heißt total oder exakt, wenn es auf G eine stetig differenzierbare Funktion g mit $\alpha = dg$ gibt.*

Ist $\alpha = A\,dx + B\,dy = dg$, so muß also $A = g_x$ und $B = g_y$ sein. Ist α sogar stetig differenzierbar, so ist g zweimal stetig differenzierbar, es gilt $g_{xy} = g_{yx}$. Notwendig dafür, daß die stetig differenzierbare Form $\alpha = A\,dx + B\,dy$ total ist, ist das Bestehen der Gleichung $A_y = B_x$. Diese Gleichung heißt auch *Integrabilitätsbedingung*. Im dritten Band wird gezeigt werden, daß die Integrabilitätsbedingung lokal auch hinreichend ist dafür, daß eine stetig differenzierbare Pfaffsche Form total ist.

Definition 3.2. *Es sei α eine stetige Pfaffsche Form im Bereich $G \subset \mathbb{R}^2$ und h sei eine stetige, nirgends verschwindende Funktion auf G. Wenn $h\alpha$ eine totale Pfaffsche Form ist, heißt h Eulerscher Multiplikator für α.*

Die Bedeutung der totalen Pfaffschen Formen und damit der Eulerschen Multiplikatoren beruht auf dem folgenden

Satz 3.1. *Die Pfaffsche Form α sei stetig und regulär im Bereich $G \subset \mathbb{R}^2$. Ist $\alpha = dg$, so ist g eine Stammfunktion der Gleichung $\alpha = 0$.*

Hierin ist der Ausdruck „Stammfunktion von $\alpha = 0$" genau wie in Kap. VI, § 7 zu verstehen: g ist Stammfunktion von $\alpha = 0$, wenn die Niveaulinien von g lokal-endliche Vereinigung von (Spuren von) Lösungskurven von $\alpha = 0$ sind.

Beweis. a) Es sei $\Phi: I \to G$ eine glatt parametrisierte Kurve, welche $\alpha = 0$ löst. Aus $\alpha = dg$ folgt $0 \equiv \alpha \circ \Phi = dg \circ \Phi = d(g \circ \Phi)$.

Also ist $g \circ \Phi$ konstant, d.h. g ist auf den Lösungskurven von $\alpha = 0$ konstant.

b) Es sei $\alpha = dg$ und $(\xi, \eta) \in \{(x, y) \in G: \ g(x, y) = c\}$. Da $\alpha = dg$ regulär ist, ist mindestens eine partielle Ableitung von g in (ξ, η) nicht Null, es sei etwa $g_y(\xi, \eta) \neq 0$. Wir können dann nach Kap. IV, § 6 eine offene Umgebung $U \subset G$ von (ξ, η) und eine offene Umgebung I von ξ so finden, daß die Gleichung $(g \mid U)(x, y) - c = 0$ über I nach y aufgelöst werden kann, d.h. daß es eine über I definierte stetig differenzierbare Funktion φ gibt mit $\{(x, y) \in U: g(x, y) = c\} = \{(x, y): x \in I, y = \varphi(x)\}$. Man kann U offenbar so wählen, daß I ein Intervall ist. Erklärt man $\Phi: I \to U$ durch $\Phi(t) = (t, \varphi(t))$, $t \in I$, so gilt $g \circ \Phi \equiv c$ und $\alpha \circ \Phi = dg \circ \Phi = d(g \circ \Phi) \equiv 0$, das bedeutet aber, daß die Niveaulinie in U Lösungskurve ist. — Da ein Punkt $(x, y) \in G$ mit $g(x, y) \neq c$ eine Umgebung besitzt, in der g den Wert c nicht annimmt, ist gezeigt, daß die Niveaulinie $\{(x, y): g(x, y) = c\}$ lokal-endliche Vereinigung von Lösungskurven ist, jeder zusammenhängende Teil einer Niveaulinie ist Lösungskurve.

Beispiele. a) In § 1 hatten wir $\alpha = x\,dx + y\,dy$ betrachtet. Offenbar ist $\alpha = d(\tfrac{1}{2}(x^2 + y^2))$. Also ist α total, und sämtliche Lösungskurven werden durch die Niveaulinien $\tfrac{1}{2}(x^2 + y^2) = c$, d.h. durch die konzentrischen Kreise um den Nullpunkt beschrieben.

b) Über $G = \mathbb{R}^2 - \{0\}$ betrachten wir die reguläre Pfaffsche Form $\alpha = (bx + y)dx - x\,dy$, wobei b eine beliebige Konstante ist. Da $\dfrac{\partial}{\partial y}(bx + y) = 1 \neq -1 = \dfrac{\partial}{\partial x}(-x)$ ist, kann α nicht total sein. Wir versuchen, einen Eulerschen Multiplikator h zu finden. Die Integrabilitätsbedingung für $h\alpha$ lautet

$$\frac{\partial}{\partial y}(h(x, y) \cdot (bx + y)) = \frac{\partial}{\partial x}(-x \cdot h(x, y)),$$

h muß also der partiellen Differentialgleichung

$$(bx + y)h_y + xh_x + 2h = 0$$

genügen. Wir versuchen, h unabhängig von y zu wählen. Dann ist $h_y \equiv 0$, und $h(x)$ muß der Differentialgleichung $xh' + 2h = 0$ genügen. Diese Gleichung hat die über $\mathbb{R} - \{0\}$ definierte Lösung $h(x) = x^{-2}$.

In dem Bereich

$$G^* = \mathbb{R}^2 - \{(x, y): x = 0\} \quad \text{gilt} \quad h\alpha = \left(\frac{b}{x} + \frac{y}{x^2}\right)dx - \frac{1}{x}\,dy.$$

Wenn $h\alpha = dg$ ist, muß also $g_y = -\dfrac{1}{x}$ gelten, daraus folgt $g(x, y) = -\dfrac{y}{x} + f(x)$ mit einer noch zu bestimmenden, nur von x abhängigen Funktion f. Aus $g_x = \dfrac{b}{x} + \dfrac{y}{x^2}$ folgt weiter, daß f der

Differentialgleichung $f' = \dfrac{b}{x}$ genügen muß. Also ist (etwa) $f(x)$

$= b \log|x|$ und damit $g(x, y) = -\dfrac{y}{x} + b \log|x|$. Man verifiziert

nun leicht, daß $dg = h\alpha$ gilt, h ist also in der Tat ein Eulerscher
Multiplikator für α.

In G^* ist α regulär, nach Satz 2.1 und 3.1 werden in G^* die

Lösungen von $\alpha = 0$ durch $-\dfrac{y}{x} + b \log|x| = c$ beschrieben. Diese

Gleichung kann sofort nach y aufgelöst werden: Die Funktionen

$$y = b\,x \log|x| - c\,x \quad \text{mit festem} \quad c \in \mathbb{R} \quad \text{und} \quad x \in \mathbb{R} - \{0\} \quad (1)$$

sind die Lösungen von $\alpha = 0$ in G^*.

Bei der Anwendung des Multiplikators hatten wir $x \neq 0$ voraussetzen müssen. Erklärt man $\Phi(t) = (0, t)$ für $t \in \mathbb{R}$, so ist die durch Φ beschriebene Kurve offenbar auch Lösung von $\alpha = 0$ in G — ungenau ausgedrückt: Auch die y-Achse löst $\alpha = 0$.

Wir wollen noch das Verhalten der Lösungskurven (1) in der Nähe des Nullpunktes studieren. Es gilt $\lim\limits_{x \to 0} x \log|x| = 0$ (für $x > 0$

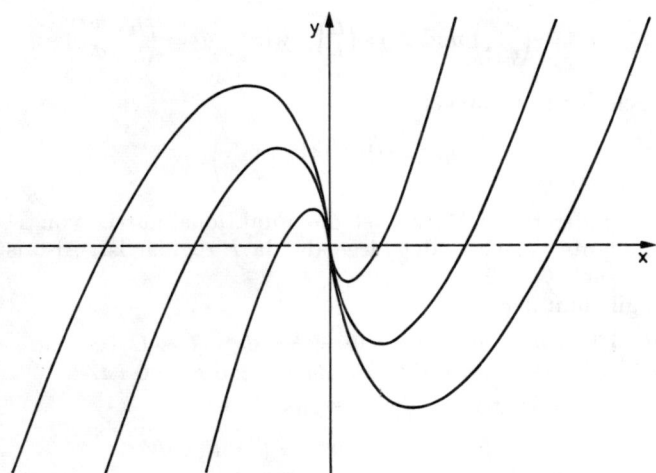

Fig. 20. Eintangentiger Knotenpunkt

setze man $x = e^t$, dann wird $x \log x = t e^t$, und dem Grenzübergang $x \to 0$ entspricht $t \to -\infty$. Bekanntlich gilt $\lim\limits_{t \to -\infty} t e^t = 0$). Daher gilt für jede Lösung der Form (1) die Gleichung $\lim\limits_{x \to 0} y(x) = 0$. Man kann diese Funktionen in 0 also stetig durch $y(0) = 0$ ergänzen. Ferner ist $y' = b(1 + \log|x|) - c$ für $x \neq 0$, für $x \to 0$ strebt dieser Ausdruck gegen $+ \infty$, wenn $b < 0$, gegen $- \infty$, wenn $b > 0$ ist. Die Kurventangente hat als Grenzlage für $x \to 0$ die y-Achse. Die durch (1) beschriebene Kurvenschar ist (für $b > 0$) in der obigen Figur skizziert. Für $b = 0$ erhalten wir als Lösungskurven die Schar der durch den Nullpunkt gehenden Geraden.

§ 4. Differenzierbare Transformationen

Die aus Kap. V bekannte Lösungsmethode der Variablentransformation soll jetzt auf Pfaffsche Formen übertragen werden. In diesem Rahmen kann man auch allgemeinere Transformationen als die früher betrachteten zulassen.

Es seien G und G^* offene Mengen im $\mathbb{R}^2$. Ist $F: G^* \to G$ eine bijektive reguläre Abbildung, so ist jeder (stetigen) Pfaffschen Form α auf G eine (stetige) Pfaffsche Form $\alpha \circ F$ auf G^* zugeordnet. Es ist aber auch jeder parametrisierten Kurve $\Phi^*: I \to G^*$ eine Kurve $\Phi = F \circ \Phi^*: I \to G$ zugeordnet. Ist Φ^* glatt, so ist auch Φ glatt: Φ ist stetig differenzierbar, da Φ^* und F es sind. Mit

$$\Phi^* = \begin{pmatrix} \varphi_1^* \\ \varphi_2^* \end{pmatrix} \text{ und } F = \begin{pmatrix} f_1 \\ f_2 \end{pmatrix} \quad \text{wird} \quad \Phi = \begin{pmatrix} f_1 \circ \Phi^* \\ f_2 \circ \Phi^* \end{pmatrix},$$

also nach der Kettenregel

$$\Phi' = \begin{pmatrix} f_{1x} & f_{1y} \\ f_{2y} & f_{2y} \end{pmatrix} \circ \begin{pmatrix} \varphi_1^{*\prime} \\ \varphi_2^{*\prime} \end{pmatrix}.$$

Die hier auftretende Matrix ist die Funktionalmatrix von F, ihre Determinante verschwindet nirgends, da F regulär ist. Also ist mit $\Phi^{*\prime} \neq 0$ auch $\Phi' \neq 0$.

Es gilt nun der

Satz 4.1. *Die glatte Kurve* $\Phi = F \circ \Phi^*: I \to G$ *ist genau dann Lösung von* $\alpha = 0$, *wenn* Φ^* *Lösung von* $\alpha \circ F = 0$ *ist.*

Der Beweis ist trivial, denn es gilt

$$\alpha \circ \Phi = \alpha \circ (F \circ \Phi^*) = (\alpha \circ F) \circ \Phi^*.$$

In Kap. V, § 3 hatten wir Transformationen der Gestalt $F(u, v) = (g(u), h(v))$ betrachtet. Ist $\alpha = dy - f(x, y)dx$, so ist $\alpha \circ F = h' dv - (f \circ F) \cdot g' du$, und dieser Form kann die Differentialgleichung $v' = (g'/h') \cdot (f \circ F)$ auf G^* zugeordnet werden, da wegen der Regularität von F stets $h' \neq 0$ gilt. Satz 3.1 aus Kap. V ist daher ein Spezialfall des obigen Satzes.

§ 5. Singularitäten Pfaffscher Formen

Im Bereich $G \subset \mathbb{R}^2$ sei eine Pfaffsche Form $\alpha = A\,dx + B\,dy$ gegeben. Die Menge der singulären Punkte von α ist

$$S = \{(x, y) \in G \colon A(x, y) = B(x, y) = 0\}.$$

Wir wollen in diesem Paragraphen das Verhalten der Lösungsschar von $\alpha = 0$ in der Nähe von S untersuchen. Sind A und B in G reell-analytisch (d.h. in einer Umgebung eines jeden Punktes von G in eine Potenzreihe entwickelbar), und enthält S keinen offenen Teil von G, so besteht S im allgemeinen aus mehreren Kurven und isolierten Punkten — das ist ein Ergebnis der Theorie der analytischen Funktionen mehrerer Veränderlicher. Diese Theorie lehrt auch, daß es lokal, d.h. in einer geeigneten Umgebung U eines jeden Punktes von G, stets eine reell-analytische Funktion C gibt, so daß $\tilde{A} = A/C$ und $\tilde{B} = B/C$ noch reell-analytisch in U sind, und daß

$$\{(x, y) \in U \colon C(x, y) = 0\}$$

gerade mit den in $S \cap U$ enthaltenen (nicht zu einem Punkt entarteten) Kurven übereinstimmt, und daß schließlich die reell-analytische Pfaffsche Form $C^{-1}\alpha = \tilde{A}\,dx + \tilde{B}\,dy$ in U nur noch isolierte Singularitäten hat. Es ist daher keine wesentliche Einschränkung, wenn wir nur eine isolierte Singularität untersuchen und diese noch als den Nullpunkt annehmen.

Wir werden sogar nur den Fall $A(x, y) = ax + by$, $B(x, y) = cx + gy$ mit reellen Konstanten a, b, c, g betrachten, denn es läßt sich zeigen, daß das Bild im allgemeinen Fall im wesentlichen nur von den linearen Gliedern der Taylor-Entwicklung von A und B um den singulären Punkt abhängt; dies gilt sogar, wenn A und B nicht analytisch, sondern nur stetig differenzierbar sind.

Da es uns hier nur auf das qualitative geometrische Bild der Lösungsschar ankommt, haben wir noch die Freiheit, die Koordinaten des $\mathbb{R}^2$ einer nicht-ausgearteten homogenen linearen Transformation zu unterwerfen. Ferner dürfen wir aufgrund von Satz 2.1 α durch $\gamma\alpha$ ersetzen, wo γ eine von Null verschiedene Konstante ist.

Es sei also die Pfaffsche Form $\alpha = (ax + by)dx + (cx + gy)dy$ gegeben. Der Nullpunkt ist offenbar genau dann eine isolierte Singularität von α, wenn die aus den Koeffizienten gebildete Matrix $A = \begin{pmatrix} a & b \\ c & g \end{pmatrix}$ nicht-singulär ist. Um die Wirkung einer affinen Koordinatentransformation auf α zu untersuchen, ist es zweckmäßig, α als Matrizenprodukt zu schreiben:

$$\alpha = (dx, dy) \circ \begin{pmatrix} a & b \\ c & g \end{pmatrix} \circ \begin{pmatrix} x \\ y \end{pmatrix} = (d\mathfrak{x})^t \circ A \circ \mathfrak{x}.$$

Ist $\mathfrak{x} \to \tilde{\mathfrak{x}} = T^{-1} \circ \mathfrak{x}$ eine nicht-ausgeartete lineare Transformation, so gilt auch $d\tilde{\mathfrak{x}} = T^{-1} \circ d\mathfrak{x}$, in den neuen Koordinaten schreibt sich α als

$$\alpha = (d\tilde{\mathfrak{x}})^t \circ T^t \circ A \circ T \circ \tilde{\mathfrak{x}}.$$

Die Matrix A wird also durch $\tilde{A} = T^t \circ A \circ T$ ersetzt. Multipliziert man α mit einer Konstanten $\gamma \neq 0$, so wird A durch $\tilde{A} = \gamma A$ ersetzt.

Wir behaupten nun, daß sich eine gegebene nicht-singuläre Matrix A durch diese Umformungen stets auf eine und nur eine der folgenden drei „Normalformen" bringen läßt:

(I): $\tilde{A} = \begin{pmatrix} 1 & \tilde{b} \\ -\tilde{b} & 1 \end{pmatrix}$; (II): $\tilde{A} = \begin{pmatrix} \tilde{b} & 1 \\ -1 & 0 \end{pmatrix}$; (III): $\tilde{A} = \begin{pmatrix} 1 & \tilde{b} \\ -\tilde{b} & -1 \end{pmatrix}$

mit $\tilde{b} \geqq 0$. Dabei kann die Konstante $\tilde{b}$ im Fall (II) noch zu $+1$ oder 0 gemacht werden, in den anderen Fällen ist sie eindeutig bestimmt.

Zum *Beweis* bedienen wir uns des aus der linearen Algebra bekannten Satzes, daß es zu einer *symmetrischen* Matrix A_s stets eine orthogonale Matrix T_1 so gibt, daß $A_s^{(1)} = T_1^t \circ A_s \circ T_1$ von der Form $\begin{pmatrix} \lambda_1 & 0 \\ 0 & \lambda_2 \end{pmatrix}$ ist — die Zahlen λ_1, λ_2 sind bis auf die Reihenfolge eindeutig bestimmt. Wir schreiben unsere Matrix A als Summe der symmetrischen Matrix $A_s = \frac{1}{2}(A + A^t)$ und der schiefsymmetrischen Matrix $A_a = \frac{1}{2}(A - A^t)$. Die Matrix A_a ist von der Form $\begin{pmatrix} 0 & b_0 \\ -b_0 & 0 \end{pmatrix}$, es gilt $A_a^t = -A_a$, und für beliebiges T ist $(T^t \circ A_a \circ T)^t = T^t \circ A_a^t \circ T = -T^t \circ A_a \circ T$, also ist auch $T^t \circ A_a \circ T$ schiefsymmetrisch. Ebenso ist ein Produkt γA_a schiefsymmetrisch.

Wir wählen T_1 wie oben. Sind in $A_s^{(1)} = \begin{pmatrix} \lambda_1 & 0 \\ 0 & \lambda_2 \end{pmatrix}$ beide Diagonalelemente von Null verschieden und haben sie gleiches Vorzeichen, so kann man durch eventuelle Multiplikation mit -1 erreichen, daß beide positiv sind. Transformiert man dann mit

$$T_2 = \begin{pmatrix} (\sqrt{\lambda_1})^{-1} & 0 \\ 0 & (\sqrt{\lambda_2})^{-1} \end{pmatrix}, \quad \text{so wird} \quad A_s^{(2)} = T_2^t \circ A_s^{(1)} \circ T_2 = \begin{pmatrix} 1 & 0 \\ 0 & 1 \end{pmatrix}.$$

Ist nun in

$$A_a^{(2)} = (T_1 \circ T_2)^t \circ A_a \circ (T_1 \circ T_2) = \begin{pmatrix} 0 & b_2 \\ -b_2 & 0 \end{pmatrix}$$

die Zahl b_2 negativ, so transformiere man $A^{(2)} = A_s^{(2)} + A_a^{(2)}$ noch mit $T_3 = \begin{pmatrix} 1 & 0 \\ 0 & -1 \end{pmatrix}$. Dabei bleibt $A_s^{(2)}$ ungeändert, und b_2 geht in $-b_2 > 0$ über. Wir haben damit A in die Normalform (I) übergeführt.

Sind in $A_s^{(1)}$ beide Diagonalelemente von Null verschieden, haben aber ungleiches Vorzeichen, so kann man genau wie im ersten Fall verfahren, um die Normalform (III) zu gewinnen.

Ist in $A_s^{(1)}$ ein Diagonalelement 0, so kann man durch eventuelle Transformation mit $\begin{pmatrix} 0 & 1 \\ 1 & 0 \end{pmatrix}$ erreichen, daß $\lambda_2 = 0$ ist. Unterwirft man A_a den entsprechenden Transformationen, so erhält man eine Matrix $A_a^{(2)} = \begin{pmatrix} 0 & b_2 \\ -b_2 & 0 \end{pmatrix}$. Es wird $A^{(2)} = \begin{pmatrix} \lambda_1 & b_2 \\ -b_2 & 0 \end{pmatrix}$, wegen $\det A \neq 0$ muß auch $\det A^{(2)} = b_2^2 \neq 0$ sein. Durch eventuelle Transformation mit $T_3 = \begin{pmatrix} 1 & 0 \\ 0 & -1 \end{pmatrix}$ kann man wieder erreichen, daß λ_1 und b_2 dasselbe Vorzeichen haben, falls $\lambda_1 \neq 0$ ist. Durch Multiplikation mit b_2^{-1} wird schließlich die Normalform (II) hergestellt.

Die Herleitung zeigt auch die Eindeutigkeit der Normalformen. Die hier mittels der *Eigenwerte* λ_1, λ_2 von A_s vorgenommene Einteilung läßt sich mit Hilfe der Elemente von A so formulieren: (I) liegt vor, wenn $\det A_s = ag - \frac{1}{4}(b+c)^2 > 0$, (II) liegt vor, wenn $\det A_s = 0$, (III) liegt vor, wenn $\det A_s < 0$ ist.

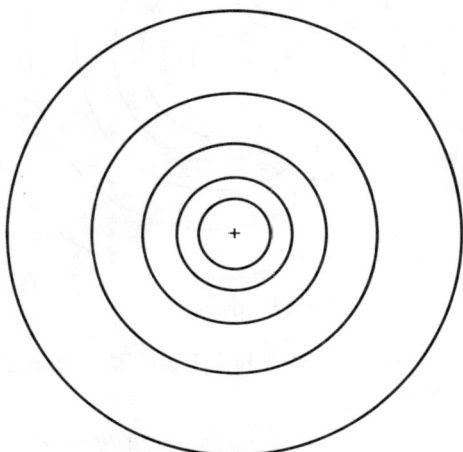

Fig. 21. Wirbelpunkt

Zur Untersuchung der Lösungsschar von $\alpha = (d\mathfrak{x})^t \circ A \circ \mathfrak{x} = 0$ behandeln wir die drei Normalformen $\tilde{A}$ getrennt; wir schreiben wieder A bzw. b statt $\tilde{A}$ bzw. $\tilde{b}$.

Fall (I): Es ist zweckmäßig, in $\mathbb{R}^2 - \{0\}$ Polarkoordinaten einzuführen. Trägt man $x = r \cos t$ und $y = r \sin t$ sowie

$$dx = \cos t \cdot dr - r \sin t \, dt \quad \text{und} \quad dy = \sin t \cdot dr + r \cdot \cos t \cdot dt$$

in $0 = \alpha = (x + b\,y)\,dx + (-\,b\,x + y)\,dy$ ein, so ergibt sich

$$dr - b\,r\,dt = 0 \quad \text{oder} \quad d\log r = b\,dt\,.$$

(I 1): Ist $b = 0$, so sind die Lösungen $\log r = const.$, d. h. $r = const.$ Die Lösungsschar besteht aus allen Kreisen um den Nullpunkt. Man sagt in diesem Fall, der Nullpunkt sei ein *Wirbelpunkt* der Kurvenschar bzw. der Pfaffschen Form.

(I 2): Ist $b > 0$, so werden die Lösungen durch $r = c\,e^{bt}$ (mit einer positiven Konstanten c) beschrieben; diese Kurven sind die aus Kap. I, § 5 bekannten logarithmischen Spiralen. Die im Nullpunkt gelegene Singularität trägt in diesem Fall den Namen *Strudelpunkt*. — Mit wachsendem b strecken sich die Spiralen immer mehr.

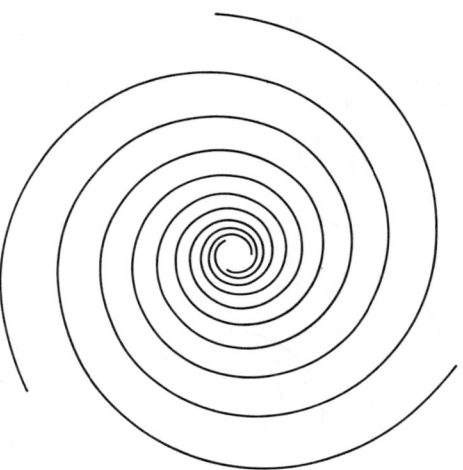

Fig. 22. Strudelpunkt

(I 3): Multipliziert man α mit b^{-1} und läßt dann b gegen $+\infty$ gehen, so wird aus

$$\left(\frac{x}{b} + y\right) dx + \left(-\,x + \frac{y}{b}\right) dy = 0$$

die Gleichung $y\,dx - x\,dy = 0$. Ihre Lösungsschar besteht aus sämtlichen Geraden durch den Nullpunkt. Die Spiralenschar von (I 2) nähert sich für wachsendes b immer mehr der Lösungsschar der Grenzgleichung (außerhalb des Nullpunktes).

Fall (II): Die Gleichung lautet $\alpha = (b\,x + y)\,dx - x\,dy = 0$. Sie ist als Beispiel b) in § 3 ausführlich untersucht worden. Die Singularität wird für $b > 0$ *eintangentiger Knotenpunkt* genannt. (Vgl. Fig. 20.)

Der Fall $b = 0$ entspricht dem Fall (I 3). Auch hier geht die Lösungsschar für $b \to 0$ in die Lösungsschar des Falles $b = 0$ über.

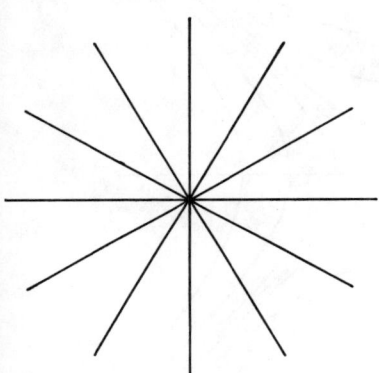

Fig. 23. Geradenschar

Bildet man schließlich wieder $b^{-1}\alpha$ und läßt b gegen $+\infty$ gehen, so geht die Gleichung über in $0 = x\,dx = d(\tfrac{1}{2}x^2)$. Nach Satz 3.1 sind die Lösungen die zur y-Achse parallelen Geraden.

Fall (III): Die Gleichung lautet

$$(x + b\,y)\,dx - (b\,x + y)\,dy = 0\,. \tag{1}$$

Bis auf einen Faktor 2 können wir sie schreiben als

$$(1 - b)\,(x - y)\,d\,(x + y) + \\ (1 + b)\,(x + y)\,d\,(x - y) = 0\,.$$

Man erkennt sofort, daß die beiden Geraden $x - y = 0$ und $x + y = 0$ Lösungen dieser Gleichung sind. Im Restbereich

$$\mathbb{R}^2 - \{(x, y)\colon x = y \ \text{oder} \ x = -y\}$$

dürfen wir durch $(x + y)(x - y)$ dividieren und erhalten

$$0 = (1 - b)\,d\,(\log|x + y|) + (1 + b)\,d\,(\log|x - y|)$$
$$= d\log(|x + y|^{1-b} \cdot |x - y|^{1+b})\,.$$

Also werden die von den erwähnten Geraden verschiedenen Lösungskurven von $\alpha = 0$ durch

$$|x + y|^{1-b} \cdot |x - y|^{1+b} = c > 0 \quad \text{oder} \quad |x - y| = c\,|x + y|^q$$

beschrieben. Dabei ist $q = (b - 1)/(b + 1)$, also $|q| \leq 1$.

(III 1): $b = 0$. Die Lösungskurven sind die Hyperbeln $x^2 - y^2 = c$ (c darf auch negativ sein) sowie die Geraden $x \pm y = 0$. Man sagt in diesem Fall, die Singularität sei ein *Sattelpunkt*, denn die Kurvenschar ähnelt den Niveaulinien eines Pferde- oder Gebirgssattels.

(III 2): $0 < b < 1$. Die Lösungskurven entstehen aus den Hyperbeln von (III 1) durch kleine Deformationen. Auch in diesem Fall redet man von einem Sattelpunkt.

(III 3): $b = 1$. Dieser Fall ist eigentlich nicht zugelassen, denn für $b = 1$ ist $\det A = 0$ und die Singularitätenmenge ist die ganze Gerade $x + y = 0$. Die Gleichung $\alpha = 0$ lautet einfach

$$(x + y)\,d\,(x - y) = 0\,;$$

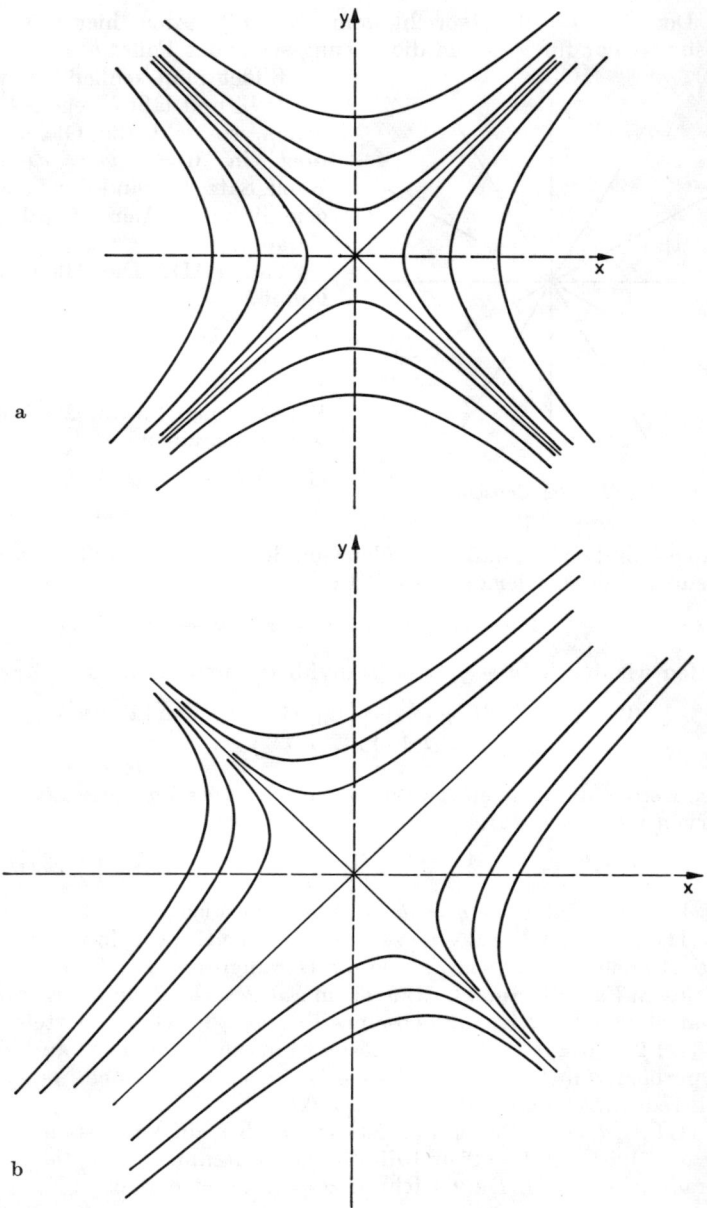

Fig. 24 a und b. Sattelpunkte

ihre Lösungsschar besteht aus der Geraden $x + y = 0$ und allen Geraden $x - y = $ const. Sie kann als Grenzlage für $b \to 1$ der in (III 2) und (III 4) auftretenden Scharen angesehen werden.

(III 4): $1 < b$. Die Lösungsschar besteht aus parabelähnlichen Kurven sowie aus der Geraden $x - y = 0$, die gemeinsame Achse aller dieser ,,Parabeln'' ist, und der Geraden $x + y = 0$, die im Nullpunkt gemeinsame Tangente aller dieser ,,Parabeln'' ist. Für $b = 3$ ergeben sich offenbar Parabeln im klassischen Sinn. Die vorliegende Singularität wird als *zweitangentiger Knotenpunkt* bezeichnet.

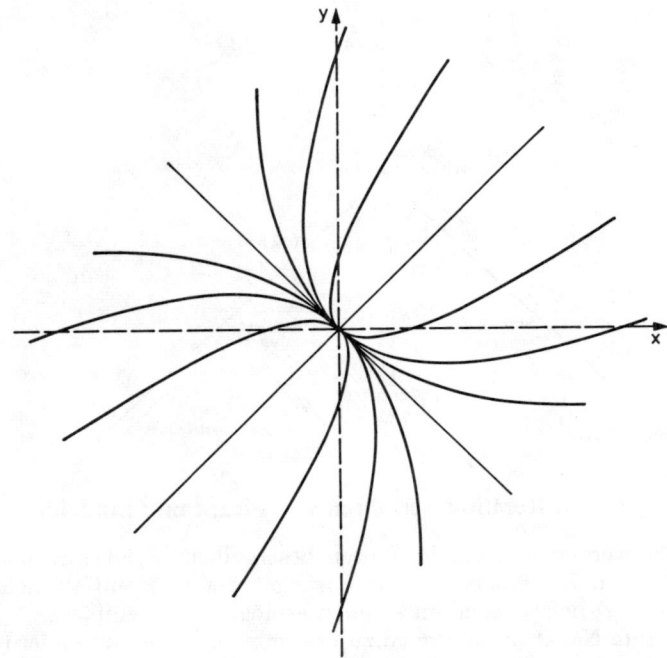

Fig. 25. Zweitangentiger Knotenpunkt

(III 5): Schreibt man (1) in der Form

$$(b^{-1}x + y)\, dx - (x + b^{-1}y)\, dy$$

und führt den Grenzübergang $b \to +\infty$ durch, so nähern sich die ,,Parabeln'' immer mehr den Geraden durch 0 an. Für die Gleichung ergibt sich als Grenzfall wieder $y\, dx - x\, dy = 0$, die Lösungen dieser Gleichung sind sämtliche Geraden durch den Nullpunkt.

Unsere Ergebnisse können in einem Übersichtsschema zusammengefaßt werden.

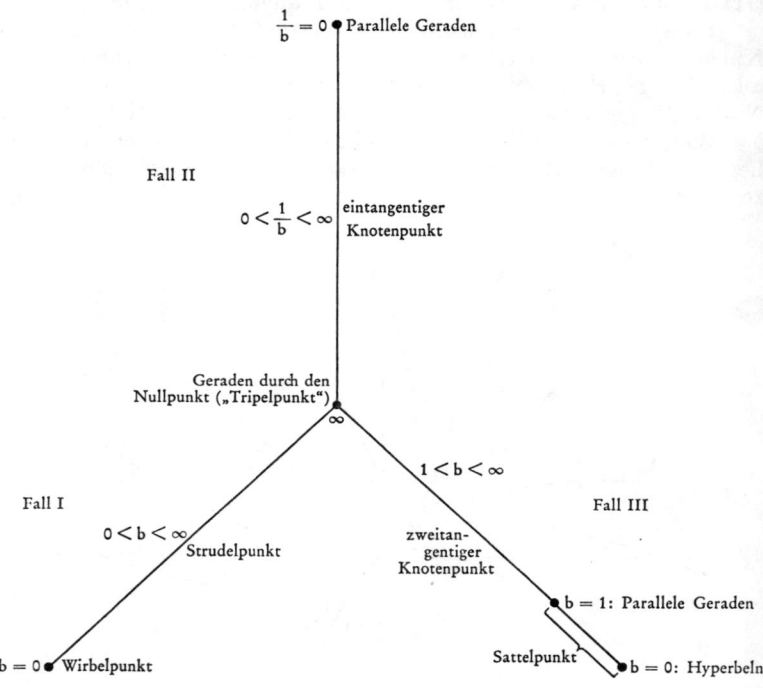

§ 6. Das Iterationsverfahren von Picard und Lindelöf

Wir werden nun ein Verfahren beschreiben, welches nicht nur
einen neuen Existenzbeweis für Lösungen der Differentialgleichung
$y' = f(x, y)$ liefert, sondern es auch ermöglicht, in einfacher Weise
recht gute Näherungslösungen zu bestimmen. Dabei muß allerdings
vorausgesetzt werden, daß f der Lipschitz-Bedingung genügt.

Es sei wie beim Peanoschen Existenzbeweis G ein Rechteck:
$G = \{(x, y)\colon x_0 \leqq x \leqq x_0 + a,\, |y - y_0| \leqq r\}$, es sei f eine stetige
Funktion auf G, und es gelte $|f(G)| \leqq K$ und $aK \leqq r$ für eine
Konstante K. Wir setzen noch $I = [x_0,\, x_0 + a]$ und bezeichnen mit
$\mathfrak{F}$ die Menge aller auf I erklärten stetigen Funktionen, deren Graph
in G liegt und die in x_0 den Wert y_0 annehmen. Jedem $\psi \in \mathfrak{F}$ ordnen
wir eine neue Funktion $T\psi$ durch

$$(T\psi)(x) = y_0 + \int_{x_0}^{x} f(\xi, \psi(\xi))\, d\xi \tag{1}$$

zu. Das Integral in (1) ist erklärt, da nach Voraussetzung die Punkte $(\xi, \psi(\xi))$ im Definitionsbereich von f liegen. Ferner ist $T\psi$ eine stetige Funktion. Es gilt offenbar $(T\psi)(x_0) = y_0$ und $|(T\psi)(x) - y_0| \leq |x - x_0| K \leq aK \leq r$. Also liegt $T\psi$ auch in $\mathfrak{F}$, d.h. T ist eine Abbildung von $\mathfrak{F}$ in $\mathfrak{F}$. Wir bezeichnen die Abbildung $T \circ T$ mit T^2, ebenso $T \circ T \circ T$ mit T^3 usw.

Satz 6.1. *Die Funktion f sei stetig in G und genüge der Lipschitz-Bedingung. Bildet man zu einem beliebigen $\psi_0 \in \mathfrak{F}$ die Funktionenfolge $\psi_0, \psi_1 = T\psi_0, \psi_2 = T^2\psi_0, \psi_3 = T^3\psi_0, \ldots$, so konvergiert diese Folge auf I gleichmäßig gegen eine Lösung φ von $y' = f(x, y)$ mit $\varphi(x_0) = y_0$.*

Unter unsern Voraussetzungen ist die „allgemeine Lösung" der Differentialgleichung $y' = f(x, y)$ erklärt. Mit den Bezeichnungen von Kap. VI, § 6 konvergiert die Folge $(\psi_\nu) = (T^\nu\psi_0)$ gegen $\varphi(x, x_0, y_0)$.

Beweis. Wir zeigen zunächst durch vollständige Induktion, daß für $x \in I$ und $\nu = 0, 1, 2, \ldots$ gilt

$$|\psi_{\nu+1}(x) - \psi_\nu(x)| \leq KR^\nu \frac{(x - x_0)^{\nu+1}}{(\nu + 1)!} + rR^\nu \frac{(x - x_0)^\nu}{\nu!}, \qquad (2)$$

wobei $R > 0$ eine Lipschitz-Konstante für f in G ist.

In der Tat ist für $\nu = 0$

$$|\psi_1(x) - \psi_0(x)| = \left| y_0 + \int_{x_0}^x f(\xi, \psi_0(\xi))\, d\xi - \psi_0(x) \right|$$

$$\leq \left| \int_{x_0}^x f(\xi, \psi_0(\xi))\, d\xi \right| + |y_0 - \psi_0(x)|$$

$$\leq K(x - x_0) + r.$$

Ist (2) schon für einen Index $\nu - 1 \geq 0$ bewiesen, so folgt

$$|\psi_{\nu+1}(x) - \psi_\nu(x)| = \left| \int_{x_0}^x (f(\xi, \psi_\nu(\xi)) - f(\xi, \psi_{\nu-1}(\xi)))\, d\xi \right|$$

$$\leq R \int_{x_0}^x |\psi_\nu(\xi) - \psi_{\nu-1}(\xi)|\, d\xi$$

wegen der Lipschitz-Bedingung

$$\leq R \int_{x_0}^x \left(KR^{\nu-1} \frac{(\xi - x_0)^\nu}{\nu!} + rR^{\nu-1} \frac{(\xi - x_0)^{\nu-1}}{(\nu-1)!} \right) d\xi$$

nach Induktionsvoraussetzung

$$= KR^\nu \frac{(x - x_0)^{\nu+1}}{(\nu+1)!} + rR^\nu \frac{(x - x_0)^\nu}{\nu!}.$$

Damit ist (2) vollständig bewiesen.

Wir bilden nun die Reihe

$$\psi_0(x) + \sum_{\nu=0}^{\infty} (\psi_{\nu+1}(x) - \psi_\nu(x)) \tag{3}$$

und zeigen, daß sie in I gleichmäßig konvergiert. Wegen (2) hat nämlich $\sum_{\nu=0}^{\infty} |\psi_{\nu+1}(x) - \psi_\nu(x)|$ die Majorante

$$\sum_{\nu=0}^{\infty} \left(K R^\nu \frac{(x-x_0)^{\nu+1}}{(\nu+1)!} + r R^\nu \frac{(x-x_0)^\nu}{\nu!} \right),$$

welche ihrerseits die von x unabhängige konvergente Majorante

$$\sum_{\nu=0}^{\infty} \left(K R^\nu \frac{a^{\nu+1}}{(\nu+1)!} + r R^\nu \frac{a^\nu}{\nu!} \right)$$

hat. Damit ist die gleichmäßige Konvergenz der Reihe (3) gegen eine Grenzfunktion φ gesichert. Wegen $\psi_0 + \sum_{\nu=0}^{n} (\psi_{\nu+1} - \psi_\nu) = \psi_{n+1}$ konvergiert auch die Folge (ψ_ν) gleichmäßig gegen φ. Da die ψ_ν stetig sind, ist φ stetig; $\psi_\nu(x_0) = y_0$ impliziert $\varphi(x_0) = y_0$, und aus $|\psi_\nu(x) - y_0| \leq r$ folgt $|\varphi(x) - y_0| \leq r$. Es gilt also $\varphi \in \mathfrak{F}$.

Wir zeigen schließlich, daß φ die gegebene Differentialgleichung löst: Wegen der gleichmäßigen Konvergenz von (ψ_ν) gibt es zu jedem $\varepsilon > 0$ ein ν_0, so daß $|\psi_\nu(x) - \varphi(x)| < \varepsilon/R$ für alle $\nu \geq \nu_0$ und $x \in I$ gilt. Wegen der Lipschitz-Bedingung ist dann

$$|f(x, \psi_\nu(x)) - f(x, \varphi(x))| \leq R |\psi_\nu(x) - \varphi(x)| < \varepsilon,$$

die Funktionenfolge $(f(x, \psi_\nu(x)))$ konvergiert also gleichmäßig gegen $f(x, \varphi(x))$. Deswegen ist

$$\int_{x_0}^{x} f(\xi, \varphi(\xi)) \, d\xi = \lim_{\nu \to \infty} \int_{x_0}^{x} f(\xi, \psi_\nu(\xi)) \, d\xi$$
$$= \lim_{\nu \to \infty} (\psi_{\nu+1}(x) - y_0) = \varphi(x) - y_0. \tag{4}$$

Die linke Seite ist aber differenzierbar als Integral einer stetigen Funktion, also ist auch die rechte Seite differenzierbar, und es gilt $f(x, \varphi(x)) = \varphi'(x)$, w.z.b.w.

Formel (4) besagt, daß $T\varphi = \varphi$ gilt, φ ist also ein Fixpunkt der Abbildung $T: \mathfrak{F} \to \mathfrak{F}$. Diese Abbildung ist gerade so eingerichtet, daß die Aussage, eine Funktion sei Fixpunkt von T, gleichbedeutend ist mit der Aussage, sie löse $y' = f(x, y)$ unter der Anfangsbedingung $y(x_0) = y_0$.

§ 7. Lösung durch Potenzreihenansatz

Ist die Funktion $f(x, y)$ um einen Punkt (x_0, y_0) in eine Potenzreihe entwickelbar, so wird man erwarten, daß auch die durch (x_0, y_0) laufende Lösung der Differentialgleichung $y' = f(x, y)$ um den Punkt x_0 in eine Potenzreihe entwickelbar ist, und daß man die Lösung durch Koeffizientenvergleich erhalten kann. Diese Idee soll jetzt untersucht werden.

Es sei also $(x_0, y_0) \in \mathbb{R}^2$, und Q sei das Rechteck

$$\{(x, y): |x - x_0| \leqq a, |y - y_0| \leqq r\}.$$

Die Funktion f besitze in Q eine konvergente Potenzreihenentwicklung

$$f(x, y) = \sum_{\mu, \nu = 0}^{\infty} a_{\mu\nu}(x - x_0)^\mu (y - y_0)^\nu. \tag{1}$$

Dann muß insbesondere diese Reihe für $x = x_0 + a$, $y = y_0 + r$ im Sinne von Kap. III, § 5 konvergieren, es gibt also nach Kap. III, Satz 5.1 eine Konstante K mit $\sum_{\mu, \nu = 0}^{\infty} |a_{\mu\nu}| a^\mu r^\nu \leqq K$. Offenbar gilt $|f(Q)| \leqq K$. Wir setzen noch $aK \leqq r$ voraus — wie beim Peanoschen Existenzbeweis läßt sich das erreichen, indem man a nötigenfalls verkleinert.

Aus der gleichmäßigen Konvergenz von (1) folgt, daß f stetig ist, und daß f für jedes feste x beliebig oft nach y differenzierbar ist, also insbesondere in Q der Lipschitz-Bedingung genügt. Infolgedessen existiert die durch (x_0, y_0) laufende Lösung $\varphi(x) = \varphi(x, x_0, y_0)$ der Differentialgleichung $y' = f(x, y)$ über $I = [x_0 - a, x_0 + a]$ und ist eindeutig bestimmt.

Satz 7.1. *Die Lösung $\varphi(x; x_0, y_0)$ ist unter unseren Voraussetzungen um x_0 in eine auf I konvergente Potenzreihe entwickelbar.*

Beweis. Wir werden zunächst durch Koeffizientenvergleich eine Potenzreihendarstellung für $\varphi(x)$ gewinnen und dann zeigen, daß diese Potenzreihe wirklich auf I konvergiert. Der einfachen Schreibweise halber setzen wir $(x_0, y_0) = (0, 0)$.

a) Wir nehmen an, $\varphi(x) = \sum_{\lambda = 0}^{\infty} c_\lambda x^\lambda$ konvergiere auf I. Dann errechnet sich für $x \in I$ und $\nu \geqq 1$

$$(\varphi(x))^\nu = \sum_{\lambda_1, \ldots, \lambda_\nu = 0}^{\infty} c_{\lambda_1} \cdot c_{\lambda_2} \cdot \ldots \cdot c_{\lambda_\nu} x^{\lambda_1 + \ldots + \lambda_\nu}$$

$$= \sum_{\varkappa = 0}^{\infty} \left(\sum_{\substack{\lambda_1, \ldots, \lambda_\nu \geqq 0 \\ \lambda_1 + \ldots + \lambda_\nu = \varkappa}} c_{\lambda_1} \cdot \ldots \cdot c_{\lambda_\nu} \right) x^\varkappa.$$

Setzt man

$$d_\varkappa^{(\nu)} = \sum_{\lambda_1 + \ldots + \lambda_\nu = \varkappa} c_{\lambda_1} \cdot \ldots \cdot c_{\lambda_\nu} \quad \text{für} \quad \nu \geq 1, \quad \varkappa \geq 0; \quad d_0^{(0)} = 1,$$

$$d_\varkappa^{(0)} = 0 \quad \text{für} \quad \varkappa \geq 1, \tag{2}$$

so gilt also für $\nu \geq 0$

$$(\varphi(x))^\nu = \sum_{\varkappa=0}^\infty d_\varkappa^{(\nu)} x^\varkappa.$$

Wir bemerken noch, daß in die Formel (2) für $d_\varkappa^{(\nu)}$ höchstens die c_λ mit $\lambda \leq \varkappa$ eingehen. — Gilt außerdem $|\varphi(x)| \leq \sum_{\lambda=0}^\infty |c_\lambda| \, a^\lambda \leq r$, so kann man $f(x, \varphi(x))$ bilden und erhält

$$f(x, \varphi(x)) = \sum_{\mu, \nu = 0}^\infty a_{\mu\nu} x^\mu (\varphi(x))^\nu = \sum_{\mu, \nu = 0}^\infty a_{\mu\nu} x^\mu \left(\sum_{\varkappa=0}^\infty d_\varkappa^{(\nu)} x^\varkappa \right)$$

$$= \sum_{\lambda=0}^\infty \left(\sum_{\substack{\varkappa, \mu, \nu \geq 0 \\ \mu + \varkappa = \lambda}} a_{\mu\nu} d_\varkappa^{(\nu)} \right) x^\lambda,$$

dabei ist die im letzten Schritt vorgenommene Umordnung erlaubt, da die Reihen für f und φ absolut konvergieren. — Andererseits ist $\varphi'(x) = \sum_{\lambda=0}^\infty (\lambda+1) c_{\lambda+1} x^\lambda$. Also ist unter der Voraussetzung $\sum_{\lambda=0}^\infty |c_\lambda| \, a^\lambda \leq r$

$$\varphi(0) = 0, \qquad \varphi'(x) = f(x, \varphi(x))$$

in I gleichbedeutend mit

$$c_0 = 0, \qquad (\lambda + 1) c_{\lambda+1} = \sum_{\substack{\varkappa, \mu, \nu \geq 0 \\ \varkappa + \mu = \lambda}} a_{\mu\nu} d_\varkappa^{(\nu)} \quad \text{für} \quad \lambda = 0, 1, 2, \ldots, \tag{3}$$

wobei die $d_\varkappa^{(\nu)}$ durch (2) gegeben sind. In der rechten Seite von (3) kommen nur die $d_\varkappa^{(\nu)}$ mit $\varkappa \leq \lambda$ vor, die ihrerseits nur solche c_ϱ mit $\varrho \leq \lambda$ enthalten. Außerdem gilt für $\varkappa < \nu$ wegen $c_0 = 0$ auch $d_\varkappa^{(\nu)} = 0$, so daß die Summe in (3) in Wirklichkeit endlich ist; es genügt, über $0 \leq \mu + \varkappa = \lambda$ und $0 \leq \nu \leq \lambda$ zu summieren. Aus der Rekursionsformel (3) kann man also $c_{\lambda+1}$ in eindeutiger Weise berechnen, sofern $c_0, \ldots, c_\lambda$ bekannt sind; c_0 ist aber bekannt. Durch (3) sind also alle c_λ eindeutig bestimmt. Zum Beispiel wird

$$c_1 = a_{00} d_0^{(0)} = a_{00},$$
$$c_2 = \tfrac{1}{2} (a_{00} d_1^{(0)} + a_{01} d_1^{(1)} + a_{10} d_0^{(0)})$$
$$= \tfrac{1}{2} (a_{01} c_1 + a_{10}) = \tfrac{1}{2} (a_{01} a_{00} + a_{10}).$$

b) Es ist nur noch zu zeigen, daß die durch die Rekursionsformel (3) definierten c_λ die Ungleichung $\sum_{\lambda=0}^\infty |c_\lambda| \, a^\lambda \leq r$ erfüllen.

Dieser Teil des Beweises wird einfacher, wenn wir es nur mit Reihen mit nichtnegativen Koeffizienten zu tun haben. Wir setzen deshalb $A_{\mu\nu} = |a_{\mu\nu}|$ und konstruieren dazu die Zahlen C_λ, $D_\varkappa^{(\nu)}$, welche

$$C_0 = 0, \quad (\lambda + 1) C_{\lambda+1} = \sum_{\substack{\varkappa+\mu=\lambda \\ 0 \leq \nu \leq \lambda \\ 0 \leq \varkappa, \mu}} A_{\mu\nu} D_\varkappa^{(\nu)} \tag{3'}$$

und

$$D_\varkappa^{(\nu)} = \sum_{\lambda_1 + \ldots + \lambda_\nu = \varkappa} C_{\lambda_1} \cdot \ldots \cdot C_{\lambda_\nu} \quad \text{für} \quad \nu \geq 1, \quad \varkappa \geq 0; \tag{2'}$$

$$D_0^{(0)} = 1, \quad D_\varkappa^{(0)} = 0 \quad \text{für} \quad \varkappa \geq 1$$

erfüllen. Durch vollständige Induktion sieht man sofort $|c_\lambda| \leq C_\lambda$ und $|d_\varkappa^{(\nu)}| \leq D_\varkappa^{(\nu)}$. Es werde nun $\Phi_n(x) = \sum_{\lambda=0}^n C_\lambda x^\lambda$ gesetzt. Wir zeigen

$$\sum_{\nu,\mu=0}^{n-1} A_{\mu\nu} x^\mu (\Phi_{n-1}(x))^\nu \geq \Phi_n'(x) \quad \text{für} \quad 0 \leq x \leq a \quad \text{und} \quad n \geq 1. \tag{4}$$

Es ist nämlich

$$\sum_{\nu,\mu=0}^{n-1} A_{\mu\nu} x^\mu \Phi_{n-1}^\nu(x) =$$

$$\sum_{\mu,\nu=0}^{n-1} A_{\mu\nu} x^\mu \left(\sum_{\varkappa=0}^{\nu(n-1)} x^\varkappa \sum_{\substack{0 \leq \lambda_1,\ldots,\lambda_\nu \leq n-1 \\ \lambda_1+\ldots+\lambda_\nu=\varkappa}} C_{\lambda_1} \cdot \ldots \cdot C_{\lambda_\nu} \right);$$

dabei ist für $\nu = 0$ unter dem Klammerausdruck rechts die Zahl 1 zu verstehen. Es ist aber

$$\sum_{\substack{0 \leq \lambda_1,\ldots,\lambda_\nu \leq n-1 \\ \lambda_1+\ldots+\lambda_\nu=\varkappa}} C_{\lambda_1} \cdot \ldots \cdot C_{\lambda_\nu} = D_\varkappa^{(\nu)} \quad \text{für} \quad \varkappa \leq n - 1$$

wegen (2'). Durch Weglassen einiger nichtnegativer Terme können wir abschätzen:

$$\sum_{\nu,\mu=0}^{n-1} A_{\mu\nu} x^\mu \Phi_{n-1}^\nu(x) \geq \sum_{\mu,\nu=0}^{n-1} A_{\mu\nu} x^\mu \sum_{\varkappa=0}^{n-1} x^\varkappa D_\varkappa^{(\nu)}$$

$$\geq \sum_{\lambda=0}^{n-1} x^\lambda \left(\sum_{\substack{\varkappa,\mu,\nu \geq 0 \\ \varkappa+\mu=\lambda}} A_{\mu\nu} D_\varkappa^{(\nu)} \right)$$

$$= \sum_{\lambda=0}^{n-1} (\lambda + 1) C_{\lambda+1} x^\lambda = \Phi_n'(x),$$

dabei haben wir noch $D_\varkappa^{(\nu)} = 0$ für $\varkappa < \nu$ benutzt.

Mit Hilfe von (4) beweisen wir nun $\Phi_n(x) \leq r$ für $0 \leq x \leq a$ durch vollständige Induktion. Für $n = 1$ ist $\Phi_1(x) = C_1 x = A_{00} x \leq A_{00} a$

$\leqq K\,a \leqq r$. Für $n > 1$ ist

$$\Phi_n(x) = \int\limits_0^x \Phi_n'(\xi)\,d\xi \leqq \int\limits_0^x \sum_{\mu,\nu=0}^{n-1} A_{\mu\nu}\,\xi^\mu\,\Phi_{n-1}^\nu(\xi)\,d\xi \qquad \text{nach (4)}$$

$$\leqq \int\limits_0^x \sum_{\mu,\nu=0}^{n-1} A_{\mu\nu}\,\xi^\mu\,r^\nu\,d\xi \qquad \text{nach Induktionsvoraussetzung}$$

$$\leqq x \cdot \sum_{\mu,\nu=0}^{n-1} A_{\mu\nu}\,a^\mu\,r^\nu \leqq a \cdot K \leqq r\,.$$

Damit erhalten wir schließlich für $x \in I$

$$|\varphi(x)| = \left| \sum_{\lambda=0}^\infty c_\lambda\,x^\lambda \right| \leqq \sum_{\lambda=0}^\infty C_\lambda\,a^\lambda = \lim_{n \to \infty} \Phi_n(a) \leqq r\,, \qquad \text{w.z.b.w.}$$

Dieser Beweis kann übrigens auch als Existenzbeweis für Lösungen von $y' = f(x, y)$ mit reell-analytischem f gelesen werden.

VIII. Kapitel

Systeme von Differentialgleichungen, Differentialgleichungen höherer Ordnung

§ 1. Systeme von expliziten Differentialgleichungen erster Ordnung — Existenz- und Eindeutigkeitssätze

Es ist vorteilhaft, bei der Behandlung von Systemen von Differentialgleichungen die vektorielle Schreibweise zu benutzen. Die Koordinaten des $\mathbb{R}^{n+1}$ wollen wir in diesem Zusammenhang mit $x, y_1, \ldots, y_n$ bezeichnen und $y_1, \ldots, y_n$ zu einem Vektor $\mathfrak{y}$ zusammenfassen, so daß also Punkte des $\mathbb{R}^{n+1}$ in der Form $(x, \mathfrak{y})$ geschrieben werden.

Es sei eine Teilmenge $G \subset \mathbb{R}^{n+1}$ gegeben und eine Abbildung $\mathfrak{f} \colon G \to \mathbb{R}^n$. Ein Vektor $\Phi = (\varphi_1, \ldots, \varphi_n)$, dessen Komponenten φ_ν über einem Intervall I definierte Funktionen sind, heißt Lösung des Differentialgleichungssystems $\mathfrak{y}' = \mathfrak{f}(x, \mathfrak{y})$, wenn

a) Φ auf I differenzierbar ist,

b) der Graph von Φ, d.i. $\{(x, \mathfrak{y}) \in \mathbb{R}^{n+1} \colon x \in I,\ \mathfrak{y} = \Phi(x)\}$, in G liegt,

c) $\Phi'(x) \equiv \mathfrak{f}(x, \Phi(x))$ für $x \in I$ gilt.

Die Existenz- und Eindeutigkeitssätze, die wir für Lösungen expliziter Differentialgleichungen erster Ordnung in Kap. VI und VII kennengelernt haben, lassen sich samt ihren Beweisen auf

Systeme von Differentialgleichungen übertragen. Wir geben hier die wichtigsten an.

Zunächst läßt sich der Begriff des *Richtungsfeldes* übertragen: Jedem $(x_0, \mathfrak{y}_0) \in G$ werde die Gerade

$$\{(x, \mathfrak{y}) \in \mathbb{R}^{n+1}: (x, \mathfrak{y}) = (x_0, \mathfrak{y}_0) + t\,(1, \mathfrak{f}(x_0, \mathfrak{y}_0)), t \in \mathbb{R}\},$$

zugeordnet. Eine auf einem Intervall I differenzierbare Vektorfunktion $\varPhi = (\varphi_1, \ldots, \varphi_n)$ ist genau dann Lösung von $\mathfrak{y}' = \mathfrak{f}(x, \mathfrak{y})$, wenn ihr Graph in G liegt, und wenn für jedes $x_0 \in I$ die Tangente an den Graphen mit der zu $(x_0, \varPhi(x_0))$ gehörenden Geraden des Richtungsfeldes übereinstimmt.

Sodann gilt wieder der Peanosche Existenzsatz:

Satz 1.1. *Es sei* $(x_0, \mathfrak{y}_0) \in \mathbb{R}^{n+1}$, *ferner* $r > 0, a > 0$ *und*

$$G = \{(x, \mathfrak{y}): x_0 \leqq x \leqq x_0 + a, |\mathfrak{y} - \mathfrak{y}_0| \leqq r\}.$$

Mit $\mathfrak{f}: G \to \mathbb{R}^n$ *werde eine stetige Abbildung bezeichnet. Es gelte* $|\mathfrak{f}(x, \mathfrak{y})| \leqq K \leqq r/a$ *für alle* $(x, \mathfrak{y}) \in G$ *mit einer Konstanten* K. *Dann gibt es eine auf* $I = [x_0, x_0 + a]$ *definierte Lösung* $\varPhi$ *des Systems* $\mathfrak{y}' = \mathfrak{f}(x, \mathfrak{y})$, *die* $\varPhi(x_0) = \mathfrak{y}_0$ *erfüllt.*

Der Beweis verläuft wörtlich so wie der aus Kap. VI, § 2, man hat nur y, f, φ durch $\mathfrak{y}, \mathfrak{f}, \varPhi$ zu ersetzen. Auch die dortige Bemerkung und Satz 2.2 bleiben sinngemäß gültig. Der Beweis stützt sich auf Satz 1.1 aus Kap. VI, aber auch dieser läßt sich wörtlich so für Vektorfunktionen formulieren und beweisen.

Als hinreichende Bedingung für die Eindeutigkeit der Lösungen hat man wieder die Lipschitz-Bedingung:

Definition 1.1. *Auf der Teilmenge* $G \subset \mathbb{R}^{n+1}$ *sei eine Abbildung* $\mathfrak{f}: G \to \mathbb{R}^n$ *definiert. Man sagt,* $\mathfrak{f}$ *genüge in* G *der Lipschitz-Bedingung, wenn es eine Konstante* $R \geqq 0$ *gibt, so daß*

$$|\mathfrak{f}(x, \mathfrak{y}) - \mathfrak{f}(x, \mathfrak{y}^*)| \leqq R\,|\mathfrak{y} - \mathfrak{y}^*|$$

gilt, sofern $(x, \mathfrak{y}) \in G$ *und* $(x, \mathfrak{y}^*) \in G$. — *Ist* G *offen, so sagt man,* $\mathfrak{f}$ *genüge in* G *lokal der Lipschitz-Bedingung, wenn jeder Punkt von* G *eine in* G *gelegene Umgebung* U *besitzt, so daß* $\mathfrak{f}|U$ *der Lipschitz-Bedingung genügt.*

Satz 1.2. *Ist* $G \subset \mathbb{R}^{n+1}$ *offen und* $\mathfrak{f}: G \to \mathbb{R}^n$ *stetig nach* $\mathfrak{y}$ *differenzierbar, so genügt* $\mathfrak{f}$ *in* G *lokal der Lipschitz-Bedingung.*

Dabei bedeutet „$\mathfrak{f}$ ist stetig nach $\mathfrak{y}$ differenzierbar", daß jede Komponentenfunktion $f_1, \ldots, f_n$ stetig nach $y_1, \ldots, y_n$ differenzierbar ist.

Beweis. Es sei $(x_0, \mathfrak{y}_0) \in G$ und $\bar{U} = \overline{U_\varepsilon(x_0, \mathfrak{y}_0)} \subset G$ für ein passendes $\varepsilon > 0$. Dann sind alle partiellen Ableitungen $f_{\nu y_\mu}$ in $\bar{U}$

beschränkt, R/n sei eine gemeinsame obere Schranke. Sind dann $(x, \mathfrak{y})$ und $(x, \mathfrak{y}^*)$ in $\bar{U}$, so gilt vermöge des Mittelwertsatzes

$$\left| \mathfrak{f}(x, \mathfrak{y}) - \mathfrak{f}(x, \mathfrak{y}^*) \right| = \max_{\nu} \left| f_\nu(x, \mathfrak{y}) - f_\nu(x, \mathfrak{y}^*) \right|$$

$$= \max_{\nu} \left| \sum_{\mu=1}^{n} (y_\mu - y_\mu^*) \frac{\partial f_\nu}{\partial y_\mu}(x, \mathfrak{y} + \vartheta_\nu(\mathfrak{y}^* - \mathfrak{y})) \right|$$

$$\leqq n \cdot \max_{\nu} \left(\max_{\mu} |y_\mu - y_\mu^*| \cdot \max_{\mu} \sup \left| \frac{\partial f_\nu}{\partial y_\mu}(\bar{U}) \right| \right)$$

$$\leqq R \cdot |\mathfrak{y} - \mathfrak{y}^*|.$$

Dabei sind die ϑ_ν geeignete Zahlen zwischen 0 und 1.

Wie in Kap. VI, § 3 beweist man

Satz 1.3. *Es sei* $G = \{(x, \mathfrak{y}): x_0 \leqq x \leqq x_0 + a, \, |\mathfrak{y} - \mathfrak{y}_0| \leqq r\} \subset \mathbb{R}^{n+1}$, *und* $\mathfrak{f}: G \to \mathbb{R}^n$ *sei eine Abbildung, welche der Lipschitz-Bedingung genügt. Sind dann* Φ_1 *und* Φ_2 *über* $[x_0, x_0 + a]$ *Lösungen von* $\mathfrak{y}' = \mathfrak{f}(x, \mathfrak{y})$, *und gilt* $\Phi_1(x_0) = \Phi_2(x_0) = \mathfrak{y}_0$, *so ist* $\Phi_1 \equiv \Phi_2$.

Auch Kap. VI, § 4 läßt sich wörtlich auf Systeme übertragen. Wir notieren

Satz 1.4. *Es sei* $G \subset \mathbb{R}^{n+1}$ *eine offene Menge;* $\mathfrak{f}: G \to \mathbb{R}^n$ *sei eine stetige Abbildung, die lokal der Lipschitz-Bedingung genügt. Dann gibt es zu jedem* $(x_0, \mathfrak{y}_0) \in G$ *genau eine Lösung* $\Phi(x; x_0, \mathfrak{y}_0)$ *von* $\mathfrak{y}' = \mathfrak{f}(x, \mathfrak{y})$, *welche über einem maximalen offenen Intervall* $I(x_0, \mathfrak{y}_0)$ *definiert ist und* $\Phi(x_0; x_0, \mathfrak{y}_0) = \mathfrak{y}_0$ *erfüllt. Sie läuft in* G *von Rand zu Rand.*

Der letzte Ausdruck ist im Sinne von Kap. VI, Satz 4.2 zu verstehen.

Der Begriff der *allgemeinen Lösung* kann also auch für Systeme von Differentialgleichungen, welche den Voraussetzungen von Satz 1.4 genügen, erklärt werden. Der Definitionsbereich B der allgemeinen Lösung $\Phi(x, \tilde{x}, \mathfrak{y})$ ist

$$B = \{(x, \tilde{x}, \mathfrak{y}) \in \mathbb{R}^{n+2}: (\tilde{x}, \mathfrak{y}) \in G, x \in I(\tilde{x}, \mathfrak{y})\}.$$

Mit ähnlichen Methoden wie in Kap. VI läßt sich zeigen, daß B offen und Φ stetig auf B ist, sowie daß Φ stetig differenzierbar ist, falls $\mathfrak{f}$ stetig nach $\mathfrak{y}$ differenzierbar ist.

Auch der quantitative Abhängigkeitssatz 5.4 aus Kap. VI läßt sich mit geringen Modifikationen übertragen.

Das *Iterationsverfahren* von PICARD-LINDELÖF läßt sich ebenfalls für Systeme von Differentialgleichungen durchführen. Wir machen dieselben Voraussetzungen wie bei Satz 1.1, nehmen aber zusätzlich an, daß $\mathfrak{f}$ in G der Lipschitz-Bedingung genügt. Wir bezeichnen mit $\mathfrak{F}$ die Menge der über I definierten stetigen Vektorfunktionen Φ, die $\Phi(x_0) = \mathfrak{y}_0$ und $|\Phi(x) - \mathfrak{y}_0| \leqq r$ für $x \in I$ erfüllen. Sodann definieren wir die Abbildung $T: \mathfrak{F} \to \mathfrak{F}$ durch

$$T\Phi = \mathfrak{y}_0 + \int_{x_0}^{x} \mathfrak{f}(\xi, \Phi(\xi))\, d\xi\,,$$

dabei ist das Integral über den Vektor $\mathfrak{f}$ komponentenweise zu verstehen. Wörtlich wie in Kap. VII, § 6 zeigt man: Ist $\psi_0 \in \mathfrak{F}$ beliebig, so konvergiert die Folge $(\psi_\nu) = (T^\nu \psi_0)$ gleichmäßig auf I gegen ein $\Phi \in \mathfrak{F}$, es gilt $T\Phi = \Phi$, und Φ ist die Lösung von $\mathfrak{y}' = f(x, \mathfrak{y})$ mit $\mathfrak{y}(x_0) = \mathfrak{y}_0$.

Schließlich kann noch der Potenzreihenansatz auf Systeme von Differentialgleichungen verallgemeinert werden. Man geht wieder aus von einem abgeschlossenen Quader

$$Q = \{(x, \mathfrak{y}): |x - x_0| \leqq a\,, |\mathfrak{y} - \mathfrak{y}_0| \leqq r\} \subset \mathbb{R}^{n+1}$$

und einer Abbildung $\mathfrak{f} = (f_1, \ldots, f_n): Q \to \mathbb{R}^n$, deren Komponenten sich in Q in eine Potenzreihe um $(x_0, \mathfrak{y}_0)$ entwickeln lassen. Diese n Potenzreihen lassen sich als eine Potenzreihe schreiben, deren Koeffizienten konstante n-dimensionale Vektoren $\mathfrak{a}_{\mu\nu}$ sind:

$$\mathfrak{f}(x, \mathfrak{y}) = \sum_{\mu,\nu} \mathfrak{a}_{\mu\nu}(x - x_0)^\mu(\mathfrak{y} - \mathfrak{y}_0)^\nu\,,$$

dabei durchläuft ν alle n-stelligen Multiindices mit nichtnegativen Komponenten. Setzt man nun voraus, daß es eine Konstante K gibt, so daß

$$\sum_{\mu,\nu} |\mathfrak{a}_{\mu\nu}|\, a^\mu r^{|\nu|} \leqq K \leqq \frac{r}{a}$$

ist, so läßt sich die Existenz einer Lösung $\Phi(x)$ von $\mathfrak{y}' = \mathfrak{f}(x, \mathfrak{y})$ zeigen, die $\Phi(x_0) = \mathfrak{y}_0$ erfüllt und in eine Potenzreihe um x_0 entwickelbar ist, welche im Intervall $[x_0 - a, x_0 + a]$ konvergiert. Der Beweis verläuft im Prinzip genauso wie in Kap. VII, § 7.

§ 2. Lineare Systeme erster Ordnung

Wir betrachten ein Gebiet der Gestalt $G = I \times \mathbb{R}^n$, wobei I ein nicht notwendig endliches Intervall ist. Ein über G definiertes System expliziter gewöhnlicher Differentialgleichungen erster Ordnung $\mathfrak{y}' = \mathfrak{f}(x, \mathfrak{y})$ heißt linear, wenn die Abbildung $\mathfrak{f}$ für jedes $x \in I$ linear in $\mathfrak{y}$ ist. Dann kann man $\mathfrak{f}$ in der Form

$$\mathfrak{f}(x, \mathfrak{y}) = \mathfrak{f}_1(x) \cdot y_1 + \ldots + \mathfrak{f}_n(x) \cdot y_n + \mathfrak{h}(x)$$

schreiben; $\mathfrak{f}_1, \ldots, \mathfrak{f}_n, \mathfrak{h}$ sind dabei Vektorfunktionen mit n Komponenten. Die Abbildung $\mathfrak{f}$ ist genau dann stetig in G, wenn $\mathfrak{f}_1, \ldots, \mathfrak{f}_n, \mathfrak{h}$ stetig in I sind. Das Differentialgleichungssystem läßt sich als

Matrixgleichung schreiben, wenn wir $\mathfrak{y}$, $\mathfrak{f}_\nu$, $\mathfrak{h}$ als Spaltenvektoren betrachten: Bilden wir nämlich aus den $\mathfrak{f}_\nu$ die n-reihige quadratische Matrix $A = (\mathfrak{f}_1, \ldots, \mathfrak{f}_n)$, so wird

$$\mathfrak{y}' = A(x) \circ \mathfrak{y} + \mathfrak{h}(x).$$

Für lineare Systeme mit stetiger Koeffizientenmatrix $A(x)$ und stetigem $\mathfrak{h}$ läßt sich eine recht weitgehende Theorie durchführen. Zunächst bemerken wir, daß in diesem Fall $A(x) \circ \mathfrak{y} + \mathfrak{h}(x)$ offenbar stetig nach $\mathfrak{y}$ differenzierbar ist, diese Abbildung genügt also nach Satz 1.2 lokal der Lipschitz-Bedingung, insbesondere ist Satz 1.4 anwendbar.

Wir betrachten zuerst homogene lineare Systeme erster Ordnung, d.h. den Fall $\mathfrak{h} \equiv 0$. Es gilt eine gegenüber dem Peanoschen Existenzsatz verschärfte Aussage:

Satz 2.1. *Es sei I ein offenes Intervall, $A(x)$ sei stetig in I. Ist $(x_0, \mathfrak{y}_0) \in I \times \mathbb{R}^n$, so ist die durch $(x_0, \mathfrak{y}_0)$ laufende Lösung $\Phi(x; x_0, \mathfrak{y}_0)$ des Differentialgleichungssystems*

$$\mathfrak{y}' = A(x) \circ \mathfrak{y} \tag{1}$$

über ganz I definiert.

Beweis. Offenbar ist $\Phi(x) \equiv 0$ eine über ganz I definierte Lösung von (1). Hat $\Phi(x, x_0, \mathfrak{y}_0)$ eine Nullstelle, so ist nach dem Eindeutigkeitssatz $\Phi(x, x_0, \mathfrak{y}_0) \equiv 0$. Dieser Fall tritt genau für $\mathfrak{y}_0 = 0$ ein.

Wir betrachten $H = \{\mathfrak{y} \in \mathbb{R}^n : \mathfrak{y}^t \circ \mathfrak{y} = 1\}$. Das ist der Rand der euklidischen Einheitskugel, insbesondere ist H abgeschlossen. Es sei $\bar{I}_1$ ein kompaktes, in I enthaltenes Intervall. Die Menge $\bar{I}_1 \times H \subset I \times \mathbb{R}^n$ ist beschränkt und abgeschlossen, also kompakt. Daher nimmt die Funktion $\mathfrak{y}^t \circ A(x) \circ \mathfrak{y}$ auf $\bar{I}_1 \times H$ ihr (endliches) Maximum an, es gibt also eine Konstante K mit $0 \le K < \infty$ und $\mathfrak{y}^t \circ A(x) \circ \mathfrak{y} \le K$ für $(x, \mathfrak{y}) \in \bar{I}_1 \times H$. Ist nun $\mathfrak{y} \in \mathbb{R}^n$ beliebig, nur $\neq 0$, so ist $\dfrac{1}{\sqrt{\mathfrak{y}^t \circ \mathfrak{y}}} \mathfrak{y} \in H$, es gilt also $\dfrac{1}{\sqrt{\mathfrak{y}^t \circ \mathfrak{y}}} \mathfrak{y}^t \circ A(x) \circ \mathfrak{y} \cdot \dfrac{1}{\sqrt{\mathfrak{y}^t \circ \mathfrak{y}}} \le K$ und $\mathfrak{y}^t \circ A(x) \circ \mathfrak{y} \le K \mathfrak{y}^t \circ \mathfrak{y}$.
Durch Übergang zum Transponierten folgt noch $\mathfrak{y}^t \circ A^t \circ \mathfrak{y} \le K \mathfrak{y}^t \circ \mathfrak{y}$.

Wir nehmen nun $I(x_0, \mathfrak{y}_0) \neq I$ an, es sei etwa $b_0 = \sup I(x_0, \mathfrak{y}_0) < b = \sup I$.

Nach Satz 1.4 muß $\Phi(x, x_0, \mathfrak{y}_0)$ im „Streifen" $I \times \mathbb{R}^n$ von Rand zu Rand laufen; da wegen $b_0 < b$ der „rechte Rand" nicht erreicht werden kann, ist also mindestens eine Komponente von Φ für $x \to b_0$ nicht beschränkt. Also kann auch $\Phi^t \circ \Phi$ nicht beschränkt bleiben. Andererseits ist, wenn wir $\bar{I}_1 = [a, b_0]$ mit $a > \max\{\inf I, \inf I(x_0, \mathfrak{y}_0)\}$ wählen und dazu die Konstante K wie oben bestimmen,

$$(\Phi^t \circ \Phi)' = (\Phi^t)' \circ \Phi + \Phi^t \circ \Phi'$$
$$= \Phi^t \circ A^t \circ \Phi + \Phi^t \circ A \circ \Phi$$
$$\leq 2K(\Phi^t \circ \Phi),$$

also $(\log(\Phi^t \circ \Phi))' \leq 2K$ bzw. $\log(\Phi^t \circ \Phi) \leq 2Kx + c^*$ oder $\Phi^t \circ \Phi \leq c \cdot e^{2Kx}$ mit einer Konstanten $c > 0$. Die Funktion $\Phi^t \circ \Phi$ und damit auch der Vektor Φ bleiben also auch für $x \to b_0$ beschränkt, und wir erhalten einen Widerspruch.

Jede Lösung von (1) ist also über ganz I definiert. Wie bei einer linearen Differentialgleichung gilt

Satz 2.2. *Die Menge der Lösungen von* (1) *bildet einen reellen Vektorraum* V.

Beweis. Mit $\Phi'_1 = A \circ \Phi_1$ und $\Phi'_2 = A \circ \Phi_2$ gilt

$$(\Phi_1 + \Phi_2)' = \Phi'_1 + \Phi'_2 = A \circ \Phi_1 + A \circ \Phi_2 = A \circ (\Phi_1 + \Phi_2),$$

mit $\Phi' = A \circ \Phi$ und $c \in \mathbb{R}$ gilt

$$(c\Phi)' = c \cdot \Phi' = cA \circ \Phi = A \circ (c\Phi).$$

Weiter gilt der bemerkenswerte

Satz 2.3. *Es seien* $\Phi_1, \ldots, \Phi_l$ *Elemente des Lösungsraums* V *von* (1), *es sei* $x_0 \in I$, *und die Vektoren* $\Phi_1(x_0), \ldots, \Phi_l(x_0)$ *seien linear abhängig. Dann sind auch die Vektorfunktionen* $\Phi_1, \ldots, \Phi_l$ *über* I *linear abhängig.*

Beweis. Es gelte $\sum_{\lambda=1}^{l} c_\lambda \Phi_\lambda(x_0) = 0$ mit nicht sämtlich verschwindenden Koeffizienten c_λ. Nach Satz 2.2 ist $\sum_{\lambda=1}^{l} c_\lambda \Phi_\lambda$ eine Lösung von (1). Sie nimmt in x_0 den Wert 0 an, verschwindet also nach dem Eindeutigkeitssatz identisch:

$$\sum_{\lambda=1}^{l} c_\lambda \Phi_\lambda \equiv 0, \quad \text{w.z.b.w.}$$

Daraus folgt sofort $\dim_\mathbb{R} V \leq n$. In Wirklichkeit gilt das Gleichheitszeichen:

Satz 2.4. *Die Dimension des Lösungsraumes* V *über* $\mathbb{R}$ *von* $\mathfrak{y}' = A(x) \circ \mathfrak{y}$ *ist* n.

Beweis. Es sei $x_0 \in I$ ein beliebiger Punkt, $e_\nu = (0, \ldots, 1, \ldots, 0)$ der Vektor mit den Komponenten $\delta_{1\nu}, \ldots, \delta_{n\nu}$. Dann ist

$$(x_0, e_\nu) \in I \times \mathbb{R}^n \quad \text{und} \quad \Phi_\nu(x) = \Phi(x, x_0, e_\nu) \in V \quad \text{für} \quad \nu = 1, \ldots, n.$$

Die Φ_ν sind linear unabhängig: Aus $\sum\limits_{\nu=1}^{n} c_\nu \Phi_\nu \equiv 0$ folgt

$$0 = \sum_{\nu=1}^{n} c_\nu \Phi_\nu(x_0) = \sum_{\nu=1}^{n} c_\nu \mathfrak{e}_\nu,$$

das impliziert aber $c_1 = \ldots = c_n = 0$. Also gilt dim $V \geqq n$. Die umgekehrte Ungleichung war oben gezeigt worden.

Definition 2.1. *Eine Basis $\Phi_1, \ldots, \Phi_n$ von V heißt auch Fundamentalsystem (von Lösungen) von* (1).

Die n Vektorfunktionen eines Fundamentalsystems von (1) können wir zu einer n-reihigen quadratischen Matrix $\Phi = (\Phi_1, \ldots, \Phi_n)$ zusammenfassen. Eine solche Matrix nennen wir *Fundamentalmatrix* von (1).

Ist Φ eine Fundamentalmatrix von (1), so ist det Φ in ganz I von Null verschieden. Wäre nämlich det $\Phi(x_0) = 0$, so wären $\Phi_1(x_0), \ldots, \Phi_n(x_0)$ linear abhängig, nach Satz 2.3 wären dann $\Phi_1, \ldots, \Phi_n$ linear abhängig, also kein Fundamentalsystem.

Satz 2.5. *Ist Φ eine Fundamentalmatrix von* (1), *so ist für jede konstante n-reihige quadratische nicht-singuläre Matrix C die Matrix $\tilde{\Phi} = \Phi \circ C$ auch eine Fundamentalmatrix von* (1), *und jede Fundamentalmatrix von* (1) *läßt sich in dieser Gestalt schreiben.*

Beweis. a) Ist $\Phi = (\Phi_1, \ldots, \Phi_n)$, $\tilde{\Phi} = (\tilde{\Phi}_1, \ldots, \tilde{\Phi}_n)$, $C = (c_{\mu\nu})$, so bedeutet $\tilde{\Phi} = \Phi \circ C$

$$\tilde{\Phi}_\nu = \sum_{\mu=1}^{n} c_{\mu\nu} \Phi_\mu \quad \text{für} \quad \nu = 1, \ldots, n.$$

Mit $\Phi_\nu \in V$ für $\nu = 1, \ldots, n$, gilt also auch $\tilde{\Phi}_\nu \in V$ für $\nu = 1, \ldots, n$. Aus det $\Phi(x) \neq 0$ und det $C \neq 0$ folgt det $\tilde{\Phi}(x) \neq 0$ für $x \in I$. Ist Φ Fundamentalmatrix, so sind die $\tilde{\Phi}_\nu$ linear unabhängig und bilden eine Basis, $\tilde{\Phi}$ ist also Fundamentalmatrix.

b) Ist $\tilde{\Phi}$ Fundamentalmatrix und sind $\Phi_1, \ldots, \Phi_n \in V$, so ist jedes Φ_ν Linearkombination der $\tilde{\Phi}_\mu$:

$$\Phi_\nu = \sum_{\mu=1}^{n} \check{c}_{\mu\nu} \tilde{\Phi}_\mu \quad \text{mit} \quad \check{c}_{\mu\nu} \in \mathbb{R}.$$

Dies schreibt sich als Matrixgleichung $\tilde{\Phi} \circ \check{C} = \Phi$ mit $\check{C} = (\check{c}_{\mu\nu})$. Wird auch Φ als Fundamentalmatrix vorausgesetzt, so sind $\tilde{\Phi}$ und Φ nicht-singulär, also muß auch $\check{C}$ nicht-singulär sein. Mit $C = \check{C}^{-1}$ gilt $\tilde{\Phi} = \Phi \circ C$, w.z.b.w.

Es soll nun der inhomogene Fall, d.h. das System

$$\mathfrak{y}' = A(x) \circ \mathfrak{y} + \mathfrak{h}(x) \tag{2}$$

mit nicht notwendig verschwindendem $\mathfrak{h}$ behandelt werden. Es wird die Stetigkeit von A und $\mathfrak{h}$ im offenen Intervall I vorausgesetzt. Zu (2) kann man das ,,zugehörige homogene System" $\mathfrak{y}' = A \circ \mathfrak{y}$ bilden. Wie bei einer linearen Differentialgleichung gilt

Satz 2.6. *Die Menge aller Lösungen des inhomogenen linearen Systems* (2) *ist* $\Psi + V$, *wobei* Ψ *irgendeine Lösung von* (2) *und* V *der Lösungsraum des zugehörigen homogenen Systems ist.*

Der Beweis ist genauso trivial wie der von Kap. V, Satz 2.2.

Zur vollständigen Lösung von (2) kommt es also nur darauf an, eine partikuläre Lösung zu finden, wenn die Lösungen des zugehörigen homogenen Systems bekannt sind. Das gelingt wieder mit der *Variation der Konstanten.*

Es sei $\Phi = (\Phi_1, \ldots, \Phi_n)$ eine Fundamentalmatrix des zu (2) gehörigen homogenen Systems. Wir versuchen, eine Lösung Ψ von (2) in der Form

$$\Psi(x) = \sum_{\nu=1}^{n} c_\nu(x) \cdot \Phi_\nu(x)$$

mit noch zu bestimmenden differenzierbaren Funktionen $c_\nu(x)$ zu finden, oder, was dasselbe bedeutet, eine Vektorfunktion $\mathfrak{c}(x)$ so zu bestimmen, daß $\Psi(x) = \Phi(x) \circ \mathfrak{c}(x)$ Lösung von (2) ist. Es ist aber

$$(\Phi(x) \circ \mathfrak{c}(x))' = \Phi'(x) \circ \mathfrak{c}(x) + \Phi(x) \circ \mathfrak{c}'(x)$$
$$= A(x) \circ \Phi(x) \circ \mathfrak{c}(x) + \Phi(x) \circ \mathfrak{c}'(x).$$

Ψ löst also genau dann (2), wenn $\Phi(x) \circ \mathfrak{c}'(x) = \mathfrak{h}(x)$ gilt. Die Matrix $\Phi(x)$ ist aber nicht-singulär, so daß diese Bedingung auch $\mathfrak{c}'(x) = \Phi^{-1} \circ \mathfrak{h}$ geschrieben werden kann. Sie wird offenbar von jeder Stammfunktion

$$\mathfrak{c}(x) = \int (\Phi(x))^{-1} \circ \mathfrak{h}(x)\, dx$$

erfüllt.

Wir bemerken noch, daß $\mathfrak{c}(x)$ und damit die partikuläre Lösung $\Psi = \Phi \circ \mathfrak{c}$ über ganz I definiert ist, aufgrund der Sätze 2.1 und 2.6 sind also alle Lösungen von (2) über ganz I definiert, d.h. der verschärfte Existenzsatz gilt auch für inhomogene lineare Systeme.

Während eine partikuläre Lösung Ψ von (2) bei bekannter Fundamentalmatrix Φ von (1) offenbar ohne prinzipielle Schwierigkeiten bestimmt werden kann, ist es im allgemeinen nicht möglich, ein Fundamentalsystem von (1) explizit durch mehr oder weniger elementare Funktionen anzugeben.

§ 3. Homogene lineare Systeme mit konstanten Koeffizienten

Liegt ein System

$$\mathfrak{y}' = A \circ \mathfrak{y} \qquad (1)$$

linearer Differentialgleichungen erster Ordnung mit konstanter

Koeffizientenmatrix A vor, so kann die Bestimmung eines Fundamentalsystems von Lösungen von (1) auf ein algebraisches Problem zurückgeführt werden.

Bei linearen Differentialgleichungen erster oder zweiter Ordnung erwies sich die Exponentialfunktion (mit komplexem Argument) als wichtig. Zur Lösung von (1) ist es zweckmäßig, die Exponentialfunktion auf Matrizen (mit komplexen Elementen) zu verallgemeinern.

Es sei $A = (a_{\varkappa\mu})$ eine beliebige n-reihige quadratische Matrix mit $a_{\varkappa\mu} \in \mathbb{R}$ oder $a_{\varkappa\mu} \in \mathbb{C}$. Wir setzen $|A| = n \cdot \sup_{\varkappa,\mu}|a_{\varkappa\mu}|$. Dann gilt $|cA| = |c| \cdot |A|$ für $c \in \mathbb{R}$ oder $c \in \mathbb{C}$, und mit $B = (b_{\varkappa\mu})$ ist

$$|A + B| = n\sup_{\varkappa,\mu}|a_{\varkappa\mu} + b_{\varkappa\mu}| \leqq n(\sup_{\varkappa,\mu}|a_{\varkappa\mu}| + \sup_{\varkappa,\mu}|b_{\varkappa\mu}|) = |A| + |B|$$

sowie

$$|A \circ B| = n \cdot \sup_{\varkappa,\nu}\left|\sum_{\mu=1}^{n} a_{\varkappa\mu}b_{\mu\nu}\right| \leqq n^2 \sup_{\varkappa,\mu,\nu}|a_{\varkappa\mu}| \cdot |b_{\mu\nu}|$$
$$\leqq n \cdot \sup_{\varkappa,\mu}|a_{\varkappa\mu}| \cdot n \cdot \sup_{\mu,\nu}|b_{\mu\nu}| = |A| \cdot |B|.$$

Insbesondere folgt durch vollständige Induktion $|A^m| \leqq |A|^m$. Für $m \in \mathbb{N}$ ist $s_m(A) = \sum_{\mu=0}^{m} \frac{1}{\mu!} A^\mu$ wieder eine quadratische Matrix (dabei ist $A^0 = E$ zu setzen). Der Grenzübergang $\lim_{m\to\infty} s_m(A)$ ist komponentenweise zu verstehen. Aufgrund der Abschätzung $|s_q(A) - s_p(A)| \leqq \sum_{\mu=p+1}^{q} \frac{1}{\mu!} |A|^\mu$ folgt die Existenz des Grenzwerts in jeder Komponente. Wir können also die Exponentialfunktion definieren durch

$$\exp A = \sum_{\mu=0}^{\infty} \frac{1}{\mu!} A^\mu. \tag{2}$$

Ist A reell, so ist natürlich auch $\exp A$ reell. Offenbar gilt $\exp 0 = E$, wobei 0 die n-reihige Nullmatrix bezeichnet.

Wir können die Matrix A mit der reellen Zahl x multiplizieren. Dann ist jede Komponente von

$$\exp(Ax) = \sum_{\mu=0}^{\infty} \frac{1}{\mu!} (Ax)^\mu = \sum_{\mu=0}^{\infty} \frac{A^\mu}{\mu!} x^\mu$$

eine in ganz $\mathbb{R}$ konvergente Potenzreihe. Insbesondere ist die

Matrixfunktion $\exp A\,x$ beliebig oft differenzierbar, es gilt

$$(\exp A\,x)' = \sum_{\mu=1}^{\infty} \frac{A^{\mu}}{(\mu-1)!}\, x^{\mu-1} = A \circ \sum_{\mu=1}^{\infty} \frac{A^{\mu-1}}{(\mu-1)!}\, x^{\mu-1}$$

$$= \left(\sum_{\mu=1}^{\infty} \frac{A^{\mu-1}}{(\mu-1)!}\, x^{\mu-1} \right) \circ A\,,$$

$$(\exp A\,x)' = A \circ (\exp A\,x) = (\exp A\,x) \circ A\,, \tag{3}$$

und, wie man durch vollständige Induktion erkennt,

$$(\exp A\,x)^{(m)} = A^{m} \circ (\exp A\,x) = (\exp A\,x) \circ A^{m}\,.$$

Entwickelt man $\exp A\,x$ um einen beliebigen Punkt $x_1 \in \mathbb{R}$ in eine Taylorsche Reihe, so erhält man

$$\exp A\,x = \sum_{\mu=0}^{\infty} \frac{(\exp A\,x_1) \circ A^{\mu}}{\mu!}\, (x-x_1)^{\mu} = (\exp A\,x_1) \circ (\exp A\,(x-x_1))\,.$$

Schreibt man x_2 statt $x-x_1$, so hat man

$$\exp A\,(x_1+x_2) = (\exp A\,x_1) \circ (\exp A\,x_2)\,.$$

Für $x_1 = 1$, $x_2 = -1$ gewinnt man daraus

$$E = \exp 0 = (\exp A) \circ (\exp(-A))\,.$$

Die Matrix $\exp A$ ist also nicht-singulär, es gilt

$$(\exp A)^{-1} = \exp(-A)\,.$$

Wir kehren jetzt zum Differentialgleichungs-System $\mathfrak{y}' = A \circ \mathfrak{y}$ mit konstanter Koeffizientenmatrix A zurück. Nach (3) gilt mit der nirgends singulären Matrix $\Phi(x) = \exp(A\,x)$ die Gleichung $\Phi' = A \circ \Phi$. Zerlegt man Φ in Spalten: $\Phi = (\Phi_1, \ldots, \Phi_n)$, so hat man also $\Phi_\nu' = A \circ \Phi_\nu$ für $\nu = 1, \ldots, n$. Wir haben damit den

Satz 3.1. *Die Matrix* $\Phi(x) = \exp A\,x$ *ist eine Fundamentalmatrix des Differentialgleichungssystems* $\mathfrak{y}' = A \circ \mathfrak{y}$.

Man kann hierbei natürlich auch eine komplexe Koeffizientenmatrix A zulassen.

Der vorstehende Satz liefert einen einfachen Beweis für das Additionstheorem der Matrizen-Exponentialfunktion:

Satz 3.2. *Es seien* A *und* B *quadratische n-reihige Matrizen mit* $A \circ B = B \circ A$. *Dann gilt* $\exp(A+B) = (\exp A) \circ (\exp B)$.

Beweis. Aus $A \circ B = B \circ A$ folgt $A^{\mu} \circ B = B \circ A^{\mu}$ und damit

$$(\exp A) \circ B = \left(\sum_{\mu=0}^{\infty} \frac{1}{\mu!}\, A^{\mu} \right) \circ B = B \circ \sum_{\mu=0}^{\infty} \frac{1}{\mu!}\, A^{\mu} = B \circ \exp A\,.$$

Wir betrachten die Matrix

$$\Phi(x) = \exp(A + B)\,x - (\exp A\,x) \circ (\exp B\,x).$$

Es gilt

$$\begin{aligned}
\Phi'(x) &= (A + B) \circ \exp(A + B)\,x - A \circ (\exp A\,x) \circ (\exp B\,x) \\
&\quad - (\exp A\,x) \circ B \circ (\exp B\,x) \\
&= (A + B) \circ \exp(A + B)\,x - A \circ (\exp A\,x) \circ \exp B\,x \\
&\quad - B \circ (\exp A\,x) \circ \exp B\,x \\
&= (A + B) \circ \Phi(x).
\end{aligned}$$

Die Spalten von Φ sind also Lösungen von $\mathfrak{y}' = (A + B) \circ \mathfrak{y}$. Es ist aber $\Phi(0) = E - E \circ E = 0$, nach dem Eindeutigkeitssatz gilt $\Phi \equiv 0$. Die Gleichung $\Phi(1) = 0$ ist die Behauptung.

Natürlich läßt sich Satz 3.2 auch durch elementare Rechnung beweisen.

Wir wollen nun die Berechnung der Fundamentalmatrix $\Phi(x) = \exp A\,x$ genauer untersuchen. Es wird sich zeigen, daß man die unendliche Reihe $\sum\limits_{\mu=0}^{\infty} \dfrac{1}{\mu!}\,(A\,x)^\mu$ nicht wirklich zu bilden braucht, sondern daß man mit einigen algebraischen Operationen auskommt.

Wir bemerken zunächst: Ist P eine beliebige n-reihige nicht-singuläre Matrix, so gilt $(P^{-1} \circ A \circ P)^\mu = P^{-1} \circ A^\mu \circ P$ für $\mu = 0, 1, 2, \ldots$, und damit

$$\begin{aligned}
\exp(P^{-1} \circ A \circ P\,x) &= \sum_{\mu=0}^{\infty} \frac{(P^{-1} \circ A \circ P)^\mu}{\mu!}\,x^\mu \\
&= P^{-1} \circ \left(\sum_{\mu=0}^{\infty} \frac{A^\mu}{\mu!}\,x^\mu \right) \circ P = P^{-1} \circ (\exp A\,x) \circ P
\end{aligned}$$

bzw.

$$\exp A\,x = P \circ \exp(P^{-1} \circ A \circ P\,x) \circ P^{-1}.$$

Wir werden versuchen, P so zu bestimmen, daß $\exp(P^{-1} \circ A \circ P\,x)$ sich einfach berechnen läßt.

Als erstes behandeln wir einen angenehmen Spezialfall, der uns dann als Modell für den allgemeinen Fall dienen wird: Wir setzen voraus, daß man P so wählen kann, daß $A^* = P^{-1} \circ A \circ P$ eine Diagonalmatrix wird (komplexe Diagonalelemente sind zugelassen):

$$A^* = \begin{pmatrix} \lambda_1 & & & & 0 \\ & \lambda_2 & & & \\ & & \cdot & & \\ & & & \cdot & \\ 0 & & & & \lambda_n \end{pmatrix}.$$

Abkürzend schreiben wir $A^* = [\lambda_1, \ldots, \lambda_n]$. Offenbar gilt dann $(A^*)^\mu = [\lambda_1^\mu, \ldots, \lambda_n^\mu]$ und damit

$$\exp A^* x = \sum_{\mu=0}^{\infty} \frac{(A^* x)^\mu}{\mu!} = \sum_{\mu=0}^{\infty} \left[\frac{\lambda_1^\mu}{\mu!} x^\mu, \ldots, \frac{\lambda_n^\mu}{\mu!} x^\mu \right]$$

$$= \left[\sum_{\mu=0}^{\infty} \frac{\lambda_1^\mu}{\mu!} x^\mu, \ldots, \sum_{\mu=0}^{\infty} \frac{\lambda_n^\mu}{\mu!} x^\mu \right] = [e^{\lambda_1 x}, \ldots, e^{\lambda_n x}] \,.$$

Aufgrund von Satz 2.5 ist mit $P \circ (\exp A^* x) \circ P^{-1}$ auch $P \circ \exp A^* x$ eine Fundamentalmatrix von (1). Bezeichnet man die Spalten von P mit $\mathfrak{y}_1, \ldots, \mathfrak{y}_n$, so sind $\mathfrak{y}_1 \cdot e^{\lambda_1 x}, \ldots, \mathfrak{y}_n e^{\lambda_n x}$ die Spalten von $P \circ \exp A^* x$.

Es sind nun noch die Zahlen λ_ν und die Vektoren $\mathfrak{y}_\nu$ zu bestimmen. Wir bemerken, daß die λ_ν gerade die Nullstellen des Polynoms

$$\prod_{\nu=1}^{n} (\lambda_\nu - x) = \det(A^* - E x)$$

sind. Zu einer beliebigen Matrix A kann man das *charakteristische Polynom* $\chi_A(x) = \det(A - Ex)$ bilden. Entwickelt man die Determinante, so sieht man, daß $\chi_A(x) = (-1)^n x^n + \ldots$ ein Polynom n-ten Grades in x ist. Es hat also n (nicht notwendig verschiedene) komplexe Wurzeln, die sogenannten *Eigenwerte* von A. — Ist P irgendeine nicht-singuläre Matrix, so ist

$$\chi_{P^{-1} \circ A \circ P}(x) = \det(P^{-1} \circ A \circ P - E x)$$
$$= \det(P^{-1} \circ (A - E x) \circ P)$$
$$= \det P^{-1} \cdot \det(A - E x) \cdot \det P$$
$$= \det(A - E x) = \chi_A(x) \,.$$

Die Eigenwerte von A und $P^{-1} \circ A \circ P$ sind also gleich. Wir schließen daraus: Kann man P so wählen, daß $P^{-1} \circ A \circ P$ eine Diagonalmatrix $[\lambda_1, \ldots, \lambda_n]$ ist, so sind die λ_ν die Eigenwerte von A. Sie sind bis auf die Reihenfolge eindeutig bestimmt.

Es bezeichne $\mathfrak{e}_\nu$ die Spalte mit den Komponenten $\delta_{\nu 1}, \ldots, \delta_{\nu n}$. Unter unserer Annahme gilt dann offenbar $A^* \circ \mathfrak{e}_\nu = \mathfrak{e}_\nu \lambda_\nu$, also $P^{-1} \circ A \circ P \circ \mathfrak{e}_\nu = \mathfrak{e}_\nu \lambda_\nu$ bzw. $A \circ (P \circ \mathfrak{e}_\nu) = (P \circ \mathfrak{e}_\nu) \lambda_\nu$. Es ist aber $P \mathfrak{e}_\nu = \mathfrak{y}_\nu$, daher muß gelten $A \circ \mathfrak{y}_\nu = \mathfrak{y}_\nu \lambda_\nu$, d.h.

$$(A - E \lambda_\nu) \circ \mathfrak{y}_\nu = 0 \quad \text{für} \quad \nu = 1, \ldots, n \,. \tag{4}$$

Lösungen der Gleichung (4) heißen *Eigenvektoren* von A zum Eigenwert λ_ν.

Hat man umgekehrt Eigenvektoren $\mathfrak{y}_\nu$ zu den Eigenwerten λ_ν für $\nu = 1, \ldots, n$, und definiert man $P = (\mathfrak{y}_1, \ldots, \mathfrak{y}_n)$, so gilt $A \circ P = P \circ [\lambda_1, \ldots, \lambda_n]$.

Nun gibt es aber wegen $\det(A - E \lambda_\nu) = \chi_A(\lambda_\nu) = 0$ zu jedem Eigenwert von A von Null verschiedene Eigenvektoren. Es bleibt die Frage, ob man sie so wählen kann, daß $P = (\mathfrak{y}_1, \ldots, \mathfrak{y}_n)$ nicht-singulär wird. Das ist im allgemeinen leider nicht möglich, es gilt aber:

Sind die Eigenwerte $\lambda_1, \ldots, \lambda_n$ von A paarweise verschieden, und ist $\mathfrak{y}_\nu$ ein nicht verschwindender Eigenvektor zu λ_ν für $\nu = 1, \ldots, n$, so sind $\mathfrak{y}_1, \ldots, \mathfrak{y}_n$ linear unabhängig, also ist $P = (\mathfrak{y}_1, \ldots, \mathfrak{y}_n)$ nicht-singulär.

Das zeigen wir durch Induktion: $\mathfrak{y}_1$ ist linear unabhängig wegen $\mathfrak{y}_1 \neq 0$. Es seien $\mathfrak{y}_1, \ldots, \mathfrak{y}_m$ mit $1 \leq m < n$ schon als linear unabhängig erkannt. Gilt dann $\sum\limits_{\mu=1}^{m+1} c_\mu \mathfrak{y}_\mu = 0$, so gilt auch

$$0 = A \circ \left(\sum_{\mu=1}^{m+1} c_\mu \mathfrak{y}_\mu \right) = \sum_{\mu=1}^{m+1} c_\mu A \circ \mathfrak{y}_\mu = \sum_{\mu=1}^{m+1} c_\mu \lambda_\mu \mathfrak{y}_\mu$$

und

$$0 = \sum_{\mu=1}^{m+1} c_\mu \lambda_{m+1} \mathfrak{y}_\mu \, .$$

Subtraktion ergibt $\sum\limits_{\mu=1}^{m} c_\mu (\lambda_\mu - \lambda_{m+1}) \mathfrak{y}_\mu = 0$, nach Induktionsannahme folgt $c_\mu (\lambda_\mu - \lambda_{m+1}) = 0$ für $\mu = 1, \ldots, m$, wegen $\lambda_\mu \neq \lambda_{m+1}$ folgt $c_\mu = 0$ für $\mu = 1, \ldots, m$. Dann haben wir auch $c_{m+1} \mathfrak{y}_{m+1} = 0$ und wegen $\mathfrak{y}_{m+1} \neq 0$ schließlich $c_{m+1} = 0$.

Wir fassen die vorstehenden Überlegungen zusammen zum

Satz 3.3. *Die Eigenwerte* $\lambda_1, \ldots, \lambda_n$ *der Matrix* A *seien paarweise verschieden. Ist* $\mathfrak{y}_\nu$ *ein nicht verschwindender Eigenvektor von* A *zum Eigenwert* λ_ν *für* $\nu = 1, \ldots, n$, *so bilden*

$$\mathfrak{y}_1 \, e^{\lambda_1 x}, \ldots, \mathfrak{y}_n \, e^{\lambda_n x}$$

ein Fundamentalsystem des Differentialgleichungssystems $\mathfrak{y}' = A \circ \mathfrak{y}$.

Dies Fundamentalsystem ist im allgemeinen nicht reell, selbst wenn A reell ist. Um ein reelles Fundamentalsystem zu erhalten, geht man ähnlich vor wie in Kap. V, § 7: Man bildet

$$\mathrm{Re}\,(\mathfrak{y}_1 \, e^{\lambda_1 x}), \mathrm{Im}\,(\mathfrak{y}_1 \, e^{\lambda_1 x}), \ldots, \mathrm{Re}\,(\mathfrak{y}_n \, e^{\lambda_n x}), \mathrm{Im}\,(\mathfrak{y}_n \, e^{\lambda_n x}) \, .$$

Das sind $2n$ reelle Lösungen, unter denen man n über $\mathbb{R}$ linear unabhängige finden kann.

Sind die Eigenwerte von A nicht paarweise verschieden, d.h. hat das charakteristische Polynom χ_A mehrfache Wurzeln, so läßt sich A im allgemeinen nicht mehr auf Diagonalgestalt transformieren. In dem Fall haben wir uns eines Satzes über die *Jordansche Normalform* einer Matrix zu bedienen, für dessen Beweis auf die Lehrbücher der linearen Algebra verwiesen sei[1].

---

[1] Man findet ihn z.B. bei H. REICHARDT, Vorlesungen über Vektor- und Tensorrechnung, Berlin 1957, oder bei S. LANG, Linear Algebra, Reading 1966. — Die Jordansche Normalform wurde zuerst von WEIERSTRASS gefunden.

Satz. *Es sei A eine n-reihige quadratische (reelle oder komplexe) Matrix. A habe die verschiedenen Eigenwerte $\lambda_1, \ldots, \lambda_k$ mit den Vielfachheiten $n_1, \ldots, n_k$. Dann gibt es eine n-reihige nicht-singuläre Matrix P, so daß $A^* = P^{-1} \circ A \circ P$ von folgender Gestalt ist:*

$$
A^* =
\begin{pmatrix}
\lambda_1 & & * & & & & & 0 \\
 & \ddots & & & & & & \\
0 & & \lambda_1 & & & & & \\
 & & & \lambda_2 & & * & & \\
 & & & & \ddots & & & \\
 & & 0 & & & \lambda_2 & & \\
 & & & & & & \ddots & \\
 & & & & & & & \\
 & & & & & \lambda_k & & * \\
 & & & & & & \ddots & \\
0 & & & & 0 & & & \lambda_k
\end{pmatrix}
$$

Dabei deuten die Sterne an, daß in den betreffenden Bereichen des Schemas möglicherweise von Null verschiedene Elemente stehen — in Wirklichkeit kann man stets erreichen, daß außerhalb der Diagonalen alle Elemente verschwinden bis auf einige mit dem Index $(\nu, \nu + 1)$, die den Wert 1 haben können.

Wir haben jetzt $\exp A^* x$ zu berechnen. Wir schreiben abkürzend $A^* = [A_1, \ldots, A_k]$, wobei wir unter $A_\varkappa$ die $n_\varkappa$-reihige Matrix

$$
A_\varkappa =
\begin{pmatrix}
\lambda_\varkappa & & * \\
 & \ddots & \\
 & & \ddots \\
0 & & \lambda_\varkappa
\end{pmatrix}
$$

verstehen. Wir stellen dann fest, daß $(A^*)^\mu = [A_1^\mu, \ldots, A_k^\mu]$ für $\mu = 0, 1, 2, \ldots$ gilt und daher $\exp A^* x = [\exp A_1 x, \ldots, \exp A_k x]$. Es braucht also nur noch $\exp B x$ für eine Matrix der Form

$$
B =
\begin{pmatrix}
\lambda & & * \\
 & \ddots & \\
 & & \ddots \\
0 & & \lambda
\end{pmatrix}
$$

berechnet zu werden. Es ist $Bx = E\lambda x + (B - E\lambda)x$. Die Matrizen $E\lambda x$ und $(B - E\lambda)x$ sind offenbar vertauschbar, also gilt nach Satz 3.2

$$\exp Bx = \exp(E\lambda x) \circ \exp(B - E\lambda)x.$$

Nun ist $B - E\lambda$ eine Matrix, die in und unterhalb der Hauptdiagonalen nur Nullen enthält. Die m-te Potenz einer solchen Matrix ist aber die Nullmatrix, wenn m die Reihenzahl ist. Denn man sieht durch vollständige Induktion: Ist

$$C = \begin{bmatrix} 0 & & c_{\varkappa\nu} \\ & \cdot & \cdot \\ & & \cdot & \cdot \\ 0 & & & 0 \end{bmatrix},$$

so verschwinden in C^μ alle Elemente $c_{\varkappa\nu}^{(\mu)}$ mit $\nu < \varkappa + \mu$. Das ist für $\mu = 1$ richtig, und wenn diese Aussage für ein $\mu \geqq 1$ gilt, so ist

$$c_{\varkappa\nu}^{(\mu+1)} = \sum_{\varrho=1}^{m} c_{\varkappa\varrho}\, c_{\varrho\nu}^{(\mu)} = \sum_{\varrho=\varkappa+1}^{\nu-\mu} c_{\varkappa\varrho}\, c_{\varrho\nu}^{(\mu)} = 0 \quad \text{für} \quad \nu < \varkappa + \mu + 1.$$

Die Aussage gilt also für $\mu + 1$. Für $\mu = m$ verschwinden daher in C^m alle Elemente, w.z.b.w.

Aufgrund dieser Tatsache bricht die Reihe für $\exp(B - E\lambda)x$ spätestens mit dem $(m - 1)$-ten Gliede ab;

$$\exp(B - E\lambda)x = \sum_{\mu=0}^{m-1} \frac{(B - E\lambda)^\mu}{\mu!}\, x^\mu$$

ist ein Polynom höchstens $(m - 1)$-ten Grades.

Man stellt schließlich sofort $\exp E\lambda x = E \cdot e^{\lambda x}$ fest und hat damit

$$\exp Bx = e^{\lambda x} \cdot \sum_{\mu=0}^{m-1} \frac{(B - E\lambda)^\mu}{\mu!}\, x^\mu.$$

Insgesamt hat $\exp A^* x$ also die Gestalt

$$\exp A^* x = \begin{bmatrix} e^{\lambda_1 x} Q_1 & & & & 0 \\ & e^{\lambda_2 x} Q_2 & & & \\ & & \cdot & & \\ & & & \cdot & \\ & & & & \cdot \\ 0 & & & & e^{\lambda_k x} Q_k \end{bmatrix};$$

dabei ist $Q_\varkappa = Q_\varkappa(x)$ eine $n_\varkappa$-reihige Matrix der Gestalt

$$Q_\varkappa(x) = \begin{pmatrix} 1 & q_{12}^{(\varkappa)} & \cdots & & q_{1n_\varkappa}^{(\varkappa)} \\ & 1 & \cdot & & \vdots \\ & & \cdot & \cdot & \vdots \\ & & & 1 & q_{n_\varkappa-1,\,n_\varkappa}^{(\varkappa)} \\ 0 & & & & 1 \end{pmatrix}.$$

und $q_{\mu\nu}^{(\varkappa)} = q_{\mu\nu}^{(\varkappa)}(x)$ ist ein Polynom vom Grade $\leqq \nu - \mu \leqq n_\varkappa - 1$.
Die Matrix $P \circ \exp A^* x$ ist Fundamentalmatrix von $\mathfrak{y}' = A \circ \mathfrak{y}$.
Bezeichnet man wieder die Spalten von P mit $\mathfrak{y}_1, \ldots, \mathfrak{y}_n$, so lauten
z. B. die ersten n_1 Spalten von $P \circ \exp A^* x$

$$\mathfrak{y}_1 e^{\lambda_1 x}, \quad (\mathfrak{y}_2 + q_{12}^{(1)}(x)\,\mathfrak{y}_1)\,e^{\lambda_1 x}, \ldots,$$
$$(\mathfrak{y}_{n_1} + q_{n_1-1,\,n_1}^{(1)}(x) \cdot \mathfrak{y}_{n_1-1} + \cdots + q_{1n_1}^{(1)}(x)\,\mathfrak{y}_1)\,e^{\lambda_1 x}.$$

Wir können diese Überlegungen resümieren:

Satz 3.4. *Die verschiedenen Eigenwerte der Matrix A seien
$\lambda_1, \ldots, \lambda_k$, ihre Vielfachheiten seien $n_1, \ldots, n_k$. Dann gibt es ein
Fundamentalsystem von $\mathfrak{y}' = A \circ \mathfrak{y}$, welches aus jeweils $n_\varkappa$ Lösungen
der Gestalt $\mathfrak{q}(x) \cdot e^{\lambda_\varkappa x}$ besteht, wobei $\mathfrak{q}(x)$ ein Vektor von Polynomen
des Grades $\leqq n_\varkappa - 1$ ist (mit $\varkappa = 1, \ldots, k$).*

Zur Aufstellung der Lösungen von $\mathfrak{y}' = A \circ \mathfrak{y}$ kann man auf die
Berechnung der Matrix P, mit welcher die Jordansche Normalform
hergestellt wird, verzichten. Man kann nämlich die in der Lösung
auftretenden Polynome mit unbestimmten Koeffizienten ansetzen
und diese dann durch Koeffizientenvergleich bestimmen. Das führt
auf lineare Gleichungssysteme — die Berechnung von P ist allerdings auch nicht schwieriger.
Als Beispiel sei noch $\mathfrak{y}' = A \circ \mathfrak{y}$ mit

$$A = \begin{pmatrix} 0 & 1 \\ -b & -2a \end{pmatrix}$$

betrachtet. Es ist $\det(A - Ex) = x^2 + 2ax + b$. Die Eigenwerte
von A sind also $\lambda_1 = -a + \sqrt{a^2 - b}$, $\lambda_2 = -a - \sqrt{a^2 - b}$. Man
erhält sofort zu λ_ν den Eigenvektor $\mathfrak{y}_\nu = \begin{pmatrix} 1 \\ \lambda_\nu \end{pmatrix}$. Ist $\Delta = a^2 - b \neq 0$,
also $\lambda_1 \neq \lambda_2$, so haben wir die beiden linear unabhängigen Lösungen

$$\Phi_1(x) = \begin{pmatrix} 1 \\ \lambda_1 \end{pmatrix} e^{\lambda_1 x} \quad \text{und} \quad \Phi_2(x) = \begin{pmatrix} 1 \\ \lambda_2 \end{pmatrix} e^{\lambda_2 x}.$$

Ist hingegen $\Delta = 0$, also $\lambda_1 = \lambda_2 = -a$, so ist der Lösungsraum
der linearen Gleichung $(A + aE) \circ \mathfrak{y} = 0$ eindimensional (er wird
von $\mathfrak{y}_1 = \begin{pmatrix} 1 \\ -a \end{pmatrix}$ erzeugt). Es gibt dann also keine nicht-singuläre
Matrix P, deren Spalten Eigenvektoren von A sind, mit andern

Worten, man kann A nicht auf Diagonalform transformieren. Die Jordansche Normalform von A lautet in diesem Fall

$$A^* = \begin{pmatrix} -a & 1 \\ 0 & -a \end{pmatrix}.$$

Man stellt leicht fest, daß mit

$$P = \begin{pmatrix} 1 & 0 \\ -a & 1 \end{pmatrix}$$

gilt $P^{-1} \circ A \circ P = A^*$. Es ist

$$\exp A^* x = e^{-ax} \cdot \exp \begin{pmatrix} 0 & x \\ 0 & 0 \end{pmatrix} = e^{-ax}\left(E + \begin{pmatrix} 0 & x \\ 0 & 0 \end{pmatrix}\right) = \begin{pmatrix} 1 & x \\ 0 & 1 \end{pmatrix} e^{-ax}$$

und

$$P \circ \exp A^* x = \begin{pmatrix} 1 & x \\ -a & 1-ax \end{pmatrix} e^{-ax}.$$

Wir erhalten das Fundamentalsystem

$$\Phi_1(x) = \begin{pmatrix} 1 \\ -a \end{pmatrix} e^{-ax}, \quad \Phi_2(x) = \begin{pmatrix} x \\ 1-ax \end{pmatrix} e^{-ax}.$$

§ 4. Explizite gewöhnliche Differentialgleichungen höherer Ordnung

Wir bezeichnen hier die Koordinaten des $\mathbb{R}^{n+1}$ mit $x, y_0, \ldots, y_{n-1}$ und betrachten eine in einer offenen Menge $G \subset \mathbb{R}^{n+1}$ stetige Funktion $f(x, y_0, \ldots, y_{n-1})$. In Kap. V, § 5,A ist gesagt worden, was unter einer Lösung $\varphi(x)$ der Differentialgleichung n-ter Ordnung

$$y^{(n)} = f(x, y, y^{(1)}, \ldots, y^{(n-1)}) \tag{1}$$

zu verstehen ist.

Zunächst behandeln wir zwei Beispiele; als erstes die Differentialgleichung zweiter Ordnung

$$y'' = x. \tag{2}$$

Die rechte Seite $f(x, y_0, y_1) = x$ ist im ganzen $\mathbb{R}^3$ definiert. Eine Funktion $\varphi(x)$ ist offenbar genau dann Lösung von (2), wenn $\varphi'(x)$ eine Stammfunktion der Funktion x ist, also genau dann, wenn $\varphi'(x) = \dfrac{x^2}{2} + a$ mit einer beliebigen Konstanten a ist. Nun ist $\varphi'(x) = \dfrac{x^2}{2} + a$ gleichbedeutend mit $\varphi(x) = \dfrac{x^3}{6} + ax + b$ mit einer beliebigen Konstanten b. Die Menge der Lösungen von (2) — sie sind offenbar alle über ganz $\mathbb{R}$ definiert — ist also identisch mit der Menge der Funktionen

$$\varphi(x) = \frac{x^3}{6} + a\,x + b\,, \quad a, b \in \mathbb{R}\,.$$

Diese Menge ist eine „zweiparametrige Schar", da die zwei Parameter a und b frei verfügbar sind. Wir bemerken, daß zwar durch jeden Punkt $(x_0, y_0) \in \mathbb{R}^2$ unendlich viele Lösungen gehen, daß aber durch jeden Punkt $(x_0, y_0, y_1) \in \mathbb{R}^3$ genau eine Lösung von (2) geht in dem Sinn, daß $\varphi(x_0) = y_0$ und $\varphi'(x_0) = y_1$ ist.

Als etwas allgemeineres Beispiel diene die Differentialgleichung n-ter Ordnung

$$y^{(n)} = f(x)\,, \tag{3}$$

wobei f als stetig in einem Intervall I angenommen wird; G ist dann $I \times \mathbb{R}^n$. Man erhält wie bei (2) eine über I definierte Lösung, wenn man f n-mal sukzessive integriert. Das bedeutet: Für ein festes $x_0 \in I$ setzen wir

$$\varphi_0(x) = \int\limits_{x_0}^{x} \left(\int\limits_{x_0}^{x_{n-1}} \left(\cdots \int\limits_{x_0}^{x_2} \left(\int\limits_{x_0}^{x_1} f(\xi)\, d\xi \right) dx_1 \ldots \right) dx_{n-2} \right)\ dx_{n-1}\,.$$

Das n-fache Integral existiert, denn der innerste Integrand f ist stetig, und damit sind auch alle folgenden Integranden als Integrale stetiger Funktionen stetig. Außerdem ist φ_0 n-mal differenzierbar: $\int\limits_{x_0}^{x} f(\xi)\, d\xi$ ist differenzierbar als Integral einer stetigen Funktion, $\int\limits_{x_0}^{x} \int\limits_{x_0}^{x_1} f(\xi)\, d\xi\, dx_1$ ist zweimal differenzierbar als Integral einer differenzierbaren Funktion usw.

Mit $\varphi_0(x)$ ist auch $\varphi_0(x) + p(x)$, wobei p ein beliebiges Polynom in x vom Grade $\leq n - 1$ ist, Lösung von (3), denn es gilt $p^{(n)}(x) \equiv 0$. Ist φ irgendeine Lösung von (3), so folgt $(\varphi - \varphi_0)^{(n)} = f - f \equiv 0$. Deswegen verschwinden auch alle Ableitungen von höherer als n-ter Ordnung von $\varphi - \varphi_0$ identisch, also konvergiert die Taylorsche Reihe für $\varphi - \varphi_0$ (gebildet etwa um den Punkt x_0) gegen $\varphi - \varphi_0$ und ist ein Polynom von höchstens $(n - 1)$-tem Grad. Wir haben damit gezeigt, daß die Menge der Lösungen von (3) identisch ist mit der Menge der Funktionen $\varphi = \varphi_0 + p$, wobei p ein beliebiges Polynom vom Grad $\leq n - 1$ ist. Sie bildet also eine n-parametrige Schar.

Zu $(x_0, y_0, \ldots, y_{n-1}) \in I \times \mathbb{R}^n$ kann man φ in eindeutiger Weise so bestimmen, daß $\varphi^{(\nu)}(x_0) = y_\nu$ für $\nu = 0, \ldots, n - 1$ gilt: Ist nämlich $\varphi_0^{(\nu)} = a_\nu$, so kann man etwa mit Hilfe der Taylorschen Formel ein Polynom p_0 höchstens $(n - 1)$-ten Grades so bestimmen, daß $p_0^{(\nu)}(x_0) = y_\nu - a_\nu$ für $\nu = 0, \ldots, n - 1$. Dann löst $\varphi_0 + p_0$ das Problem.

Zur Behandlung von Existenz- und Eindeutigkeitsfragen von Differentialgleichungen höherer Ordnung — und bisweilen auch zur Ermittlung von Lösungen — ist es zweckmäßig, diese auf Systeme von Differentialgleichungen erster Ordnung zurückzuführen. Der über der offenen Menge $G \subset \mathbb{R}^{n+1}$ definierten Differentialgleichung n-ter Ordnung

$$y^{(n)} = f(x, y, \ldots, y^{(n-1)}) \tag{1}$$

ordnen wir das folgende über G definierte System von n expliziten Differentialgleichungen erster Ordnung zu:

$$
\begin{aligned}
y_0' &= y_1 \\
& \cdot \\
& \cdot \\
& \cdot \\
y_{n-2}' &= y_{n-1} \\
y_{n-1}' &= f(x, y_0, \ldots, y_{n-1}).
\end{aligned}
\tag{4}
$$

Dann gilt

Satz 4.1. *Es sei $\varphi_0(x)$ eine über einem Intervall I definierte reelle Funktion. Folgende Aussagen sind gleichwertig:*

(a) φ_0 *löst die Differentialgleichung* (1),

(b)   *es gibt $n - 1$ reelle Funktionen $\varphi_1, \ldots, \varphi_{n-1}$ auf I, so daß $\Phi = (\varphi_0, \varphi_1, \ldots, \varphi_{n-1})$ das System* (4) *löst.*

Beweis. Aus (a) folgt (b): Es sei also φ_0 in I mindestens n-mal differenzierbar, es gelte

$$\{(x, y_0, \ldots, y_{n-1}): x \in I, y_\nu = \varphi_0^{(\nu)}(x) \quad \text{für} \quad \nu = 0, \ldots, n - 1\} \subset G$$

und

$$\varphi_0^{(n)}(x) = f(x, \varphi_0(x), \ldots, \varphi_0^{(n-1)}(x)).$$

Man setze $\varphi_\nu = \varphi_0^{(\nu)}$ für $\nu = 1, \ldots, n - 1$. Die φ_ν sind dann differenzierbar, es gilt

$$\{(x, y_0, \ldots, y_{n-1}): x \in I, y_\nu = \varphi_\nu(x) \quad \text{für} \quad \nu = 0, \ldots, n - 1\} \subset G.$$

Schließlich ist $\Phi = (\varphi_0, \ldots, \varphi_{n-1})$ nach Konstruktion offenbar Lösung von (4).

Aus (b) folgt (a): Es sei $(\varphi_0, \ldots, \varphi_{n-1})$ über I Lösung von (4). Aus $\varphi_\nu' = \varphi_{\nu+1}$ für $\nu = 0, \ldots, n - 2$, und der Differenzierbarkeit von φ_{n-1} folgt die n-malige Differenzierbarkeit von φ_0 und $\varphi_\nu = \varphi_0^{(\nu)}$ für $\nu = 1, \ldots, n - 1$. Die Bedingung an den Graphen ist wie im ersten Teil des Beweises erfüllt. Die letzte der Gleichungen (4) bedeutet $\varphi_0^{(n)} = f(x, \varphi_0, \ldots, \varphi_0^{(n-1)})$, d.h. φ_0 löst (1).

Die Lipschitz-Bedingung formuliert sich für eine Differentialgleichung höherer Ordnung folgendermaßen:

Definition 4.1. *Die auf $G \subset \mathbb{R}^{n+1}$ definierte reelle Funktion $f(x, \mathfrak{y})$ genügt der Lipschitz-Bedingung, wenn es eine Konstante R gibt, so daß*

$$|f(x, \mathfrak{y}) - f(x, \mathfrak{y}^*)| \leqq R \,|\, \mathfrak{y} - \mathfrak{y}^*\,|$$

ist, sofern $(x, \mathfrak{y})$ und $(x, \mathfrak{y}^*)$ in G liegen.

Der Begriff „f genügt in G lokal der Lipschitz-Bedingung" läßt sich wie üblich definieren. — Hier ist $\mathfrak{y} = (y_0, \ldots, y_{n-1})$ gesetzt.

Satz 4.2. *Die Differentialgleichung (1) genügt (lokal) der Lipschitz-Bedingung in G genau dann, wenn das zugeordnete System (4) in G (lokal) der Lipschitz-Bedingung genügt.*

Beweis. Die das System (4) definierende Abbildung ist

$$\mathfrak{f} = (y_1, \ldots, y_{n-1}, f) \colon \; G \to \mathbb{R}^n \,.$$

Die Funktion f aus (1) genüge in G der Lipschitz-Bedingung, eine Lipschitz-Konstante für f sei R. Für $(x, \mathfrak{y})$, $(x, \mathfrak{y}^*) \in G$ ist dann
$|\mathfrak{f}(x, \mathfrak{y}) - \mathfrak{f}(x, \mathfrak{y}^*)|$

$$= \sup \{|y_1 - y_1^*|, \ldots, |y_{n-1} - y_{n-1}^*|, |f(x, \mathfrak{y}) - f(x, \mathfrak{y}^*)|\}$$
$$\leqq \sup \{|y_1 - y_1^*|, \ldots, |y_{n-1} - y_{n-1}^*|, R\,|\,\mathfrak{y} - \mathfrak{y}^*|\}$$
$$\leqq \max (1, R) \cdot |\,\mathfrak{y} - \mathfrak{y}^*\,| \,.$$

Die Abbildung $\mathfrak{f}$ genügt also der Lipschitz-Bedingung mit der Konstanten $\max(1, R)$.

Setzen wir umgekehrt voraus, daß $\mathfrak{f}$ in G der Lipschitz-Bedingung mit der Konstanten R genügt, so ist
$|f(x, \mathfrak{y}) - f(x, \mathfrak{y}^*)|$

$$\leqq \sup \{|y_1 - y_1^*|, \ldots, |y_{n-1} - y_{n-1}^*|, |f(x, \mathfrak{y}) - f(x, \mathfrak{y}^*)|\},$$
$$= |\mathfrak{f}(x, \mathfrak{y}) - \mathfrak{f}(x, \mathfrak{y}^*)|$$
$$\leqq R \,|\,\mathfrak{y} - \mathfrak{y}^*\,| \,.$$

Der „lokale" Teil des Satzes ist nun trivial.

Dieser Satz gestattet es, Satz 1.4 auf Differentialgleichungen höherer Ordnung zu übertragen:

Satz 4.3. *Es sei $G \subset \mathbb{R}^{n+1}$ eine offene Menge und $f \colon G \to \mathbb{R}$ eine stetige Funktion, die lokal der Lipschitz-Bedingung genügt. Dann gibt es zu jedem $(x_0, y_{0,0}, y_{1,0}, \ldots, y_{n-1,0}) \in G$ genau eine Lösung $\varphi(x)$ der Differentialgleichung $y^{(n)} = f(x, y, \ldots, y^{(n-1)})$, welche $\varphi^{(\nu)}(x_0) = y_{\nu,0}$ für $\nu = 0, \ldots, n-1$ erfüllt und über einem maximalen offenen Intervall I definiert ist. Ihr Graph läuft in G von Rand zu Rand.*

Es sei betont, daß hier vom Graphen in G, d.h. also von der Menge $\{(x, y_0, \ldots, y_{n-1}) \colon x \in I, y_\nu = \varphi^{(\nu)}(x), \; \nu = 0, \ldots, n-1\}$, die Rede ist. Der Graph von φ in der (x, y)-Ebene, d. h. die Menge $\{(x, y) \colon x \in I, y = \varphi(x)\}$, braucht in der Projektion

$$\hat{G} = \{(x, y) \in \mathbb{R}^2 \colon \text{Es gibt } y_1, \ldots, y_{n-1} \text{ mit } (x, y, y_1, \ldots, y_{n-1}) \in G\}$$

von G auf die (x, y)-Ebene *nicht* von Rand zu Rand zu laufen. Ein Beispiel dazu ist die über $G = (0, \infty) \times \mathbb{R}^2$ definierte Differential-gleichung $y'' = \dfrac{y'}{x}(1 + (y')^2)$. Hier ist $\hat{G} = (0, \infty) \times \mathbb{R}$, und die Lösung $y = \sqrt{1 - x^2}$ ist maximal über $\{x \colon 0 < x < 1\}$ definiert. Ihr Graph in $\hat{G}$ strebt für $x \to 1$ aber gegen den inneren Punkt $(1, 0)$ von $\hat{G}$.

Wendet man obige Betrachtungen auf die lineare homogene Differentialgleichung zweiter Ordnung mit konstanten Koeffizienten

$$y'' + 2a\,y' + b\,y = 0$$

an, so erhält man als zugeordnetes System

$$y_0' = y_1$$
$$y_1' = -b\,y_0 - 2a\,y_1.$$

Dies ist im vorigen Paragraphen als Beispiel behandelt worden.

Wir wollen nun noch zwei spezielle Typen von Differential-gleichungen n-ter Ordnung behandeln ($n > 1$).

A) Es werde angenommen, daß die Funktion $f(x, y_0, \ldots, y_{n-1})$ nicht von y_0 abhängt. Wir können dann $f(x, y_0, \ldots, y_{n-1}) = g(x, z_0, \ldots, z_{n-2})$ schreiben, wobei $z_\nu = y_{\nu+1}$ für $\nu = 0, \ldots, n-2$ gesetzt ist.

Ist nun $\varphi(x)$ eine Lösung der Differentialgleichung

$$y^{(n)} = f(x, y, \ldots, y^{(n-1)}), \tag{5}$$

so ist $\varphi'(x)$ offenbar Lösung der Differentialgeichung

$$z^{(n-1)} = g(x, z, \ldots, z^{(n-2)}). \tag{6}$$

Ist umgekehrt $\psi(x)$ Lösung von (6) über einem Intervall I, so ist jede Stammfunktion von ψ über I Lösung von (5).

Unter der Annahme, daß die rechte Seite der expliziten Differen-tialgleichung n-ter Ordnung (1) von der „abhängigen Variablen" y nicht explizit abhängt, läßt sich (1) auf eine Differentialgleichung $(n - 1)$-ter Ordnung zurückführen. Eine solche läßt sich oft ein-facher behandeln.

B) Es werde angenommen, daß die Funktion $f(x, y_0, \ldots, y_{n-1})$ nicht von x abhängt. Wir schreiben $f(x, y_0, \ldots, y_{n-1}) = g(y_0, \ldots, y_{n-1})$. Ist nun $y = \varphi(x)$ über einem Intervall I Lösung von

$$y^{(n)} = g(y, \ldots, y^{(n-1)}), \tag{7}$$

und gilt $\varphi'(x) \neq 0$ in ganz I, so besitzt die Funktion φ eine über dem Intervall $I^* = \varphi(I)$ definierte Umkehrfunktion $x = \psi(y)$. Diese ist in I^* differenzierbar und es gilt

$$\varphi'(x) = \frac{1}{\psi'(\varphi(x))}. \tag{8}$$

Aus der n-maligen Differenzierbarkeit von φ folgt die n-malige Differenzierbarkeit von ψ (vgl. Kap. IV, Satz 5.2). Aus (8) erhält man vermöge der Kettenregel

$$\varphi''(x) = -\frac{\psi''(y)}{(\psi'(y))^3}; \quad \varphi'''(x) = -\frac{\psi'''(y)}{(\psi'(y))^4} + 3\,\frac{\psi''(y)}{(\psi'(y))^5}.$$

Durch vollständige Induktion sieht man, daß für $\nu = 2, \ldots, n$ eine Gleichung

$$\varphi^{(\nu)}(x) = h_\nu(\psi^{(\nu)}(y), \ldots, \psi'(y))$$

$$= -\frac{\psi^{(\nu)}(y)}{(\psi'(y))^{\nu+1}} + \tilde{h}_\nu(\psi^{(\nu-1)}(y), \ldots, \psi'(y)) \qquad (9)$$

mit rationalen Funktionen h_ν gilt, deren Nenner als Potenzen von ψ' gewählt werden können. Dabei ist immer $y = \varphi(x)$ zu setzen.

Setzen wir die Ausdrücke (9) in (7) ein, so erhalten wir

$$\frac{\psi^{(n)}(y)}{(\psi'(y))^{n+1}} + \tilde{h}_n(\psi^{(n-1)}, \ldots, \psi') = g(y, h_1(\psi'), \ldots, h_{n-1}(\psi^{(n-1)}, \ldots, \psi')).$$

Diese Gleichung kann nach $\psi^{(n)}$ aufgelöst werden, es ergibt sich eine Gleichung der Gestalt

$$\psi^{(n)} = \tilde{g}(y, \psi', \ldots, \psi^{(n-1)}),$$

d.h. ψ genügt einer Differentialgleichung der Form

$$x^{(n)} = \tilde{g}(y, x', \ldots, x^{(n-1)}), \qquad (10)$$

in der jetzt y die Stelle der „unabhängigen Variablen" einnimmt. Nun ist aber (10) eine Gleichung des unter A) behandelten Typs, wir können sie also auf eine Differentialgleichung $(n-1)$-ter Ordnung zurückführen.

Man überzeugt sich leicht durch Umkehrung des obigen Gedankengangs, daß eine über einem Intervall I^* umkehrbare Lösung $x = \psi(y)$ von (10) Anlaß gibt zu einer Lösung $y = \varphi(x)$ von (7) über $I = \psi(I^*)$.

Zum Schluß dieses Paragraphen untersuchen wir als Beispiel die Differentialgleichung

$$y'' = (y')^2 f(y) + g(y). \qquad (11)$$

Dabei seien die Funktionen f und g stetig über einem Intervall $\{y: a < y < b\}$. Die Gleichung gehört zu dem unter B) diskutierten Typ. Das dort beschriebene Verfahren führt auf die Gleichungen

$$-\frac{x''}{(x')^3} = \left(\frac{1}{x'}\right)^2 \cdot f(y) + g(y)$$

und

$$x'' = -x' \cdot f(y) - (x')^3 g(y).$$

Schreibt man nun, wie unter A) erläutert, $x'(y) = z(y)$, so wird man auf die Differentialgleichung erster Ordnung

$$z' = -zf(y) - z^3 g(y) \tag{12}$$

geführt. Diese ist aber vom Bernoullischen Typ (vgl. Kap. V, § 3), also explizit lösbar. Man erhält also die umkehrbaren Lösungen von (11), wenn man die Umkehrfunktionen der Stammfunktionen der Lösungen von (12) bildet, soweit sie existieren und differenzierbar sind.

§ 5. Spezielle Differentialgleichungen zweiter Ordnung

In diesem Paragraphen wollen wir drei lineare Differentialgleichungen zweiter Ordnung untersuchen, die bei der Behandlung vieler physikalischer Probleme auftreten.

A. Die Besselsche Differentialgleichung

Die Untersuchung der Eigenschwingungen einer kreisförmigen Membran führt für die radiale Komponente der Schwingung auf die Besselsche Differentialgleichung

$$x^2 y'' + x y' + (x^2 - n^2) y = 0 \,, \tag{1}$$

wobei n eine nichtnegative ganze Zahl ist. Im Intervall

$$\{x: \ 0 < x < +\infty\}$$

kann man (1) als explizite lineare Differentialgleichung mit reellanalytischen Koeffizienten schreiben. Dort existieren also sicher zwei linear unabhängige reell-analytische Lösungen von (1). In dem erwähnten physikalischen Zusammenhang sind nur Lösungen sinnvoll, die für $x = 0$ noch definiert sind. Wir werden im folgenden sehen, daß es sogar eine Lösung gibt, die um $x = 0$ in eine überall konvergente Potenzreihe entwickelbar ist.

Eine Potenzreihe $\varphi(x) = \sum\limits_{\nu=0}^{\infty} a_\nu x^\nu$ genügt in ihrem Konvergenzintervall der Differentialgleichung (1) offenbar genau dann, wenn dort

$$\sum_{\nu=0}^{\infty} \nu(\nu-1)a_\nu x^\nu + \sum_{\nu=0}^{\infty} \nu a_\nu x^\nu - n^2 \sum_{\nu=0}^{\infty} a_\nu x^\nu + \sum_{\nu=2}^{\infty} a_{\nu-2} x^\nu = 0$$

gilt. Dies ist gleichbedeutend damit, daß die Koeffizienten a_ν dem folgenden Gleichungssystem genügen:

$$\begin{aligned} -n^2 a_0 &= 0 \\ (1-n^2) a_1 &= 0 \\ (\nu^2 - n^2) a_\nu + a_{\nu-2} &= 0 \quad \text{für} \quad \nu = 2, 3, 4, \ldots. \end{aligned} \tag{2}$$

Hieraus ergibt sich sofort $a_0 = \ldots = a_{n-1} = 0$. Die Gleichung für a_n lautet $0 \cdot a_n + 0 = 0$, der Koeffizient a_n unterliegt also keiner Bedingung. Es ergibt sich weiter als eindeutige Lösung von (2) durch vollständige Induktion

$$a_{n+2\mu-1} = 0 \qquad\qquad \text{für} \quad \mu = 1, 2, 3, \ldots,$$

$$a_{n+2\mu} = \frac{(-1)^\mu a_n}{\prod\limits_{\varkappa=1}^{\mu} ((n+2\varkappa)^2 - n^2)} = \frac{(-1)^\mu a_n}{2^{2\mu} \mu! \prod\limits_{\varkappa=1}^{\mu} (n+\varkappa)} \; \text{für} \quad \mu = 1, 2, 3, \ldots.$$

Die letzte Formel bleibt für $\mu = 0$ richtig, wenn wir $\prod\limits_{\varkappa=1}^{0} (n+\varkappa) = 1$ setzen. Schreiben wir a statt a_n, so haben wir gezeigt, daß die Potenzreihe

$$\varphi(x) = a\, x^n \sum_{\mu=0}^{\infty} \frac{(-1)^\mu x^{2\mu}}{2^{2\mu} \mu! \, (n+1)\,(n+2) \cdot \ldots \cdot (n+\mu)} \tag{3}$$

in ihrem Konvergenzintervall der Differentialgleichung (1) genügt und zudem, wenn sie überhaupt konvergiert, die einzige in $x = 0$ reell-analytische Lösung von (1) ist. Nun ist aber offenbar die Exponentialreihe $\sum\limits_{\mu=0}^{\infty} \frac{1}{\mu!} \left(\frac{x^2}{4}\right)^\mu$ eine konvergente Majorante der in (3) auftretenden Reihe, (3) konvergiert also für alle x.

Es ist üblich, die für $a = \frac{1}{2^n n!}$ aus (3) entstehende Funktion $J_n(x)$ als *Besselsche Funktion* (erster Art) zu bezeichnen:

$$J_n(x) = \frac{x^n}{2^n} \sum_{\mu=0}^{\infty} \frac{(-1)^\mu x^{2\mu}}{2^{2\mu} \mu! \, (n+\mu)!}. \tag{4}$$

Eine von J_n linear unabhängige Lösung der Besselschen Differentialgleichung über $(0, +\infty)$ kann man in der Form

$$Y_n(x) = \frac{2}{\pi} J_n(x) \cdot \log\left(\frac{x}{2}\right) + \frac{1}{x^n} \cdot (\text{Potenzreihe in } x)$$

erhalten, sie hat für $x \to 0$ offenbar keinen Grenzwert.

Die Besselschen Funktionen sind in vielen Anwendungen von ähnlicher Wichtigkeit wie die trigonometrischen Funktionen, sie sind daher gründlich untersucht und tabelliert worden. Für weitere Ausführungen müssen wir jedoch auf die Spezialliteratur verweisen.

B. Die Legendresche Differentialgleichung

Sie lautet

$$(1 - x^2)\, y'' - 2x\, y' + n(n+1)\, y = 0, \tag{5}$$

dabei ist n eine natürliche Zahl oder Null.

Sie ist im offenen Intervall $I = \{x: -1 < x < 1\}$ nach y'' auflösbar, die rechte Seite der aufgelösten Differentialgleichung ist dort reell analytisch, so daß in I zwei linear unabhängige reell-analytische Lösungen existieren.

Ähnlich wie bei der Besselschen Differentialgleichung fragen wir nach Lösungen, die noch über $\bar{I}$ definiert sind, wir stellen also wieder eine *Randbedingung* an die Lösungen. Die Existenz solcher Lösungen ist nicht von vornherein gewährleistet.

Wir bedienen uns wieder des Potenzreihenansatzes. Eine Potenzreihe $\varphi(x) = \sum\limits_{\nu=0}^{\infty} a_\nu x^\nu$ genügt in ihrem Konvergenzintervall genau dann der Differentialgleichung (5), wenn gilt

$$\sum_{\nu=0}^{\infty} ((\nu+1)(\nu+2)a_{\nu+2} - \nu(\nu-1)a_\nu - 2\nu a_\nu + n(n+1)a_\nu)x^\nu \equiv 0.$$

Dies ist gleichbedeutend damit, daß die Koeffizienten a_ν folgendem Gleichungssystem genügen:

$$(\nu+1)(\nu+2)a_{\nu+2} = (\nu(\nu+1) - n(n+1))a_\nu$$
$$\text{für} \quad \nu = 0,1,2,\ldots. \tag{6}$$

Bei beliebig gegebenen a_0, a_1 sind durch die Rekursionsformel (6) alle a_ν eindeutig bestimmt. Unter Benutzung von

$$\nu(\nu+1) - n(n+1) = (\nu-n)(\nu+1+n)$$

leitet man aus (6) ab

$$\left.\begin{array}{l} a_{2\mu} = \dfrac{a_0}{(2\mu)!} \prod\limits_{\varkappa=0}^{\mu-1} (2\varkappa - n)(2\varkappa + 1 + n) \\[4mm] a_{2\mu+1} = \dfrac{a_1}{(2\mu+1)!} \prod\limits_{\varkappa=0}^{\mu-1} (2\varkappa + 1 - n)(2\varkappa + 2 + n) \end{array}\right\} \mu = 1,2,3,\ldots \tag{7}$$

Setzt man $a_0 = 1$, $a_1 = 0$ oder $a_0 = 0$, $a_1 = 1$, so erkennt man, daß die Reihen

$$\varphi_1(x) = \sum_{\mu=0}^{\infty} \frac{1}{(2\mu)!} \left(\prod_{\varkappa=0}^{\mu-1}(2\varkappa - n)(2\varkappa + 1 + n)\right) x^{2\mu},$$

$$\varphi_2(x) = \sum_{\mu=0}^{\infty} \frac{1}{(2\mu+1)!} \left(\prod_{\varkappa=0}^{\mu-1}(2\varkappa + 1 - n)(2\varkappa + 2 + n)\right) x^{2\mu+1} \tag{8}$$

in ihren Konvergenzbereichen Lösungen von (5) sind — dabei ist für $\mu = 0$ dem „leeren" Produkt $\prod\limits_{\varkappa=0}^{\mu-1}$ der Wert 1 zuzuschreiben.

Ist nun n eine gerade Zahl, so lehrt (7), daß $a_{2\mu} = 0$ ist für $2\mu > n$, in diesem Fall wird $\varphi_1(x)$ ein Polynom n-ten Grades, während die Reihe φ_2 nicht abbricht. Ist hingegen n eine ungerade Zahl, so ist $a_{2\mu+1} = 0$ für $2\mu + 1 > n$, die Reihe φ_2 wird also ein Polynom n-ten Grades, während die Reihe φ_1 nicht abbricht.

Für jedes n bekommen wir also ein Polynom n-ten Grades, welches die Legendresche Differentialgleichung (5) über ganz $\mathbb{R}$ löst. Dieses Polynom ist bis auf einen konstanten Faktor das n-te LEGENDRE-*Polynom*

$$P_n(x) = \frac{1}{2^n n!} \frac{d^n}{dx^n}(x^2 - 1)^n.$$

Das erkennt man so: Es gilt offenbar $(x^2 - 1)\frac{d}{dx}(x^2 - 1)^n$
$= 2nx(x^2 - 1)^n$. Differenziert man diese Gleichung $(n + 1)$-mal unter Berücksichtigung der Leibnizschen Regel (Band I, Kap. V, Satz 2.8), so erhält man

$$\sum_{\nu=0}^{n+1} \binom{n+1}{\nu} \frac{d^\nu}{dx^\nu}(x^2 - 1) \cdot \frac{d^{n+2-\nu}}{dx^{n+2-\nu}}(x^2 - 1)^n$$
$$= 2n \sum_{\nu=0}^{n+1} \binom{n+1}{\nu} \frac{d^\nu}{dx^\nu} x \cdot \frac{d^{n+1-\nu}}{dx^{n+1-\nu}}(x^2 - 1)^n.$$

Dabei treten links nur für $\nu = 0, 1, 2$ nichtverschwindende Terme auf, rechts nur für $\nu = 0, 1$. Es bleibt also

$$(x^2 - 1)\frac{d^{n+2}}{dx^{n+2}}(x^2 - 1)^n + (n + 1)\cdot 2x \cdot \frac{d^{n+1}}{dx^{n+1}}(x^2 - 1)^n$$
$$+ \binom{n+1}{2}\cdot 2 \cdot \frac{d^n}{dx^n}(x^2 - 1)^n$$
$$= 2nx\frac{d^{n+1}}{dx^{n+1}}(x^2 - 1)^n + (n + 1)\cdot 2n\frac{d^n}{dx^n}(x^2 - 1)^n.$$

Nach Multiplikation mit $(2^n n!)^{-1}$ ergibt sich

$$(x^2 - 1)P_n''(x) + 2x P_n'(x) - n(n + 1)P_n(x) \equiv 0.$$

Der Vektorraum der Polynomlösungen von (5) ist eindimensional, wie wir gesehen haben. Es folgt die Behauptung.

Wir untersuchen nun die nicht abbrechende Potenzreihe, d.h. also für gerades n die Reihe $\varphi_2(x)$ aus (8). Die Überlegungen laufen für ungerades n genauso, dieser Fall bleibe dem Leser überlassen.

Wir setzen $\lambda = n/2$. Dann haben die $a_{2\mu+1}$ für $\mu \geqq \lambda$ alle dasselbe Vorzeichen. Außerdem folgt aus (7) für $\mu > \hat{\lambda}$

$$a_{2\mu+1} = \prod_{\varkappa=\lambda}^{\mu-1}(2\varkappa + 1 - n)(2\varkappa + 2 + n) \cdot \left(\prod_{\varkappa=2\lambda+2}^{2\mu+1}\varkappa\right)^{-1} \cdot a_{2\lambda+1}$$

$$= \left\{\left(1 - \frac{n}{2\lambda+1}\right)\left(1 + \frac{n}{2\lambda+2}\right) \cdot \ldots \cdot \left(1 - \frac{n}{2\mu-1}\right)\left(1 + \frac{n}{2\mu}\right)\right\} \cdot$$
$$\cdot (2\mu + 1)^{-1} \cdot (2\lambda + 1)a_{2\lambda+1}$$

$$= \left\{\left(1 - \frac{n(n+1)}{(2\lambda+1)(2\lambda+2)}\right) \cdot \ldots \cdot \left(1 - \frac{n(n+1)}{(2\mu-1)(2\mu)}\right)\right\} \cdot$$
$$\cdot (2\mu + 1)^{-1} \cdot (2\lambda + 1)a_{2\lambda+1}$$

$$= \prod_{\varkappa=\lambda}^{\mu-1}(1 - b_\varkappa) \cdot (2\mu + 1)^{-1} \cdot (2\lambda + 1)a_{2\lambda+1},$$

wobei $b_\varkappa = \dfrac{n(n+1)}{(2\varkappa+1)(2\varkappa+2)}$ gesetzt ist. Es ist $0 < b_\varkappa < 1$ für $\varkappa \geqq \lambda$ aufgrund der Wahl von λ. Wir werden unten zeigen, daß es ein $\mu_0 \geqq \lambda$ und Konstanten c_1, c_2 gibt, so daß für alle $\mu > \mu_0$ gilt

$$0 < c_1 \leqq \prod_{\varkappa=\lambda}^{\mu-1}(1 - b_\varkappa) \leqq c_2 . \tag{9}$$

Damit ist

$$\frac{1}{2\mu+1} \cdot c_1(2\lambda+1)\,|a_{2\lambda+1}| \leqq |a_{2\mu+1}| \tag{10}$$
$$\leqq \frac{1}{2\mu+1}\,c_2(2\lambda+1)\,|a_{2\lambda+1}| .$$

Da $\displaystyle\sum_{\mu=\mu_0+1}^{\infty} \frac{1}{2\mu+1}\,x^{2\mu}$ bekanntlich über alle Grenzen wächst, wenn x von rechts gegen -1 oder von links gegen $+1$ strebt, gilt wegen der linken Ungleichung (10) dasselbe für $\displaystyle\sum_{\mu=\mu_0+1}^{\infty} a_{2\mu+1}x^{2\mu}$, also auch für $\varphi_2(x) = x\left(\displaystyle\sum_{\mu=0}^{\infty} a_{2\mu+1}x^{2\mu}\right)$. Mit Hilfe von (10) bestimmt sich der Konvergenzradius von φ_2 nach der Hadamardschen Formel sofort zu 1. Die Potenzreihe φ_2 konvergiert also im offenen Intervall $(-1, 1)$ und löst dort die Legendresche Differentialgleichung, sie bleibt aber an den Intervallgrenzen nicht beschränkt.

Damit ist gezeigt, daß die Legendreschen Polynome bis auf konstante Faktoren die einzigen über dem abgeschlossenen Intervall $[-1, 1]$ definierten Lösungen von (5) sind.

Es bleibt die Ungleichung (9) zu beweisen. Es gilt $0 < 1 - b_\varkappa < 1$, unsere Folge ist also nach oben durch $c_2 = 1$ beschränkt. Um zu zeigen, daß sie eine positive untere Schranke besitzt, genügt es, eine obere Schranke für $-\log\displaystyle\prod_{\varkappa=\lambda}^{\mu-1}(1-b_\varkappa) = -\displaystyle\sum_{\varkappa=\lambda}^{\mu-1}\log(1-b_\varkappa)$ anzugeben. Nun ist

$$\sum_{\varkappa=\lambda}^{\infty} b_\varkappa = n(n+1) \sum_{\varkappa=\lambda}^{\infty} \frac{1}{(2\varkappa+1)(2\varkappa+2)}$$
$$\leqq n(n+1) \sum_{\varkappa=\lambda}^{\infty} \frac{1}{(2\varkappa+1)^2} < +\infty .$$

Weiter gilt

$$-\log(1-b_\varkappa) = \sum_{\nu=1}^{\infty} \frac{b_\varkappa^\nu}{\nu} \leqq \sum_{\nu=1}^{\infty} b_\varkappa^\nu = \frac{b_\varkappa}{1-b_\varkappa} \leqq \frac{b_\varkappa}{1-b_\lambda}$$

für $\varkappa \geqq \lambda$, da $b_\varkappa \leqq b_\lambda$ ist. Also hat man

$$-\sum_{\varkappa=\lambda}^{\mu-1} \log(1-b_\varkappa) \leqq \frac{1}{1-b_\lambda} \sum_{\varkappa=\lambda}^{\infty} b_\varkappa .$$

Damit ist (9) bewiesen.

C. Die Schrödinger-Gleichung

Die quantenmechanische Theorie des Wasserstoffatoms lehrt, daß in einem stationären Zustand mit der Energie $E < 0$ der zeitunabhängige Anteil u der Wellenfunktion $\Psi(\mathfrak{x}, t) = u(\mathfrak{x})e^{-i\omega t}$ der partiellen Differentialgleichung[1]

$$\Delta u + \frac{2m}{\hbar^2}\left(E + \frac{e_0^2}{4\pi\varepsilon_0 r}\right)u = 0 \tag{11}$$

genügt. Dabei ist m die Elektronenmasse, $\hbar$ das (durch 2π dividierte) Plancksche Wirkungsquantum, e_0 die Elektronenladung, ε_0 die Dielektrizitätskonstante, r der Abstand vom Kernmittelpunkt. In der Theorie der partiellen Differentialgleichungen wird gezeigt, daß jede Lösung u von (11) außerhalb des Nullpunkts in der Gestalt

$$u = \sum_{n=0}^{\infty}\sum_{\mu=-n}^{n}\varphi_{n,\mu}Y_{n,\mu}$$ geschrieben werden kann. Dabei sind die $Y_{n,\mu}$ auf jedem vom Nullpunkt ausgehenden Strahl konstant, sie genügen der partiellen Differentialgleichung

$$r^2\Delta Y_{n,\mu} = -n(n+1)Y_{n,\mu}$$

für $n = 0, 1, 2, \ldots$ und $\mu = -n, \ldots, n$. Diese Funktionen kann man explizit angeben. Es sind die sogenannten *Kugelflächenfunktionen*. Sie hängen eng mit den Legendreschen Polynomen zusammen. Die $\varphi_{n,\mu}$ hängen nur von $r = \|\mathfrak{x}\|$ ab und genügen der gewöhnlichen Differentialgleichung

$$r^2\frac{d^2y}{dr^2} + 2r\frac{dy}{dr} + \left(r^2\frac{2mE}{\hbar^2} + r\frac{2me_0^2}{4\pi\hbar^2\varepsilon_0} - n(n+1)\right)y = 0. \tag{12}$$

Ersetzt man hier r durch $x = r\sqrt{\frac{-2mE}{\hbar^2}}$ und führt noch

$$a = \frac{e_0^2}{4\pi\varepsilon_0\hbar}\sqrt{\frac{-2m}{E}} > 0$$

ein, so geht (12) über in

$$x^2y'' + 2xy' - (x^2 - ax + n(n+1))y = 0. \tag{13}$$

Diese Gleichung werden wir im folgenden über dem Intervall $I = (0, +\infty)$ lösen. Physikalisch sinnvoll sind nur solche Lösungen, die für $x \to \infty$ gegen Null streben und für $x \to 0$ beschränkt bleiben. Die Gleichung (13) hat sicher über I zwei linear unabhängige reell analytische Lösungen. Wir werden eine Lösung φ_1, die sogar über ganz $\mathbb{R}$ definiert ist, durch Potenzreihenansatz gewinnen. Sie genügt aber nur für eine diskrete Folge von Werten von a der Randbedingung bei $+\infty$. Wir werden dann zeigen, daß es eine zweite Lösung

---

[1] Hier ist $\triangle$ der Laplace-Operator im $\mathbb{R}^3$: $\triangle u = u_{,1.1} + u_{,2.2} + u_{,3.3}$.

φ_2 gibt, die für $x \to 0$ unendlich wird. Dann sind φ_1 und φ_2 linear unabhängig. Jede Lösung $c_1\varphi_1 + c_2\varphi_2$ mit $c_2 \neq 0$ wird im Nullpunkt auch unendlich. Nur die Lösungen $c_1\varphi_1$ bei speziellen Werten von a sind also physikalisch sinnvoll. *Das bedeutet, daß die Energie E nur eine diskrete Folge von Werten annehmen kann.*

Es ist bequem, die Gleichung (13) einer Variablentransformation zu unterziehen, bevor der Potenzreihenansatz durchgeführt wird. Wir setzen $x = u$ und $y = x^n e^{-x} v$ in $\{(x, y): x > 0,\ y \in \mathbb{R}\}$. Dann ist

$$y' = x^{n-1} e^{-x}((n - x)v + xv'),$$
$$y'' = x^{n-2} e^{-x}((x^2 - 2nx + n(n-1))v + 2(n - x)xv' + x^2 v'').$$

Die transformierte Differentialgleichung (wir schreiben x für u) wird

$$xv'' + 2((n+1) - x)v' + (a - 2(n+1))v = 0. \qquad (14)$$

Wir suchen zunächst Lösungen von (14), die sich in der Form

$$\psi(x) = \sum_{\nu=-\infty}^{+\infty} a_\nu x^\nu = \sum_{\nu=1}^{\infty} a_{-\nu} x^{-\nu} + \sum_{\nu=0}^{\infty} a_\nu x^\nu$$

schreiben lassen. Setzt man $\psi(x)$ in (14) ein, so erhält man die Gleichung

$$\sum_{\nu=-\infty}^{\infty} ((\nu+1)(\nu + 2(n+1))a_{\nu+1} + (a - 2(n+1) - 2\nu)a_\nu)x^\nu = 0.$$

Daraus erhält man, wenn man noch $a = 2b$ setzt, für die Koeffizienten die Gleichungen

$$(\nu+1)(\nu + 2(n+1))a_{\nu+1} = 2(n+1+\nu - b)a_\nu \quad \text{mit} \quad \nu \in \mathbb{Z}. \,(15)$$

Abkürzend schreiben wir dafür $\alpha_\nu a_{\nu+1} = \beta_\nu a_\nu$ und bemerken, daß α_ν genau für $\nu = -1$ und $\nu = -2n - 2$ verschwindet, während β_ν nur für $\nu = b - n - 1$ verschwindet, sofern b eine ganze Zahl ist.

a) Ist b keine ganze Zahl, so folgt aus (15) für $\nu = -1$ die Gleichung $a_{-1} = 0$. Wegen $\beta_\nu \neq 0$ für alle ν erhält man aus (15) sukzessive $a_{-2} = 0$, $a_{-3} = 0$ usw. Für a_0 ergibt sich aus (15) keine Bedingung. Die Koeffizienten mit positivem Index lassen sich wieder sukzessive aus a_0 berechnen, man erhält

$$a_{\nu+1} = \frac{\beta_\nu \cdots \beta_0}{\alpha_\nu \cdots \alpha_0} a_0 \quad \text{für} \quad \nu = 0,1,2,\dots.$$

Also ist in diesem Fall die Reihe [1]

$$\psi(x) = a_0 \sum_{\nu=0}^{\infty} \left(\prod_{\lambda=0}^{\nu-1} \beta_\lambda \alpha_\lambda^{-1} \right) x^\nu \quad \text{mit beliebigem} \quad a_0 \in \mathbb{R} \qquad (16)$$

in ihrem Konvergenzintervall die einzige Lösung von (14), die sich

---

[1] Das leere Produkt ist wieder 1 zu setzen.

in der gesuchten Form darstellen läßt. Wir werden unten zeigen, daß die Reihe überall konvergiert, daß sie aber für $x \to +\infty$ dem Betrage nach mindestens so schnell wie e^x wächst. Die zugehörige Lösung $\varphi_1(x) = x^n e^{-x} \psi(x)$ von (13) verschwindet also im Unendlichen nicht, sie ist physikalisch uninteressant.

b) Es sei nun b eine ganze Zahl und $b \geqq n + 1$. Dann ist für $\nu < 0$ jedenfalls $\beta_\nu \neq 0$. Wie eben schließt man auf $a_\nu = 0$ für $\nu < 0$. Hingegen ist $\beta_\nu = 0$ für $\nu = b - n - 1$, und man erhält $0 = a_{b-n} = a_{b-n+1} = a_{b-n+2} = \ldots$ aus (15). Die übrigen Koeffizienten berechnet man wie eben. Als einzige Lösung der gesuchten Form ergibt sich also das Polynom

$$\psi(x) = a_0 \sum_{\nu=0}^{b-n+1} \left(\prod_{\lambda=0}^{\nu-1} \beta_\lambda \alpha_\lambda^{-1} \right) x^\nu . \tag{17}$$

c) Schließlich sei b ganz und $0 \leqq b \leqq n$. Dann ist für $\nu < -2n - 2$ jedenfalls $\beta_\nu \neq 0$. Mit $\alpha_{-2n-2} = 0$ schließt man daraus auf $0 = a_{-2n-2} = a_{-2n-3} = \ldots$. Aus den Gleichungen (15) mit den Indices $\nu = -1, \ldots, b - n$ folgt wegen $\alpha_{-1} = 0$ auch $0 = a_{-1} = a_{-2} = \ldots = a_{b-n}$, da für diese Indices $\beta_\nu \neq 0$ ist. Die Gleichung mit dem Index $-2n - 2$ stellt aber jetzt keine Bedingung mehr an a_{-2n-1}, man kann diese Zahl also beliebig wählen und erhält dann

$$a_{\nu+1} = \frac{\beta_\nu \cdots \beta_0}{\alpha_\nu \cdots \alpha_0} a_{-2n-1} \quad \text{für} \quad \nu = -2n - 1, \ldots, b - n - 2 . \tag{18}$$

Für nichtnegative ν bleiben die Überlegungen aus a) gültig. Man erhält also als Lösungen der gesuchten Form die Potenzreihe $\psi(x)$ aus (16) und ein Polynom in x^{-1}:

$$\psi_2(x) = a_{-2n-1} \sum_{\nu=-2n-1}^{b-n-1} \left(\prod_{\lambda=-2n-1}^{\nu-1} \beta_\lambda \alpha_\lambda^{-1} \right) x^\nu . \tag{19}$$

Hier ist zu bemerken, daß die zu $\psi_2(x)$ gehörige Funktion $\varphi_2(x) = x^n e^{-x} \psi_2(x)$ wegen $n < 2n + 1$ für $x \to 0$ nicht beschränkt bleibt. Sie ist also physikalisch uninteressant.

Bildet man zu dem Polynom (17) die entsprechende Lösung $\varphi_1(x) = x^n e^{-x} \psi(x)$ von (13), so erkennt man, daß sie über ganz $\mathbb{R}$ definiert ist und für $x \to +\infty$ wegen des Faktors e^{-x} gegen Null strebt. Sie erfüllt also unsere Randbedingungen.

Wir wollen nun das Polynom (17) explizit angeben und sodann die Aussagen über die Reihe (16) beweisen. Für $\nu \geq 1$ erhält man

$$a_\nu = a_0 \cdot \prod_{\lambda=0}^{\nu-1} \beta_\lambda \alpha_\lambda^{-1} = \frac{2^\nu (n+1-b)(n+2-b) \cdots (n+\nu-b)}{\nu! (2n+2)(2n+3) \cdots (2n+\nu+1)} \cdot a_0$$

$$= \frac{a_0}{\nu!} \frac{2n+2-a}{2n+2} \cdot \frac{2n+4-a}{2n+3} \cdots \cdot \frac{2n+2\nu-a}{2n+\nu+1} . \tag{20}$$

Ist b eine n übertreffende ganze Zahl und $v \leqq b - n - 1$, so gilt

$$a_v = \frac{a_0}{v!} \cdot (-1)^v 2^v \frac{(b - n - 1)! (2n + 1)!}{(2n + v + 1)! (b - n - 1 - v)!}.$$

Setzt man noch $a_0^{-1} = (b - n - 1)! \cdot (2n + 1)!$, so wird aus (17) das Polynom

$$L_{n, 2b}(x) = \sum_{v=0}^{b-n-1} (-1)^v \frac{2^v x^v}{v! (2n + v + 1)! (b - n - 1 - v)!}.$$

Die $L_{n, 2b}(x)$ sind im wesentlichen die in der Literatur gelegentlich behandelten *Laguerreschen Polynome*.

Um die Konvergenz der Reihe (16) einzusehen, bedienen wir uns des Quotientenkriteriums. Es sei x fest. Dann gilt

$$\left| \frac{a_{v+1} x^{v+1}}{a_v x^v} \right| = \left| \frac{\beta_v}{\alpha_v} x \right| = \left| \frac{2n + 2 + 2v - a}{(v + 1)(2n + 2 + v)} x \right| \to 0 \quad \text{für} \quad v \to +\infty.$$

Die Reihe $\psi(x) = \sum\limits_{v=0}^{\infty} a_v x^v$ konvergiert also für jedes x.

Zur Abschätzung des Wachstums von ψ bemerken wir zunächst, daß für jedes $\mu \in \mathbb{N}$ mit $\mu \geqq a + 2$ gilt $\dfrac{2n + 2\mu - a}{2n + \mu + 1} > 1$. Für $v \geqq a + 2$ gilt daher aufgrund der Formel (20) die Ungleichung $\dfrac{1}{c} a_v > \dfrac{1}{v!}$ mit einer von Null verschiedenen Konstanten c, sofern a keine $2n$ übertreffende ganze Zahl ist. Es wird dann

$$\frac{1}{c} \psi(x) - \sum_{0 \leqq v < a + 2} \left(\frac{a_v}{c} - \frac{1}{v!} \right) x^v > e^x$$

und

$$\frac{1}{c} \varphi_1(x) = \frac{1}{c} x^n e^{-x} \psi(x) > x^n + e^{-x} \cdot \text{Polynom}.$$

Also geht $\varphi_1(x)$ im Unendlichen nicht gegen Null.

Es bleibt eine zweite Lösung $w(x)$ von (14) zu suchen, die von der unter (16) bzw. (17) gefundenen Lösung $\psi(x)$ linear unabhängig ist — bisher ist das erst für $b = a/2 \in \mathbb{Z}$, $0 \leqq b \leqq n$, gelungen. Wir setzen nun voraus, daß b keine zwischen 0 und n gelegene ganze Zahl ist und machen den Ansatz[1]

$$w(x) = \chi(x) + \psi(x) \cdot \log x. \tag{21}$$

Die Funktion $w(x)$ löst die Differentialgleichung (14) genau dann,

---

[1] Dieser Ansatz läßt sich, ebenso wie der ähnliche Ansatz für die Besselschen Funktionen Y_n, in der Theorie der Differentialgleichungen im Komplexen begründen.

wenn $\chi(x)$ der Differentialgleichung

$$x v'' + 2((n+1) - x) v' + (a - 2(n+1)) v$$
$$= 2(\psi(x) - \psi'(x)) - \frac{2n+3}{x} \psi(x) \qquad (22)$$

genügt. Das verifiziert man sofort, indem man (21) in (14) einsetzt und berücksichtigt, daß ψ bereits Lösung von (14) ist. Die Gleichung (22) ist eine inhomogene lineare Differentialgleichung, die zugehörige homogene Gleichung ist gerade (14).

Wir werden (22) wieder durch Potenzreihenansatz lösen. Wir wählen in (16) bzw. (17) die Konstante $a_0 = 1$ und schreiben

$$2(\psi(x) - \psi'(x)) - \frac{2n+3}{x} \psi(x) = \sum_{\nu=-1}^{\infty} \gamma_\nu x^\nu .$$

Dann ist $\gamma_{-1} = -2n + 3$ und für $\nu \geqq 0$ gilt $\gamma_\nu = 2 a_\nu - (2n + 2\nu + 5) a_{\nu+1}$.
Setzt man $\chi(x) = \sum_{\nu=-\infty}^{+\infty} b_\nu x^\nu$ an und trägt das in (22) ein, so erhält man für die Koeffizienten b_ν das Gleichungssystem

$$\alpha_\nu b_{\nu+1} - \beta_\nu b_\nu = 0 \quad \text{für} \quad -\infty < \nu \leqq -2 , \qquad (23)$$
$$\alpha_\nu b_{\nu+1} - \beta_\nu b_\nu = \gamma_\nu \quad \text{für} \quad \nu \geqq -1 .$$

Genau wie früher folgt $0 = b_{-2n-2} = b_{-2n-3} = \ldots$ wegen $\alpha_{-2n-2} = 0$. Die Gleichung mit $\nu = -1$ liefert wegen $\alpha_{-1} = 0$

$$b_{-1} = \frac{\gamma_{-1}}{\beta_{-1}} .$$

Die Gleichungen mit den Indices $\nu = -2, \ldots, -2n - 1$ ergeben dann

$$b_\nu = -\frac{\gamma_{-1}}{\beta_{-1}} \cdot \frac{\alpha_{-2}}{\beta_{-2}} \cdots \frac{\alpha_\nu}{\beta_\nu} \quad \text{für} \quad -2n - 1 \leqq \nu \leqq -2 .$$

Insbesondere ist $b_{-2n-1} \neq 0$.

Wegen $\alpha_{-1} = 0$ ergeben die Gleichungen (23) für b_0 keine Bedingung, b_0 ist also frei wählbar. Das liegt daran, daß w nur bis auf Addition eines beliebigen Vielfachen von ψ bestimmt ist (vgl. Satz 2.6). Wir wählen $b_0 = 0$ und bekommen dann aus (23)

$$b_1 = \frac{\gamma_0}{\alpha_0}, \quad b_2 = \frac{\gamma_1}{\alpha_1} + \frac{\beta_1}{\alpha_1} b_1 = \frac{1}{\alpha_1 \alpha_0} (\gamma_1 \alpha_0 + \beta_1 \gamma_0)$$

und allgemein

$$b_{\nu+1} = (\alpha_\nu \alpha_{\nu-1} \cdot \ldots \cdot \alpha_0)^{-1} (\gamma_\nu \alpha_{\nu-1} \cdot \ldots \cdot \alpha_0 +$$
$$+ \beta_\nu \gamma_{\nu-1} \alpha_{\nu-2} \cdot \ldots \cdot \alpha_0 + \ldots + \beta_\nu \beta_{\nu-1} \cdot \ldots \cdot \beta_1 \gamma_0) \quad \text{für} \quad \nu \geqq 1 .$$

Es ist aber

$$\gamma_\mu = 2\,a_\mu - (2\,n + 2\,\mu + 5)\,a_{\mu+1}$$

$$= 2\,\frac{\beta_{\mu-1}\cdot\ldots\cdot\beta_0}{\alpha_{\mu-1}\cdot\ldots\cdot\alpha_0} - (2\,n + 2\,\mu + 5)\,\frac{\beta_\mu\,\beta_{\mu-1}\cdot\ldots\cdot\beta_0}{\alpha_\mu\,\alpha_{\mu-1}\cdot\ldots\cdot\alpha_0}$$

$$= \frac{\beta_{\mu-1}\cdot\ldots\cdot\beta_0}{\alpha_{\mu-1}\cdot\ldots\cdot\alpha_0}\cdot\beta_\mu\,\delta_\mu$$

mit $\delta_\mu = 2\,\beta_\mu^{-1} - (2\,n + 2\,\mu + 5)\,\alpha_\mu^{-1}$.

Setzt man das in die Formel für $b_{\nu+1}$ ein, so ergibt sich

$$b_{\nu+1} = \frac{\beta_\nu\cdot\ldots\cdot\beta_0}{\alpha_\nu\cdot\ldots\cdot\alpha_0}\,(\delta_0 + \ldots + \delta_\nu)$$

$$= a_{\nu+1}\,(\delta_0 + \ldots + \delta_\nu)\,.$$

Daraus folgt mit Hilfe der Hadamardschen Formel sehr leicht die Konvergenz von $\sum\limits_{\nu=1}^{\infty} b_\nu x^\nu$ auf ganz $\mathbb{R}$: Die Reihe $\sum\limits_{\nu=0}^{\infty} a_\nu x^\nu$ ist, wie wir oben gesehen haben, überall konvergent, es gilt also $\lim\limits_{\nu\to\infty} \sqrt[\nu]{|a_\nu|} = 0$. Die Folge (δ_ν) ist offenbar eine Nullfolge, sie ist also beschränkt, es gilt etwa $|\delta_\nu| \leq K$ für alle $\nu \geq 0$. Dann ist $|b_\nu| \leq |a_\nu| \cdot \nu K$. Wegen $\lim\limits_{\nu\to\infty} \sqrt[\nu]{\nu K} = 1$ folgt nun $\lim\limits_{\nu\to\infty} \sqrt[\nu]{|b_\nu|} = 0$. Daraus ergibt sich die Behauptung.

Die Funktion $\chi(x) = \sum\limits_{\nu=-2n-1}^{\infty} b_\nu x^\nu$ mit den eben bestimmten Koeffizienten b_ν ist also auf $\mathbb{R} - \{0\}$ erklärt, und in $I = (0, +\infty)$ genügt $w(x) = \chi(x) + \psi(x)\cdot\log x$ der Differentialgleichung (14). Die entsprechende Lösung von (13) ist

$$\varphi_2(x) = x^n e^{-x} w(x) = e^{-x}\cdot\sum\limits_{\nu=-n-1}^{\infty} b_{\nu-n} x^\nu + x^n \log x\cdot\psi(x)\cdot e^{-x}\,.$$

Man kann schreiben

$$\varphi_2(x) = x^{-n-1}(b_{-2n-1} + f_1(x) + x^{2n+1}\log x) + f_2(x)\,,$$

wobei f_1 ein Polynom vom Grade n in x ist und f_2 eine Potenzreihe in x. (Man erhält diese Formel etwa, indem man die Potenzreihen $e^{-x} = 1 - x + \ldots$ und $\psi(x) = 1 + a_1 x + \ldots$ einsetzt.) Für $x \to 0$ streben f_1 und f_2 einem endlichen Grenzwert zu, es gilt ferner $\lim\limits_{x\to 0} (x\cdot\log x) = 0$, insgesamt wächst also $\varphi_2(x)$ genauso schnell wie x^{-n-1} über alle Grenzen.

Wir haben also jetzt ein Fundamentalsystem von Lösungen von (13) gewonnen und dabei erkannt, daß (13) genau dann eine Lösung besitzt, die den gegebenen Randbedingungen[1] genügt, wenn der Parameter a von der Form $2(n + l)$ mit $l \in \mathbb{N}$ ist. Diese Lösung ist bis auf eine multiplikative Konstante eindeutig bestimmt. Gemäß der Definition von a besagt das, daß ein Wasserstoffatom sich genau dann in einem stationären Zustand befindet, wenn die Energie einen der Werte

$$E = - \frac{m\,e_0^4}{32\,\varepsilon_0^2\,\pi^2\,\hbar^2} \cdot \frac{1}{(n + l)^2} = - \frac{m\,e_0^4}{8\,\varepsilon_0^2\,h^2} \cdot \frac{1}{(n + l)^2}$$

mit $n = 0, 1, 2, \ldots$ und $l = 1, 2, 3, \ldots$ hat.

Literatur

Literatur zu den Kapiteln I bis IV: Siehe Band I.
Literatur zu den Kapiteln V bis VIII:

BIEBERBACH, L.: *Einführung in die Theorie der Differentialgleichungen im reellen Gebiet.* Berlin: Springer 1956.
—, *Theorie der gewöhnlichen Differentialgleichungen. Auf funktionentheoretischer Grundlage dargestellt.* Berlin: Springer 1965.
COLLATZ, L.: *Numerische Behandlung von Differentialgleichungen.* Berlin: Springer 1955.
—, *Differentialgleichungen. Eine Einführung unter besonderer Berücksichtigung der Anwendungen.* Stuttgart: Teubner 1967.
ERWE, F.: *Gewöhnliche Differentialgleichungen.* Mannheim: Bibliographisches Institut 1961.
GOLUBEV, V. V.: *Vorlesungen über Differentialgleichungen im Komplexen.* Berlin: VEB Deutscher Verlag der Wissenschaften 1958.
HOHEISEL, G.: *Gewöhnliche Differentialgleichungen.* Berlin: de Gruyter (Sammlung Göschen) 1965.
HORN, J., und H. WITTICH: *Gewöhnliche Differentialgleichungen.* Berlin: de Gruyter 1960.
INCE, E. L.: *Die Integration gewöhnlicher Differentialgleichungen.* Mannheim: Bibliographisches Institut 1965.
KAMKE, E.: *Differentialgleichungen reeller Funktionen.* Leipzig: Akad. Verlagsgesellschaft Geest und Portig 1956.
—, *Differentialgleichungen. Lösungsmethoden und Lösungen.* Band 1: *Gewöhnliche Differentialgleichungen.* Leipzig: Akad. Verlagsgesellschaft Geest u. Portig 1964.
PETROVSKIJ, I. G.: *Vorlesungen über die Theorie der gewöhnlichen Differentialgleichungen.* Leipzig: Teubner 1954.
PONTRJAGIN, L. S.: *Gewöhnliche Differentialgleichungen.* Berlin: VEB Deutscher Verlag der Wissenschaften 1965.
STEPANOW, W. W.: *Lehrbuch der Differentialgleichungen.* Berlin: VEB Deutscher Verlag der Wissenschaften 1963.
WEISE, K. H.: *Differentialgleichungen.* Göttingen: Vandenhoeck u. Ruprecht 1966.

---

[1] In der Physik wird gefordert, daß eine Lösung $\varphi(x)$ der Bedingung $\int_0^\infty (\varphi(x))^2\, dx < + \infty$ genügen soll. Man überzeugt sich leicht, daß das zu denselben Lösungen führt wie die hier benutzte Randbedingung.

Wichtige Bezeichnungen

Namen- und Sachverzeichnis

(Wir kürzen hier „Differentialgleichung" mit „Dgl." ab.)

Heidelberger Taschenbücher

Hochschultexte

Die ersten Bände der Sammlung Hochschultexte erschienen im Jahr 1970. Die Hochschultexte
sind Lehrbücher für mittlere Semester. Jeder Band aus der Sammlung gibt eine solide Einführung in ein nicht nur für Spezialisten interessantes Fachgebiet.